普通高等学校
建筑环境与能源应用工程系列教材

建筑公用设备工程制图与CAD

（第2版）

Building Environment and Energy Engineering

主　编 /黄　炜
副主编 /张新喜　张红英
主　审 /康侍民

重庆大学出版社

内容提要

本书主要是针对建筑环境与能源应用工程专业本科生提高制图能力而编写的。在建筑公用设备工程的识图、绘图、CAD制图，以及对设备图纸的认识与构思、工程系统的构成及管道布置等方面，侧重与工程实际相结合，并对书中知识结构合理整合优化，具有较强的实用性。

教材的前4章主要内容包括基本绘图基础、建筑制图与简单机械绘图基础，第5章内容为管道制图的基础知识，第6章介绍了CAD制图方法与相关绘图软件，第7—11章分别为采暖、空调、通风、建筑给水排水、建筑电气等工程制图，第12章为基于BIM建筑信息模型的设计软件。教材的符号及制图标准严格按照国家现行标准规范执行。

本书还可供从事建筑行业、建筑公共设施行业相关工作的工程技术人员与管理人员参考使用。

图书在版编目(CIP)数据

建筑公用设备工程制图与CAD/黄炜主编. —2版.
—重庆:重庆大学出版社, 2016.10(2019.7重印)
普通高等学校建筑环境与能源应用工程系列教材
ISBN 978-7-5689-0180-2

Ⅰ.①建… Ⅱ.①黄… Ⅲ.①房屋建筑设备—计算机辅助设计—AutoCAD软件—高等学校—教材 Ⅳ.①TU8-39

中国版本图书馆CIP数据核字(2016)第242106号

普通高等学校建筑环境与能源应用工程系列教材
建筑公用设备工程制图与CAD
(第2版)
主 编 黄 炜
副主编 张新喜 张红英
主 审 康侍民
策划编辑:张 婷
责任编辑:李定群 姜 凤 版式设计:张 婷
责任校对:邹 忌 责任印制:张 策
*
重庆大学出版社出版发行
出版人:饶帮华
社址:重庆市沙坪坝区大学城西路21号
邮编:401331
电话:(023) 88617190 88617185(中小学)
传真:(023) 88617186 88617166
网址:http://www.cqup.com.cn
邮箱:fxk@cqup.com.cn (营销中心)
全国新华书店经销
重庆华林天美印务有限公司印刷
*
开本:787mm×1092mm 1/16 印张:23.5 字数:618千 插页:8开8页,6开3页
2017年1月第2版 2019年7月第11次印刷
印数:18 001—21 000
ISBN 978-7-5689-0180-2 定价:55.00元

特别鸣谢单位

（排名不分先后）

天津大学
广州大学
湖南大学
东南大学
苏州大学
西华大学
上海理工大学
南京工业大学
华中科技大学
武汉科技大学
山东科技大学
河北工业大学
合肥工业大学
重庆交通大学
重庆科技学院
西安交通大学
西安建筑科技大学
安徽建筑工业学院
重庆大学
江苏大学
南华大学
扬州大学
同济大学
江苏科技大学
中国矿业大学
南京工程学院
南京林业大学
武汉理工大学
天津工业大学
安徽工业大学
广东工业大学
福建工程学院
江苏制冷学会
解放军后勤工程学院
伊犁师范学院
江苏省建委定额管理站

第 2 版前言

本书是根据各个高校对《建筑设备工程制图与 CAD》教材使用情况的反馈意见，并参照新修订的国家标准和行业规范修订而成。

教育部在 2012 年《普通高等学校本科专业目录》修订中，将建筑环境与设备工程专业更名为建筑环境与能源应用工程。为此在本次修订的同时将教材书名更改为《建筑公用设备工程制图与 CAD》，书名与建环专业名称和执业注册工程师名称保持一致。

本次修订将第 6 章调换为第 5 章，使制图的基础知识有层次、有序安排在前 5 章学习。第 6 章“AutoCAD 的基本操作”中，对制图软件介绍的同时又增加了建筑信息模型（BIM）的设计制图软件的介绍，并增加了第 12 章“基于 BIM 建筑信息模型的设计软件”，各学校可根据本专业实际情况选用。本次修订删除了第一版的附录。

另外，根据现行建筑行业制图标准和本专业设计规范，对本书的各个章节都进行了修订和补充。增加的第 12 章是由安徽工业大学建筑工程学院张新喜教授、瞿村辉研究生编写，其他章节由原作者进行修订。全书最终由中国矿业大学黄炜教授审稿。

通过本次修订，使全书内容更完整、更有条理性和系统性，便于教学和学生自学。

欢迎使用本书的教师和学生多提宝贵意见，在此表示忠心的感谢！

编　者

2016 年 4 月于矿大南湖校区

前 言

《建筑设备工程制图与 CAD》一书是根据教育部本科专业目录的调整，以及专业指导委员会对重组建的“建筑环境与设备工程专业”本科培养目标的要求和教学需要而编写的。

近几年来，建筑环境与设备工程专业的学生在建筑环境与设备工程的制图学习中一直采用的是讲义和参考资料，因而编写一本适于学生掌握工程语言能力的教科书是非常必要的。本书是作者在总结近几年教学经验的基础上，并根据几届学生使用教学讲义的情况整理而成，其宗旨是让学生掌握建筑环境与设备系统设计的工程语言，培养学生驾驭工程语言的素质和能力。教材的编写从全面提高学生制图能力出发，重点阐述建筑环境与设备工程制图的基本方法、技能和怎样依据制图规范和标准进行绘图，以及对专业图纸的识读、绘制、CAD 绘图和绘图软件的应用能力。教材的知识结构及体系合理，并侧重与工程实际相结合，具有较强的实用性。

“建筑设备工程制图与 CAD”是建筑环境与设备工程本科生的必修课程。通过本课程的讲授和教材的学习，使学生掌握建筑制图、设备系统制图的基本理论和画法，掌握专业工程图纸的表达方法，正确地表述设计理念和意图。因此，在专业课程学习的基础上，学会建筑设备工程图的识图和绘图，熟练掌握 CAD 制图的方法和技巧，才能自如地运用工程制图技能，用图纸来正确地描述采暖、通风、空调、建筑给水排水和建筑电气等工程。因此，掌握建筑设备工程图纸的构图和制图，建立起正确的管线系统的空间立体概念，学会系统轴测图和系统流程图的绘制是此书编写的目的。为此，本教材从本专业的制图、识图出发，以 CAD 制图及相关制图软件在本专业制图中的应用为手段，是一本非常实用的专业制图教材，不仅能满足建筑环境与设备工程专业本科教学的需求，同时也为相关专业本科生的学习提供了一本实用教材。

本书前 4 章主要内容包括基本绘图基础、建筑制图与简单机械绘图基础；第 5 章介绍了 CAD 制图方法与相关绘图软件；第 6 章内容为管道制图的基础知识；第 7—11 章分别介绍了供热、空调、通风、建筑给水排水、建筑电气等工程制图。本书中所使用符号及制图标准将严格按照国家现行标准规范执行，而且教材编写成员均为从事多年工程设计、有丰富教学与设计经验的教师。

本书由中国矿业大学黄炜主编，其中第 1，4，7，9 章由黄炜编写；第 2，3，5，6 章由中国矿业大学张红英编写；第 8 章由合肥工业大学祝健编写；第 10 章由安徽工业大学张新喜编写；第 11 章由中国矿业大学夏文光编写。全书由黄炜统稿和校审，由重庆大学康侍民担任主审。

本书编写过程中，得到了中国矿业大学徐淑杰等研究生的大力帮助，对此谨致谢意。

由于主观和客观因素的存在，书中的错误与不妥之处，希望广大读者提出宝贵意见！

编　者

2006 年 7 月

目录

1 绪　论

建筑公用设备系统包括:建筑供热系统、建筑通风系统、建筑空调系统、建筑给水排水系统、建筑电气系统、燃气供应系统等公共设施。这些系统及设施是构成建筑体系的重要组成环节。所以,建筑公用设备系统必须与建筑物有机地结合,才能充分地发挥建筑的功能。因此,在建筑设计中,建筑公用设备系统的设计是必不可缺的。

建筑公用设备工程图代表着设计工程师的语言,传达着工程设计的理念、意图和构建目的。所以,掌握这种设计语言并能熟练应用是建筑环境与能源应用工程专业(后续简称为建环专业)学生和技术人员必须具备的基本素质。

1.1　课程学习的目的和任务

建环专业无论是从事建筑公用设备的工程设计,还是从事现场施工和运行管理,都应具备对建筑公用设备工程图的识图和绘制能力,这是开设"建筑公用设备工程制图与CAD"课程的主要目的。本课程为建筑环境与能源应用工程专业的必修课程。课程中既包括有制图的基本理论和绘图方法,又有较多工程技术及专业基础知识。

本课程的内容包括:投影的基础知识,以及点、直线、平面投影的基本原理;房屋建筑制图标准及公共设施系统相关制图规定的基础知识;AutoCAD绘图的基本操作等。其中,投影原理是建筑公用设备工程图的理论基础,它利用投影的方法在平面图形上表达空间形体并解决空间几何问题。经过一系列循序渐进的课堂学习和课内、外作业练习,通过学习建筑形体、建筑公用设备的表达方法,以及识图和一般绘图方法,来提高学习者的空间想象和识图能力。因此,本课程的目的是培养建环专业学生具备必需的建筑公用设备工程图的识图与绘制的基本知识和技能,为后续专业课程的学习和从业奠定坚实的基础。

本课程的主要任务:

①学习点、直线、平面的投影;基本几何体的投影;三面视图表示空间形体的图示方法和投影方法。

②学习 AutoCAD 的基本绘图方法,掌握 AutoCAD 的基本编辑方法,视图缩放及图层控制,块的定义及使用,文本标注、尺寸标注、查询图形属性、图形输出。

③学习《房屋建筑制图统一标准》(GB/T 50001—2010)、《暖通空调制图标准》(GB/T 50114—2010)、《建筑给水排水制图标准》(GB/T 50106—2010)等国家制图标准,培养学生从事建筑公用设备工程系统设计与管理的绘图与识图的能力,进而具备正确掌握相关制图标准的综合能力。

④培养学生掌握不同建筑公用设备系统(如供暖系统、空调系统、通风系统、给水排水系统、电气照明系统等)施工图的表达方法,具备较强的识图和绘图能力。

⑤培养学生构建空间立体形态的想象能力,从而提高对建筑公用设备工程设计制图的动手能力,以及分析问题、解决问题的能力。

1.2 课程学习的方法

建筑公用设备工程图是进行建筑公用设备系统设计与建造的依据,所以学会工程图的视图与绘图是非常重要的。

①首先必须树立正确地学习态度,明确学习目的,保持良好的学习状态,从而提高学习效果。

②学习中要熟悉建筑公用设备工程的制图标准(国家标准和行业标准),制图标准的相关规定和重要内容必须牢记。例如线型的名称和用途、比例和尺寸标注的规定、图样画法、各种图样符号的表示内容、各种图例及各类构配件的图示规定等,都是识图与绘图的重要元素。通过熟记,能够提高应用的效率与准确性。

③建环专业制图课程的主要特点是具有很强的系统性和实践性。因此,学习中必须按规定完成一定数量的制图作业,从易到难,循序渐进。做作业时一定要认真,切莫粗枝大叶,马虎潦草,做到独立思考,独立完成。可借助一些实物模型、计算机动画模型或实际工程获得感性认识,也可通过绘制轴测图来帮助识读投影图,并按照投影规律加以分析,构想投影图与空间形体的对应关系。

④建筑公用设备工程图是与建筑图互相配合、相辅相成的,而且图形复杂、种类繁多,具有大量的图例和特殊的表示方法。所以,本书图文并茂,许多地方是以图代文,教师的授课方式是以画图为主,课堂学习与上机学习相结合。对课上讲授的绘图重点、难点,可通过上机学习,得以掌握与巩固。学生在平时学习中,也应多思考、多读图、多画图,掌握和正确运用投影原理,增强空间立体形态的正确想象能力,从而收到很好地学习效果。

⑤建筑公用设备工程图中的一条线、一个符号,往往就会代表一条管路、一个管道部件或某种设备,指挥着施工、加工制作及系统安装的全过程,来不得丝毫的马虎;否则给社会及人们的工作和生活造成影响,有时甚至造成的人身安全和经济损失是不可限量的。因此,培养耐心、严谨、求真、扎实的工作态度和学习作风应贯穿于本课程学习的全过程中。

⑥注意选择适当的阅读参考书,扩大视野,培养自学能力。

总之,学习的过程是一个循序渐进的过程。首先要掌握物体的投影、建筑视图和建筑公用设备管道制图的基础知识,然后再进一步学好采暖工程、空气调节工程、通风工程、建筑给水排水工程、建筑电气工程的制图方法。在学习中,应注意 CAD 制图方法的掌握与灵活应用,要结合工程制图基本方法的学习达到熟练运用计算机绘图的目的。另外,在绘图软件的学习中,应注意基本方法和计算机绘图技巧的融合与贯通,在学习中提高工程制图与计算机绘图设计的综合能力,将建筑公用设备工程师的工程语言灵活运用之极至。

2

投影的基础知识

本章主要介绍点、线、面投影的基本知识，以及各视图面的投影特点，在学习中应注意空间投影概念的建立。本章是学习建筑公用设备工程识图和绘图的基础。

2.1 投影的基本概念

2.1.1 投影法

1）投影的概念

在日常生活中，可以看到阳光或灯光下的形体在地面或墙面上投射的影子，如图2.1所示。如果把这种现象抽象总结，并将发光点称为光源，光线称为投射线，投落影子的地面或壁面称为投影面，这种影子则称为投影。所谓投影，即过光源和形体的一系列投射线与投影面交点的集合。

观察图2.2，过光源 S 和空间点 A 做投射线 SA 与投影面只交于一点 a，点 a 就称为空间点 A 在 H 投影面上的投影。同样，点 b,c 是空间点 B,C 的投影。如果将 a,b,c 三点连成几何图形 $\triangle abc$，即为空间 $\triangle ABC$ 在 H 投影面上的投影。

我们把这种研究空间形体与其投影之间关系的方法，称为投影法。

2）投影法的分类

根据光源与形体间及投影面之间距离的不同，投影法分为中心投影法和平行投影法两大类。

（1）中心投影法

光线由光源 S 发出，投射线成束线状，投影的影子（图形）随光源的方向与光源相距形体的距离而变化，如图2.2所示。中心投影法的特点是光源距离形体越近，形体投影越大，投影的大小并不能反映形体的真实大小。

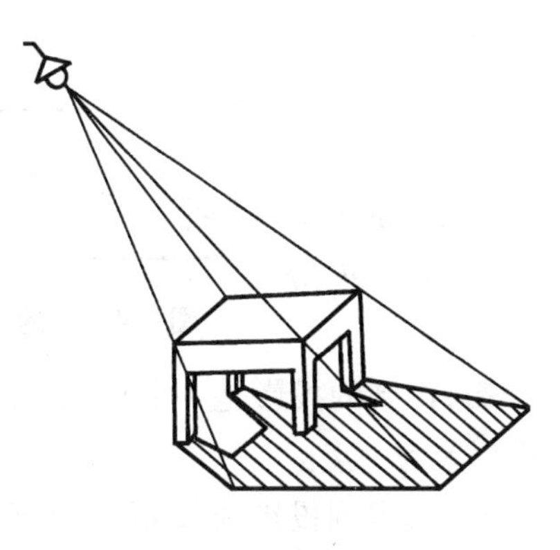

图 2.1 影子

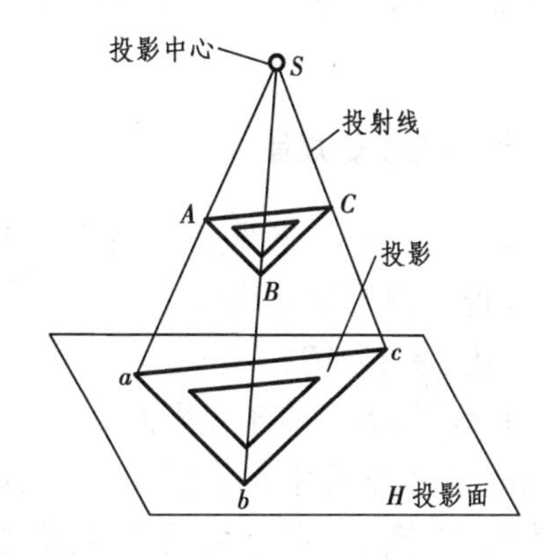

图 2.2 中心投影法

(2)平行投影法

光源在无限远处,投射线相互平行,投影大小与形体到光源的距离无关,如图 2.3 所示,工程图均以此方法绘制。平行投影法又可根据投射线(方向)与投影面方向(角度)的不同,分为斜投影和正投影两种:

①斜投影法:投射线相互平行,但与投影面倾斜,如图 2.3(a)所示。

②正投影法:投射线相互平行且与投影面垂直,如图 2.3(b)所示。用正投影法得到的投影称为正投影,或称直角投影。这种方法能够很直观的反映形体,所以在工程上被广泛应用。

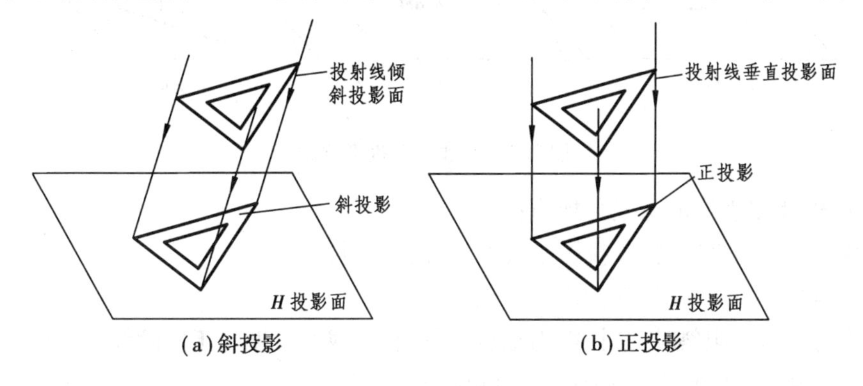

图 2.3 平行投影法

在建筑公用设备工程制图中通常使用的是正投影。因此,本章介绍的正投影是学习的重点,有关斜投影可参考其他相关学习资料。

2.1.2 点、直线、平面的正投影规律

任何图形都是由点、线、面组成。若要正确表达或分析物体的形体,应首先了解点、直线和平面的正投影关系及其基本规律,以便更好地理解投影图的内在联系。

1)点的正投影规律

如图 2.4 所示,由空间点 A 做垂直于平面 P 的投射线,在投影面上得到的正投影是点 a。

对于一个点来说,无论从哪个方向进行投影,所得到的投影仍然是一个点。

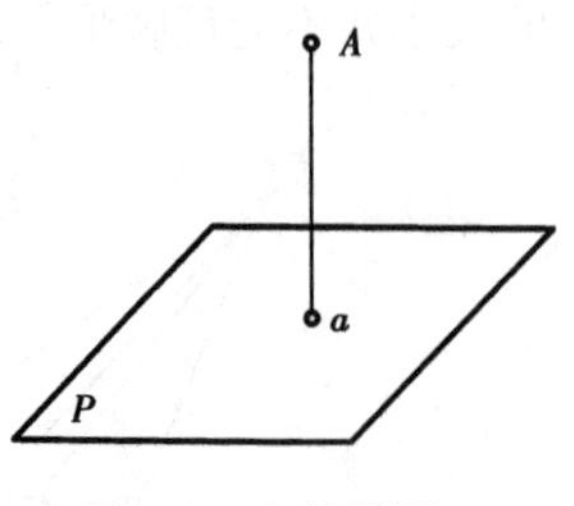

图 2.4　点的投影

2)直线的正投影规律

如图 2.5(a)所示,将线段 AB 平行于投影面放置,从线段的上方进行投影,得到的投影是线段 ab。而且线段 AB 与投影线段 ab 等长,投影反映了线段 AB 的实长。

如果将线段 AB 垂直于投影面放置,从上方进行投影,得到的投影是一个点,如图 2.5(b)所示。也就是说,线段垂直于投影面时,其各点投影均积聚为一点。

将线段 AB 倾斜于投影面放置时,仍然从上方进行投影,得到投影线段 ab 是短于线段 AB 的实长。当我们垂直向下看时,在投影面上看到的线段 ab 是倾斜于投影面的直线,它的正投影是缩短了的直线,如图 2.5(c)所示。另外,线段 AB 无论怎样放置,其线段上任意一点 C 的投影都落在线段 AB 的投影 ab 上,如图2.5所示。

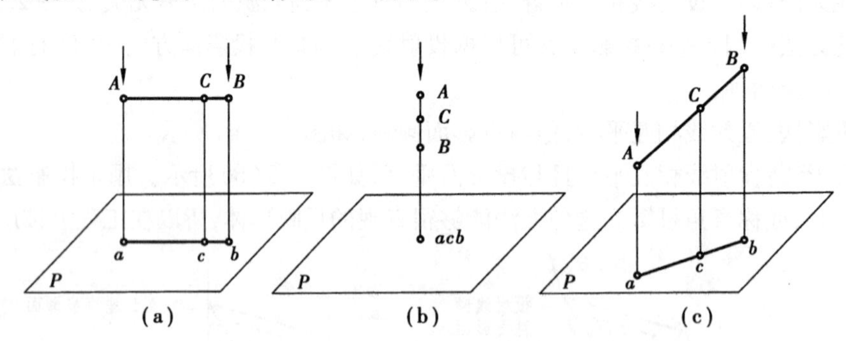

图 2.5　直线的正投影规律

综上所述,得出直线的正投影规律:

①直线与投影面平行时,其投影是直线,且反映实长。

②直线与投影面垂直时,其投影为一点。

③直线与投影面倾斜时,其投影仍是直线,但投影线段长度短于实际线段长度。

④直线上某一点的投影,必定在此直线的投影上。

3)平面的正投影规律

如图 2.6(a)所示,将矩形 ABCD 平行于投影面放置,从上方进行投影得到的投影是矩形 abcd,大小与矩形 ABCD 完全相等,投影反映矩形 ABCD 的实形。

再将矩形 ABCD 垂直于投影面放置,从上方进行投影,如图 2.6(b)所示。由于投影方向与矩形 ABCD 的放置方向一致,矩形 ABCD 在投影面上的投影是一条线段。

当矩形 ABCD 与投影面成一定角度倾斜放置时,仍然从上方进行投影,其投影是通过矩形 ABCD 的轮廓上各点的投射线与投影面相交得到的图形 abcd,图形 abcd 仍为矩形,但面积缩小了,如图 2.6(c)所示。

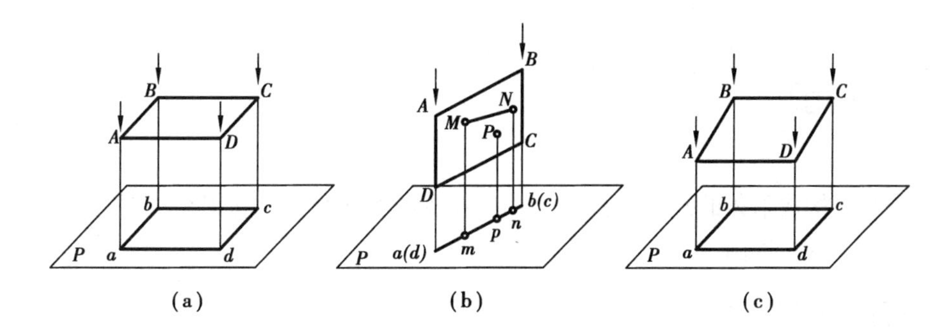

图 2.6 平面的正投影规律

综上所述,得出平面的正投影规律:

①平面与投影面平行时,其投影反映平面的真实形状。

②平面与投影面垂直时,其投影为一线段。

③平面与投影面倾斜时,其投影为面积缩小的平面。

2.1.3 正投影的基本特性

根据上述分析,正投影有 3 个基本特性:

1)显实性

①直线与投影面平行时,得到的投影是实长的直线,如图 2.5(a)所示。直线的这种投影特性称为直线投影的显实性。

②平面与投影面平行时,得到的投影是实形的平面,如图 2.6(a)所示。平面的这种投影特性称为平面投影的显实性。

2)积聚性

①直线与投影面垂直时,得到的投影是一个点。而且这条直线上的任意一点的投影都落在这一点上,如图 2.5(b)所示。直线的这种投影特性称为直线投影的积聚性。

②平面与投影面垂直时,得到的投影是一条线段,这个平面上的任意一点、任意一直线的投影都积聚在这一线段上。如图 2.6(b)所示,平面 *ABCD* 垂直于投影面,它的投影则是线段 $a(d)b(c)$,而且该平面上任意一点 *P* 和任意一线段 *MN*,它们的投影分别为点 *p* 和线段 *mn*,而点 *p* 和线段 *mn* 都落在线段 $a(d)b(c)$ 上,平面的这种投影特性称为平面投影的积聚性。

3)相似性

①直线与投影面倾斜时,投影线段变短,但投影的形状与原来的形状相似,如图 2.5(c)所示。直线的这种投影特性称为直线投影的相似性。

②平面与投影面倾斜时,投影线段变小,但投影的形状与原来的形状相似,如图 2.6(c)所示。平面的这种投影特性称为平面投影的相似性。

2.2 三面视图

前面介绍了构成形体的线、面的正投影特性,现在来学习如何利用线、面的正投影特性作出反映真实形体的投影图。

2.2.1 形体的三视图

所谓投影图是指形体在投影面上的投影。值得注意的是,不同的物体在同一投影面上却能得到相同的投影,如图 2.7 所示,仅有一个投影图一般不能反映形体的真实几何形状和大小,所以不能凭借一个投影图来确定物体的形体。

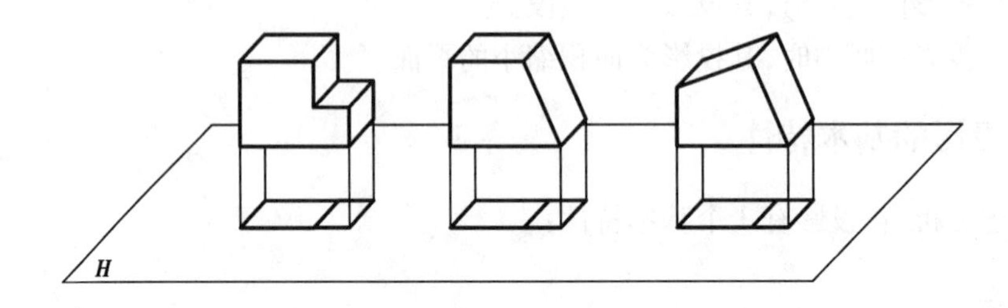

图 2.7 不同物体在同一投影面上投影相同

因此,欲真实地反映形体的形状,需要建立形体的三面投影,即通过三面投影图来准确掌握物体的全貌。

1)三面投影图

(1)三面投影体系

为了准确反映物体的形状和大小,用 3 个互相垂直的投影面构成一个三面投影体系,将空间分成 8 个部分,称为 8 个分角,分别为 Ⅰ—Ⅷ,如图 2.8 所示。我国制图标准规定采用第一分角。

①将正立的投影面称为正立投影面,简称正面,用 V 标记。

②将侧立的投影面称为侧立投影面,简称侧面,用 W 标记。

③将水平放置的投影面称为水平投影面,简称水平面,用 H 标记。

这 3 个投影图又分别称为:主视图、侧视图和俯视图,一起简称为“三视图”。

它们相当于空间直角坐标面。3 个投影面分别交于 OX,OY,OZ 投影轴,相当于 3 根坐标轴,3 轴的交点 O 称为原点,如图 2.9 所示。

(2)三面投影图的形成

如图 2.10 所示,将形体置于三面投影体系中,并规定 X 轴向为形体的长度;Y 轴向为形体的宽度,Z 轴向为形体的高度。图 2.10 中 A,B,C 所示方向分别为形体的前方、上方和左方。然后,将形体分别向 3 个投影面做正投影图。

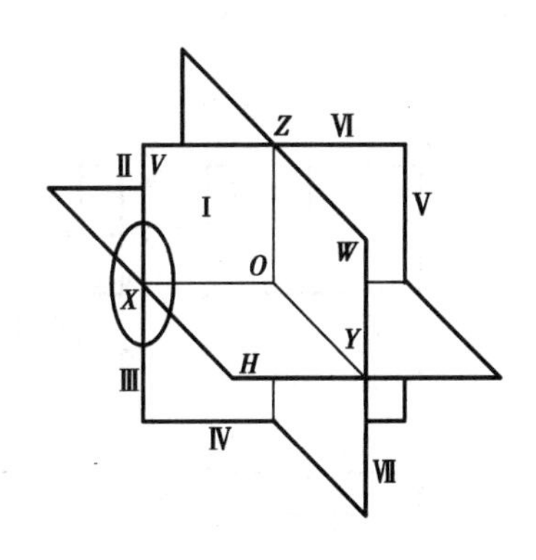

图 2.8　8 个分角

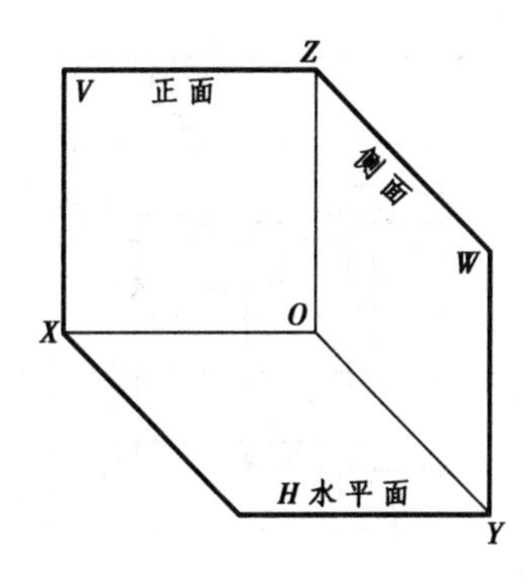

图 2.9　三个投影面

①从形体的前面(沿 *A* 箭头所示方向)向 *V* 面上所做的投影图称为正面投影图。

②从形体的上面(沿 *B* 箭头所示方向)在 *H* 面上所做的投影图称为水平投影图。

③从形体的左面(沿 *C* 箭头所示方向)在 *W* 面上所做的投影图称为侧面投影图。

这 3 个投影图相互联系,共同表达了物体的形状和大小。这就是工程制图或识图必须遵循的基本原理与规则。

制图中必须注意:在画形体的投影图时,可见的线画实线,不可见的线画虚线。

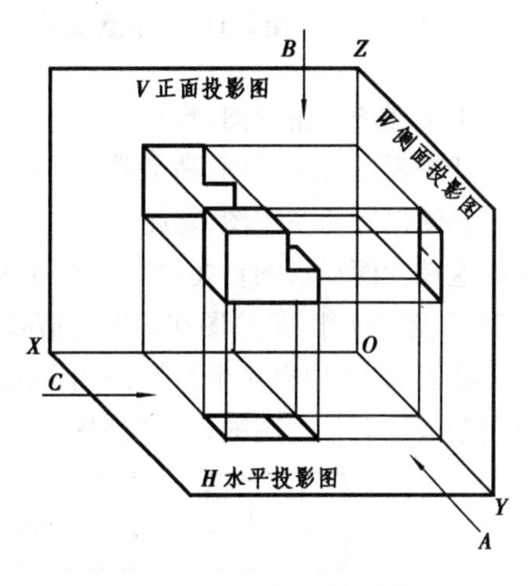

图 2.10　三视图的形成

2)三面投影图的展开

由于形体是在同一位置上分别向 3 个投影面进行投影的,因此,在正面投影图上反映了形体的长和高;在水平投影图上反映了形体的长和宽;在侧面投影图上反映了形体的高和宽。

为了能够在同一画面上得到一个形体的三面投影图,还需将 3 个投影面展开成一个平面。展开方法,如图 2.11 所示,*V* 面保持不动,*H* 面绕 *OX* 轴向下旋转 90°;*W* 面绕 *OZ* 轴向右旋转 90°,*Y* 轴分为 Y_H 和 Y_W 两个部分。经旋转展开后,3 个投影图摊平在同一平面上,如图 2.12 所示。

制图标准规定,按投影关系:

①在正立投影面上的投影图称为主视图,工程图中称为立面图。

②在水平投影面上的投影图称为俯视图,工程中称为平面图。

③在侧立投影面上的投影图称为左(右)视图,工程中称为侧面图。

3)三视图的投影规律

三视图不是相互独立的,而是在尺度上彼此关联的,3 个视图之间保持有如下的投影规律:

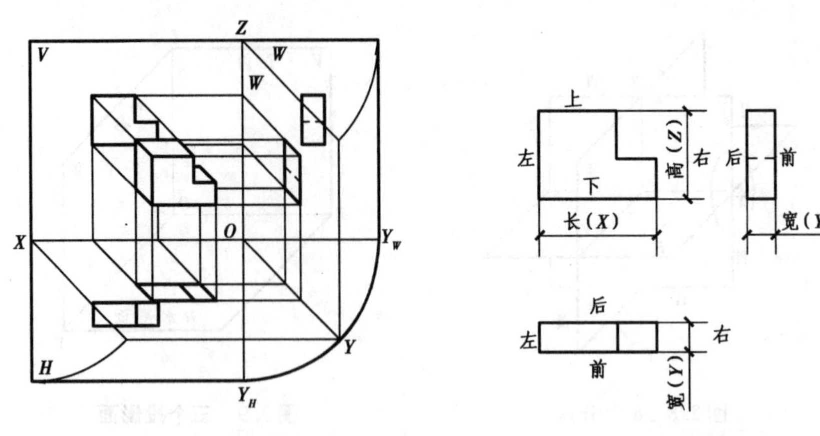

图 2.11 三投影面展开　　　　图 2.12 三投影图的位置

①主视图与俯视图,长对正;

②主视图与左视图,高平齐;

③俯视图与左视图,宽相等。

这是三面投影图重要的"三等"关系,其口诀为"长对正、高平齐、宽相等"。这是三视图的"三等"投影规律,是绘图和识图的最基本规律,必须牢固掌握,熟练运用,严格遵守。

在图 2.13 中有 4 个图例,分别画出了形体的三面投影图,通过形体和投影图的对照阅读,有利于加深对三视图的认识与理解。

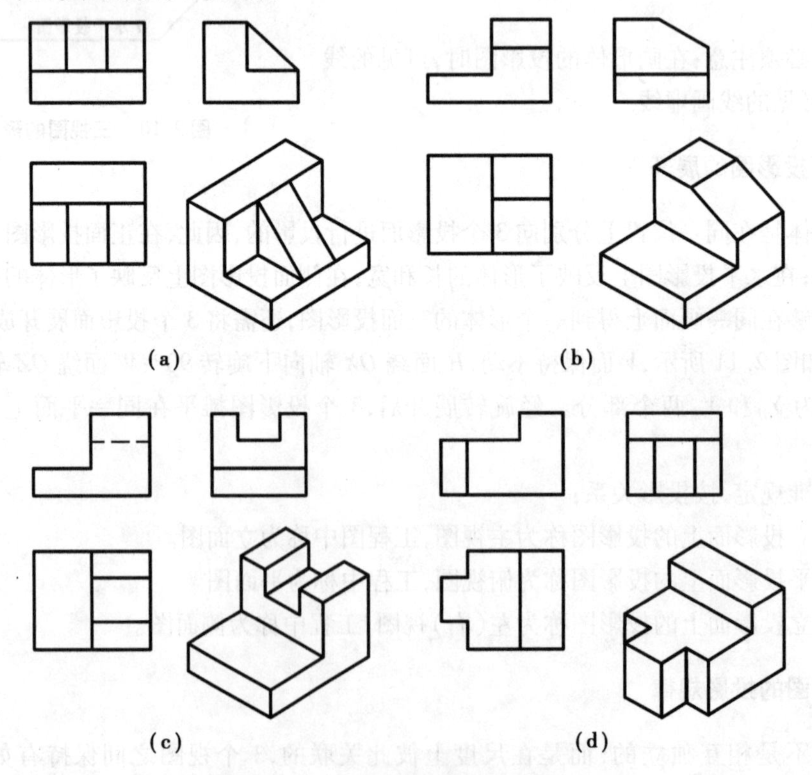

图 2.13 三面投影图与形体对照图

2.2.2 三视图的制图

阅读三视图是一个由图形想象出物体实际形状的过程,要根据三视图的"三等"口诀,来掌握投影规律,并在阅图的基础上学会三视图的制图。

下面以一个托架的三视图(见图2.14)为例,介绍简单组合体的识图与制图步骤:

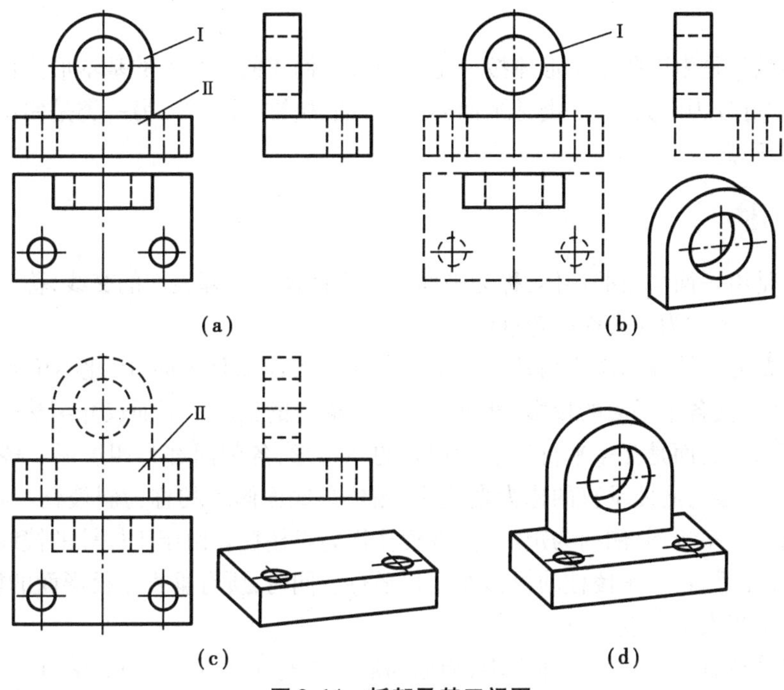

图2.14 托架及其三视图

(1)细看视图,判明关系

根据图2.14(a)所示,阅读托架三视图的相互位置关系,可判断出垂直排列的主视图与俯视图,有长对正的关系;水平垂直排列的主视图与左视图,有高平齐的关系;俯视图与左视图,有宽相等的关系。其中,主视图表达了托架的主要形状。

从主视图和俯视图可以看出,托架左右是对称的;从俯视图和左视图可以看出,托架前后是不对称的。

(2)分解部分,想象形状

三视图可以清楚地表示出托架各部分的相对位置,可将托架分为底板Ⅱ和竖板Ⅰ两大部分,如图2.14(a)所示。分别对各个部分进行视图分析,并想象它们的形状。

图2.14(b)所示的竖板Ⅰ是长方体和半圆柱的相切组合,主视图中的圆与俯视图中的虚线对应,表明在竖板中间与半圆柱同心的位置开一圆形通孔。

图2.14(c)所示的底板Ⅱ是一平放的长方体,俯视图中的两个小圆与主视图中的虚线及轴线对应,表明在长方体左右对称的轴线位置钻了两个圆通孔。

(3)组合起来,构想整体

从以上分析得知:托架由底板和竖板两部分组成,底板和竖板的后方靠齐并居中放置,竖板顶部呈半圆柱形,中间开一圆孔。底板上左右对称地钻了两个小圆孔,其整体形状如图

2.14(d)所示。

通过上述例题分析,建立起物体形状的空间立体概念,是非常重要的。

2.3 基本几何体的投影

物件的形状都是由一些基本形体按一定方向组合而成的。常见的基本形体按照其表面性质的不同,通常可分为两大类:一类是平面体,如棱柱、棱锥、棱台等;另一类是曲面体,如圆柱、圆锥、球体、圆环等。

2.3.1 平面体

各表面都是由平面构成的形体,称为平面体。平面体上相邻表面的交线,称为棱线。它是各表面的边界线,也称为各表面的轮廓线。

平面体主要分为棱柱和棱锥两种。由于平面体各表面都是平面,因此不论是什么形状的平面体,只要作出其各个平面的投影,就可得出该平面体的投影。下面仅介绍棱柱三视图。

棱柱的顶面与底面是互相平行且形状相同的多边形,各侧面都为四边形。棱柱有直棱柱和斜棱柱之分,侧棱与底面垂直的称为直棱柱,侧棱与底面倾斜的称为斜棱柱。在直棱柱中,当顶面与底面为正多边形,侧面为矩形时,该棱柱称为正棱柱。由于正棱柱的棱线互相平行且与顶面、底面互相垂直,故正棱柱的投影亦互相平行。同时,所有垂直于投影面的棱线,在该投影面上的投影都积聚为一点。

将正六棱柱放置于三投影面体系中,顶面与底面平行于 H 面,并使其前、后两个侧面平行于 V 面,如图2.15(a)所示。

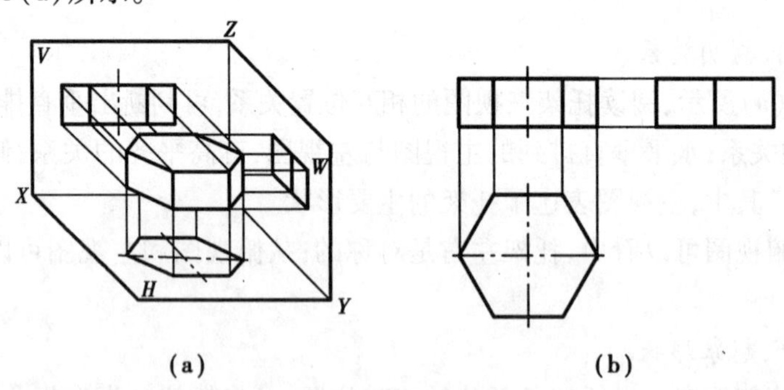

图2.15 正六棱柱的投影图

图2.15(b)是正六棱柱的三视图。俯视图的正六边形是正六棱柱顶面与底面的重合投影,反映了该棱柱顶面与底面的实形;正六边形的边和顶点是6个侧面和6个侧棱在 H 面上的积聚投影。

主视图的3个矩形线框是正六棱柱6个侧面的投影,中间的矩形线框为前、后侧面的重合投影,反映了实形;左、右两个矩形线框为其余4个侧面的重合投影,由于倾斜于 H 面,所以投影小于实形。主视图中上、下两条水平线是顶面与底面的积聚投影,另外6条平行线是6个侧棱的投影。

左视图的两个矩形线框是正六棱柱左、右4个侧面的投影，由于倾斜于V面，所以投影小于实形，上、下两条水平线是顶面与底面的积聚投影，两边的垂直线是前、后两个侧面的积聚投影。

2.3.2 曲面体

曲面体是由曲面或曲面与平面所围成的。曲面是由直线或曲线在空间按一定规律运动而形成的，当直线或曲线绕固定轴线作回转运动而形成曲面体时，称为回转体，如圆柱、圆锥、圆球、圆环等。下面只介绍圆柱体的三视图。

圆柱是由顶面、底面和圆柱面组成。圆柱面可看成是由一条直母线绕与它平行的轴线回转一周而成，圆柱面上任意一条平行于轴线的直线，称为圆柱面的素线。

将圆柱体放置于三投影面体系中，使其轴线垂直于H面，如图2.16(a)所示。

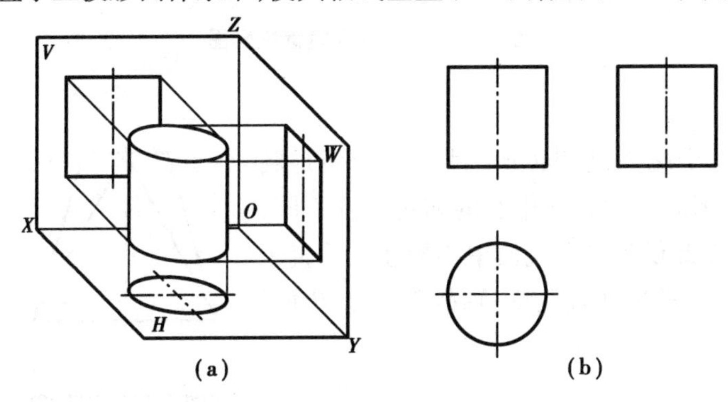

图2.16 圆柱体的三视图

图2.16(b)是圆柱体的三视图。在H面上的投影是一个圆，反映顶面与底面的实形，同时也是圆柱体曲面的积聚投影。

在V面上的投影是一个矩形线框。矩形线框的上、下边线是上、下底面的积聚投影，矩形线框的左、右边线是从前向后看时位于圆柱面上最左与最右两条素线的投影，这两条素线称为轮廓素线，并以此为界线决定了圆柱面前半部可见，后半部不可见。

在W面上的投影也是一个矩形线框。线框的上、下边线是上、下底面的积聚投影，线框的左、右边线是最前与最后两条轮廓素线的投影，并以此为界线决定了圆柱面左半部可见，右半部不可见。

2.3.3 几种常见配件的投影

在通风、空调工程中常用矩形、圆形异径管，下面分别讨论这些管道配件的三面投影。

1)同心异径短管

矩形同心异径短管可看成是空心四棱台，其两端面是大小不等的矩形，轴线为两个端面中心的连线，且垂直于两个端面。图2.17(a)就是将矩形同心异径短管垂直放置，轴线垂直于H面的三面投影图。

圆形异径短管可看成是空心圆锥台，其两个端面是大小不等的同心圆，轴线为两个端面圆心的连线，且垂直于两个端面。图2.17(b)就是将圆形同心异径管垂直放置，轴线垂直于H面的三面投影图。

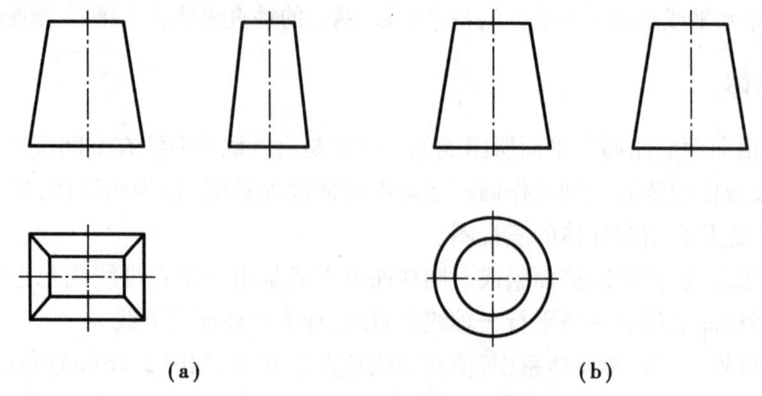

图 2.17 同心异径短管投影图

2)天圆地方

天圆地方的一个端面是四边形,另一个端面是圆形。根据四边形的形状及两端面中心的相对位置不同,可分为多种情况,在此仅列出两端面中心的连线垂直于两端面时的投影。将短管垂直放置,轴线垂直于 H 面,投影如图 2.18 所示。

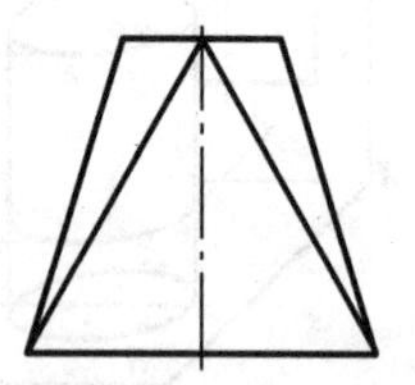
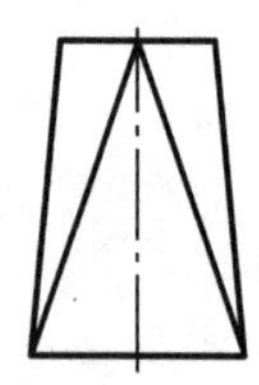
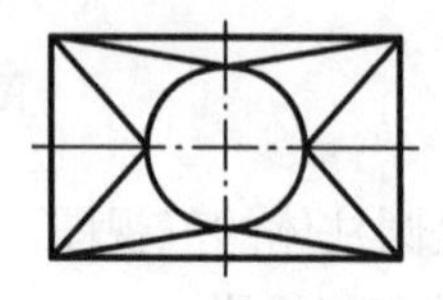

图 2.18 天圆地方投影图

3)偏心异径短管

矩形偏心异径短管由于两端面中心的相对位置不同,可分为多种情况,在此仅列出两轴线所在平面为正平面的投影。将矩形偏心异径短管垂直放置,轴线垂直于 H 面,其投影如图2.19(a)所示。

圆形偏心异径短管投影,在此仅以正平面的投影为例,将圆形偏心异径管垂直放置,圆的轴线垂直于 H 面,投影如图 2.19(b)所示。

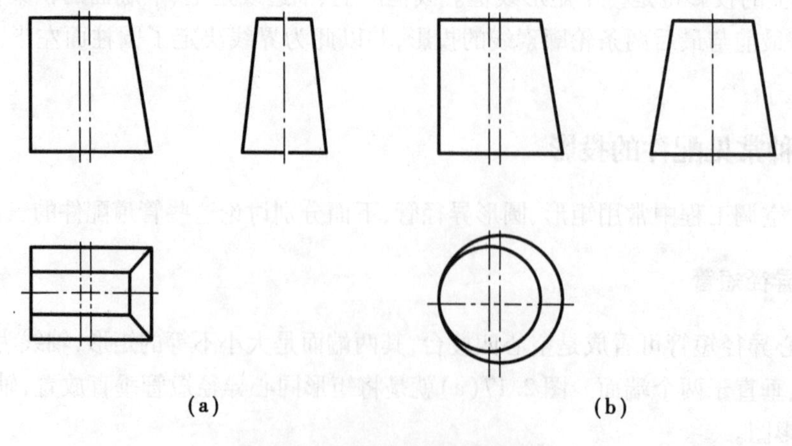

图 2.19 偏心异径短管投影图

小 结

本章主要介绍了投影的基础知识。

(1)点、直线和平面的正投影特性

①点的投影仍旧是一个点。

②直线的投影特性,可用下面的口诀记忆:

- 直线平行投影面,投影实长现;
- 直线倾斜投影面,投影长变短;
- 直线垂直投影面,投影成一点。

③平面的投影特性,可用下面的口诀记忆:

- 平面平行投影面,投影实形现;
- 平面倾斜投影面,投影形状变;
- 平面垂直投影面,投影成直线。

(2)三面投影图的投影规律

- 主视图与俯视图,长对正;
- 主视图与左视图,高平齐;
- 俯视图与左视图,宽相等。

(3)三视图的识读方法和步骤

细看视图,判明关系;分解部分,想象形状;组合起来,构想整体。

(4)其他投影知识

探讨了基本几何体的三面投影图及常见管配件的三面投影图。

3

建筑视图的基础知识

3.1 建筑制图的基本知识

由于建环专业绘制的建筑公用设备工程图与房屋建筑息息相关,所以必须学习和掌握建筑制图、识图的基本知识,为后续的学习奠定基础。

在工程制图中,图样是工程界的技术语言,为了使建筑图纸规格统一,图面简洁清晰,符合施工要求,便于技术交流,必须在图样的画法、字体、尺寸标注、采用的符号等各方面有统一的标准。

目前,有关建筑制图标准主要有6个:《房屋建筑制图统一标准》(GB/T 50001—2010)、《总图制图标准》(GB/T 50103—2010)、《建筑制图标准》(GB/T 50104—2010)、《建筑结构制图标准》(GB/T 50105—2010)、《建筑给水排水制图标准》(GB/T 50106—2010)、《暖通空调制图标准》(GB/T 50114—2010)。

本节简要介绍《房屋建筑制图统一标准》中对制图的各项规定,同时根据建筑制图标准和建筑结构制图标准的规定,介绍一些常用的建筑和建筑材料的图例。其余内容将在后续章节中结合专业图纸的识读与绘制再详细介绍。

3.1.1 图纸的格式与幅面

一张完整的图纸由幅面线、图框线、标题栏、会签栏等组成。图纸分为横式和立式两种,以短边作为垂直边的图纸称为横式,以长边作为垂直边的图纸称为立式,如图3.1所示。一般A0—A3图纸宜采用横式,必要时,也可立式使用,但A0—A1图幅的立式图会增加视觉读图的不方便,一般尽量不采用。A4均采用立式幅面。

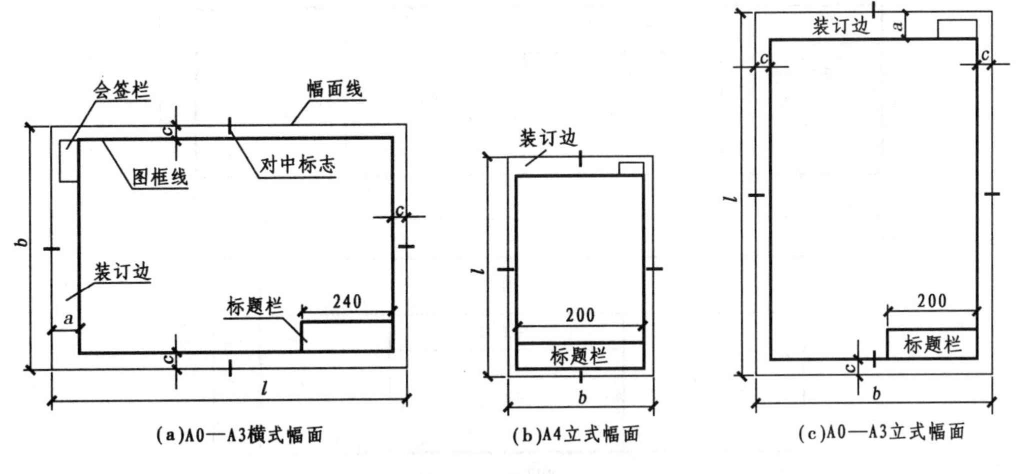

图 3.1 图纸的格式

由幅面线围成的图面,称为图纸的幅面。幅面尺寸共分 5 类:A0—A4,见表 3.1。

表 3.1 幅面及图框尺寸 单位:mm

幅面代号 尺寸代号	A0	A1	A2	A3	A4
$b \times l$	841 × 1 189	594 × 841	420 × 594	297 × 420	210 × 297
c	10			5	
a	25				

图纸的短边一般不宜加长,长边可加长,但应符合表 3.2 的规定。

表 3.2 图纸长边的加长尺寸 单位:mm

幅面尺寸	长边尺寸	长边加长后尺寸
A0	1 189	1 486,1 635,1 783,1 932,2 080,2 230,2 378
A1	841	1 051,1 261,1 471,1 682,1 892,2 102
A2	594	743,891,1 041,1 189,1 338,1 486,1 635,1 783,1 932,2 080
A3	420	630,841,1 051,1 261,1 471,1 682,1 892

3.1.2 标题栏与会签栏

1)标题栏

用来说明图样内容的专栏,按规定画在图纸的右下角,其长度是 240 mm 或 200 mm,宽度为 30 mm 或 40 mm,如图 3.2 所示。

在本课程学习在校学习期间,建议采用如图 3.3 所示的标题栏格式。

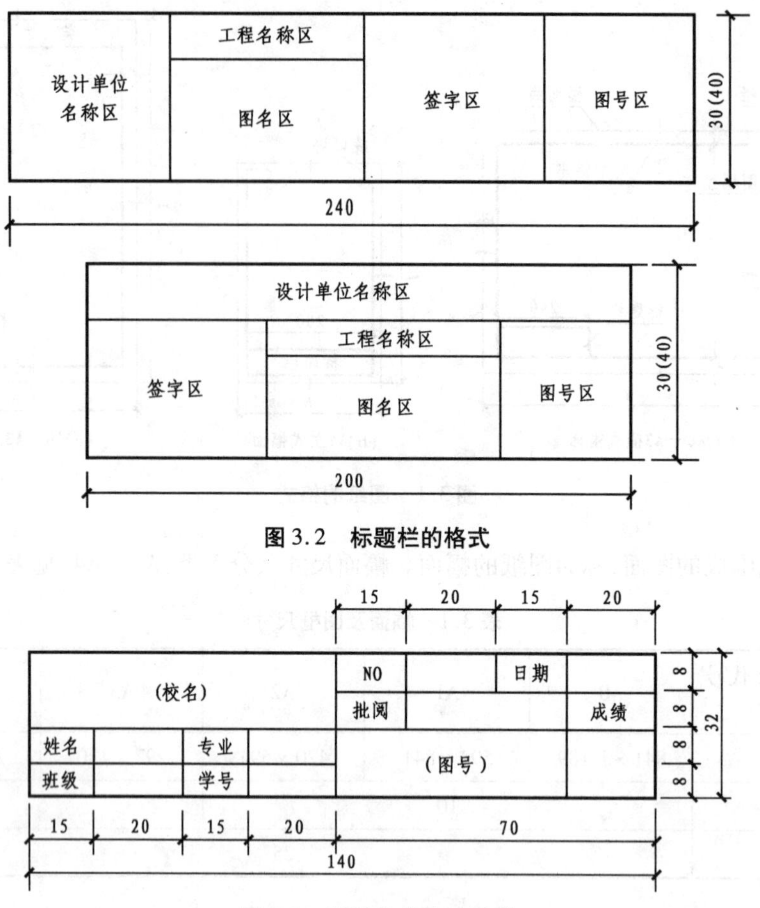

图3.2　标题栏的格式

图3.3　制图作业的标题栏

2)会签栏

会签栏应按图3.4所示的格式绘制,其尺寸为100 mm×20 mm,栏内应填写会签人员所代表的专业、姓名、日期(年、月、日);1个会签栏不够用时,可另加1个,2个会签栏应并列;不需要会签的图纸可不设会签栏。

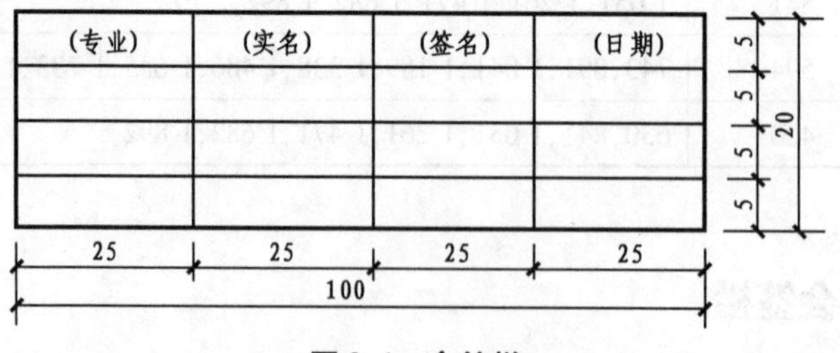

图3.4　会签栏

3.1.3　图线的线宽与线形

为了区分不同专业各种物件的轮廓,图线的基本线宽 b 宜从2.0,1.4,0.7,0.5,0.35 mm中选取,并应根据图样的类别、比例大小及复杂程度选择 b 值。建筑工程设计制图时,应选用

表3.3所示的图线。

表3.3 常用图线

名称		线形	线宽	一般用途
实线	粗	——	b	主要可见轮廓线
	中	——	$0.5b$	可见轮廓线
	细	——	$0.25b$	可见轮廓线、图例线
虚线	粗	— — —	b	见各有关专业制图标准
	中	— — —	$0.5b$	不可见轮廓线
	细	— — —	$0.25b$	不可见轮廓线、图例线
单点长画线	粗	—·—	b	见各有关专业制图标准
	中	—·—	$0.5b$	见各有关专业制图标准
	细	—·—	$0.25b$	中心线、对称线等
双点长画线	粗	—··—	b	见各有关专业制图标准
	中	—··—	$0.5b$	见各有关专业制图标准
	细	—··—	$0.25b$	假想轮廓线、成型前原始轮廓线
折断线		—\/—	$0.25b$	断开界线
波浪线		～～	$0.25b$	断开界线

另外,在绘制建环专业的设备及管道工程图时,图线可按后面章节中的表7.1及表8.1所示线型选择。

3.1.4 字体

1)文字的字体

文字的字体指图中文字、字母、数字的书写形式,图纸中的汉字一般采用长仿宋体。

2)文字的字高

字高一般不小于3.5 mm。字高系列分为:3.5,5,7,10,14,20 mm,如需书写更大的字,其高度按$\sqrt{2}$的比例递增,字宽约为字高的0.7倍。拉丁字母、阿拉伯数字或罗马数字的字高不应小于2.5 mm。图形中与尺寸相关的标注文字字高为3.5 mm;图形中标注文字字高为5 mm;需要对图纸作相关说明的文字字高为7～10 mm,一般书写在图形的右侧或下方;图纸标题标注采用字高≥10 mm的字体。

3.1.5 比例

1)图纸的比例

图纸的比例是指图形与实物相对应的线性尺寸之比。通常情况下,除了示意图、工艺流程及系统原理图之外,图纸都是按比例绘制的。图纸的比例,应便于施工人员用比例尺进行测量、估算实物量、施工图概预算和施工预算的编制。

2)图纸比例的表示方式

通常比例是以阿拉伯数字表示。比例的符号为":",如 1:10。比例符号左侧数字表示绘制的图形尺寸,右侧数字表示实际物体相对于图形的倍数。上述1:10即表示图形的大小只有实物的 1/10。

绘图所用的比例,应根据用途与被绘制的对象的复杂程度选用,见表 3.4。大样图及局部放大图一般采用较大的比例,单体建筑图一般采用 1:100 比例,对于区域建筑总图采用较小的比例。

表 3.4 绘图比例

常用比例	1:1,1:2,1:5,1:10,1:20,1:50,1:100,1:150,1:200,1:500,1:1 000,1:2 000,1:5 000,1:10 000,1:20 000,1:50 000,1:100 000,1:200 000
可用比例	1:3,1:4,1:6,1:15,1:25,1:30,1:40,1:60,1:80,1:250,1:300,1:400,1:600

比例宜标注在图名的右侧,字的基准应取平,比例的字高宜比图名的字高小 1 号或 2 号。另外在平面图和立面图的标题栏中也要标注比例。

3.1.6 指北针

指北针的形状,如图 3.5 所示。圆的直径为 24 mm,指北针尾部的宽度为 3 mm,指北针头部应注明"北"或"N"字样,指针涂暗。需用较大直径绘制指北针时,指针尾部宽度宜为直径的 1/8。

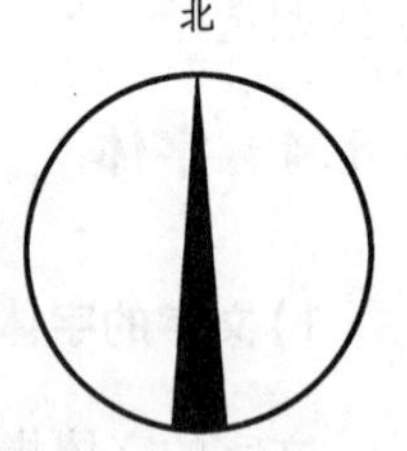

图 3.5 指北针

3.1.7 定位轴线

①定位轴线采用细单点长画线(或称为中心线)绘制。

②定位轴线应编号,编号注写在轴线端部的圆内。圆用细实线绘制,直径为 8 mm,在 A0 图或详图上可增大为 10 mm,圆心应在定位轴线的延长线或延长线的折线上。

③定位轴线的编号,宜标注在图样的下方或左侧。横向编号应用阿拉伯数字,从左至右顺序编写;竖向编号应用大写拉丁字母(不包括 I,O,Z)由下向上顺序编写,如图 3.6 所示。

④定位轴线也可采用分区编号,如图 3.7 所示。

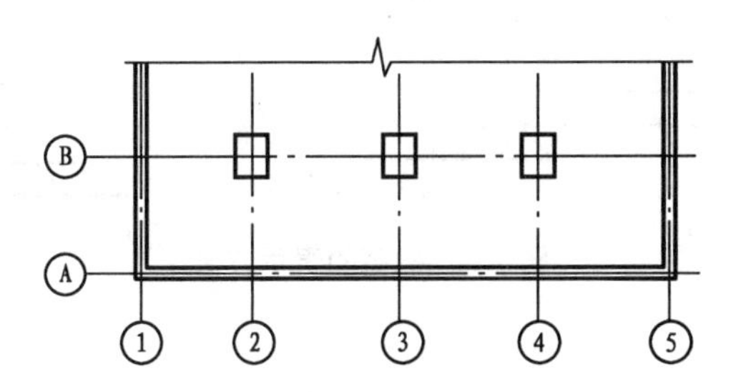

图 3.6 定位轴线的编写顺序

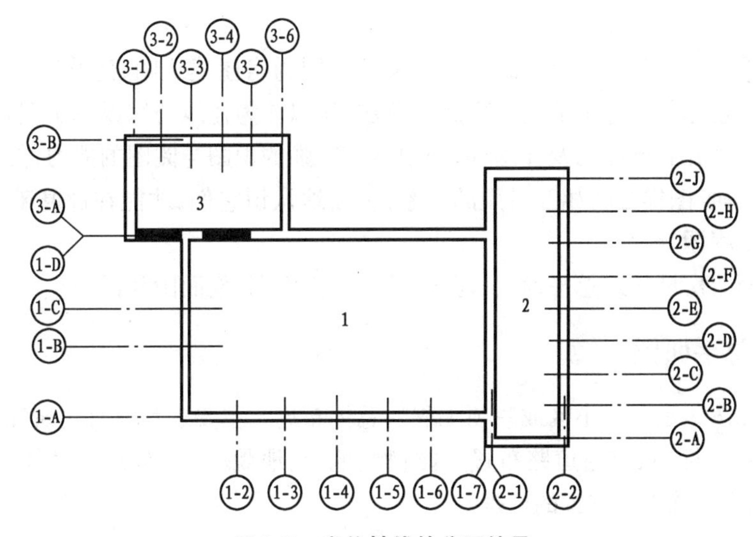

图 3.7 定位轴线的分区编号

3.1.8 标高

标高分为绝对标高和相对标高。

①绝对标高是以我国青岛外黄海平面作为零点而确定的高度尺寸。

②相对标高是选定某一参考面为零点而确定的高度尺寸。建筑图上采用的相对标高,通常是选定建筑物底层室内地坪面为零点。

③标高的符号应以直角等腰三角形表示,如图 3.8 所示。

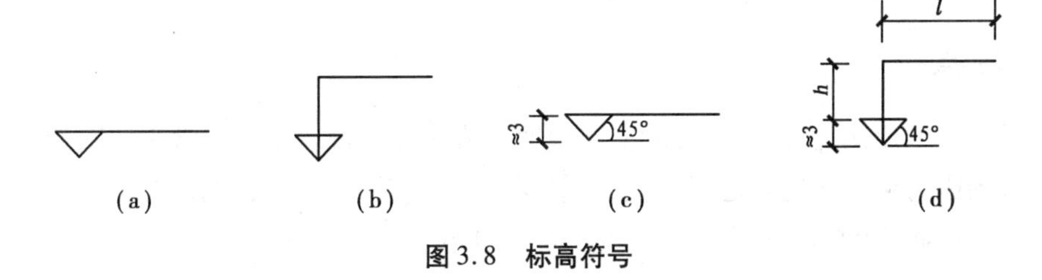

图 3.8 标高符号

④标高符号的尖端应指至被注的高度,尖端可向下,也可向上,如图 3.9 所示。

⑤标高数字以米为单位,注写到小数点后第三位。零点标高应注写成 ±0.000,正数标高不需注“+”,负数标高应注“-”。

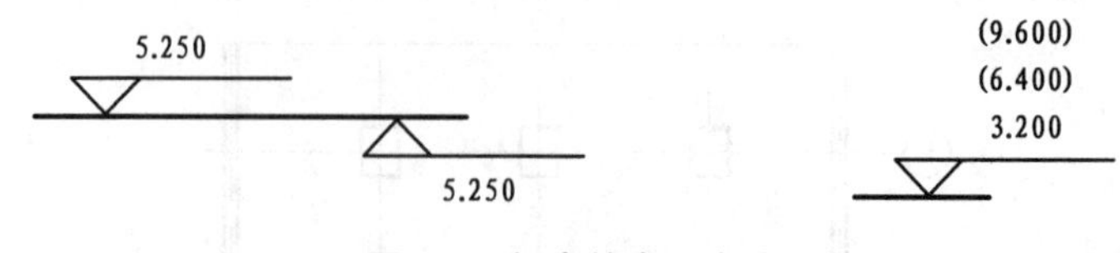

图 3.9　标高的表示方法

3.2　房屋建筑图

建筑公用设备工程是与房屋建筑密切相关的。因为房屋建筑图、建筑工程施工图是用一系列的图样来表达建筑设计师的设计理念和意图,所以作为建筑公用设备工程师,对于房屋建筑图的平面图、立面图、剖面图及详图等,必须具备很强的识图与阅图的能力,能将各个图样综合起来阅读,了解各图样之间相互对照的关系,全面地认识它们,才能在此基础上设计及绘制建筑公用设备工程图。

下面分别介绍房屋建筑总平面图、建筑平面图、立面图、剖面图和详图。

3.2.1　建筑总平面图

建筑总平面图表示一个小区或一项工程的总体布局。主要表示原有建筑和新建房屋的位置,构筑物的位置、标高、交通道路布置、构筑物、地形、地貌等,是作为新建房屋定位、施工放线、土方施工及施工总平面布置的依据。

1)基本内容

①表明新建区的总体布局、占地范围、各建筑物及构筑物的位置、道路、管网的布置等。

②确定建筑物的平面位置(一般根据原有房屋或道路定位)。建设成片住宅、较大的公共建筑物、工厂或地形较复杂时,可以利用坐标确定房屋及道路转折点的位置。

③表明建筑物首层地面的绝对标高,室外地坪、道路的绝对标高;说明土方清挖情况、地面坡度及雨水排水方向。

④用指北针表示房屋的朝向;有时用风向玫瑰图表示常年风向、频率和风速。

⑤根据工程的需要,有时还有水、暖、电等管线总平面图;各种管线综合布置图、道路纵横剖面图及绿化布置图等。

2)看图要点

①先看图样的比例、图例及有关的文字说明。表 3.5 中摘取了一些常用的图例。

总平面图因为包括的地方范围较大,一般绘制时都使用较小的比例,如 1:2 000,1:1 000,1:500 等。总平面图上标注的尺寸,一律以“m”为单位。

表 3.5 总平面图常用图例

名 称	图 例	名 称	图 例
新建建筑物	8 需要时,可用▲表示出入口,可在图形内右上角用点数或数字表示总层数	室内标高	151.00(±0.00)
		室外标高	●143.00▼143.00
原有建筑物		坐标	X105.00 Y425.00 表示测量坐标
计划扩建的预留地或建筑物			A105.00 B425.00 表示建筑坐标
拆除的建筑物		围墙及大门	实体性质的围墙
花坛			通透性质的围墙

②了解工程的性质、用地范围和地形地物等情况,对整个工程的概况全貌有整体了解。

③察看指北针,弄清建筑的方位。房屋的位置可用定位尺寸或坐标确定。

④考察图面整体布局情况。识别哪是道路、河流、原有建筑、拆除建筑、地坪标高,了解新建建筑有几座、方位、朝向、形状、与原有建筑的间距等情况。

3)识读总平面图

【例】 识读总平面图(见图 3.10)。

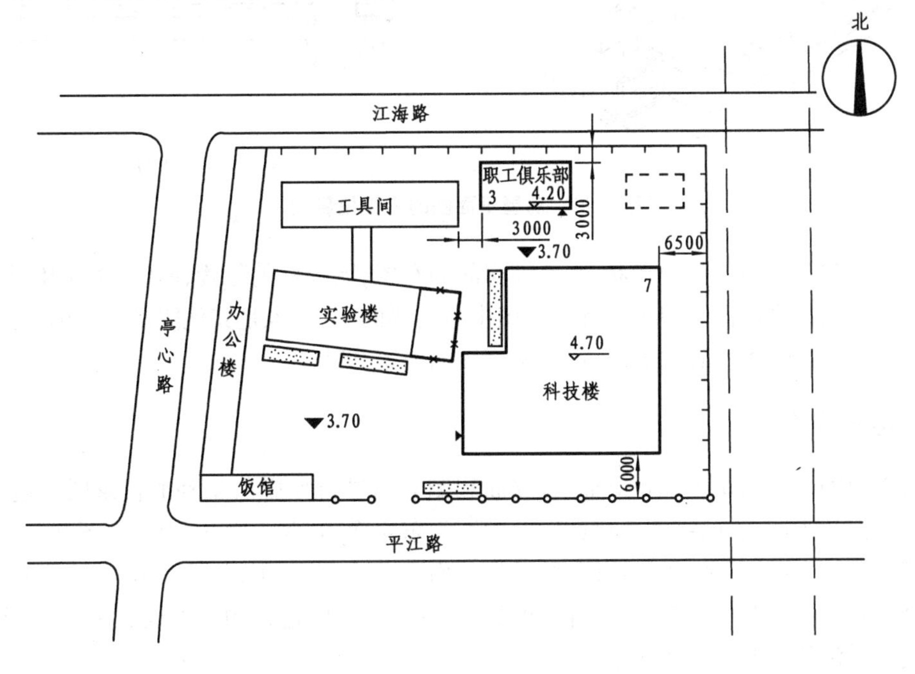

图 3.10 某单位总平面图(1:500)

这是一张某单位扩建的总平面图,比例是1:500。围墙的南、西、北有3条马路,东边将计划扩建一条马路。南边的部分围墙是通透性质的围墙,东、北两面是实体性质的围墙。单位原有建筑有:办公楼、实验楼、工具间;新建建筑有:科技楼、职工俱乐部,在院内东北角处还有一个计划扩建建筑。

从方向标上看,新建建筑科技楼、职工俱乐部均是坐北朝南的,室外地坪标高3.70 m,室内地坪标高分别为4.70,4.20 m,这些标高均为绝对标高,通常标高应标注到小数点后第三位,但在总图中可标注到小数点后两位。新建筑距原有围墙的距离也在图中标出了,科技楼距南围墙6.000 m,距东围墙6.500 m;俱乐部距北围墙和工具间都是3.000 m。

3.2.2 建筑平面图

建筑平面图就是假设用一个水平面把房屋沿窗台切开,移去上半部,如图3.11(a)所示;从上垂直向下投影所得到的水平投影图,也可简称为平面图,如图3.11(b)所示。

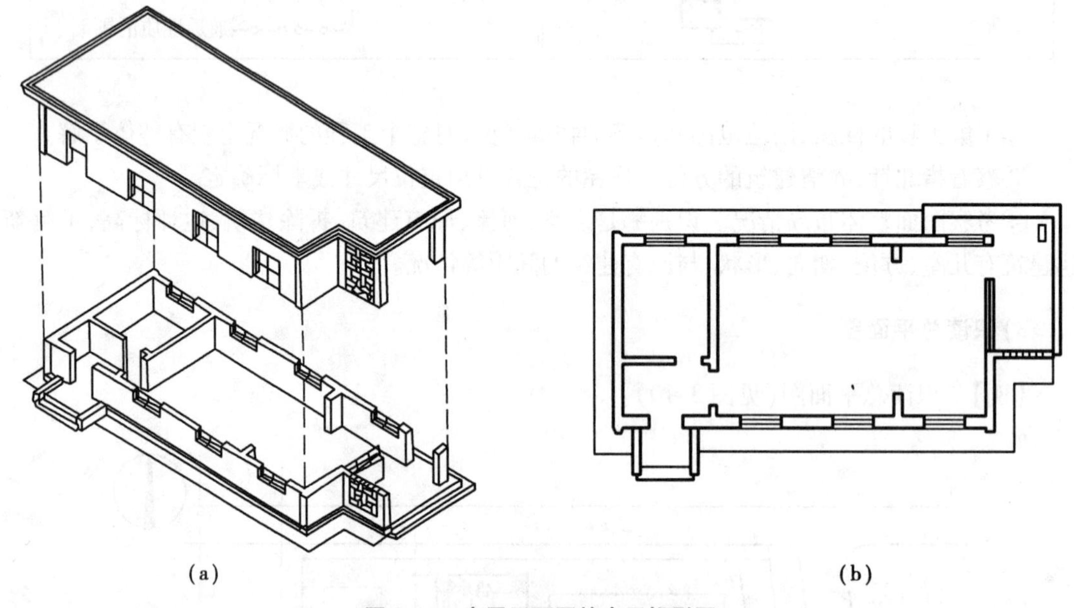

图3.11 房屋平面图的水平投影图

平面图反映了房屋的平面形状、大小和房间的布置,墙或柱的位置、厚度、楼梯及门窗的大小和位置等。建筑平面图是建筑设计施工图中最主要的图样,也是其他图样的基础和依据,如果建筑设计图中出现不一致情况时,则以平面图的要素为准。

3.2.3 建筑立面图

建筑立面图是指从房屋的正立面、背立面和侧立面进行投影所得到的投影图。通常按建筑物各个立面的不同朝向,将几个投影图分别称为东立面图、西立面图、南立面图和北立面图。有时也将主要的立面图称为正立面图,背后的立面图称为背立面图,左、右两边的立面图称为左、右立面图。立面图主要表示建筑外围的长、宽、高的尺寸,建筑物的外观形状,墙面线脚、构配件及墙面做法等,如图3.12所示。

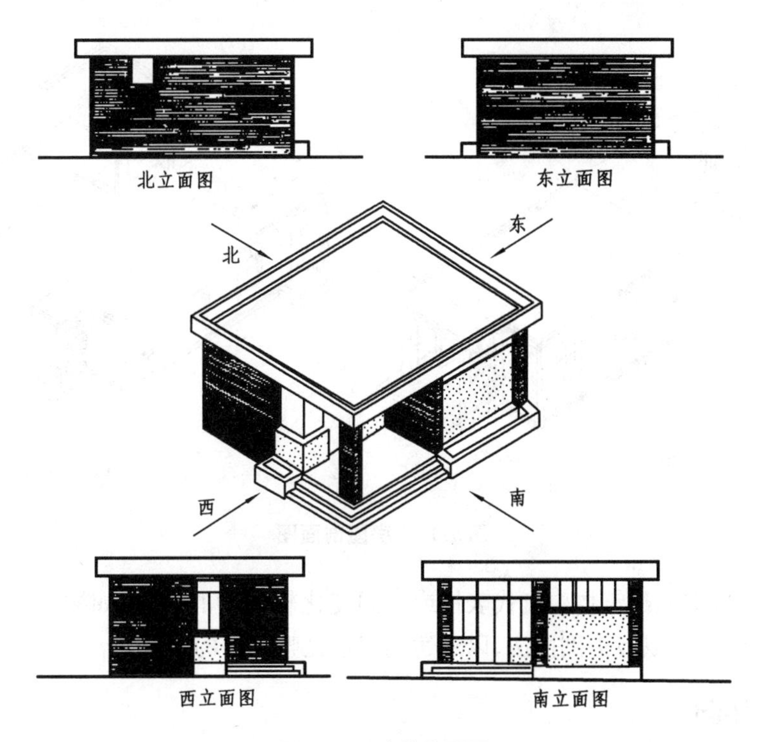

图 3.12 建筑立面图

3.2.4 建筑剖面图

建筑剖面图就是假设用一平面把房屋沿垂直方向切开，移去其中的一部分［见图 3.13(d)、(e)］，对剩下的另一部分进行投影所得到的正立投影图，如图 3.13(b)、(c)所示。剖面图主要用来表示建筑物内部在垂直方向上的情况，如分层情况，层高、楼板厚度及门窗各部位的高度，室内轮廓线和装修构造，构配件、墙面等的做法，如图 3.13 所示。

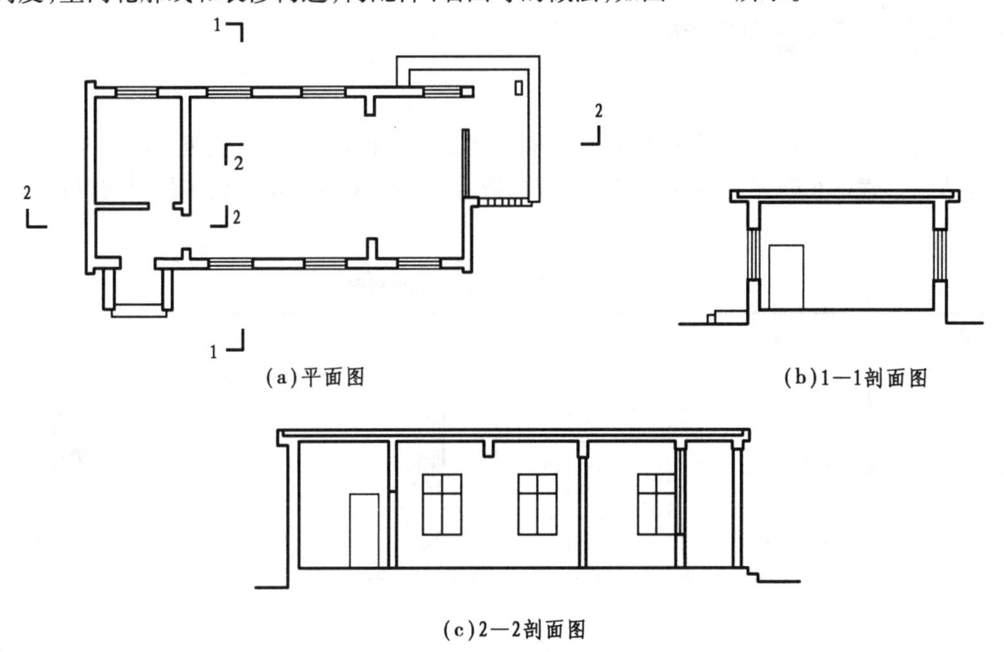

(a)平面图

(b)1—1剖面图

(c)2—2剖面图

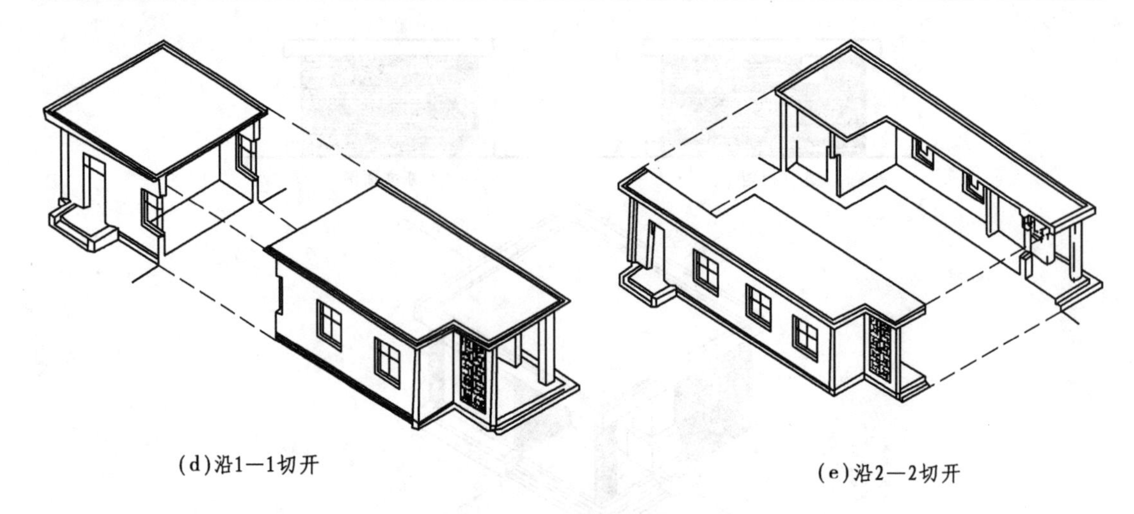

(d)沿1—1切开　　(e)沿2—2切开

图 3.13　房屋剖面图

剖切位置一般选取建筑物中有代表性或空间变化较复杂的部位,如楼梯间、门窗洞口、阳台等部位,必要时可采取转折剖面法,以求达到表达完整的目的。

3.2.5　建筑详图

由于建筑物的体量大,其平面图、立面图、剖面图采用的比例小,因而建筑物的某些细部,构配件的详细构造及尺寸无法表达清楚,根据施工的需要,必须另外绘制大比例(如 1∶10,1∶5 等)的图样。这种局部大比例的图样,称为详图。

建筑详图是平面图、立面图、剖面图的补充,不仅是建筑施工图的重要组成部分,而且是建筑施工的重要依据(参见本章 3.3.4 节)。

3.3　建筑施工图的识读

在绘制建筑公用设备工程图之前,首先应对建筑图进行识读,了解建筑图样和图中所用的图例等信息。表 3.6 列举了一些常用的建筑构造及配件图例供参考。更多的图例可查阅相关标准图集。

表 3.6　建筑构造及配件的图例

名　称	图　例	名　称	图　例	名　称	图　例
墙体		单扇门(包括平开或单面弹簧)		单层外开平开窗	
隔断					
栏杆					

续表

名　称	图　例	名　称	图　例	名　称	图　例
楼梯	上	双扇门(包括平开或单面弹簧)		单层内开平开窗	
	下 上	对开折叠门		双层内外开平开窗	
	下				

3.3.1　建筑平面图的识读

识读平面图的内容和注意事项如下:

①查明标题,了解工程性质,通过底层平面图的指北针或风玫瑰图查明建筑物的朝向。

②了解建筑物的形状,内部房间的布置,出入口、走廊过道、楼梯间的位置及相互之间的联系。

③查明定位轴线,了解墙和柱等承重构件的位置。

④查看建筑物各部分的尺寸,从这些尺寸中可以知道建筑物的总长度、总宽度、总的建筑面积等。

⑤查看地面及各楼层标高。

⑥查看门窗位置及编号,了解各扇门的开启方向。

⑦平面图上还可以反映出其他有关专业对土建的预留洞槽的要求,如设备、管道安装孔,通风管穿墙、穿楼板孔洞,暗装消火栓在墙上的洞槽等,识读时要弄清楚洞槽的位置和尺寸。

⑧注意室外台阶、花池、散水、雨水管、明沟等的位置和尺寸。

⑨注意剖面图的剖切位置。

⑩对于工业建筑还要查明各种设备、行车等在厂房内的位置。

按照上述几点来识读图3.14,该图所示为某传达室的建筑平面图。

根据指北针的指示,该建筑坐北朝南,从两幅图的图名可以看出,此建筑为二层楼。从轴线编号看,水平方向有两个轴线1,2,竖直方向有两个轴线A,B,轴线位于墙的中线位置。

底层平面图的识读:本层有1间房,楼梯在西墙外。一般建筑图标注尺寸有3层尺寸,最外层尺寸表示此建筑外形轮廓的最大尺寸,分别为7 040 mm和3 840 mm;第二层尺寸表示轴线间的尺寸,分别为5 000 mm和3 600 mm;最里面一层的尺寸表示门、窗的宽度及其位置尺寸,即底层南边开了一扇宽900 mm的门M1,南、东、北面墙上开了3种规格的窗C1,C3,C4。需要注意的是,同一种编号的门、窗其构造及尺寸相同,其构造详情可查阅同套图纸中相关的详图。门前有一个宽600 mm的踏步,其地坪标高为-0.050 m。室内地坪标高为±0.000 m。

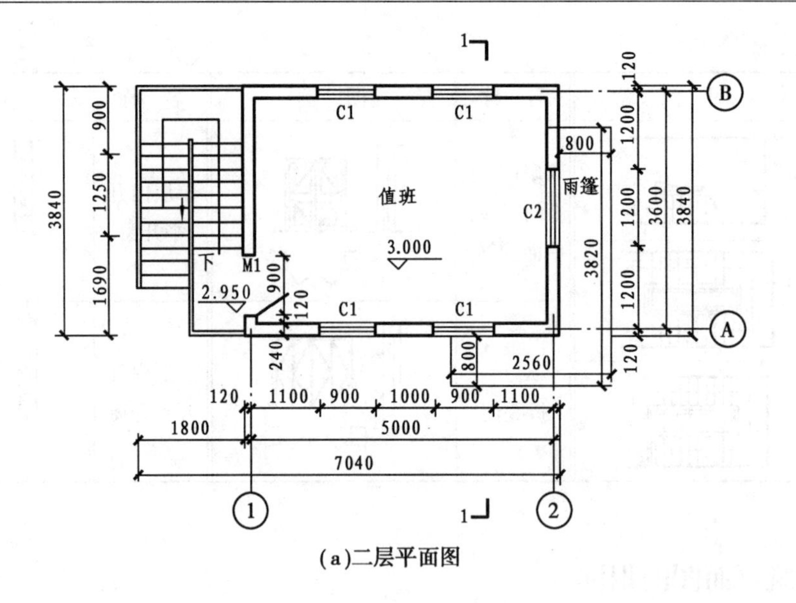

(a)二层平面图

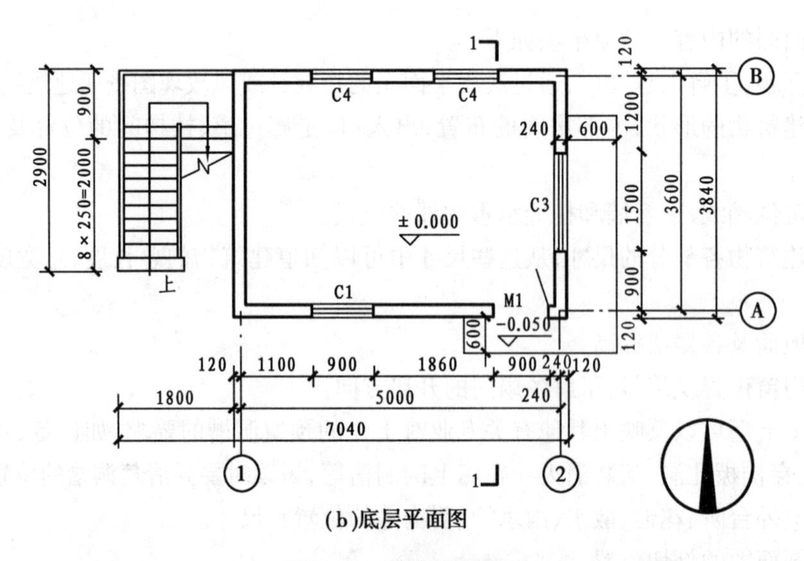

(b)底层平面图

图 3.14　传达室平面图

二层平面图的识读:本层也只有 1 间房,楼梯在西墙外,门开在西墙上,编号为 M1,剩下的 3 面墙上有两个规格的窗 C1,C2。二层地坪标高为 3.000 m。在底层踏步的上方有一个宽 800 mm 的雨篷。

底层和二层的平面图有两对同一位置的剖切符号(也可以只在底层绘制剖面符号),其对应的剖面图如图 3.16 所示。

3.3.2　建筑立面图的识读

识读立面图的内容和注意事项如下:

①查看房屋的各个立面的外貌,了解屋面、门窗、阳台、雨篷、台阶、花池、勒脚、室外楼梯、雨水管等的位置和形式。

②了解房屋各部位的标高。

③查明墙面装修材料与做法。

按照上述几点来识读图 3.15 所示的某传达室(对应的平面图见图 3.14)的建筑立面图。

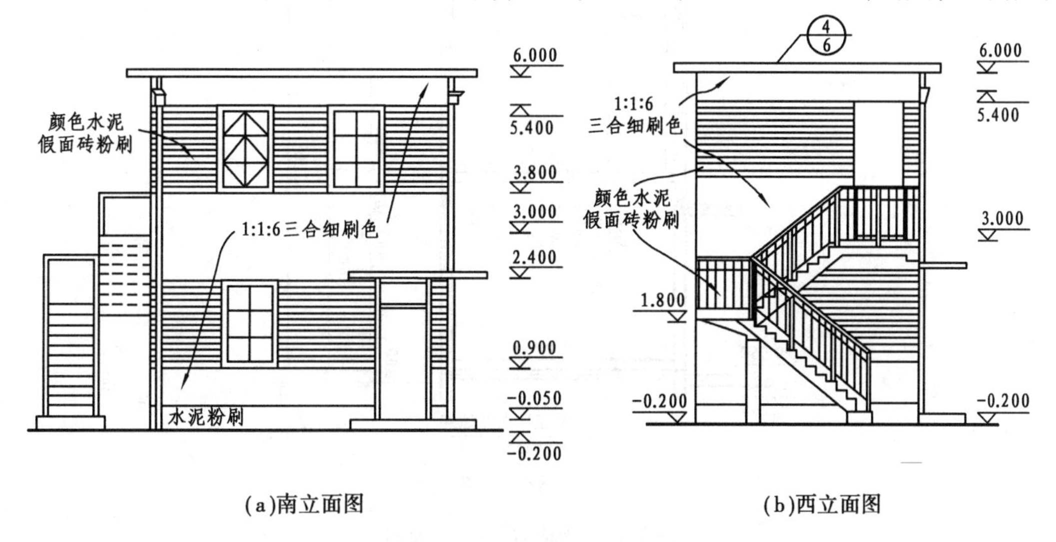

(a)南立面图　　(b)西立面图

图 3.15　传达室的立面图

南立面图:M1 是单扇门,门上是雨篷,雨篷标高为 2.400 m,门下有踏步,标高为 -0.050 m,墙角设有雨水管,房子的西侧是楼梯。南面墙上有 3 扇同样规格的窗,但形式上有所差异,对照平面图 3.14,从图上可看到 C1 是单层内外开的平开窗。

西立面图:我们可从立面图中看到楼梯的立面情况,楼梯在 1.800 m 处转折,到 3.000 m 标高处结束,二层门的位置以及檐口的情况通过立面图也可反映出来。

从图中标示的标高看,二层楼地面标高为 3.000 m,室外地坪标高为 -0.200 m,檐口顶面标高为 6.000 m。

墙面装饰材料及做法为:与窗等高的墙面上用颜色水泥假面砖粉刷,其余墙面用 1∶1∶6 水泥三合细粉刷色,勒脚用水泥粉刷。

3.3.3　建筑剖面图的识读

识读剖面图的内容和注意事项如下:

①首先看清楚剖面图是从什么位置剖切,向哪面投影得来的,剖面图下面都注有图名,如 1—1 剖面图、2—2 剖面图等。识读时根据剖面图的图名,在平面图上找到剖切位置,然后将剖面图与平面图对照起来进行识读。

②查明房屋主要构件的结构形式、位置以及相互之间的关系,如屋面、楼板、梁、楼梯的结构形式,用料情况,与墙、柱之间的联系等。

③了解室外明沟、散水、踏步、屋面坡度等情况。

④查清各部分的尺寸和标高,如室外地坪标高,各楼层标高,室内空间净高尺寸,建筑物总高度等。

按照上述几点来识读图 3.16 所示的某传达室的建筑剖面图。

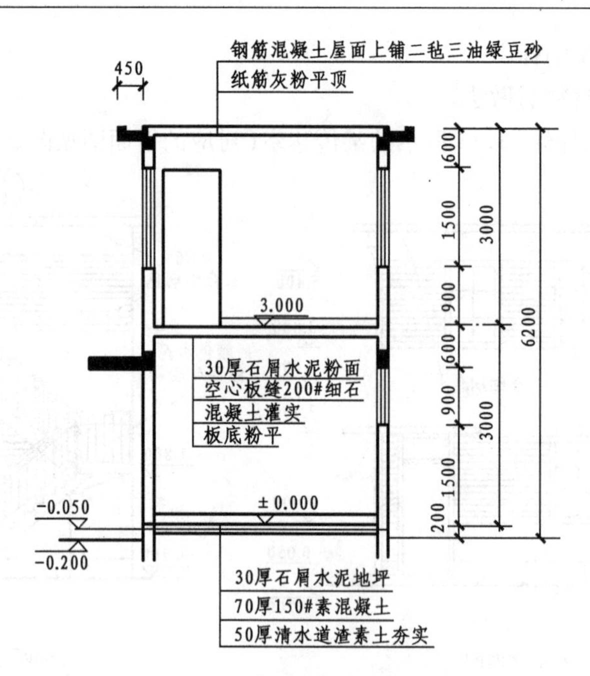

图 3.16 传达室 1—1 剖面图

对照平面图(见图 3.14)可以看出,剖切符号剖切到底层的踏步、地坪、门、窗、雨篷和二层的楼板、窗、屋面等。

从剖面图中可以看出,屋面由钢筋混凝土板上铺二毡三油绿豆砂构成;楼板采用空心钢筋混凝土楼板;底层地坪为厚 50 mm 清水道渣素土夯实后捣 70 mm 素混凝土,然后用 30 mm 石屑水泥砂浆抹平。室外门口踏步高 150 mm,传达室总高度为 6.000 m,二楼地坪标高 3.000 m,室内外地坪高差为 0.200 m。

3.3.4 详图的识读

根据设计表达的需要,大到一个房间,小到一个构造的细部,都可绘制出详图。

为了便于在识读平面图、立面图时查找有关详图,需要一个索引标志,通过索引标志可以反映基本图与详图之间的关系。

①索引标志。当施工图上某一部分或某一构件另有详图时,用单圆圈表示,圆圈直径一般以 8 ~ 10 mm 为宜,圆内过圆心画一条水平线,分子表示详图编号,分母表示该详图所在图纸编号。图 3.17(a)表示 5 号详图在本张图纸内;图 3.17(b)表示 3 号详图在第 4 号图纸上;图 3.17(c)表示采用标准图,标准图册编号为 J103,5 号标准图在第 2 号图纸上。

②局部剖面的详图索引标志。当表示图上某一局部剖面且另有详图时,采用在引出线一端加 1 条短粗线的方法表示,该粗线表示剖视方向,画在剖切位置上并贯穿剖面的全部。局部剖面的详图索引,如图 3.18 所示。其中,图 3.18(a)表示 5 号剖面详图在本张图纸内,剖面的剖视方向向左;图 3.18(b)表示 4 号剖面详图在 3 号图纸上,剖面的剖视方向向左;图 3.18(c)表示 3 号剖面详图在本张图纸内、剖面的剖视方向向上;图 3.18(d)表示 2 号剖面详图在 4 号图纸上,剖面的剖视方向向下。

③详图的标志。详图的标志用直径 14 mm 的粗实线圆表示,详图比例应写在详图索引标志的右下角,如图3.19所示。其中,图 3.19(a)表示 5 号详图在被索引的本图纸内,详图的比

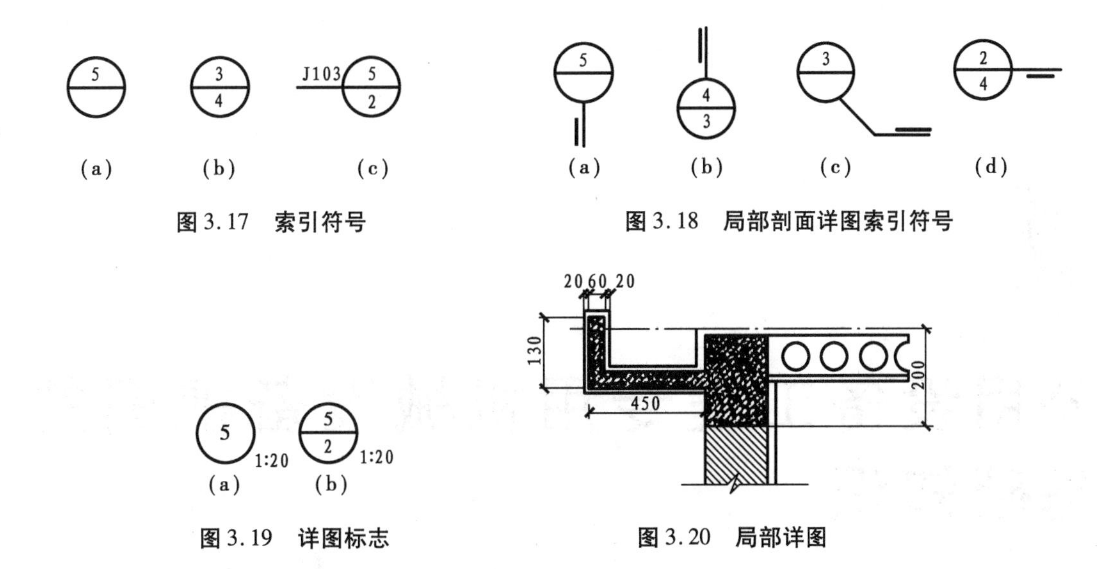

图 3.17　索引符号

图 3.18　局部剖面详图索引符号

图 3.19　详图标志

图 3.20　局部详图

例为 1∶20；图 3.19(b)表示 5 号详图在 2 号图纸上，比例为 1∶20。

图 3.20 为某传达室的一个局部详图。在传达室立面图 3.15 所示的西立面图中，有一个详图索引符号，它表示详图 4 在 6 号图中。图 3.20 就是 6 号图中的详图，它表示的是檐口的构造、做法及各部尺寸。檐口由钢筋混凝土捣制而成，檐高 130 mm，宽 450 mm。

3.3.5　识读建筑施工图的具体方法

建筑物的施工必须有全套施工图纸作为指导，才能顺利地按设计要求完成建筑物的建造。建筑施工图纸的多少，主要取决于工程规模和复杂程度。一项大型的、较复杂的工程图纸可能有几百张，这样多的施工图纸如何进行识读呢？

一般的识读方法是从粗到细，由大到小。拿到图纸后先粗略地看一下，了解该工程图纸有多少类别，每一类图纸中有多少张图，每张图的主要内容是什么，然后再按不同类别仔细识读。识读时，先看平面图，后看立面图、剖面图，再看详图，并且还要将各个图对照识读，将平面图、立面图、剖面图综合起来形成一个完整的建筑物形体。经过认真反复的识读，就可以将图纸的内容、设计的目的、施工方法等了解清楚，为施工打下基础。

识读图纸要细致耐心，把图纸上有关的各类线条、符号、数字互相核对，将平面图、立面图、剖面图对照起来识读，达到完全掌握和运用图纸进行工程设计制图和安装的目的。

小　结

本章介绍了建筑图的基本知识，为后面的建筑公用设备工程的识图与制图做好准备工作。由于建环专业图纸的绘制都是建立在建筑图的基础上，因此本章所介绍的建筑总平面图、平面图、立面图、详图的识读，都是为了更好地识读建筑图，掌握建筑制图的基本知识，图纸的构成等，使读者对工程图纸有了一个清晰地了解。同时，本章最后还对建筑施工图的识读方法进行了简要介绍，加深了读者对建筑图的认识。

4

公用设备工程专用机械设备视图的基础知识

在建筑公用设备工程中有许多机械设备,这些机械动力设备与管道系统共同组成了建筑公共设施系统。本章主要对这些设备的制图与识图作一介绍。

4.1 公用设备工程专用机械设备简介

在公用设备工程的供热、通风、空气调节、建筑给水排水、燃气供应等工程中,设置有各种各样的机器设备,如冷热设备(制冷压缩机组、热泵机组、锅炉、热交换设备等),流体输配设备(风机、水泵等),冷却塔、空调机组等设备。需要绘制系统流程图来表示设备与管网系统的相互关系。图4.1所示为空气调节系统流程图。图4.2所示为集中式空调系统示意图。通过这两个图可以了解空调系统工艺流程及各个设备的设置情况。

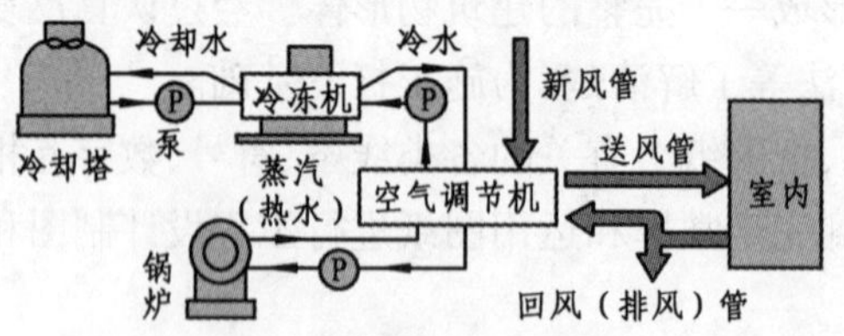

图4.1 空调系统流程图

在集中式空气调节系统中,空气处理设备(包括风机、换热器、加湿器、过滤器等)可以集中设置在空调制冷机房内,空气集中处理后,通过送风管道、送风口送入空调房间来维持房间所需要的温度和湿度,热湿交换利用后的室内空气再通过回风口、回风管道,一部分送至空调处理设备循环使用,另一部分排至室外。空调系统的冷、热源设备一般集中设置在冷冻机房或锅炉房内,如图4.2所示。

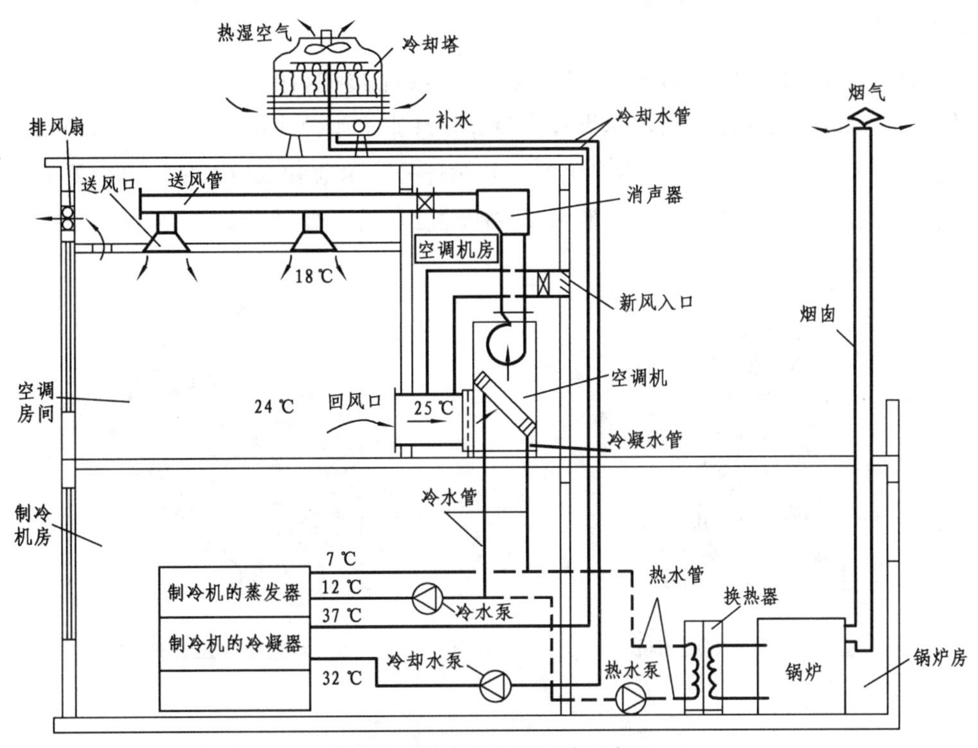

图 4.2　集中式空调系统示意图

空气调节用制冷设备分为压缩式制冷机组和吸收式制冷机组。压缩式制冷机组主要由压缩机、冷凝器、蒸发器和膨胀阀组成，如图 4.3 所示。

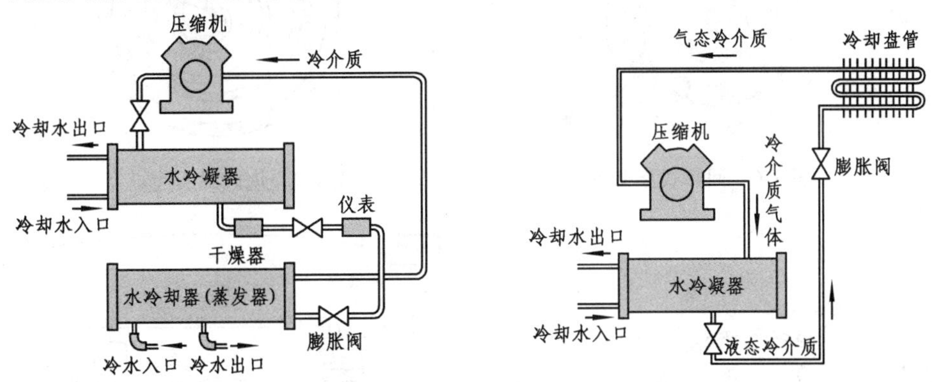

图 4.3　制冷设备系统图

压缩机的种类很多，大致可分为容积式和速度式两大类。图 4.4 至图 4.7 所示均为容积式压缩机；图 4.8 所示为速度式压缩机；图 4.9 所示为吸收式制冷机组流程图。

上述图 4.4 至图 4.8 所示的压缩机均由电动机带动转动部件，对制冷剂蒸气进行压缩或高速旋转，而使得制冷剂变成高压蒸气。如活塞式压缩机是由电动机带动活塞作上下往复运动来压缩制冷剂蒸气；螺杆式压缩机是由电机带动双轴旋转来压缩蒸气；回转式压缩机是由转轮在汽缸中作偏心圆周运动来压缩制冷剂蒸气；涡旋式压缩机是由动涡盘在静涡盘中旋转来压缩制冷剂蒸气。对于速度型的离心式压缩机，制冷剂蒸气在高速旋转的叶轮中获得能量，成为高压蒸气。

制冷剂通过压缩后,再经过冷凝、膨胀、蒸发后达到制冷的目的。

图 4.9 所示的吸收式冷水机组是靠吸收冷冻循环来产生冷水的装置,空调用冷冻机的冷介质一般采用水(H_2O),吸收液采用溴化锂。其循环分为单效和双效两种。再生器的热源可采用热水、蒸汽及燃料直接加热。在吸收式制冷机组中,主要的传动设备是冷介质泵和溶液泵。

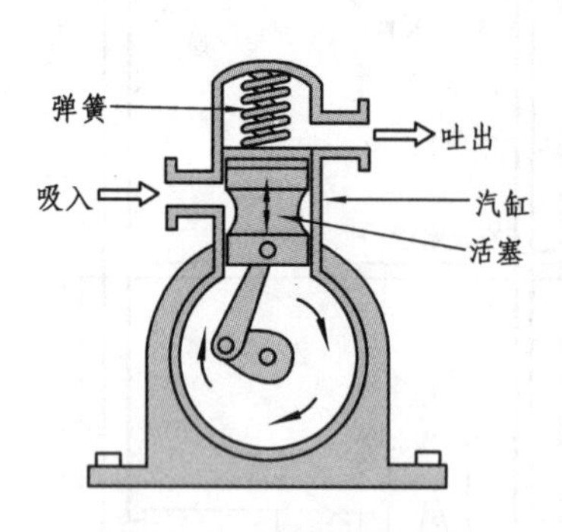

图 4.4　活塞式压缩机

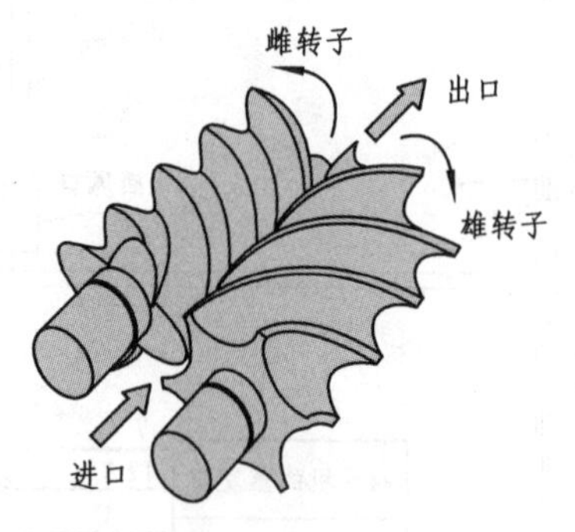

图 4.5　双轴螺旋式压缩机

图 4.6　回转式压缩机

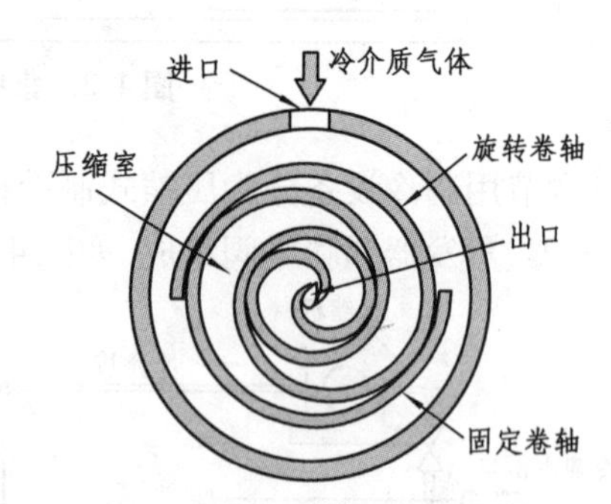

图 4.7　涡旋式压缩机

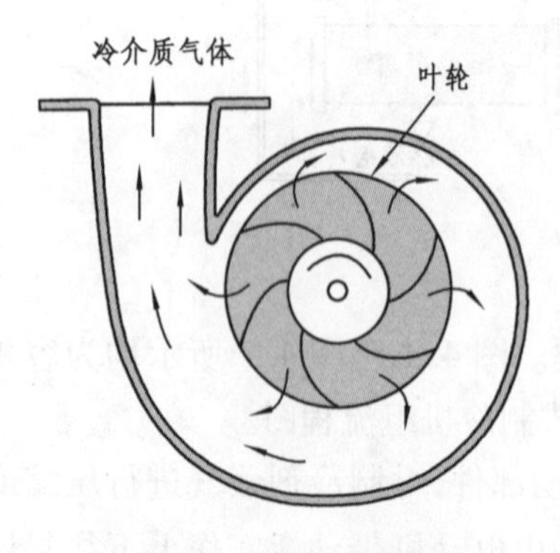

图 4.8　离心式压缩机

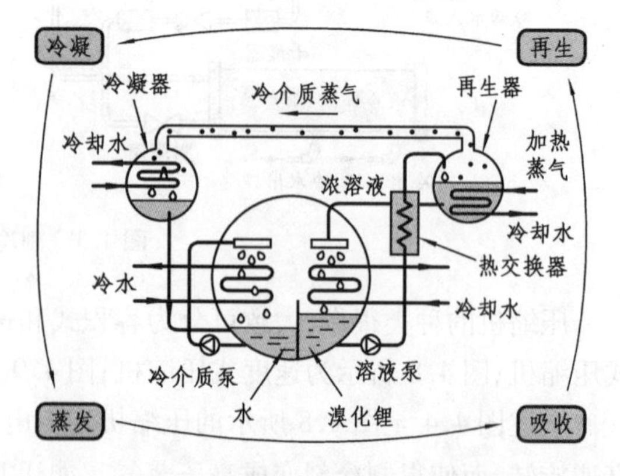

图 4.9　吸收式制冷机组流程图

锅炉是供热的主要热源之一,图 4.10 所示为锅炉房工艺设备剖视图。

锅炉本体及其辅助系统共同组成锅炉房工艺系统。锅炉房工艺系统分为主体系统和辅助

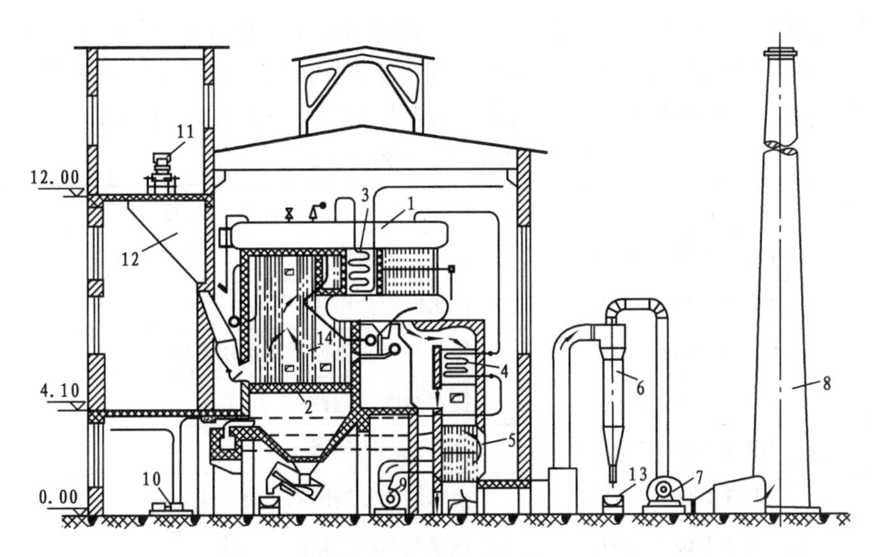

图 4.10 锅炉房设备简图

1—汽锅;2—翻转炉排;3—蒸汽过热器;4—省煤气;5—空气预热器;6—除尘器;7—引风机;8—烟囱;9—送风机;10—给水泵;11—皮带运输设备;12—煤斗;13—灰车;14—水冷壁

系统两大部分。主体系统是指燃料燃烧系统和热能传递系统;辅助系统是指帮助主体系统实现热能的产生和传递的其他系统,主要有燃料的输送,采用固体燃料的灰渣输出系统,送、引风系统,汽—水系统,仪表控制及附件系统,其中的汽—水系统又可分为锅炉水处理系统、给水系统、蒸汽系统,凝结水系统、排污系统和换热系统。

在锅炉房工艺系统中,主要的传动设备有引风机、送风机、给水泵、循环水泵、排污泵,其他还有炉排、运输机械等。

虽然建筑公用设备工程系统中的机械设备比较多,但常见的机械设备主要是风机和水泵。如空调系统中的送风机、回风机;冷却塔中的通风机;通风除尘系统中的除尘风机;空调系统中的冷却水泵、冷冻水循环泵;供热系统中的循环水泵;水系统中的补水泵、定压泵;给排水系统中的给水泵和排水泵等。在绘制工程制图时,对于系统图中的设备一般用图例表示。当设备需要进行加工制作及组装时,则应绘制零件图和设备装配图。

4.2 泵与风机及空调制冷机械设备图的构成

4.2.1 机械制图的基本概念

在第 2 章投影部分中,我们知道基本视图反映了物体外形的全貌,可是对于传动机械,其内部结构只凭物体外形是不能表达清楚其全部构造的。所以,机械图与建筑图以及其他工程系统图是有一定区别的。建筑图主要由各层平面图、各朝向立面图和楼梯等剖面图组成,梁、柱等构件另有大样详图,而门窗则采用标准图集;对于建筑公共设施系统一般应绘制平面图、工艺流程图、系统图、剖视图及大样详图。然而,机械图主要是绘制装配图和零件图,装配图一般都采用剖视图或剖面图,而且每一个零部件均应绘制详细的零件图,根据零件图加工制造各个机械部件,再根据装配图进行组装。目前机械制图常用国家标准,见表 4.1。

表 4.1 机械制图常用国家标准

分 类	标准编号	标准名称
术语	GB/T 13361—1992	技术制图通用术语
	GB/T 14692—2008	技术制图投影法
	GB/T 16948—1997	技术产品文件词汇投影法术语
图样管理	GB/T 10609.1—2008	技术制图标题栏
	GB/T 10609.2—1989	技术制图明细栏
	GB/T 10609.3—1989	技术制图复制图的折叠方法
基本规定	GB/T 14689—2008	技术制图图纸幅面及格式
	GB/T 14690—1993	技术制图比例
	GB/T 14691—1993	技术制图字体
	GB/T 17450—1998	技术制图图线
	GB/T 4457.4—2002	机械制图图样画法图线
	GB/T 17453—2005	技术制图图样画法剖面区域的表示法
	GB/T 4457.5—1984	机械制图剖面符号
	GB/T 4458.1—2002	机械制图图样画法视图
	GB/T 4458.6—2002	机械制图图样画法剖视图和断面图
	GB/T 16675.1—1996	技术制图简化表示法第 1 部分:图样画法
	GB/T 19096—2003	技术制图简化表示法未定义形状边的术语和注法
	GB/T 4458.2—2003	机械制图装配图中零、部件序号及其编排方法
	GB/T 4458.3—2008	机械制图轴测图
	GB/T 4458.4—2003	机械制图尺寸注法
	GB/T 4656—2008	技术制图棒料、型材及其断面的表示法
	GB/T 16675.2—1996	技术制图简化表示法第 2 部分:尺寸注法
	GB/T 4458.5—2003	机械制图尺寸公差与配合注法
	GB/T 15754—1995	技术制图圆锥的尺寸和公差注法
	GB/T 131—2006	产品几何技术规范(GPS)技术产品文件中表面结构的表示法
	GB/T 1182—2008	产品几何技术规范(GPS)几何公差形状、方向、位置和跳动公差标注

续表

分　类	标准编号	标准名称
特殊表示	GB/T 4459.1—1995	机械制图螺纹及螺纹紧固件表示法
	GB/T 4459.2—2003	机械制图齿轮表示法
	GB/T4459.3—2000	机械制图花键表示法
	GB/T4459.4—2003	机械制图弹簧表示法
	GB/T 4459.5—1999	机械制图中心孔表示法
	GB/T 4459.6—1996	机械制图动密封圈表示法
	GB/T 4459.7—1998	机械制图滚动轴承表示法
图形符号	GB/T 4460—1984	机械制图机构运动简图符号

1)机械制图的基本规定

机械图主要包括零件图和装配图,各种机械设备的制造、安装及其性能和构造的掌握都需要根据机械图样来完成。

机械图的表达方式有视图、剖视图、剖面图等,下面分别论述。

(1)视图

视图分为基本视图、局部视图、斜视图、旋转视图。

在基本视图中,由6个基本投影构成了主视图、俯视图、仰视图、左视图、右视图和后视图。表达零件形状时一般不必画出全部基本视图,应根据能清楚表达出零件全貌来绘制需要的视图。对于表达不清楚的某一部分,可采取将此部分进行局部投影的方式做局部视图,如图4.11中的A和B视图所示。

有时为了清楚地表达出零件中不平行于基本投影面的某些部分,可采用斜视图,如图4.12(a)、(b)所示。也可以不按斜视角度进行旋转表示,如图4.12(c)所示的旋转视图。

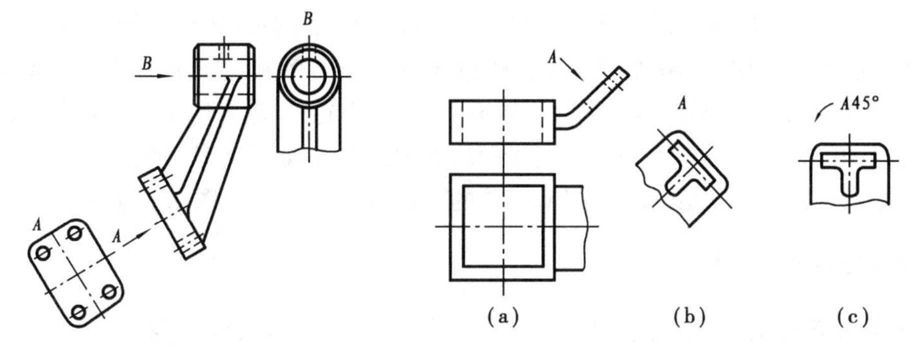

图4.11　局部视图　　　　图4.12　斜视图与旋转视图

(2)剖视图与剖面图

①剖视图。将物体用截面切开,把位于所截平面和眼睛之间的物体移走后,所剩部分进行正投影,所得视图即为剖视图,如图 4.13 所示。

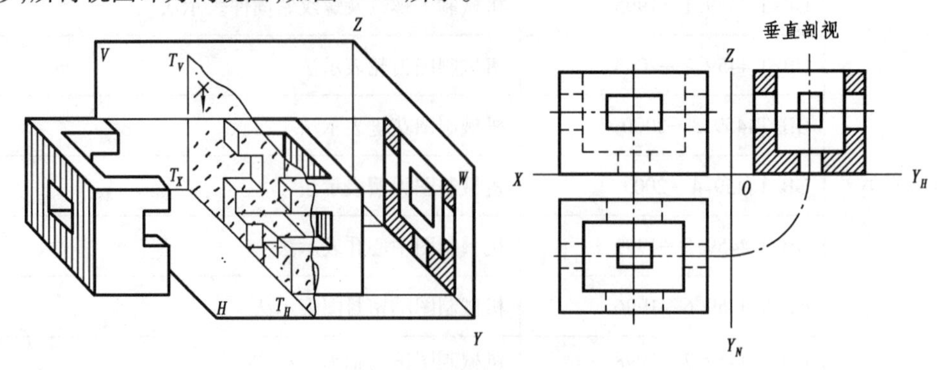

图 4.13　右视图采取剖视图

②剖面图。将物体用截面切开,只将截得的剖面画在图上,即为剖面图。该剖面图不绘制剖切物件截面后部分的轮廓(见图 4.14),这也是剖面图与剖视图的区别。

在剖视图中,有时为了更清楚地表达零件的结构,可采用旋转剖的方式绘制剖视图,如图 4.15 所示。该剖视图不绘制纵向筋板的剖切线。

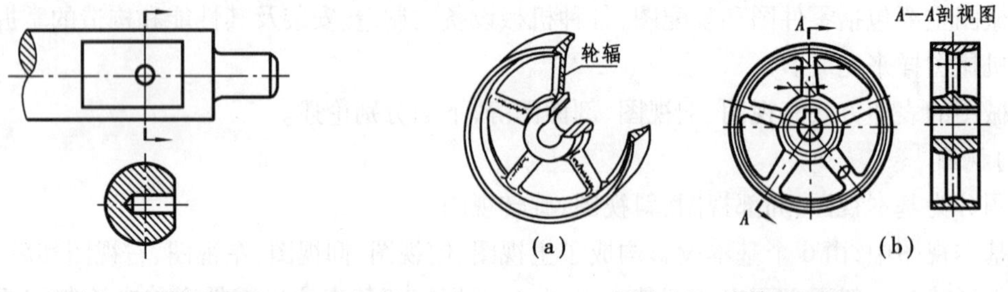

图 4.14　剖面图　　　　图 4.15　旋转剖视图

对于剖视图和剖面图可采取全剖、半剖及局部剖。在半剖视和全剖视中,当剖截面通过视图对称线时,剖视图可不加标注,否则应加标注,即截面迹线用断开线表示,如图 4.16 所示。

(3)不可剖的部位

为了图样具有明显性,机械制图标准规定对一些实心的零件和零件上的某些部分在其纵向(长轴方向)受到剖切时不按剖视处理,仍画其外形投影。例如,在筋的纵向不做剖视,虽然在主视图中被剖切,但不画剖面线;另外,还有手轮、皮带轮、齿轮等轮子的轮辐,以及实心的轴、杆、螺钉、螺母、键销、齿轮、滚珠等物,纵向均不做剖视图,如图 4.17 所示。

对于零部件过于细长,断面形状没有变化的可采用断裂画法,如图 4.18 所示。

2)机械设备的装配图

水泵、风机等传动机械都是由不同零部件组装成为一个机器,这就需要用装配图将各个零件之间的相对位置、装配关系、连接方式表达清楚。在绘图时,应选择反映装配体构造和形状特征以及装配关系最显著的一个面作为主视图,并结合运用剖视、剖面、局部剖视的表达方式绘制。如图 4.19 所示为滑动轴承分解轴测图，滑动轴承绘制的装配图为图 4.20 所示。装配图是由以下 4 个方面组成：

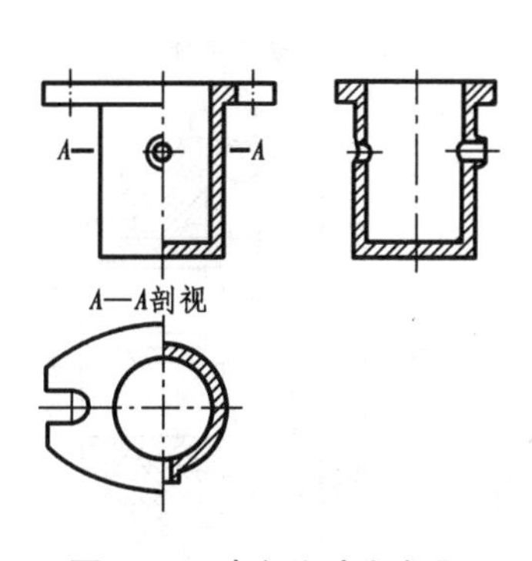

图 4.16 半剖和全剖视图

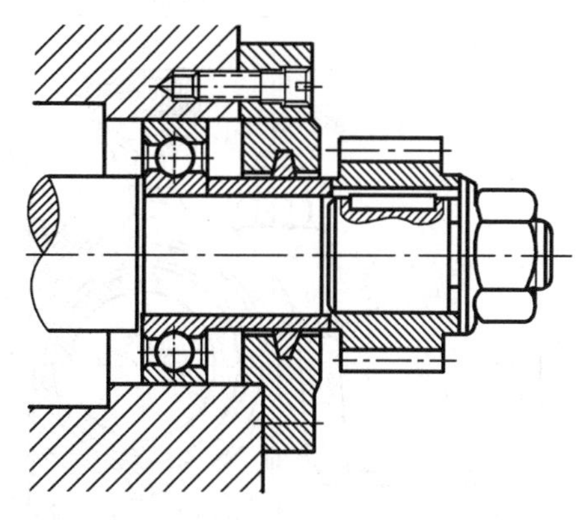

图 4.17 不剖的零件或部位

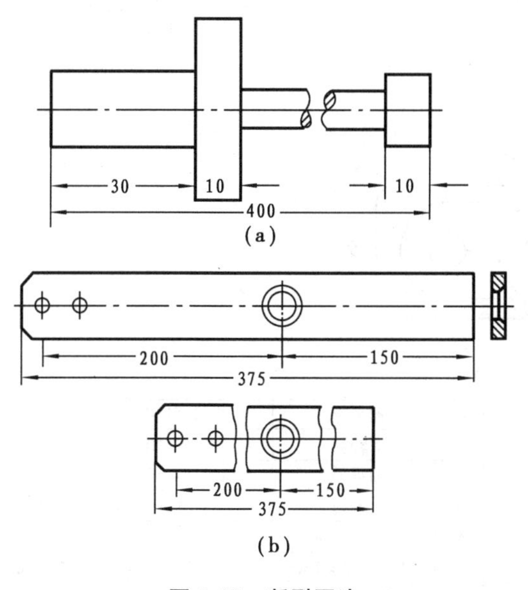

图 4.18 断裂画法

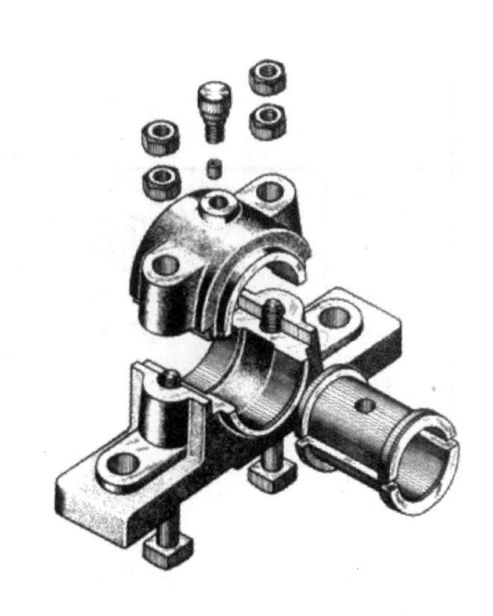

图 4.19 滑动轴承分解轴测图

①表达机器或部件的构造、工作原理、零件间的装配、连接关系及主要零件的结构形状的一组图形。

②表示装配体的规格或性能，以及装配、安装、检验、运输等方面所需要的一组尺寸。

③技术要求：用文字或代号说明装配体在装配、检验、调试时需要的技术条件和要求及使用规范等。

④标题栏和明细栏：装配体名称、绘图比例、总重和图号及设计者姓名和设计单位等表示在标题栏中；零件名称、序号、数量及标准件的规格、标准编号等需要记载在明细栏中。

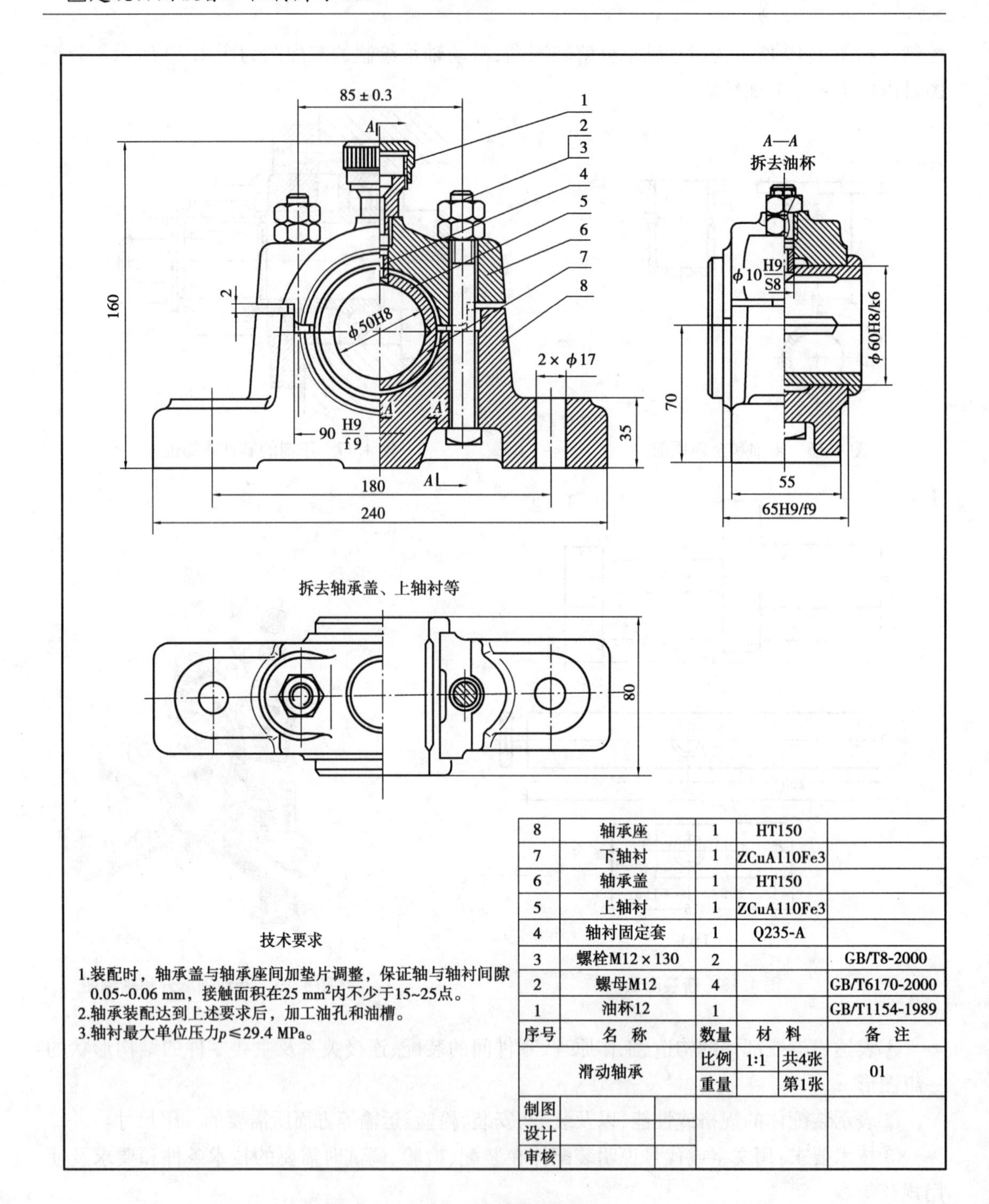

8	轴承座	1	HT150	
7	下轴衬	1	ZCuA110Fe3	
6	轴承盖	1	HT150	
5	上轴衬	1	ZCuA110Fe3	
4	轴衬固定套	1	Q235-A	
3	螺栓M12×130	2		GB/T8-2000
2	螺母M12	4		GB/T6170-2000
1	油杯12	1		GB/T1154-1989
序号	名　称	数量	材　料	备　注

滑动轴承	比例	1:1	共4张	01
	重量		第1张	
制图				
设计				
审核				

图 4.20　滑动轴承装配图

4.2.2　水泵构造图

水泵的品种系列繁多,对其分类的方法也各不相同。

(1)按输送介质的特点分

可分为热水泵、冷介质泵、冷却泵、给水泵、污水泵。

(2)按设备设置于不同的系统分

可分为空调冷冻水循环泵、空调冷却水泵、供热循环泵、给排水系统生活水泵和排水泵、蒸汽系统的凝结水泵。

(3)按结构形式分

可分为立式和卧式、单级和多级、单吸和双吸。

(4)按水泵的工作原理分

①叶片式水泵,通过叶片在叶轮中高速旋转来对液体进行压送,主要有离心泵、轴流泵、混流泵;容积式水泵,通过改变泵体工作室的容积对液体进行压送,主要有往复泵和转子泵;另外还有其他类型的特殊泵,如射流泵、螺旋泵、水锤泵、水轮泵、气升泵等。

②离心水泵(见图4.21),泵中的水靠离心力作用,由径向甩出,从而得到很高的压力。其工作原理是:当充满水的水泵被启动时,由于叶轮的高速旋转,在离心力的作用下,叶片槽道中的水从叶轮中心被甩向泵壳,使获得动能与压能的水由水泵出口流入压水管,进口处因水被甩走形成了负压,又由于大气压力的作用,将水池中的水通过吸水管压向水泵进口,形成了水泵连续不断地供水,如图4.21所示。

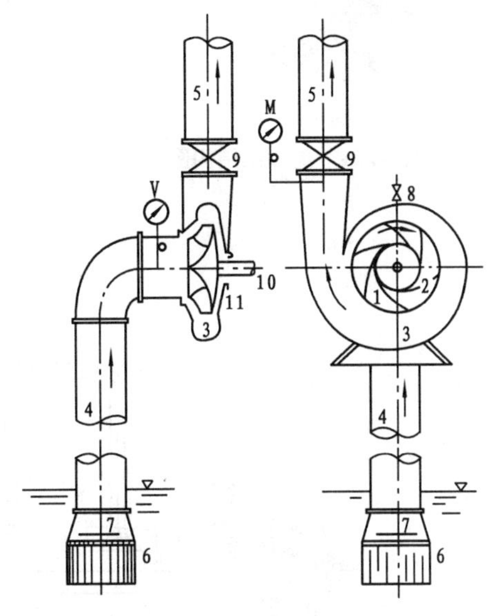

图4.21　离心泵装置图

1—叶轮;2—叶片;3—泵壳(压水室);4—吸水管;5—压力管;6—拦污栅;7—底阀;8—加水漏斗;9—阀门;10—泵轴;11—填料装置;M—压力计;V—真空表

图4.22所示为单级单吸卧式离心泵效果图。图4.23所示为水泵的正面投影图。

图4.22　单级单吸卧式离心泵

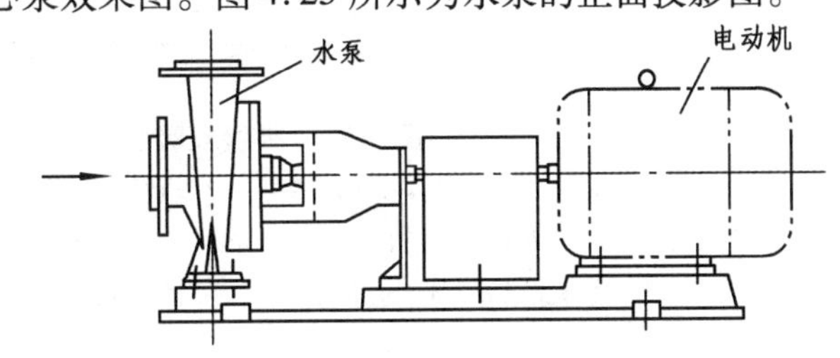

图4.23　单级单吸卧式离心泵正面投影图

通过图4.23只能了解水泵的外貌形状,对其内部构造是完全不能了解的。根据水泵的内部结构(见图4.24),需要通过正剖面图才能知道水泵的内部构造(见图4.25),即水泵是由叶轮、泵轴、泵壳、密封装置、轴承座和联轴器等组成。

在绘制机械设备图时,不但要表示出设备的外形,而且要表示出设备的内部结构,常用的表示方法是从对称轴分开,一半绘制剖视图,一半绘制外形图,如图4.26所示。

图 4.24 离心泵结构图

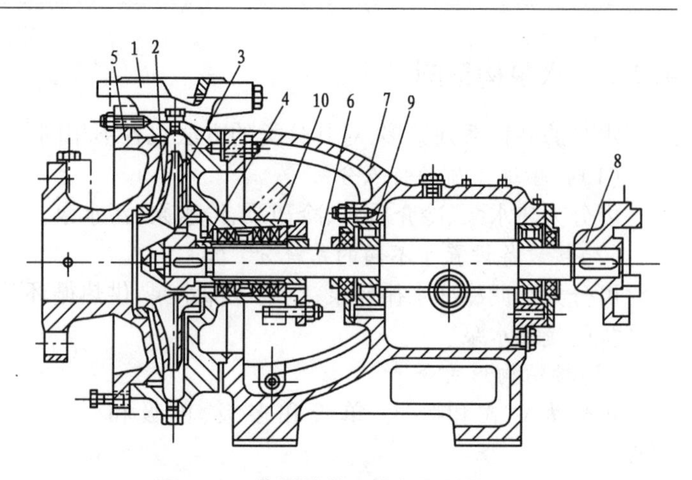

图 4.25 典型的单吸单级泵结构图

1—泵体;2—叶轮;3—密封环;4—轴套;5—泵盖;
6—泵轴;7—托架;8—联轴器;9—轴承;10—填料密封机构

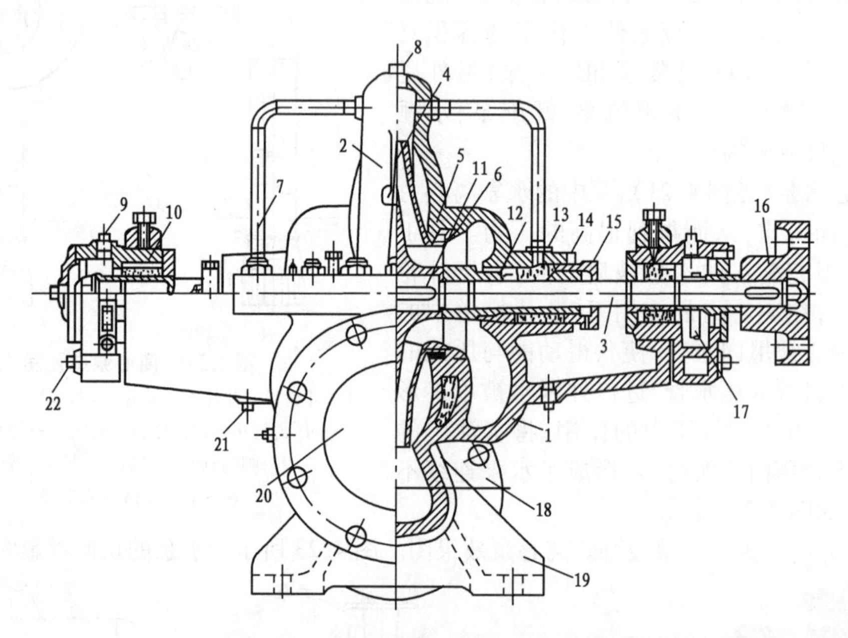

图 4.26 单级双吸卧式离心泵结构图

1—泵体;2—泵盖;3—泵轴;4—叶轮;5—叶轮上减漏环;6—泵壳上减漏环;7—水封管;8—充水孔;
9—油孔;10—双列球轴承;11—键;12—填料套;13—填料环;14—填料;15—压盖;16—联轴器;
17—油杯指示管;18—压水管法兰;19—泵座;20—吸水管;21—泄水孔;22—放油孔

4.2.3 通风机结构图

通风机是通风空调工程中最常用的机械设备,有离心式和轴流式两种。离心式通风机根据提供风压的高低又分为:高压通风机(Δp = 3 000 ~ 15 000 Pa),中压通风机(Δp = 1 000 ~ 3 000 Pa),低压通风机(Δp < 1 000 Pa),对于更高风压的风机则称为鼓风机。

离心式通风机按使用要求不同可分为:

(1)普通通风机

用于一般的通风换气,输送的空气比较洁净,含尘量不超过 150 mg/m^3,空气温度不超过 80 ℃的通风空调系统。

(2)除尘通风机

在除尘系统中,输送的空气含尘量较大,有些粉尘对风机和管道具有磨损作用,所以对于输送含尘量大的空气时,通风机采用比较耐磨的材料制作,钢板也较厚,叶片数较少,以防堵塞。

(3)防腐通风机

用来输送含有腐蚀性气体的空气。一般用硬聚氯乙烯塑料或不锈钢制作。

(4)防爆通风机

当通风机输送含有爆炸性物质或易爆气体的空气时,只要因某种原因产生了火花,就可能导致爆炸。因此,机壳和叶轮需要用铝或铜之类的软金属制作。

风机主要由吸入口、叶轮、机壳、转轴等支承及传动装置组成,如图 4.27 所示。

图 4.28 为常用的 4-72 型离心式通风机的构造图。左图为剖面图,表示出风机的内部结构。

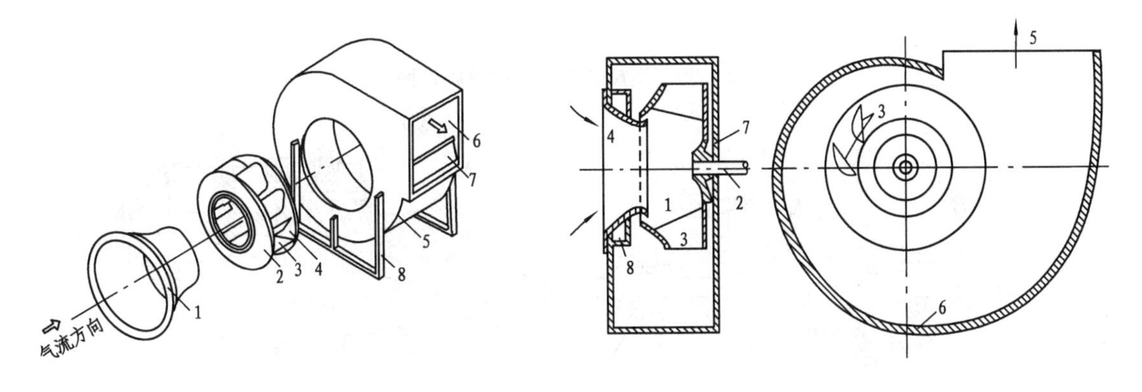

图 4.27　离心式风机主要结构分解示意图

1—吸入口;2—叶轮前盘;3—叶片;4—后盘;

5—机壳;6—出口;7—节流板;8—支架

图 4.28　4-72 型离心风机构造图

1—叶轮;2—转轴;3—叶片;4—吸气口;

5—出口;6—机壳;7—轮毂;8—扩压环

风机中最重要的部件是叶轮,叶轮由前盘、后盘、叶片和轮毂组成。叶片可分为前向、后向、径向 3 种,分别表示后向叶片、径向叶片、前向叶片、机翼形叶片(也属于后向叶片),如图 4.29 所示。

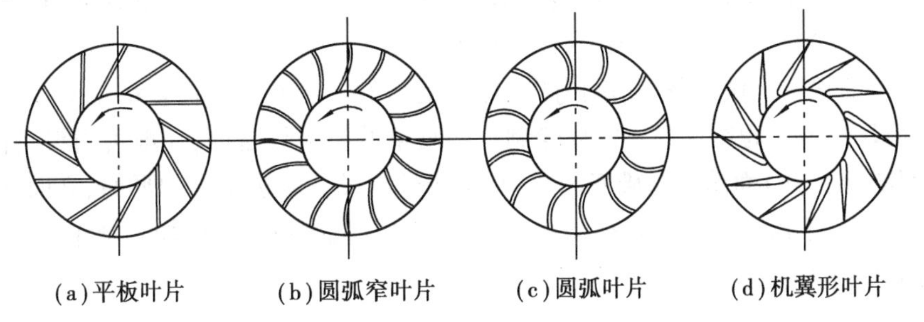

(a)平板叶片　(b)圆弧窄叶片　(c)圆弧叶片　(d)机翼形叶片

图 4.29　叶片形状

4.2.4 空调制冷机结构图

对于空调制冷设备均可采用上述方法进行绘图,也可对机械设备实体进行剖切,绘制出结构图,如图4.30所示。图4.31为螺杆式制冷压缩机剖面图。图4.32为活塞式制冷压缩机剖面图。图4.33为离心式制冷压缩机剖面图。

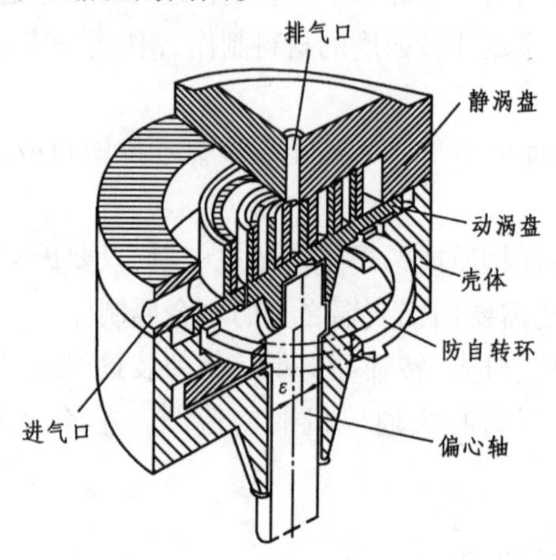

图4.30 涡旋式制冷压缩机构造图

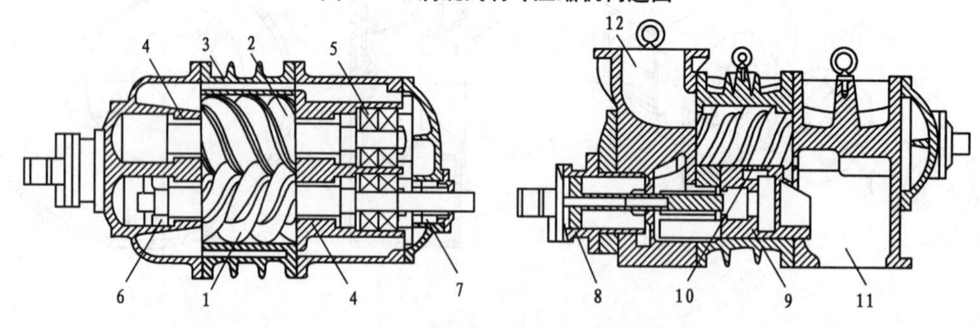

图4.31 喷油式螺杆制冷压缩机

1—阳转子;2—阴转子;3—机体;4—滑动轴承;5—止推轴承;6—平衡活塞;7—轴封;
8—能量调节用卸载活塞;9—卸载滑阀;10—喷油孔;11—排气口;12—进气口

图4.34为活塞式冷水机组正立面图和侧立面图。图4.35为直燃式溴化锂吸收式制冷机组外形正立面图和侧立面图。

通过图4.34和图4.35可以清楚地表示设备的外部形状,这是进行机房布置、了解掌握设备的尺寸大小、绘制机房平面、立面图必不可少的视图。

以上所述的常用机械设备,其机械图是比较复杂的。这些机械设备都是专业生产厂制造的,在建筑公用设备工程图中是不需要绘制这些复杂的机械设备图,一般可由设备图例表示。在机房平面图、剖(立)面图和基础安装图中,这些机械设备应按工程的平面、立面图绘制俯视图和正立面视图,不需要绘制设备结构图。如果需要对机械设备进行加工制作,则需要绘制机械的零件图和装配图。

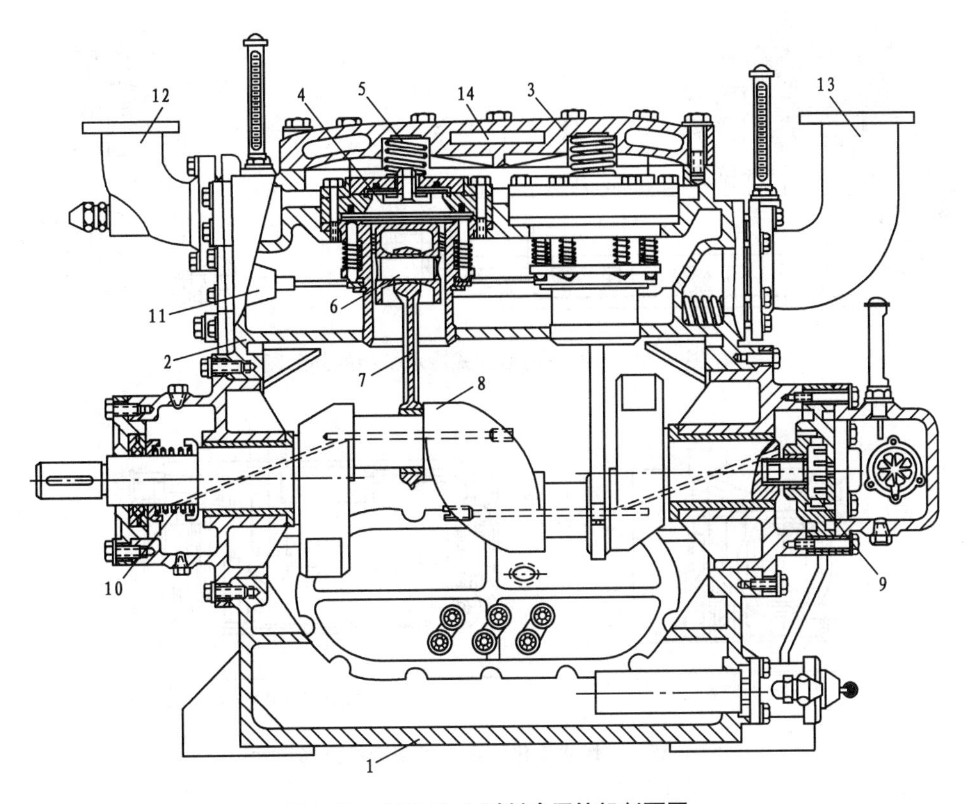

图 4.32　8AS-12.5 型制冷压缩机剖面图

1—曲轴箱;2—进气腔;3—汽缸盖;4—汽缸套及进排气阀组合件;5—缓冲弹簧;6—活塞;7—连杆;8—曲轴;9—油泵;10—轴封;11—油压推杆机构;12—排气管;13—进气管;14—水套

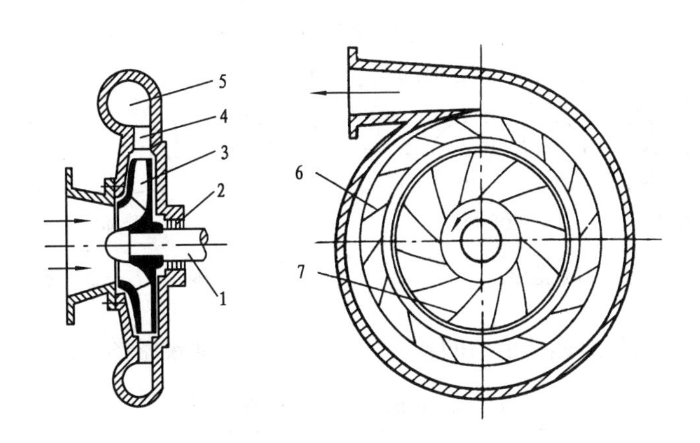

图 4.33　单级离心式制冷压缩机构造图

1—轴;2—轴封;3—叶轮;4—扩压器;5—蜗壳;6—扩压器叶片;7—叶片

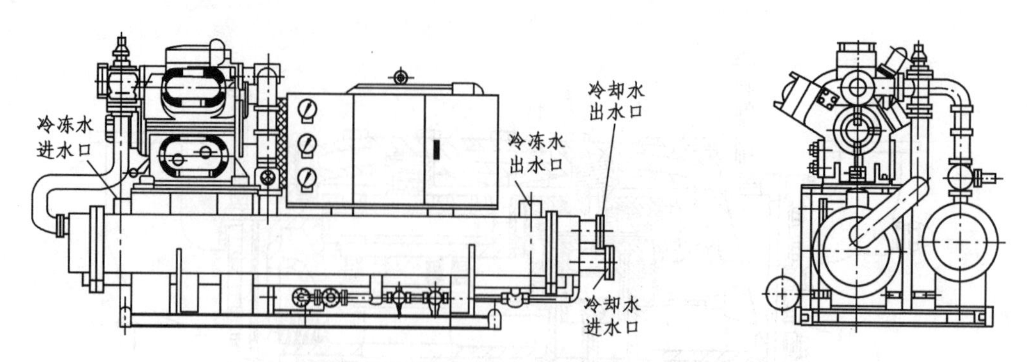

图 4.34　LSF 系列活塞式冷水机组的外形图

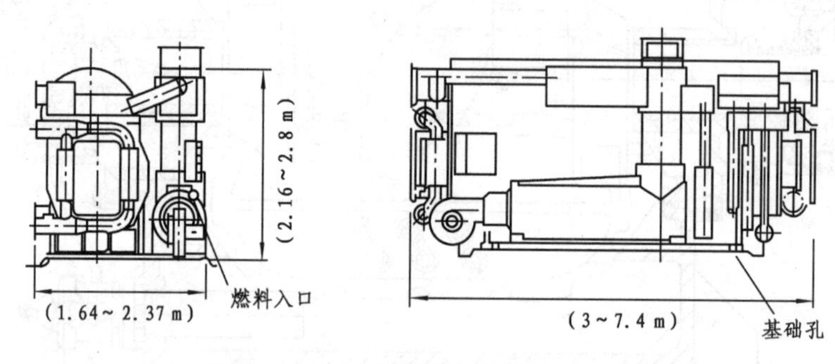

图 4.35　直燃式溴化锂吸收式制冷机外形尺寸

4.3　建筑公用设备工程图中机械设备的表示与画法

在建筑公用设备工程设计中,因为上述各种机械设备不进行设备的加工制作,所以不必绘制机械的零件图和装配图,应根据《暖通空调制图标准》规定的图例制图。例如,绘制通风空调系统中的通风机时,只要按照图例绘制即可,如图 4.36 所示。

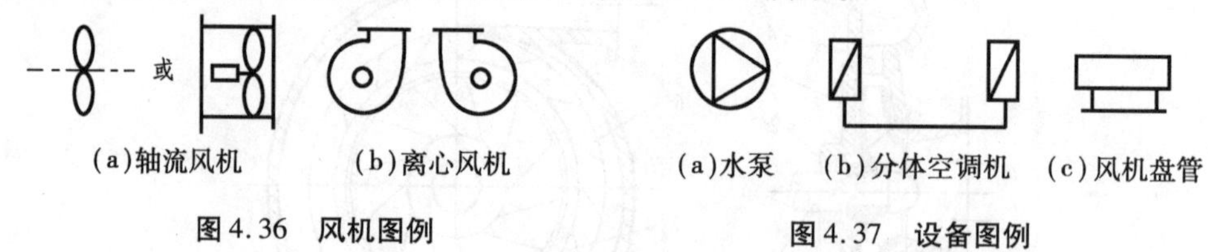

(a)轴流风机　(b)离心风机

图 4.36　风机图例

(a)水泵　(b)分体空调机　(c)风机盘管

图 4.37　设备图例

表 4.2 为暖通空调制图标准给出的各种设备图例。其他设备图例参见本书其他各章节。

表 4.2　暖通空调制图标准图例

序　号	名　称	图　例	备　注
1	轴流风机	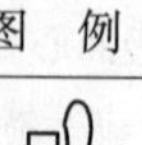	—
2	轴(混)流式管道风机	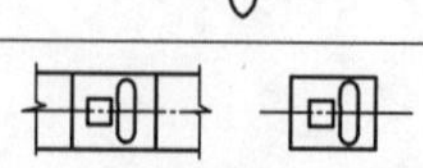	—

续表

序 号	名 称	图 例	备 注
3	离心式管道风机	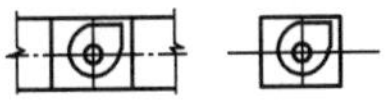	—
4	吊顶式排气扇		—
5	水泵		—
6	手摇泵	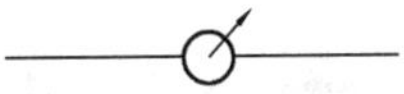	—
7	变风量末端	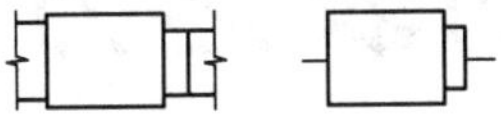	
8	立式明装风机盘管	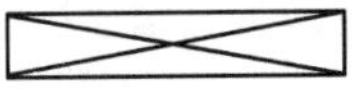	
9	立式暗装风机盘管	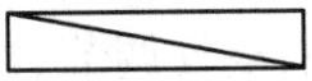	
10	卧式明装风机盘管	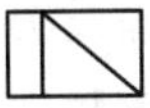	
11	卧式暗装风机盘管	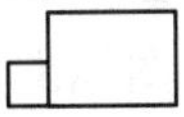	
12	分体空调器	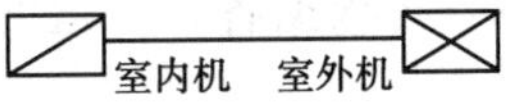 室内机 室外机	
13	射流诱导风机	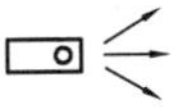	

小 结

本章介绍了建筑公用设备工程系统中常用的一些机械设备,介绍了机械图的基本制图方法及泵、风机和空调制冷机机械设备图的构成,最后,针对实际的建筑公用设备工程设计中常用的机械设备的表示方法作了简单扼要的介绍。

5

输配管线图的表达方法

在建筑公用设备工程中,采暖通风、空气调节、建筑给排水、燃气供应等系统都是由其相关设备和管道组成。在实际工程中,管道的铺设类型多且管路长,绘制在设计图纸上的管道线纵横交错。因此,为了清楚地表达管线的布置与走向,对于管线的绘制就有一些基本的要求。目前对输配管线的绘图标准有《暖通空调制图标准》(GB/T 50114—2010)、《建筑给水排水制图标准》(GB/T 50106—2010)等。本章将根据各种管道的共同图示特点,介绍管道施工图中常见的一些基本表达方法。

5.1 管道、阀门的单、双线图

1)单线图和双线图

绘制管线图时,用双线表示管道形状的图样称为管道的双线图。如图5.1所示,上图表示圆形截面管道的双线画法,下图表示矩形截面管道的双线表示法。对于通风空调系统输送空气的管线一般采用双线条绘制。

如果把管道看成一条线,即不计较管径的粗细,仅用一条线来表示管道形状的图样称为管道的单线图。对于冷热水管、燃气管、给水排水管线一般采用单线条绘制。管道的单、双线图同样都是遵循投影法的。

2)直管的单、双线投影图

管道的单、双线图同样都是遵循投影规则的。如图5.2(a)、(b)所示,图中的粗实线表示1根管道,下面的圆是管道俯视图的表示方法。其中,图(a)是画有圆心点的圆,表示有液体从管道中流出,流向观察面;图(b)中是空心圆,表示有流体从观察面流向管道内。图5.2(c)为双线图,图中的水流方向同图5.2(b)。绘制单线图相对于双线图要简单得多。

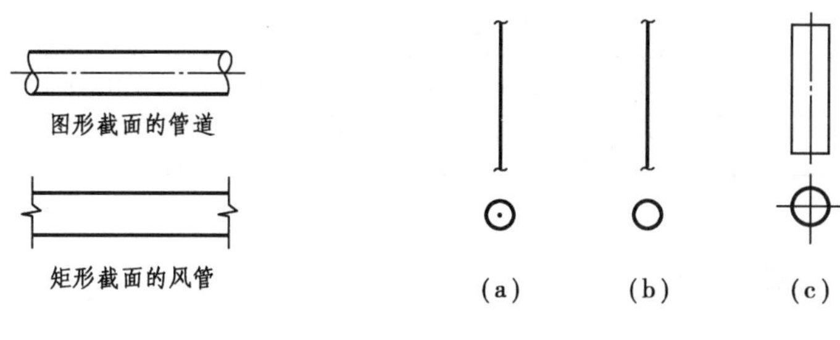

图 5.1　管道的双线图　　　　图 5.2　直管的单、双线投影图

3) 管道转向的单、双线图

图 5.3(a)所示为单线转向图,正视图是一根 90°的弯管,*A* 向视图中,下部横管用一个圆表示,由于竖管遮挡了部分横管,因此竖管需延伸至圆心;*B* 向视图中,下部横管用一个圆表示,由于竖管被横管遮挡,因此表示竖管的粗实线只能延伸至圆周。

如图 5.3(b)所示为双线表示 90°弯管正视图,由于竖管的遮挡,*A* 向视图只能看到横管的半个圆弧,另外被遮挡的半个圆弧可以用虚线表示,也可以不画出;*B* 向视图中能够看到整个圆,竖管的双线与圆相切。

图 5.3(c)、(d)分别用双线表示送、回风管转向的画法,为矩形截面风管,绘制原理同图 5.4(b)。需要注意的是,送风管的截面画两根对角线,表示流体从截面流出,如图 5.3(c)所示;回风管的截面画单根对角线,如图 5.3(d)所示,表示流体从观察面流向管道内。对角线为虚线表示矩形竖管遮挡了横管,反之对角线为实线表示可以看到矩形横管。

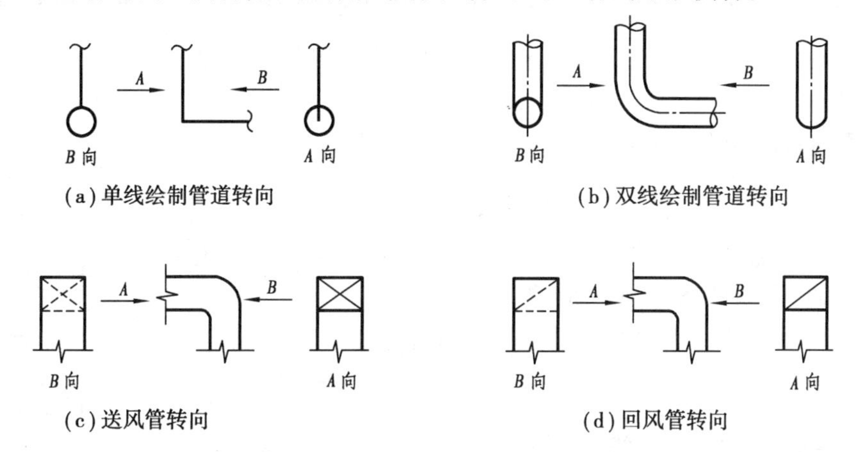

图 5.3　管道转向的单双线图

对于建筑公用设备工程的风管,冷、热水管及大小不同的各类管道,为了减少管内流体的流动损失,其弯管弯曲半径是有一定要求的。对于钢管,根据管道内流动的介质温度不同,钢管弯曲的曲率半径不同,当管内是常温流体时,曲率半径一般为 1*D*～1.5*D*(*D* 为管道外径),对于输送热流体的水管,曲率半径一般为 2.5*D*～3.5*D*;冷弯管曲率半径为 4*D*;对于风管,分为圆形风管和矩形风管。圆形弯管的弯曲半径,参考表 5.1。一般情况下,当管径小于 500 mm 时,采用的曲率半径为 1.5*D*;大于 500 mm 时,采用 1*D*。矩形弯管的弯曲半径 *R* 最小不得小于 0.5*A*(*A* 为矩风管的边长)。

表 5.1　圆形弯管弯曲半径

弯管直径 D/mm	80 ~ 220	240 ~ 450	480 ~ 800	850 ~ 1 400	1 500 ~ 2 000
弯曲半径 R	≥1.5D	1.5D ~ 1D	1D	1D	1D

4)三通的单、双线投影图

三通管有等径、异径及正三通和斜三通之分。对于水管的三通一般均为正三通,有异径和等径,如图 5.4(a)、(b)、(c)所示为三通管的三面视图,图 5.4(a)中的圆心点表示液体从管中流出。除尘管道一般采用圆形管,三通均采用斜三通;通风空调风管一般采用矩形管,三通可采用斜三通或直三通,且斜三通比直三通的流动阻力小。

因为单线图不分管的粗细,当其位置、管口方向均一致时,单线图形相同,而双线图的三通图形就会有区别,如图 5.4 所示。在双线图的立面图中,三通管的两管相交形成的相贯线为平面曲线,相贯线即为立体与立体表面相交所形成的交线。

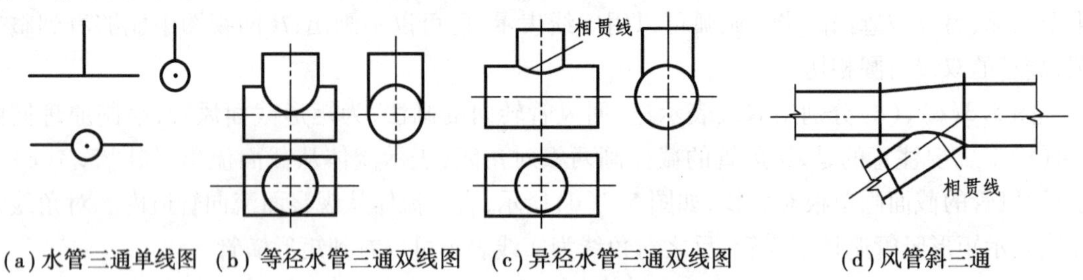

(a) 水管三通单线图　(b) 等径水管三通双线图　(c) 异径水管三通双线图　(d) 风管斜三通

图 5.4　三通的单、双线投影图

5)四通的单、双线图

四通管有等径、异径之分,也因单线图不分管的粗细,所以当二者在位置、管口方向均一致时,单线图是相同的,但双线图是有区别的。在双线图中,立面图的相贯线为平面曲线。以等径正四通为例,其单、双线图如图 5.5 所示。

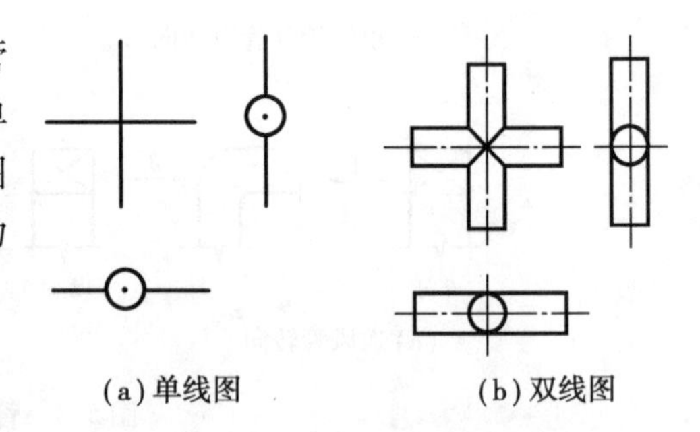

(a) 单线图　(b) 双线图

图 5.5　等径正四通的单、双线图

6)大小头变径管的单、双线图

大小头变径管有同心大小头和偏心大小头之分。同心大小头变径管的单、双线图,如图 5.6 所示;偏心大小头的单、双线图,如图 5.7 所示。

矩形变径管长度,可按 L = (大边 - 小边) ×1.5 + 100 mm 确定。

7)阀门的单、双线图

在实际工程中所用阀门的种类很多,其图样的表现形式也较多,现仅列出一种带阀柄的法兰阀门在施工图中常见的几种表示形式。它们的平、立面以及单、双线图,见表 5.2。

图5.6　同心大小头的单、双线图　　　　图5.7　偏心大小头的单、双线图

表5.2　阀门的单、双线图

图　型	阀柄向前	阀柄向后	阀柄向右
单线图			
双线图			

5.2　管道的积聚、重叠、交叉、分叉的表示方法

1)管道的积聚性投影

管道的积聚是指一根直管积聚后的投影。用双线图形式表示是一小圆,用单线图形式表示则为一点。

(1)直管的积聚性投影

用单线图表示的直管的积聚性投影画成一个圆心带点的小圆,如图5.8(a)所示。

(2)弯管的积聚性投影

弯管由直管和弯头两部分组成。直管积聚后的投影是一小圆,与直管相连接的弯头在拐弯前的投影也积聚成小圆,且同直管积聚成小圆的投影重合。如图5.8(b)所示。

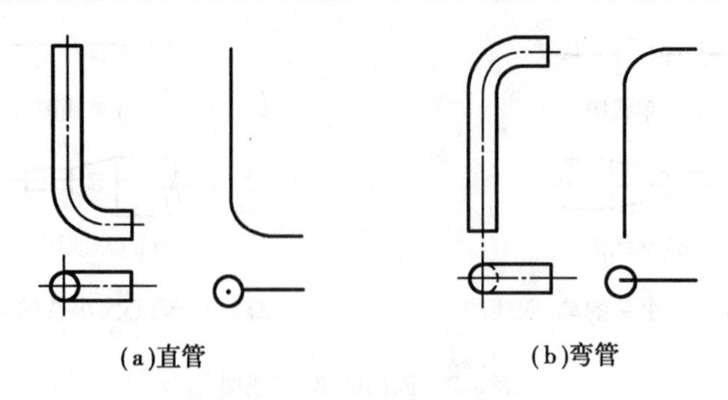

(a)直管　　(b)弯管

图 5.8　管道的积聚投影图

(3)管道与阀门的积聚性投影

直管与阀门连接,直管在水平投影上积聚成小圆并与阀门内径投影重合,如图 5.9(a)所示;弯管与阀门连接,弯管在拐弯处的水平投影积聚成小圆与阀门内径投影重合,如图 5.9(b)所示。

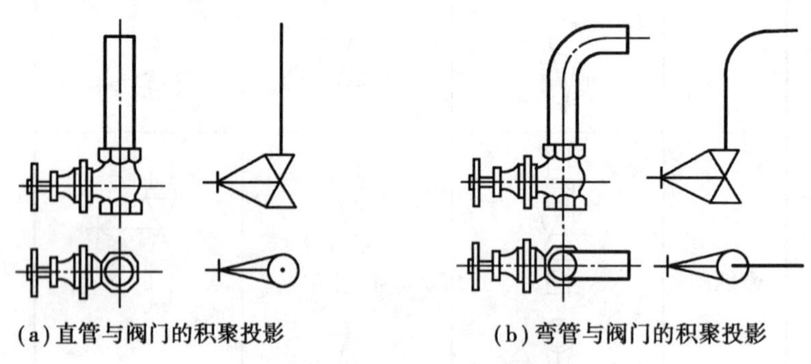

(a)直管与阀门的积聚投影　　(b)弯管与阀门的积聚投影

图 5.9　管道与阀门的积聚投影

2)管道的重叠

将位于上部的管道用断开符号断开,在断开处就能看到下部的管道。当重叠的是多根管道时,为表达清楚,均需用断开符号将下部的管道逐层剥出,如图 5.10 所示。多根管重叠的表示方法,如图 5.11 所示。

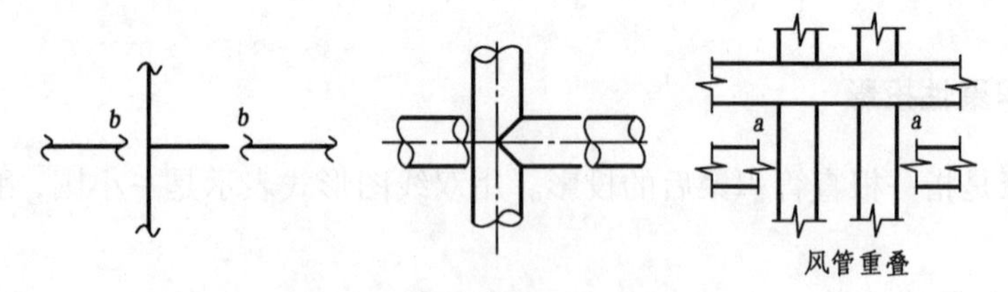

图 5.10　管道重叠的表示方法

3)管道的交叉

在建筑公用设备工程图中,经常有管线交叉的情况。如果两根管线投影交叉,上层的管线不论用双线还是用单线,都必须完整地显示,而被遮挡的下层的管线在单线图中却要断开表示,在双线图中被遮挡管道的双线不必画出或可用虚线表示,如图 5.12 所示。

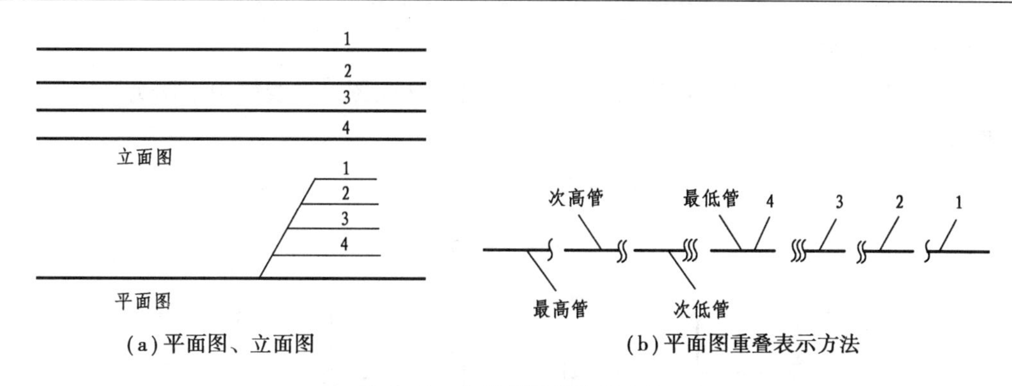

(a)平面图、立面图　　(b)平面图重叠表示方法

图5.11　多根管重叠表示方法

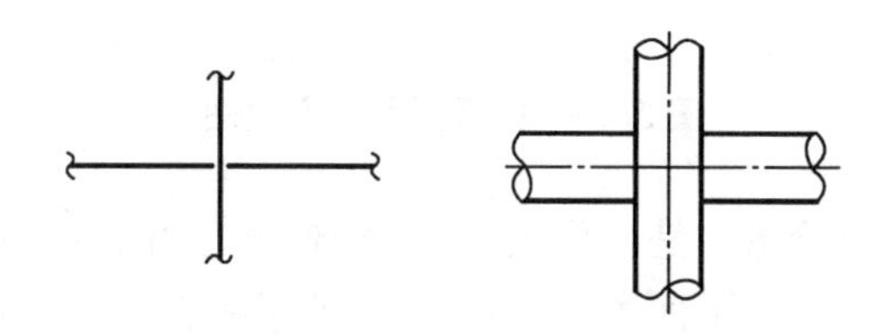

图5.12　管道交叉的单、双线图

4)管道的分叉

图5.13所示为管道分叉(分支)的表示方法,图中1,2,3是3个方位摆放的等径分叉管的单、双线平面图画法。

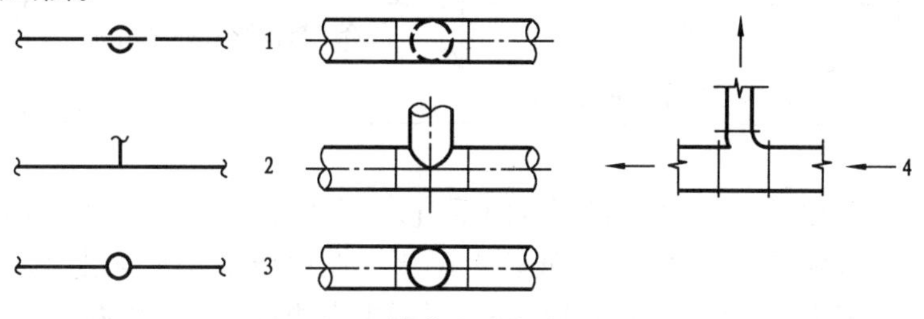

图5.13　管道分叉的单、双线图

(1)单、双线图1

分叉管垂直插入上面的水平横管,此时,横管用1根单线条表示,插入管用一个圆来表示,由于分叉管被横管遮挡,所以分叉管的圆周被横管截断;对于双线图1,横管用两根线条来表示,插入管用一个圆周来表示。由于分叉管是等径的,所以圆周应与双线相切,而且分叉管被横管所遮挡,因此分叉管的圆应采用虚线圆来表示。

(2)单、双线图2

分叉管竖直向上,单线图应为两根垂直相交的线条;双线图应为两组垂直相交的线条,垂直交叉处应用管与管间的相贯线表示出来。

(3)单、双线图3

分叉管垂直插入下面的水平横管中,此时,分叉管遮挡了部分横管,因而,横管的线条被分叉管的圆所截断;对于双线图3,由于分叉管外延伸,因此分叉管的圆用实线圆表示。

(4)分叉管双线图4

矩形风管分叉管的表示方法,如图5.13中4所示,其投影方式与图中2相同。但矩形管剖断线的表示与圆管不同。

依据正投影原理，由图 5.14 所示的平面图画出其立面图。虚线框中下图为平面图，上图为立面图。

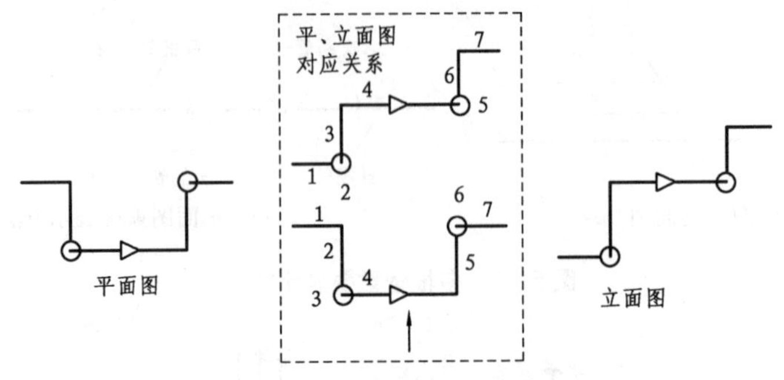

图 5.14　由平面图画立面图

在图 5.14 中，虚框左边给出的是平面图，若立管长度已知，则可根据管道的绘图要求，由平面图画出虚框右边的立面图。平面图与立面图之间存在着一定的对应关系，见图中部虚线框内的部分，按框内箭头所指的方向对平面图进行投影，可得到立面图，平面图与立面图的对应关系可概括为表 5.3。

表 5.3　平面图与立面图的对应关系

平面图	立面图
与投影方向垂直的线条	仍为线条（与投影方向垂直）
圆	线条（与投影方向平行）
与投影方向平行的线条	圆

图 5.14 平面图中线条 1,4,7 与投影方向垂直，投影后在立面图上仍为不变的线条；平面图中圆 3,6 在投影后变成了立面图上的线条 3,6；平面图中线条 2,5 与投影方向平行，投影后在立面图上变成了圆 2,5。根据投影规律，得到了图中右边所示的立面图。

5.3　管道的剖面图

在建筑公用设备工程图中，由于管道和管道、管道和设备之间交叉重叠，特别对于复杂的设备管道的布置更是纵横交错，所以通过平面图往往不能完全表达清楚。因此，人们在平面图上选择能反映全貌及构造特征且有代表性的部位，然后用一个假想平面去剖切，绘制出形象具体的剖面图。

1）剖面图的概念

在第 3 章中我们已分析了建筑剖面图，对于管道的剖面图同样设想有一个平行投影面的剖切平面（个别也有用垂直面）切开形体，移去观察者与剖切平面之间的部分，然后对剩余部分再做投影，将剖切平面与形体接触到的部分画粗实线，并画出材料符号，这种剖切后对形体作出的投影图,即称为剖面图。

2)管线的剖面图

(1)单根管线的剖面图

单根管线的剖面图,不是沿管中心线剖切而得到的图样,而是利用剖切符号来表示剖切位置线和投影方向,从而表示管线的某个投影面,如图 5.15 所示。

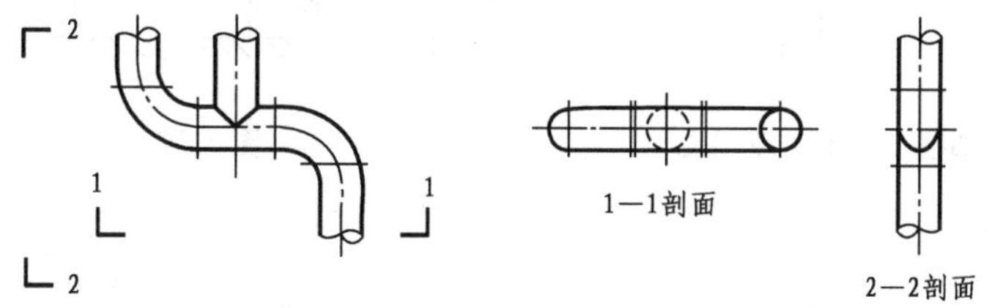

图 5.15 管线剖面图的表示

(2)管线间的剖面图

由上述单根管线剖面图的原理,可以在两根或两根以上的管线之间根据剖切符号进行投影所得到其中一部分的管线图,称为管线间的剖面图,如图 5.16 所示。

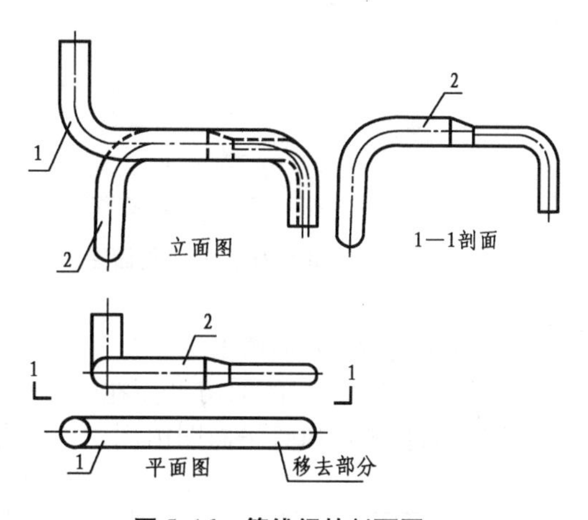

图 5.16 管线间的剖面图

在图 5.16 中看立面图,由于管线 1 的遮挡,管线 2 在立面图中与管线 1 重合部分被管线 1 的线条遮挡,未重合部分用虚线表示,表达不是十分清晰。为了能看清管线 2 的布置,可在平面图上画出剖面符号,移去遮挡物 1,并画出剖面图 1—1,该剖面图实际上就是管线 2 的立面图。

又如图 5.17 所示的 3 路管线组成的平面图,根据图上的剖切符号可得 1—1 剖面图,如图 5.18 所示。

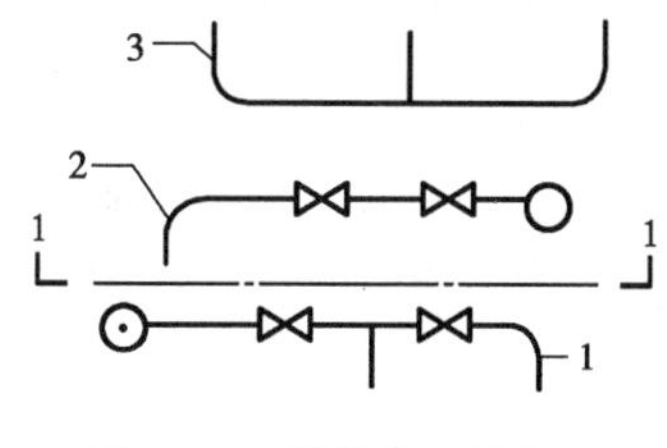

图 5.17 管线的平面图

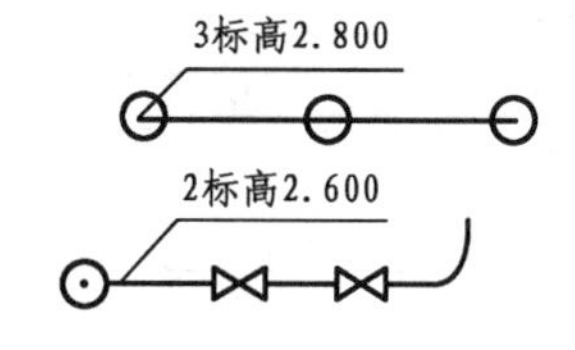

图 5.18 1—1 剖面图

(3)管线断面的剖面图

剖切管线的断面所得的剖面图称为管线断面的剖面图。可通过下面的例图进行学习。

有 1 组由 2 台立式冷却器组成的配管平面图,如图 5.19 所示。根据平面图的剖切符号分别得到 1—1,2—2,3—3 剖面图,如图 5.20 至图 5.22 所示。1—1 剖面图是两个冷却器的正剖面图,2—2,3—3 剖面图是单个冷却器的立面图。

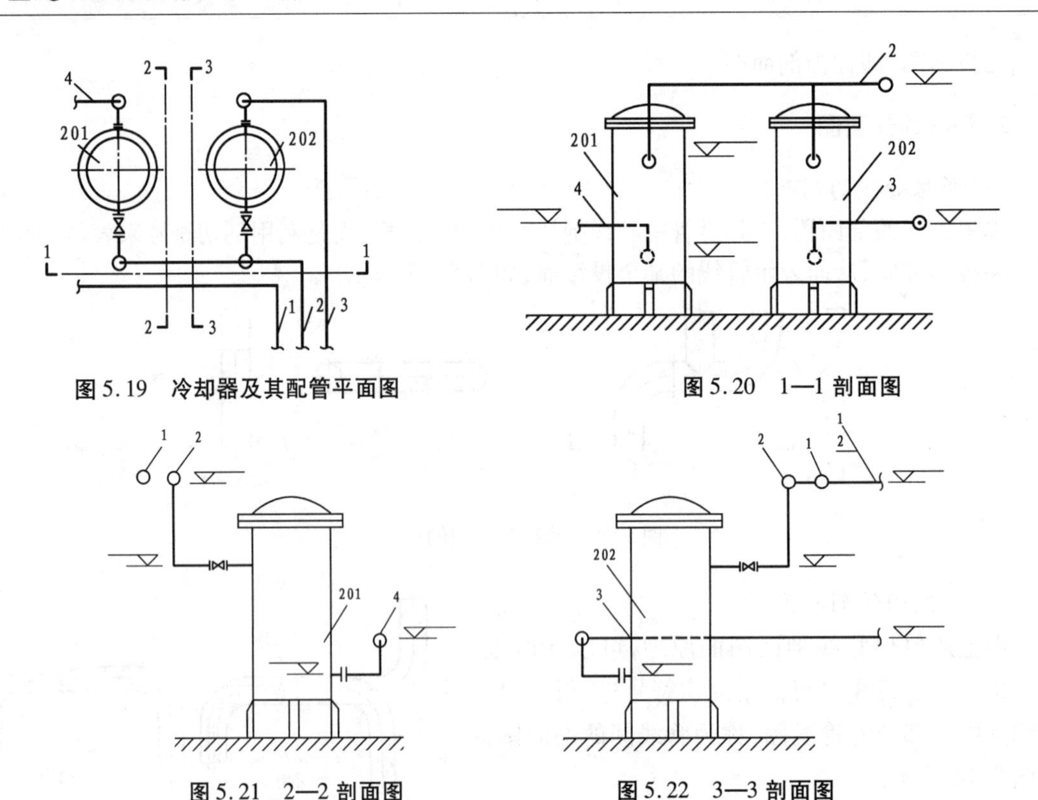

图 5.19 冷却器及其配管平面图

图 5.20 1—1 剖面图

图 5.21 2—2 剖面图

图 5.22 3—3 剖面图

(4)管线的转折剖面图

用两个相互平行的剖切平面在管线间进行剖切,所得到的剖面图称为转折剖面图,如图 5.23 所示,标准层风管平面图由剖切符号得到的风管转折剖面图。

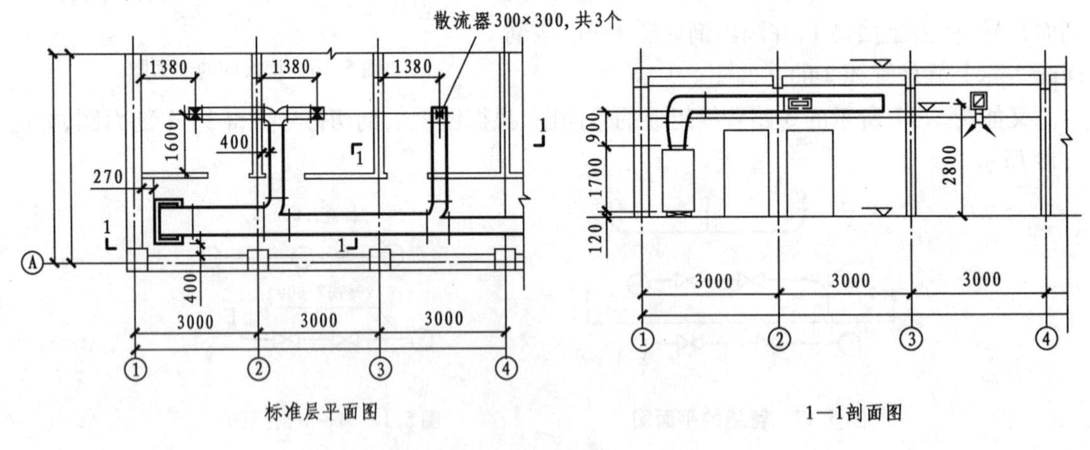

图 5.23 管线间的转折剖面图

从平面图上可看出,总风管上接出两个支管,分别向 3 个房间的散流器送风。为了清楚地表达主风管和房间内风管的情况,要剖切的部位在两根平行线上,这时就需要转折剖,在剖切平面的起始、转折、终止处,都必须用剖切符号表示出剖切位置,若图中无转折剖,由于主风管的遮挡,就无法清楚地看到连接散流器的短管是如何从风管支管上接出的,以及风管支管的标高情况。

5.4 管道的轴测图

建筑公用设备工程图中通常采用两种图样:一种是根据正投影原理绘制的平面图、立面图、剖面图等;另一种是根据轴测投影原理绘制的管线立体图,也称轴测图。管道轴测图能反映管道、设备的纵向、横向、立向3个方向的走向、尺寸及标高,形象地表示出管道与管道、管道与设备之间的连接关系,以及输配管网系统的整体状况。因此,轴测图在施工图中有着重要的作用。轴测图分为正等轴测图和斜等轴测图。

1)管道正等轴测图

把空间中的物体的轮廓线分为左右向(横向)、前后向(纵向)、上下向(立向)3个方向,且依次对应为X向、Y向、Z向,并相交于点O,又可分为XOY,XOZ,YOZ三个平面,$\angle XOZ=\angle YOZ=\angle XOY=120°$,这样的图称为正等轴测图,如图5.24所示。

管道正等轴测图画法是:横向(左右向)管线右下倾斜,纵向(前后向)管线左下倾斜,立向(上下向)管线方向仍不变。管线间距同平面图、立面图。其中,看得见的管线不断开,看不见的管线处要断开。

简而言之,绘制正等轴测图的口诀为:横(右)纵(左)立(不变)。

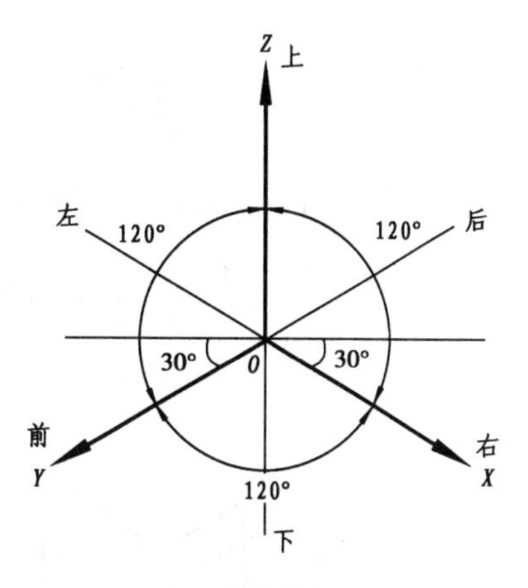

图5.24 正等轴测图表示法

多根管线正等轴测图的画法,如图5.25所示。多根交叉管正等轴测图的画法,如图5.26所示。

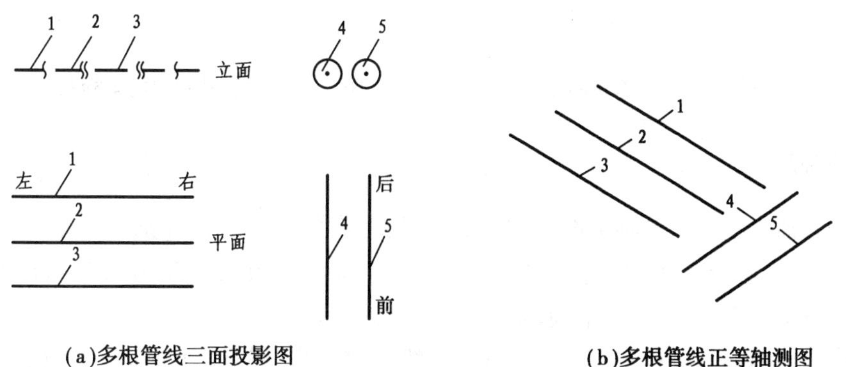

图5.25 多根管线正等轴测图

图5.27所示为管道平面图、立面图,根据图中的投影关系可以绘制出正等轴测图(图5.28)。

平面图中,线条1,4,7均是平行于X轴方向的线条,在轴测图中仍平行于X轴;线条2,5,8,9是平行于Y轴方向的线条,在轴测图中仍平行于Y轴;3,6是平行于Z轴方向的线条,在轴测图中仍平行于Z轴,画成的正等轴测图,如图5.28所示。

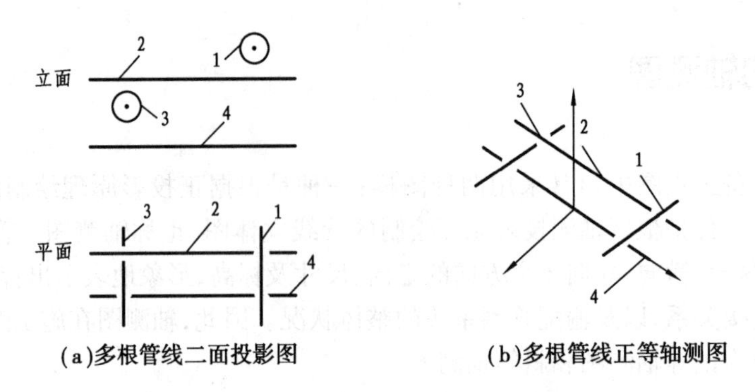

图 5.26　多根交叉管线正等轴测图

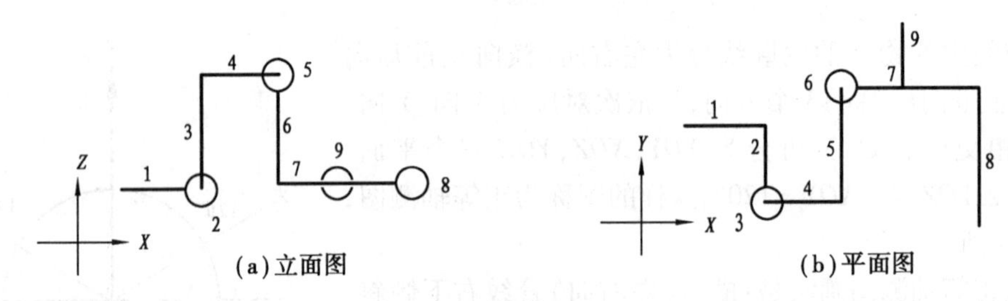

图 5.27　平面图、立面图

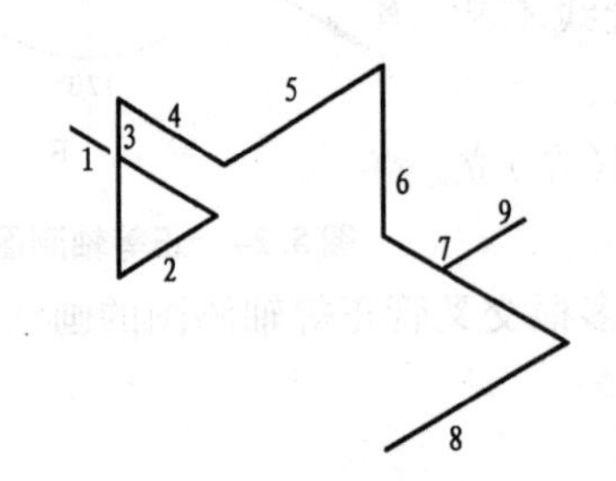

图 5.28　正等轴测图

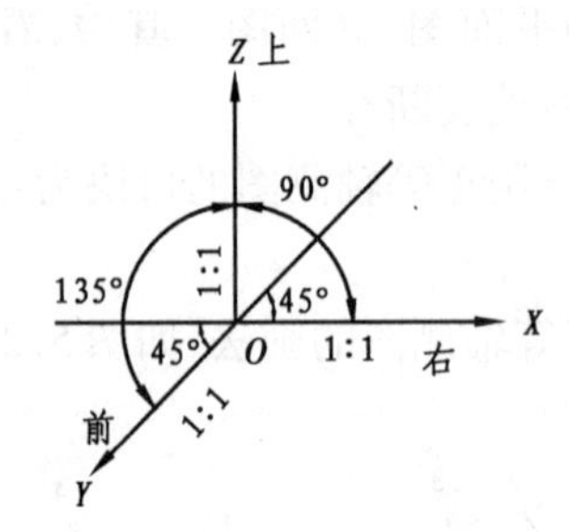

图 5.29　斜等轴测图的坐标系

2)斜等轴测图

管道斜等轴测图与正等轴测图的主要区别是:左右(横向)X 向和前后(纵向)Y 向相交夹角为45°(也可以是30°或60°),左右 X 向和上下(立向)Z 向相交夹角为90°,X,Y,Z 轴相交于点 O,分为 XOY,XOZ,YOZ 三个平面,常用坐标系如图 5.29 所示。

管道斜等轴测图画法是:横向(左右向)管线方向不变,纵向(前后向)管线右上(下)斜,立向(上下向)管线方向也不变。管线间距同平面图、立面图。特别要注意的是:看得见的管线不断开,看不见的管线处要断开,便于清楚地表达出管线之间的连接关系及管线走向。

绘制斜等轴测图的口诀为:横、立不变,纵方上(下)斜。

一般情况下,在建筑公用设备工程管道图中常采用斜等轴测图来绘制管道系统图。

图 5.30 为多根管线斜等轴测图的画法。图 5.31 为多根交叉管线斜等轴测图的画法。

由图 5.32 所示的管道平面图、立面图,可以画出斜等轴测图,如图 5.33 所示。

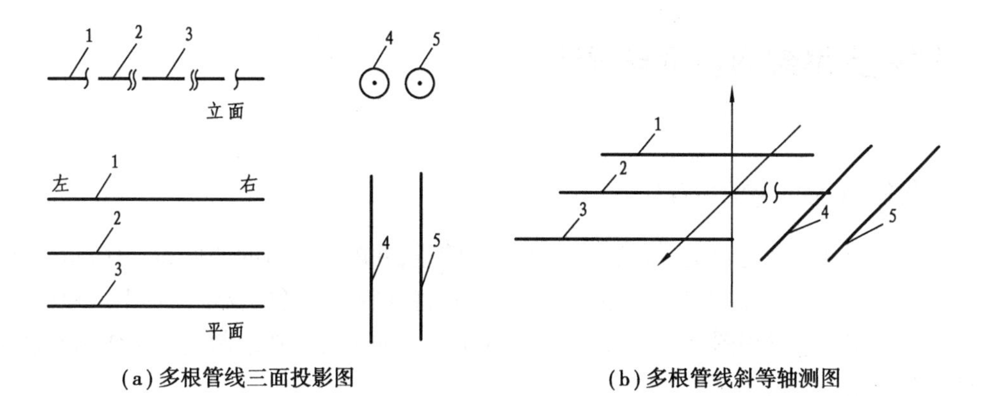

(a)多根管线三面投影图　　(b)多根管线斜等轴测图

图5.30　多根管线斜等轴测图

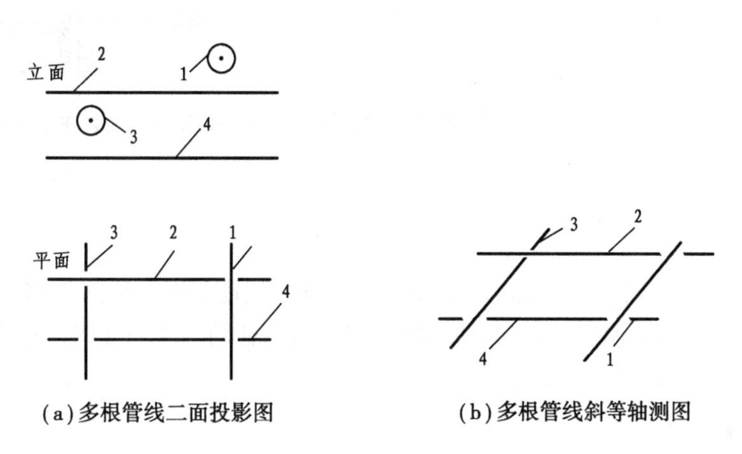

(a)多根管线二面投影图　　(b)多根管线斜等轴测图

图5.31　多根交叉管线斜等轴测图

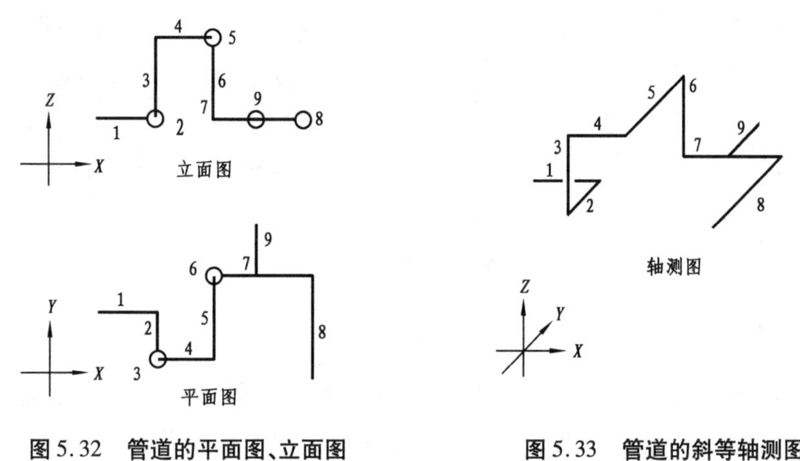

图5.32　管道的平面图、立面图　　图5.33　管道的斜等轴测图

5.5 管线支吊架的表示与画法

5.5.1 管线支架的表示方法

管道支吊架又总称为管架。它的作用是支承管道,并限制管道的变形和位移,承受从管道传来的内压力、外载荷及温度变形的弹性力,通过它将这些力传递到支承结构上或地面上。管道支架在工程图中一般用图例表示,且只标出固定支架的位置。在绘制支架制作图时,应按制图标准图册绘制。

管道支架根据其用途和结构形式分为固定支架和活动支架两种。

1)固定支架

固定支架用于不允许管道有轴向位移的地方,如图 5.34所示。

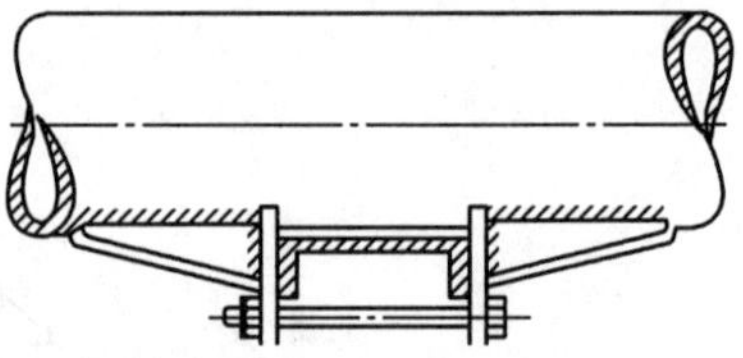

图 5.34 安装在水平梁上的固定支架

2)滑动支架

滑动支架是活动支架的常见形式,主要承受管道的重量和因管道热位移而产生的水平推力,并且保证在管道发生温度变化时,能够使其变形自由移动。滑动支架在管道工程中使用广泛,图 5.35 为一种装配式滑动支架。

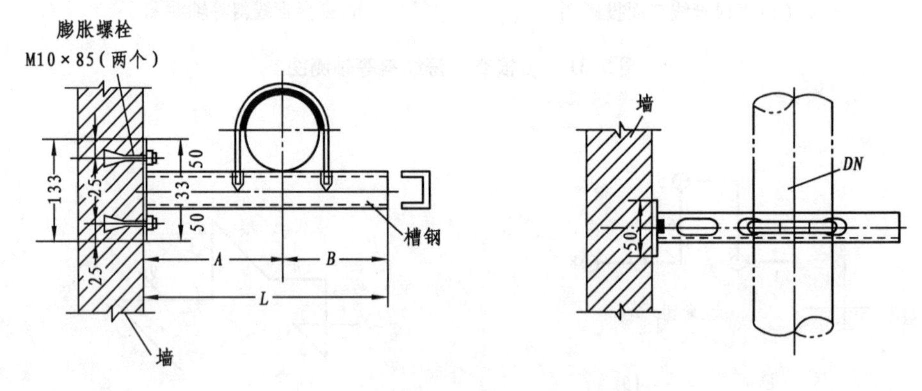

图 5.35 滑动支架

3)其他管道连接件

由于管架对管道的支承方式、荷载条件以及结构繁简的不同,同时因管道输送流体的不同特点及管架的不同用途,导致管道在管架上的安装方式也不同,因此需要各种不同形式的管道支架连接件,如管托、管箍、管卡等。管道支架的形式有:

(1)架空敷设的水平管道支架

当水平管道沿柱或墙架空敷设时,可根据荷载的大小、管道的根数、所需管架的长度及安装方式等情况，分别采用各种形式的生根在柱上的支架（简称柱架），如图 5.36 所示；或生根在墙上的支架（简称墙架），如图 5.37 所示。柱架可采用与柱子预埋钢件焊接、抱箍柱子或混凝土埋入等方式固定。墙架只能采用混凝土固定，且插入支架根部应焊接加固绞件，如图5.37 的三角铁件。

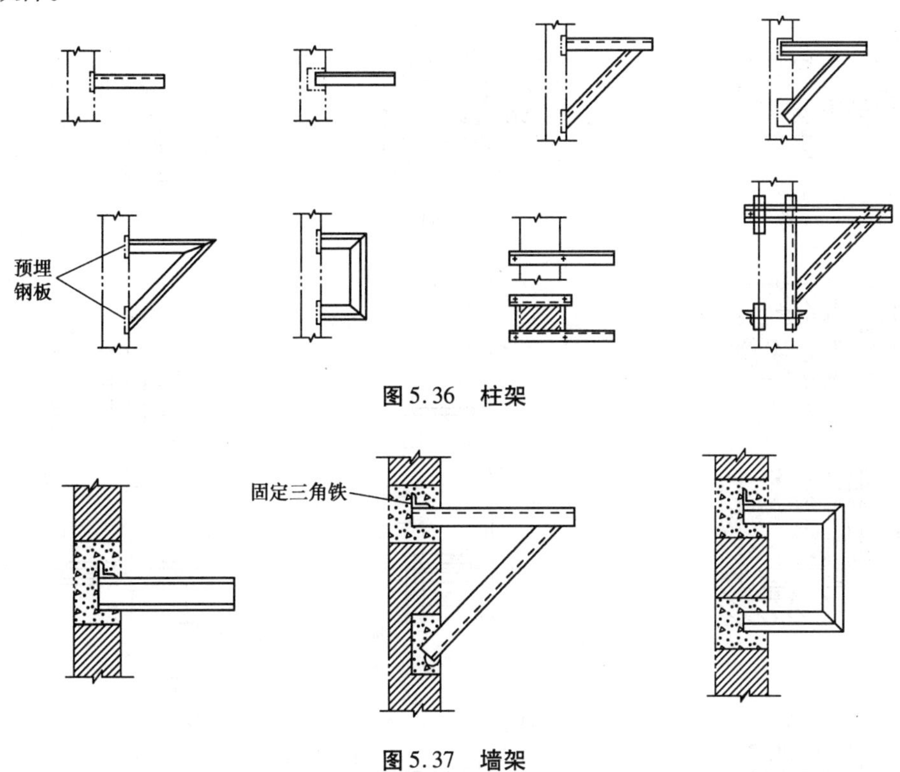

图 5.36　柱架

图 5.37　墙架

(2)地上水平管和垂直弯管支架

一些管道离地面较近，或离墙、柱、梁、楼板等的距离较大，不便于在上述结构上生根，则可采用在地上设置立柱式支架，如图 5.38 所示。图 5.39 为设置在地上的垂直弯管支架。

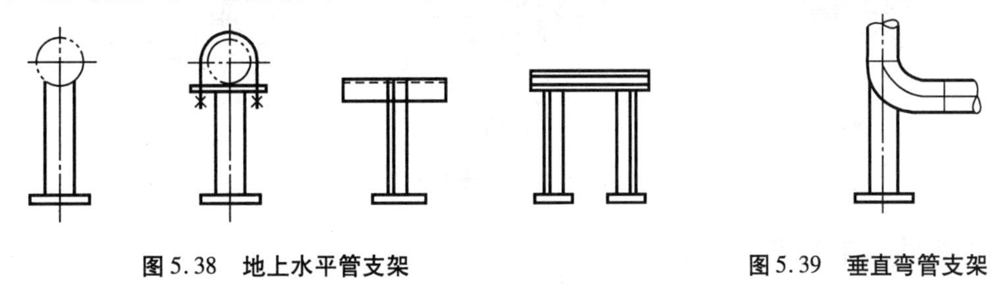

图 5.38　地上水平管支架　　　　图 5.39　垂直弯管支架

4)立管支架的形式

图 5.40 为几种立管支架的形式。其中，图 5.40(a)和图 5.40(b)分别用于支承沿墙敷设 *DN*50 以下的单根、双根不保温的小管；图 5.40(c)用于小直径平行敷设的双管；图 5.40(d)至图 5.40(g)则为支承较大直径的管支架；图 5.40(h)和图 5.40(i)分别为较大直径的导向支架。

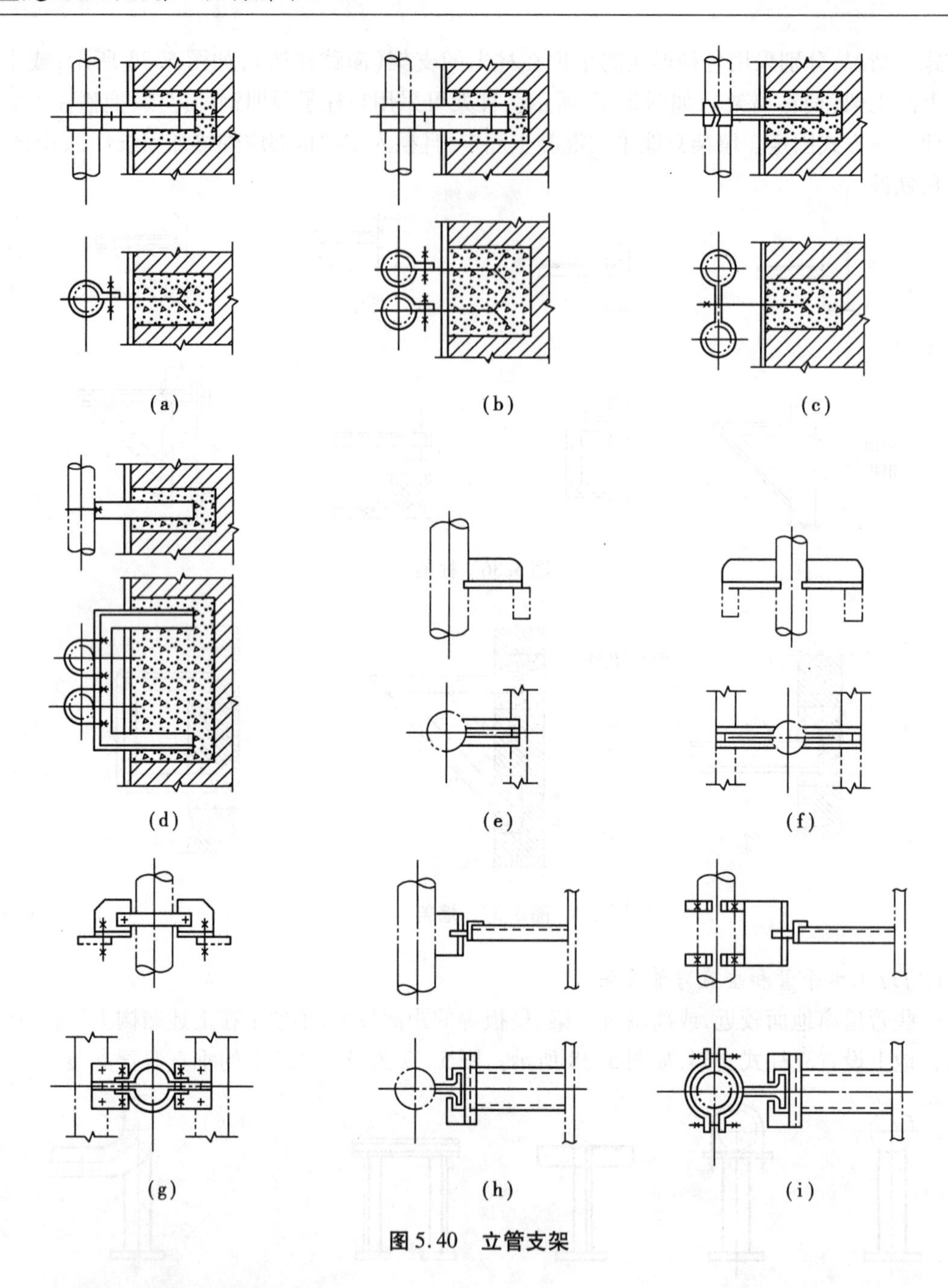

图 5.40 立管支架

5.5.2 管线吊架的表示方法

吊架由生根部分、连接部分及管卡装配而成，它适用于对水平管道固定不便安装滑动支架的地方。

1）卡箍连接方式的吊架

卡箍吊架的吊杆可以用圆钢制作成柔性结构，也可用型钢制成刚性结构，但无论是柔性吊架还是刚性吊架均不可作为固定管架使用，卡箍连接方式的吊架，如图 5.41 所示。卡箍吊架的作用是固定管道使其不发生横向移动,起到导向的作用。

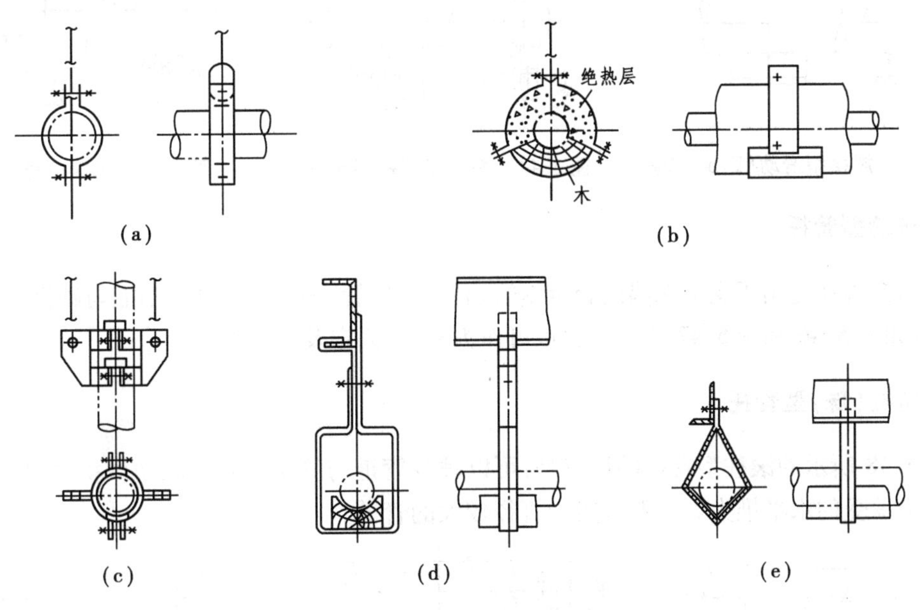

图 5.41 卡箍连接方式的吊架

2)弹簧管架

图 5.42 所示为弹簧管架的装配图。

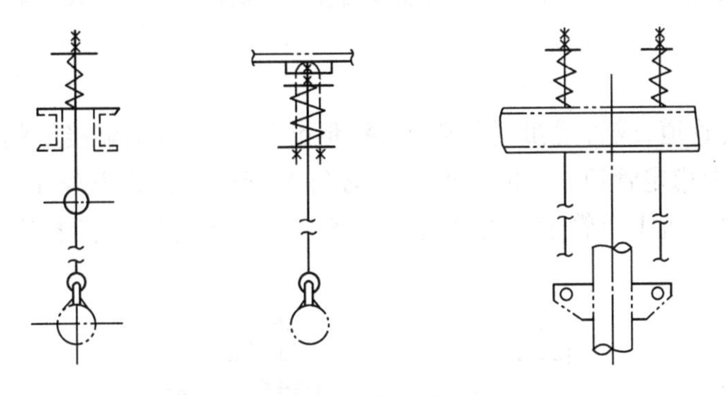

图 5.42 弹簧管架

5.5.3 管托

管托分为焊接型管托、卡箍型管托、滚柱(珠)型管托 3 种,是支架与管道之间设置的托架,在管道位移时保护管道不会被磨损破坏。

1)焊接型管托

焊接型管托结构简单,适用于保温的碳钢管道。这种管托可制成各种结构,如图 5.43 至图 5.45 所示。

若作为固定支架时,管托底板应与固定管架的梁(或预埋件)焊死或设法卡死。若作为导向管托,则需在横梁上设横向位移挡板。

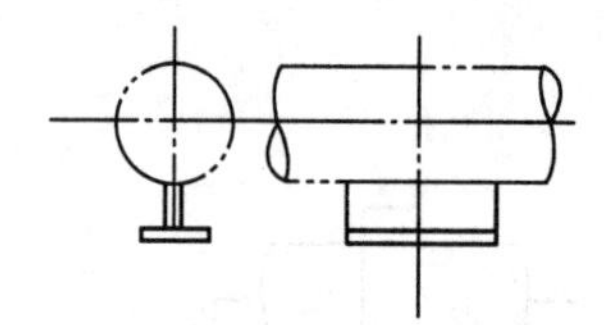

图 5.43 焊接型滑动(固定)管托

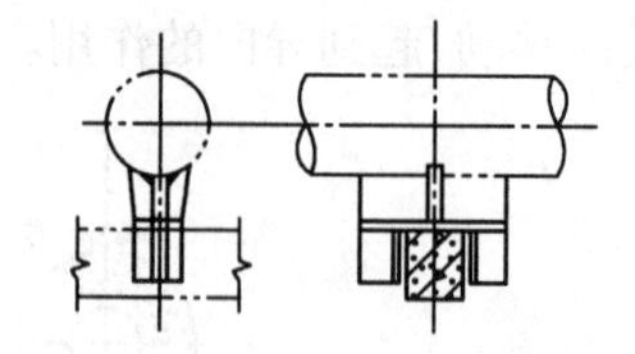

图 5.44 焊接型挡板固定管托

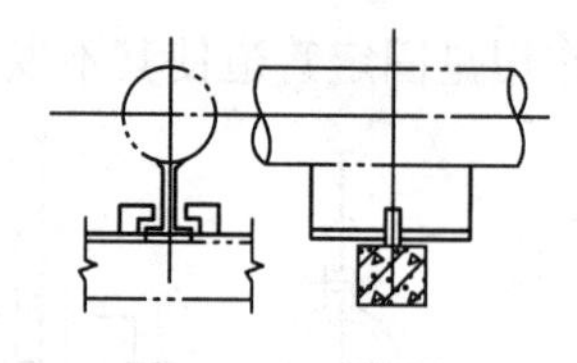

图 5.45 焊接型导向管托

2)卡箍型管托

卡箍型管托适用于支承保温的合金钢管、有色金属管、塑料管及其他不能与碳钢构件焊接的管道,如图 5.46 和图 5.47 所示。它也可作为滑动、固定及导向管托。

3)滚柱(珠)型管托

图 5.48 所示的滚柱型管托的特点是:可以减少管道与管架之间的轴向摩擦力,即减少固定支架所承受的水平推力。一般多用于直径较大的管道。

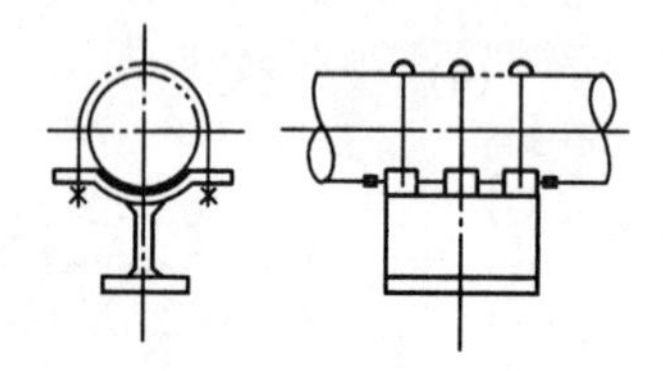

图 5.46 卡箍型滑动管托

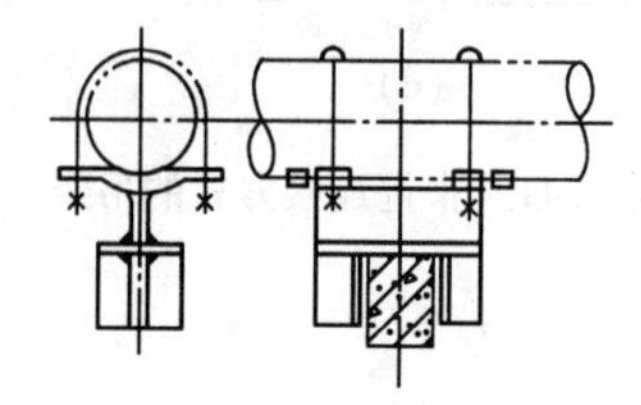

图 5.47 卡箍型挡板固定管托

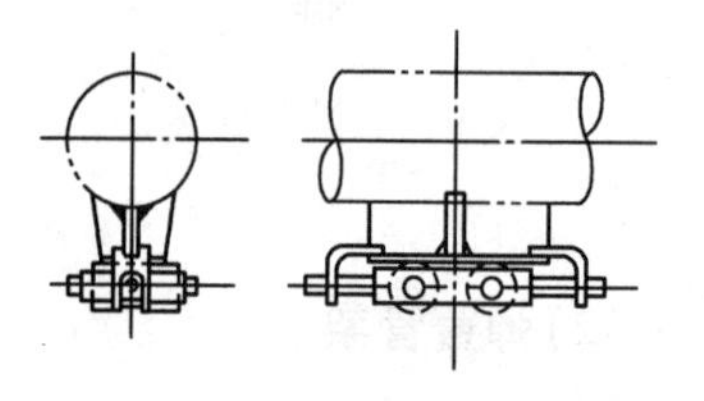

图 5.48 滚柱型管托

5.5.4 管卡

对于不保温的管道,或管道虽需要热绝缘,但允许管道与支架接触的局部不施加热绝缘时,均可采用管卡稳定管道。1 条管道上不必每个管架上都设置管卡,可视情况,每隔 1 个或 2 个活动管架设置 1 个管卡。直径大的管子可间隔更远些。管卡及其安装方式,如图 5.49 所示。

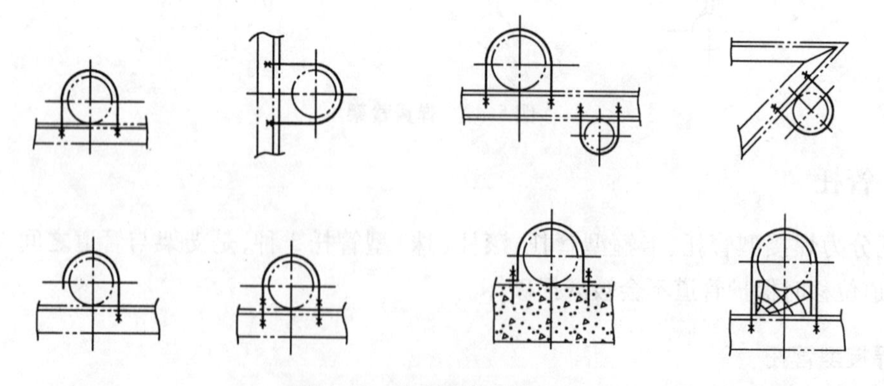

图 5.49 管卡及其安装方式

5.5.5 管架的表示符号

在绘制输配管线图时,管路通常用管架安装固定,管架的形式及位置一般采用图例符号在图上表示出来。管架有固定型、活动型、导向型和复合型等,管架的图示符号如图 5.50 所示。一般水系统图不绘制活动支架,固定支架的绘制按相关规定的图例表示。通风除尘工程图中,各种支架都必须绘制。空调机房内设置的风管应绘制支架。

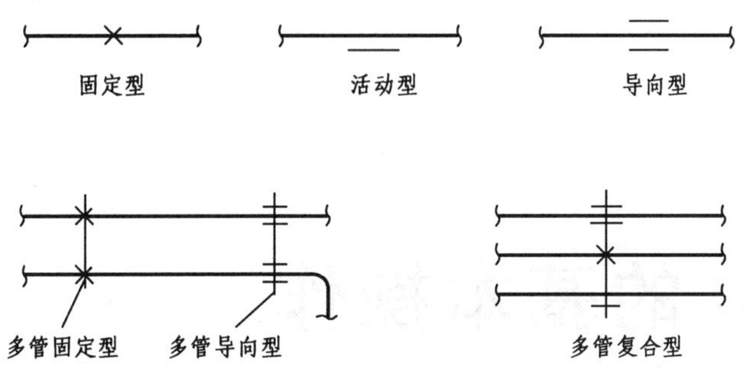

图 5.50 管架符号

小 结

本章主要介绍了建筑公用设备工程输配管道的表达方法,为后面章节的专业制图作一些基础知识上的准备。

第 1 节介绍了管道、阀门的单、双线图的画法;第 2 节介绍了管道的积聚、重叠、交叉、分叉的表示方法;第 3、4 节对管道剖面图、轴测图的概念、表达方法作了详细地讲解;最后对常用的管线支吊架的表示与画法进行了简要说明。

6

AutoCAD 的基本操作

6.1　AutoCAD 基本知识

AutoCAD（Auto Computer Aided Design，计算机辅助设计）是由美国 Autodesk 公司 1982 年推出的，专门用于计算机绘图设计工作的软件。它是以执行命令的方式完成各种图形的绘制的。由于具有简便易学、精确无误等优点，一直深受广大工程设计者的青睐。

如今，AutoCAD 系统已广泛应用于建筑、机械、电子及其他工程设计领域，极大地提高了设计人员的工作效率。

AutoCAD 从问世至今，经历了 26 次的升级，从而使其功能逐渐强大，且日臻完善。本章介绍 AutoCAD 2014 在建筑公用设备工程制图方面的应用。

1）AutoCAD 2014 的基本配置

AutoCAD 2014 对硬件的要求在逐渐提高，为了保证 AutoCAD 2014 能够稳定地工作，用户应该保证 AutoCAD 2014 有一个正常工作的基本环境，这就是 AutoCAD 2014 基本配置。32 位的 AutoCAD 2014 对系统的配置要求如下：

- Win7、Vista、XPsp2；
- Windows Vista、Win7；英特尔奔腾 4、AMD Athlon 双核处理器 3.0 GHz 或英特尔、AMD 的双核处理器 1.6 GHz 或更高，支持 SSE2；
- 2 GB 以上内存。
- 1.8 GB 空闲磁盘空间进行安装。
- 1028 × 1024 真彩色视频显示器适配器，128 MB 以上独立图形卡。
- 微软 Internet Explorer 7.0 或之后。

2)启动和退出 AutoCAD 2014

(1)启动方法

在安装 AutoCAD 2014 后,系统会自动在 Windows 桌面上生成对应的快捷方式。双击该快捷方式,即可启动 AutoCAD 2014。弹出如图 6.1 所示的主界面。

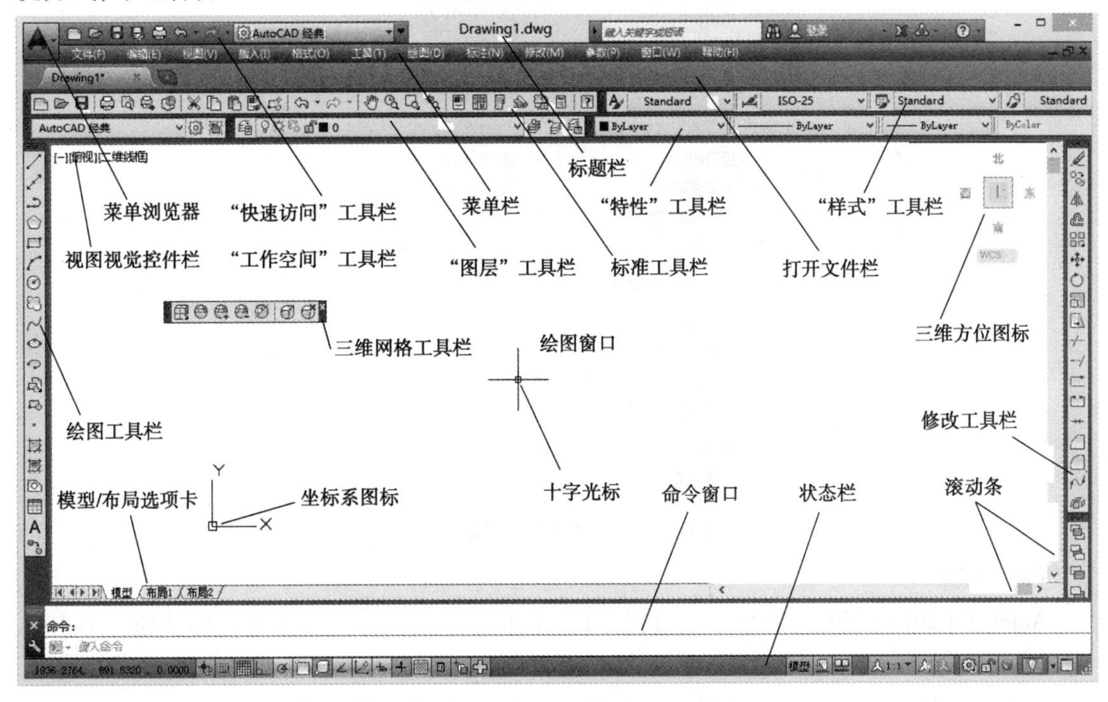

图 6.1 AutoCAD 2014 的主界面

(2)退出方法

在命令行输入 Quit(或 Exit)后按回车键或单击右上角的“关闭”按钮,即可退出 AutoCAD 2014。

3)AutoCAD 2014 的界面

进入 AutoCAD 2014 后,将出现如图 6.1 所示的绘图界面。该界面主要由标题栏、菜单栏、工具栏、状态栏、绘图窗口以及命令窗口等几部分组成。

(1)标题栏

标题栏位于工作界面的最上方,用来显示 AutoCAD 2014 的程序图标及当前所操作图形文件的名称。

(2)菜单栏

菜单栏是主菜单,提供了 AutoCAD 的大部分执行命令。用户只需单击菜单栏中的某一项,就会弹出相应的下拉菜单。图 6.2 为“视图”下拉菜单。

下拉菜单中,右侧有小三角的菜单项,表示它还有子菜单。图 6.2 显示出了“缩放”子菜单;右侧有三个小点的菜单项,表示单击该菜单项后要显示出一个对话框,如下拉菜单中“命令视图(N)…”;右侧没有内容的菜单项,单击它后会执行对应的 AutoCAD 命令。

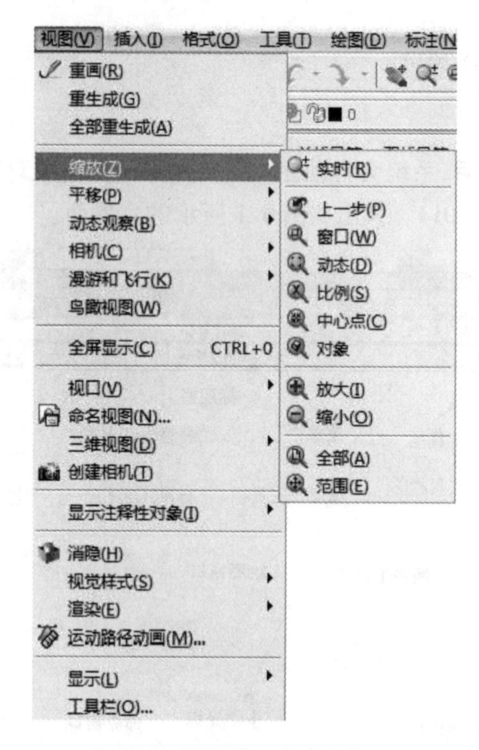

图 6.2 "视图"下拉菜单界面

(3)工具栏

AutoCAD 2014 提供了 40 多个工具栏,每一个工具栏上均有一些形象化的按钮。单击某一按钮,可启动 AutoCAD 的对应命令。

用户可根据需要打开或关闭任一个工具栏。方法是:在已有工具栏上右击,AutoCAD 弹出工具栏快捷菜单,通过其可实现工具栏的打开与关闭。

此外,通过选择与下拉菜单"工具"→"工具栏"→"AutoCAD"对应的子菜单命令,也可打开 AutoCAD 的各工具栏。

(4)绘图区

AutoCAD 2014 工作界面上最大的空白窗口便是绘图窗口,也称绘图区。绘图区类似于手工绘图时的图纸,是用户使用 AutoCAD 2014 进行绘图的区域。

(5)光标

当光标位于 AutoCAD 的绘图窗口时为十字形状,故又称为十字光标。十字线的交点为光标的当前位置。AutoCAD 的光标用于绘图、选择对象等操作。

(6)坐标系图标

坐标系图标通常位于绘图窗口的左下角,表示当前绘图所使用的坐标系的形式以及坐标方向等。AutoCAD 提供两种坐标系,即世界坐标系(World Coordinate System,WCS)和用户坐标系(User Coordinate System,UCS)。世界坐标系为默认坐标系。

(7)命令窗口

绘图区的下面是命令窗口,它是 AutoCAD 显示用户从键盘键入的命令和显示 AutoCAD 提示信息的地方。默认时,AutoCAD 在命令窗口保留最后三行所执行的命令或提示信息。用户可通过拖动窗口边框的方式改变命令窗口的大小,使其显示多于3行或少于3行的信息。

(8)状态栏

状态栏用于显示或设置当前的绘图状态。状态栏上位于左侧的一组数字反映当前光标的坐标,其余按钮从左到右分别表示当前是否启用了捕捉模式、栅格显示、正交模式、极轴追踪、对象捕捉、对象捕捉追踪、动态 UCS(用鼠标左键双击,可打开或关闭)、动态输入等功能以及是否显示线宽、当前的绘图空间等信息。

(9)模型/布局选项卡

模型/布局选项卡用于实现模型空间与图纸空间的切换。

(10)滚动条

利用水平和垂直滚动条,可使图纸沿水平或垂直方向移动,即平移绘图窗口中显示的内容。

(11)菜单浏览器

单击菜单浏览器,AutoCAD 会将浏览器展开。用户可通过菜单浏览器执行相应的操作。

4)新建图形文件

在绘制一张新图之前,首先要创建新图的绘图环境和图形文件。常用方法是:打开“文件”菜单,单击“新建”命令。

5)文件存盘

将当前图形存盘,可从“文件”菜单中单击“保存”命令。如果当前图形尚未命名,AutoCAD 将弹出如图6.3所示的对话框,提示用户输入文件名。做法是:在“图形另存为”对话框中,“文件名(N)”后边的文本框中输入图形文件的文件名,并选择合适的“文件夹”,单击“保存”按钮,即可将文件存盘。

图6.3 “图形另存为”对话框

6)关闭图形

方法是:单击图形文档窗口的"关闭"按钮;或者从"文件"菜单中选中"退出"选项即可关闭图形文件。

7)打开现有图形文件

执行"文件"菜单中的"打开"命令,在相应的对话框内,选择已有文件,也可在列表框中双击要打开的文件。

8) AutoCAD 2014 的坐标系及坐标输入方法

(1)坐标系统

AutoCAD 采用三维笛卡儿坐标系统来确定点的位置。状态栏上显示的坐标值,即是这个坐标系中的数值。它反映的是当前十字光标所在的位置。AutoCAD 提供的基本坐标系统,其原点及坐标轴的方向都不变,该坐标系统称为世界坐标系统(World Coordinate System,WCS)。该系统在默认情况下,X 轴的正向为水平向右;Y 轴的正向为垂直向上;Z 轴的正向为垂直屏幕平面向外。

当在 XOY 平面上绘制、编辑工程图形时,只需输入 X 坐标、Y 坐标,而 Z 坐标由 AutoCAD 自动赋值为 0。

AutoCAD 2014 还提供了可变的(即可改变其位置和方向)用户坐标系统(User Coordinate System,UCS)以方便用户绘图。在默认情况下,用户坐标系统和世界坐标系统相重合,用户可以在绘图过程中根据具体需要来定义 UCS。

(2)坐标的输入方法

绘图时,点的位置是用点的坐标来确定的。坐标的表达形式有 4 种:绝对坐标、相对坐标、绝对极坐标和相对极坐标。

①绝对坐标。绝对坐标是以原点(0,0,0)为基点来定位所有的点。AutoCAD 推荐坐标原点位于绘图区的左下角。在绝对坐标系中,X 轴、Y 轴和 Z 轴在原点(0,0,0)相交。绘图窗口的任何一点都可以用(x,y,z)来表示,用户可以通过输入 X 轴、Y 轴、Z 轴的坐标(中间用逗号隔开)来定义点的位置。

②相对坐标。在某些情况下,用户需要直接通过点与点之间的相对位移来绘制图形,而不想指定每个点的绝对坐标。为此,AutoCAD 提供了使用相对坐标的方法。所谓相对坐标,就是某点(假如 A 点)相对于某一特定点(假如 B 点)的位置。通常情况下,绘图中常把上一操作点看成是特定点,后续绘图操作实际上就是相对于上一操作点而进行的。其输入格式与绝对坐标唯一的不同是,在坐标的前面加上符号@。例如,上一个操作点的坐标是"(8,10)",通过键盘输入下一点的相对坐标"@7,5",则等于确定了该点的绝对坐标为"(8+7,10+5)",即"(15,15)"。

③绝对极坐标系。极坐标系由一个极点和一个极轴构成,极轴的方向为水平向右,如图 6.4 所示。平面上任何一点 P 都可以由该点到极点的连线长度 $l(>0)$ 和连线与极轴的交角 α

(极角,逆时针方向为正,顺时针方向为负)所定义,即用一对坐标值($l<\alpha$)来定义一个点,其中“ <”表示角度。

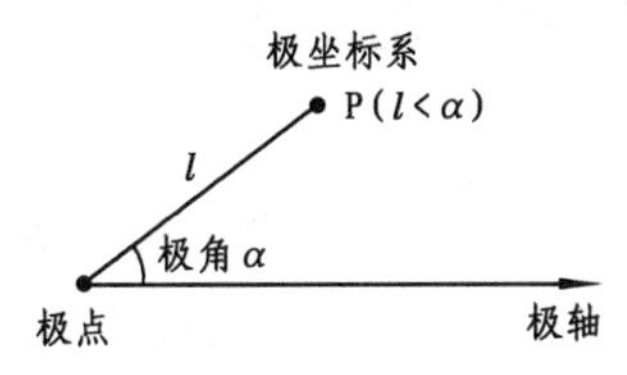

图6.4 AutoCAD 中极坐标系

④相对极坐标系。相对极坐标通过相对于某一特定点的极径和偏移角度来表示。相对极坐标是以上一操作点为极点,而不是以原点为极点,这就是相对极坐标系与绝对极坐标系的区别。通常用“@$l<\alpha$”形式来表示相对极坐标系。其中,“@”表示相对,“l”表示极径,“α”表示角度。例如,“@10<45”表示相对上一操作点的极径为10个图形单位,角度为45°的点。

9)设置绘图界限

绘图界限就是标明用户的工作区域和图纸的边界。操作方法是:单击菜单“格式”中的“图形界限”命令,命令行提示为:

命令:Limits

重新设置模型空间界限:

指定左下角点或[开(ON)/关(OFF)] <0.0000,0.0000>:

要求输入设置图形界限左下角的位置,系统默认值为(0,0)。用户可以单击“回车”键接受其默认值或在命令行输入新值,接着 AutoCAD 2014 继续提示用户设置绘图界限右上角的位置:

指定右上角点<420.0000,297.0000>:

同样用户可以接受默认值或输入新的坐标值以确定绘图界线的右上角位置。

10)模型空间和图纸空间

在 AutoCAD 绘图中,有两种空间供用户选用:一种是模型空间;另一种是图纸空间。

模型空间就是创建工程模型的空间。在建立模型的过程中,无论是二维还是三维图形,它的绘制与编辑工作,都是在模型空间下进行的。

图纸空间侧重于图纸的布局工作,即在这个空间里,用户所要考虑的是图形在整张图纸中如何布局,而不是对图形的修改工作。建议用户在绘图时,先在模型空间中做好绘制和编辑工作,再进入图纸空间。

无论是模型空间还是图纸空间,AutoCAD 都允许用户开设多个视窗(即 AutoCAD 在屏幕上用于显示图形的区域)。模型空间中的每个视窗可设置不同的视点,以便从不同角度观察所创建的工程模型。图纸空间的多个视窗,实质上就是对图纸进行自由分割。用户可将分割后的每个视窗当作一实体对象,进行复制、移动等操作。

6.2 AutoCAD 2014 的基本绘图方法

图形由一些基本的元素组成,如点、直线、圆和多边形等。绘制这些基本图形是绘制复杂图形的基础,要求读者学会如何绘制一些基本的图形,并掌握一些基本的绘图技巧,从而为以后进一步的绘图打下坚实的基础。

1)绘制直线(线段)

在 AutoCAD 2014 中绘制直线的命令:line。用户通过执行该命令绘制一条或连续多条直线。

调用该命令的方法有如下几种:

- 执行"绘图"下拉菜单中的"直线"命令;
- 单击"绘图"工具栏上的"直线"图标;
- 在命令行窗口中输入:Line 或者 L。

绘制直线的具体步骤如下:

(1)启动 AutoCAD 2014

在上述三种输入方式中任选一种输入直线命令。本例选择命令行操作方式。

(2)在命令提示行中完成如下操作

命令:L

指定第一点:10,10(或利用光标在绘图窗口中指定线段的起始位置);

指定下一点或[放弃(U)]:50,60(或指定线段的另一端点,两点确定一条线段);

指定下一点或[放弃(U)]:按 Enter 键(或 Esc 键)退出画直线状态。

(3)直线的绘制

直线的绘制如图 6.5(a)所示。

(4)绘制多条线段

可在该提示符下继续输入线段的终点坐标。下面以绘制六边形为例,采用相对极坐标的方式,来说明用 Line 命令连续画直线段的方法:

命令:L

LINE 指定第一点:100,100(A 点坐标);

指定下一点或 [放弃(U)]:@10 <0(B 点坐标);

指定下一点或 [放弃(U)]:@10 <300(C 点坐标);

指定下一点或 [闭合(C)/放弃(U)]:@10 <240(D 点坐标);

指定下一点或 [闭合(C)/放弃(U)]:@10 <180(E 点坐标);

指定下一点或 [闭合(C)/放弃(U)]:@10 <120(F 点坐标);

指定下一点或 [闭合(C)/放弃(U)]:C(C 为 Close 命令的第一个字母,将最后一端点与最初起点相连形成封闭的六边形,如图 6.5(b)所示)。

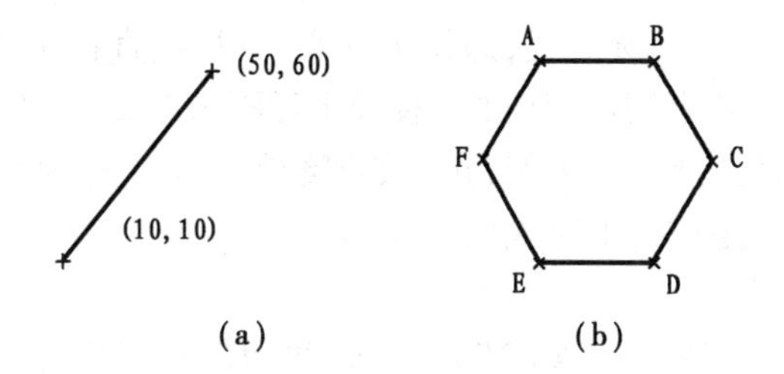

图6.5 线段、六边形的画法

补充说明,输入点的坐标有两种方法:一是在命令中使用键盘输入坐标值;二是用十字光标在屏幕上直接点取。

2)绘制矩形(Rectang)

在 AutoCAD 2014 中绘制矩形的命令:Rectang。

用 AutoCAD 画 1 个矩形,只需要指定它的两个对角点即可。绘制时,可设置矩形边线的宽度,还可指定顶点处的倒角距离以及圆角的半径。

(1)调用该命令的方法

调用该命令的方法有如下几种:

- 执行“绘图”下拉菜单中的“矩形”命令;
- 单击“绘图”工具栏上的“矩形”图标□;
- 在命令行窗口中输入:Rectang,然后回车。

(2)绘制矩形的步骤

绘制矩形的具体步骤如下:

①在上述三种输入方式中任选一种方式输入矩形命令。

②在命令提示行中完成如下操作:

命令:Rectang

指定第一个角点或[倒角(C)/标高(E)/圆角(F)/厚度(T)/宽度(W)]:(用鼠标在屏幕上指定第一个角点);

指定另一个角点或[尺寸(D)]:确定第二个角点,然后回车。

3)绘制圆(Circle)

在 AutoCAD 2014 中绘制圆的命令:Circle。

(1)调用该命令的方法

调用该命令的方法有如下几种:

- 执行“绘图”下拉菜单中的“圆”命令;
- 单击“绘图”工具栏上的“圆(C)”图标⊙;
- 在命令行窗口中输入:Circle 或者 C。

(2)绘制圆的步骤

绘制圆的具体步骤如下:

①启动 AutoCAD 2014,在上述三种输入方式中任选一种输入圆命令。

AutoCAD 2014 提供了 5 种画圆方式,即指定圆心、半径或直径画圆方式;指定两点画圆方式;指定三点画圆方式;指定两个切点所在的实体及半径画圆方式;用切点、切点、切点画圆方式。

本例以指定圆心、半径画圆方式为例,介绍如何绘制一个半径为 50 mm 的圆。

②启动命令后,在命令提示行中完成如下操作:

命令:Circle

指定圆的圆心或[三点(3P)/两点(2P)/相切、相切、半径(T)]:用鼠标在屏幕上任意取一点;

指定圆的半径或[直径(D)]:输入 50;

此时,即生成一个半径为 50 mm 的圆。

4)绘制圆弧(ARC)

在 AutoCAD 2014 中绘制圆弧的命令:ARC。

(1)调用该命令的方法

调用该命令的方法有如下几种:

- 执行“绘图”下拉菜单中的“圆弧”命令(见图 6.6);
- 单击“绘图”工具栏上的“圆弧”图标;
- 在命令行窗口中输入:Arc 或者 A。

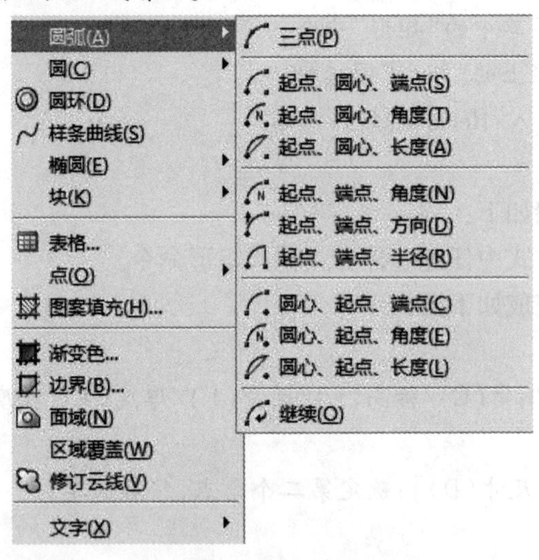

图 6.6 圆弧下拉菜单

(2)绘制圆弧的步骤

绘制圆弧的具体步骤如下:

①启动 AutoCAD 2014,在上述三种输入方式中任选一种输入圆弧命令。

②启动命令后,在命令提示行中完成如下操作:

命令:Arc

指定圆弧的起点或[圆心(C)]:(输入圆弧的起点);

指定圆弧的第二个点或[圆心(C)/端点(E)]:输入确定圆弧的第二点;

指定圆弧的端点:确定圆弧的终点。

5)绘制椭圆(Ellipse)

在绘制的图形中,椭圆是一种特殊的圆,它的中心到圆周上的距离是变化的。部分椭圆就是椭圆弧。在 AutoCAD 2014 中绘制椭圆和椭圆弧的命令都是一样的,只是响应内容不同,用户可以利用 AutoCAD 2014 提供的命令绘制椭圆。

(1)调用该命令的方法

调用该命令的方法有如下几种:

- 执行“绘图”下拉菜单中的“椭圆”命令;
- 单击“绘图”工具栏上的“椭圆”图标;
- 在命令行窗口中输入:Ellipse,并回车。

(2)绘制椭圆的步骤

绘制椭圆的具体步骤如下:

命令:Ellipse

指定椭圆的轴端点或[圆弧(A)/中心点(C)]:用鼠标在屏幕上指定椭圆的长轴(或短轴)的端点;

指定轴的另一个端点:用鼠标点取(或输入)长轴(或短轴)的另一个端点;

指定另一条半轴长度或[旋转(R)]:输入短轴(或长轴)的长度。

6)绘制多义线(Polyline)

多义线(Polyline)是 AutoCAD 绘图中比较常用的一种实体。通过绘制多义线,可得到一条由若干线型粗细相同或不同的直线或圆弧连接而成的折线或曲线,并且无论这条多义线中包含多少条直线或圆弧,整条多义线仍是一个实体。

在 AutoCAD 2014 中绘制多义线的命令为 Polyline。

(1)调用该命令的方法

调用该命令的方法有如下几种:

- 执行“绘图”下拉菜单中的“多段线”命令;
- 单击“绘图”工具栏上的“多段线”图标;
- 在命令行窗口中输入:Polyline,并回车。

(2)绘制多义线的步骤

绘制多义线的具体步骤如下:

①启动 AutoCAD 2014,在上述三种输入方式中任选一种输入 Polyline 命令。

②启动命令后,在命令行中完成如下操作:

命令:Polyline

指定起点:要求确定多义线的起点;

当前线宽为 0.0000;

接着命令行出现一组操作选项,提示如下:

指定下一点或[圆弧(A)/闭合(C)/半宽(H)/长度(L)/放弃(U)/宽度(W)]:

下面分别介绍这些选项:

A. 圆弧(A):输入 A 并回车,可以绘制圆弧方式的多义线。选择该项后重新出现一组用于生成圆弧方式的多义线的命令选项:

指定圆弧的端点或[角度(A)/圆心(CE)/方向(D)/半宽(H)/直线(L)/半径(R)/第二个点(S)/放弃(U)/宽度(W)]:

在该提示下,可直接确定圆弧终点,拖动十字光标,屏幕会出现预显线条。选项序列中各项意义如下:

a. 角度(A):该选项用于指定所画圆弧的内含角;

b. 圆心(CE):为圆弧指定圆心;

c. 方向(D):取消直线与圆弧相切关系的设置,改变圆弧的起始方向;

d. 直线(L):返回到绘制直线方式;

e. 半径(R):指定圆弧半径;

f. 第二个点(S):指定三点画弧的第二点。

其他各选项与 Polyline 命令下的同名选项意义相同,见下面介绍。

B. 闭合(C):该选项自动将多义线闭合,并结束命令。

C. 半宽(H):该选项用于指定多义线的半宽值,AutoCAD 将提示用户输入多义线的起点半宽值和终点半宽值。绘制多义线的过程中,每一段都可重新设置半宽值。

D. 长度(L):定义下一段多义线的长度,AutoCAD 将按照上一线段的方向绘制这一段多义线。

E. 放弃(U):取消刚刚绘制的多义线。

F. 宽度(W):该项用来设置多义线的宽度值。选择该项后,将出现如下提示:

指定起点宽度 <0.0000>:(设置起点宽度)

指定端点宽度 <0.0000>:(设置终点宽度)

下面以绘制图6.7 所示的图形为例,说明 Polyline 命令的使用方法:

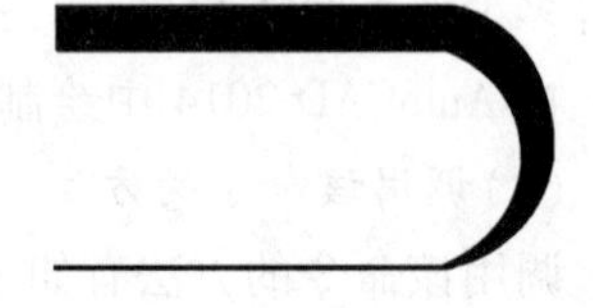

图6.7 多义线的画法

命令:Pline

指定起点:100,100

当前线宽为 0.0000

指定下一个点或 [圆弧(A)/半宽(H)/长度(L)/放弃(U)/宽度(W)]:@150,0;

指定下一点或 [圆弧(A)/闭合(C)/半宽(H)/长度(L)/放弃(U)/宽度(W)]:h;

指定起点半宽 <0.0000>:直接按回车键;

指定端点半宽 <0.0000>:10;

指定下一点或 [圆弧(A)/闭合(C)/半宽(H)/长度(L)/放弃(U)/宽度(W)]:a;

指定圆弧的端点或[角度(A)/圆心(CE)/闭合(CL)/方向(D)/半宽(H)/直线(L)/半径(R)/第二个点(S)/放弃(U)/宽度(W)]:CE;

指定圆弧的圆心:@0,50;

指定圆弧的端点或 [角度(A)/长度(L)]:a;

指定包含角:180;

指定圆弧的端点或[角度(A)/圆心(CE)/闭合(CL)/方向(D)/半宽(H)/直线(L)/半径

(R)/第二个点(S)/放弃(U)/宽度(W)]:L;

指定下一点或［圆弧(A)/闭合(C)/半宽(H)/长度(L)/放弃(U)/宽度(W)］:@150,0;

指定下一点或［圆弧(A)/闭合(C)/半宽(H)/长度(L)/放弃(U)/宽度(W)］:↙(直接回车)。

6.3　AutoCAD 2014 的基本编辑方法

与手工绘图相比,采用 AutoCAD 绘图最突出的优点就是图形修改、增减十分方便。AutoCAD 2014 提供了强大的图形编辑工具,方便用户灵活快捷地修改、编辑图形。这里介绍一些基本编辑方法。

1)实体及实体选择

实体是指画图的基本元素,即点、直线、多义线、圆及圆弧、文本及块等。编辑图形总是针对整个图形中的某个实体或某些实体的。那么在使用各种编辑命令时,首先碰到的就是选择要编辑的对象。下面介绍一些实体的选择方法:

当输入某一编辑命令后,命令行将出现要求选择实体的提示“选择对象:(选择实体)”;同时,出现一个小方框(在光标当前所在位置),称其为“拾取框”。选择实体的方法有:

(1)目标定点法

将拾取框移到要编辑的实体上,单击鼠标左键,即可选中目标。此时被选中的目标呈高亮显示(在一般的显示器上,它表现为虚线)。一般情况下,AutoCAD 接收到用户的选择输入后,会继续显示“选择对象:”提示,让用户接着选取要编辑的对象。如果完成了对象选择工作,可在该提示下直接按 Enter 键,结束对象选择过程。

(2)窗口(Window)方式

在“选择对象:”提示符下,指定对角点处单击左键,从左向右移动鼠标至恰当位置,再单击鼠标,选取另一对角点,即可看到绘图区内出现 1 个实线的矩形,全部包含在该框中的实体被选中。

(3)交叉(Crossing)方式

在“选择对象:”提示符下,选取第一个角点,单击左键,从右向左移动鼠标,选取另一个角点单击,即可看到两点之间出现 1 个呈虚线的矩形。此时完全被包含在矩形框内以及与矩形框相交的实体均被选中。

(4)全部(All)方式

在“选择对象:”提示符下,输入“All”,则选中所有实体。

2)删除和恢复

(1)删除

在绘图工作中,经常会产生一些中间阶段的实体,如辅助线、画错的图线等,最终都需删除掉,Erase 命令可完成此项任务。

调用该命令的方法有如下几种：

- 执行“修改”下拉菜单中的“删除”命令；
- 单击“修改”工具栏上的“删除”图标；
- 在命令行窗口中输入：Erase 或 E，然后回车。

删除命令的操作步骤如下：

①在上述三种输入方式中任选一种方式输入删除命令。

②在命令提示行中完成如下操作：

命令：Erase

选择对象：选择要删除的实体；

选择对象：继续选择要删除的实体，否则，按回车键即可结束命令。

(2)恢复

使用 Erase 命令时，有可能误删掉一些有用的图形实体，而命令 Oops 可恢复刚刚被删去的实体。

3)取消和重复

绘图过程中，执行错误操作是难免的，当出现执行错误操作时，可用 Undo 命令取消该项操作。操作如下：

命令：U

如果发现刚被取消的命令是对的，可用“Redo”将被“Undo”取消的命令重新得以执行。

命令：Redo

4)移动(Move)图形

将图形从一个位置调到另一个位置，用 Move 命令。

调用该命令的方法有如下几种：

- 执行“修改”下拉菜单中的“移动”命令；
- 单击“修改”工具栏上的“移动”图标；
- 在命令行窗口中输入：Move 或 M，然后回车。

移动命令的操作步骤如下：

①在上述三种输入方式中任选一种方式输入移动命令。

②以圆的移动为例，如图 6.8 所示；其操作如下：

命令：M

选择对象：选取要移动的圆实体；

选择对象：↙(直接回车)；

指定基点或位移：选取 A 点作为移动基点；

指定位移的第二点或 <用第一点作位移>：选取 C 点作为移动目标点。

图 6.8(a)为移动前的图形，图 6.8(b)为移动后的图形。

5)复制(Copy)图形

有时需要在一张图样上绘制若干个相同的实体，如果每个实体都重复绘制，将非常麻烦。

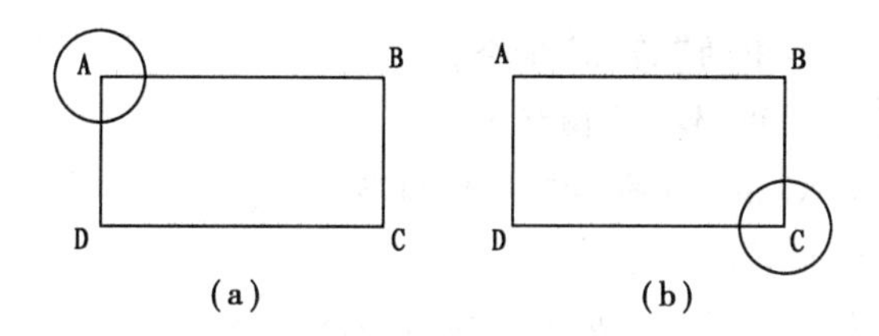

图 6.8 AutoCAD 中圆的移动

Copy 命令允许用户只绘制一个实体,然后将实体复制到需要的位置。

调用该命令的方法有如下几种:

- 执行“修改”下拉菜单中的“复制”命令;
- 单击“修改”工具栏上的“复制”图标;
- 在命令行窗口中输入:Copy 或 CO,然后回车。

复制命令的操作步骤如下:

①在上述三种输入方式中任选一种方式执行复制命令。

②以圆的复制为例,如图 6.9 所示,将以 A 点为圆心的圆分别复制到 B、C、D 点,操作如下:

命令:Copy

选择对象:选择要复制的圆实体;

选择对象:↙(直接回车);

指定基点[位移(D)/模式(O)] <位移>:选取 A 点作为复制基点;

指定位移的第二点或[阵列(A)]<用第一点作位移>:选取 B 点作为复制目标点;

指定位移的第二点或[阵列(A)/退出(E)/放弃(U)]<退出>:选取 C 点作为复制目标点;

指定位移的第二点或[阵列(A)/退出(E)/放弃(U)]<退出>:选取 D 点作为复制目标点;

指定位移的第二点或[阵列(A)/退出(E)/放弃(U)]<退出>:直接回车键:↙结果命令。

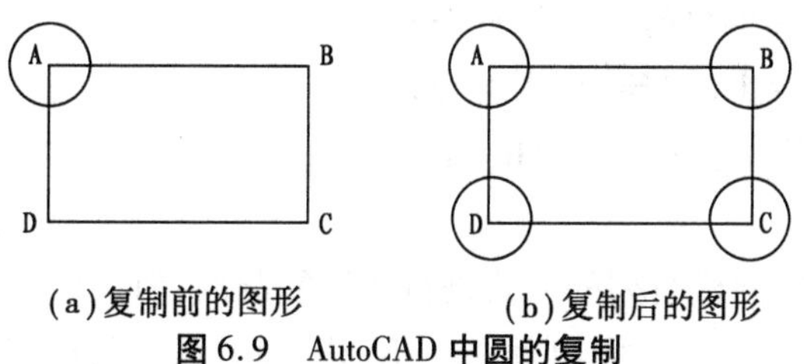

(a)复制前的图形　　(b)复制后的图形

图 6.9 AutoCAD 中圆的复制

6)图形镜像(Mirror)

在实际绘图过程中,经常会遇到一些对称的图形。例如,机械零件中的轴,其左右两端往往具有相同的键槽、通孔或轴距。AutoCAD 提供了图形镜像(Mirror)功能,只需绘制出相对称图形的公共部分,利用 Mirror 命令就可将对称的另一部分镜像复制出来。

调用该命令的方法有如下几种:

● 执行“修改”下拉菜单中的“镜像”命令；

● 单击“修改”工具栏上的“镜像”图标；

● 在命令行窗口中输入：Mirror 或 MI，然后回车。

镜像命令的操作步骤如下：

①在上述三种输入方式中任选一种方式执行镜像命令。

②在进行图形镜像时，用户只需指定要对哪些实体目标进行对称复制，以及对称线的位置即可。具体操作如下：

命令：Mirror

选择对象：选择需要镜像的实体。同其他编辑命令一样，可用各种选择方法来选择目标；

指定镜像线的第一点：确定对称线的起点位置，即捕捉图 6.10(a) 中的 A 点；

指定镜像线的第二点：确定对称线的终点位置，即捕捉图 6.10(b) 中的 B 点，确定了这两点，即可确定对称线，系统将以该对称线为轴进行镜像；

是否删除原对象？[是(Y)/否(N)] <N>：确定是否删除原来所选择的实体。

AutoCAD 2014 的默认选项为“N”。如果只需要镜像后的图形实体，输入“Y”并回车即可。

(a) 镜像前的图形

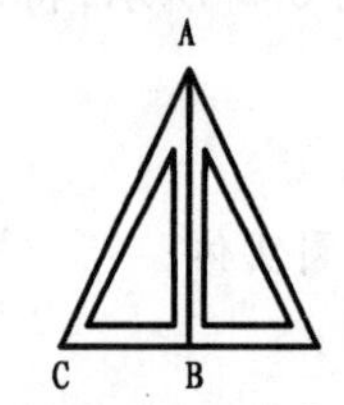

(b) 镜像后的图形

图 6.10　AutoCAD 中图形的镜像

7) 阵列(Array)图形

尽管复制命令可以一次复制多个图形，但要复制呈规则分布的实体目标仍不是特别方便。AutoCAD 提供了图形阵列功能，以便用户快速准确地复制呈规则分布的图形。

调用该命令的方法有如下几种：

● 执行“修改”下拉菜单中的“阵列”命令；

● 单击“修改”工具栏上的“阵列”图标；

● 在命令行窗口中输入：Array 或 AR，然后回车。

(1) 矩形阵列

由于矩形阵列是按照网格行列的方式进行实体复制的，所以必须让 AutoCAD 指明将实体目标复制成几行、几列，以及行间距、列间距。矩形阵列示意如图 6.11 所示。

矩形阵列的操作如下：

启动 Array 命令，在 AutoCAD 对话框里面，选中“矩形阵列”单选框，表示进行的是矩形阵列。在单选框的右边，单击“选择对象”按钮，在命令行出现“选择对象”提示符时，选择需要进行矩形阵列的目标，然后回车确认。

之后，还会弹出“Array”对话框，如图 6.12 所示。可以在对话框中进行行数目、列数目及行间距、列间距及阵列角度的设置。

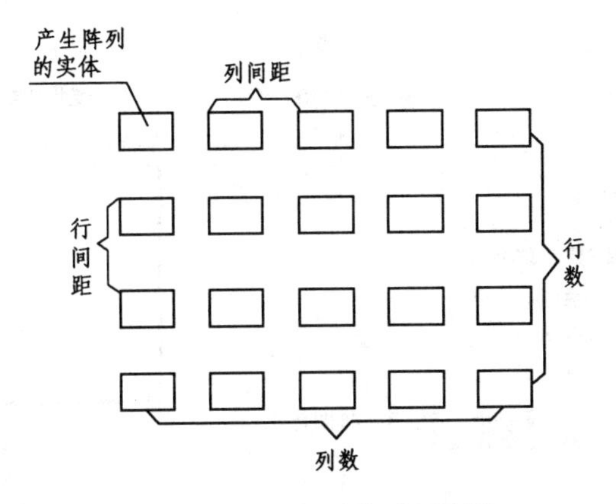

图 6.11 图形矩形阵列示意图

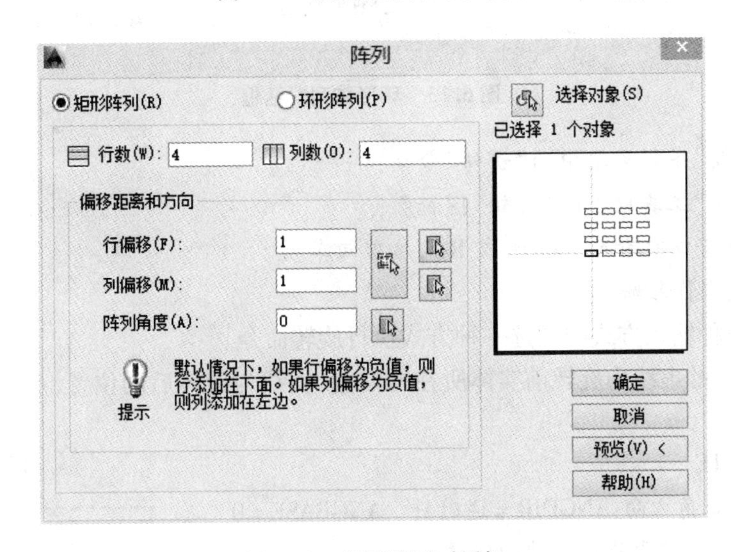

图 6.12 矩形阵列对话框

(2)环形阵列

Array 命令除了可产生矩形阵列之外,还可将所选择的目标按圆周等距排列,即环形阵列图形。

环形阵列的操作如下:

启动 Array 命令,在 AutoCAD 对话框里面,选中"环形阵列"单选框,如图 6.13 所示。在单选框的右边,单击"选择对象"按钮,当命令行出现"选择对象"提示符时,选择想要产生环形阵列的目标,然后回车确认。

之后,还会弹出"Array"对话框,可以在对话框中接着进行中心点、项目总数、填充角度等的设置。

8)旋转(Rotate)图形

旋转命令(Rotate)可以改变用户所选择的一个或多个对象的方向(位置)。用户可通过指定一个基点和一个相对或绝对的旋转角来对选择对象进行旋转。

调用该命令的方法有如下几种:

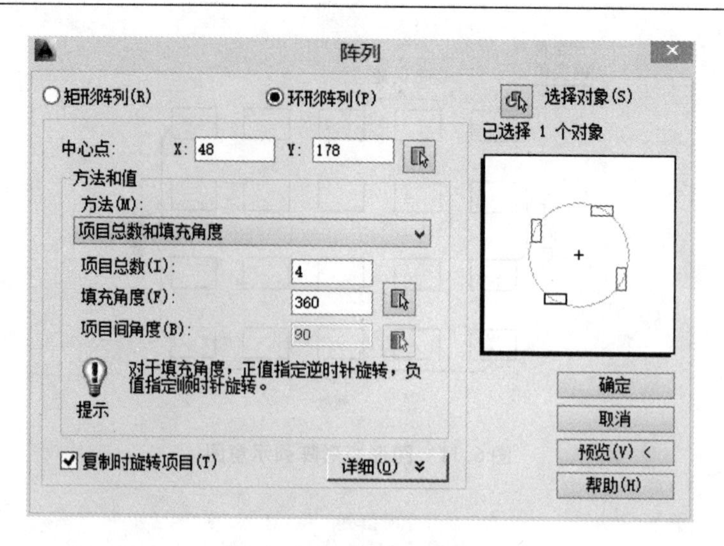

图 6.13　环形阵列对话框

- 执行"修改"下拉菜单中的"旋转"命令;
- 单击"修改"工具栏上的"旋转"图标;
- 在命令行窗口中输入:Rotate 或 RO,然后回车。

旋转命令的操作步骤如下:

①在上述三种输入方式中任选一种方式执行旋转命令。

②图 6.14 中的虚线为旋转前实体所在的位置,实线为旋转后的位置,点 P_1 为旋转中心。操作如下:

命令:ROTATE

UCS 当前的正角方向:ANGDIR = 逆时针　ANGBASE = 0

选择对象:选取需要旋转操作的实体;

选择对象:↙(直接回车);

指定基点:确定旋转基点(P_1);

指定旋转角度或[复制(C)/参照(R)]:确定实际绝对旋转角度或输入 R 选择相对参考角度;

当输入 R 时,AutoCAD 将提示:

指定参照角 <0>:确定相对于参考方向的参考角度;

指定新角度:确定相对参考方向的新角度。

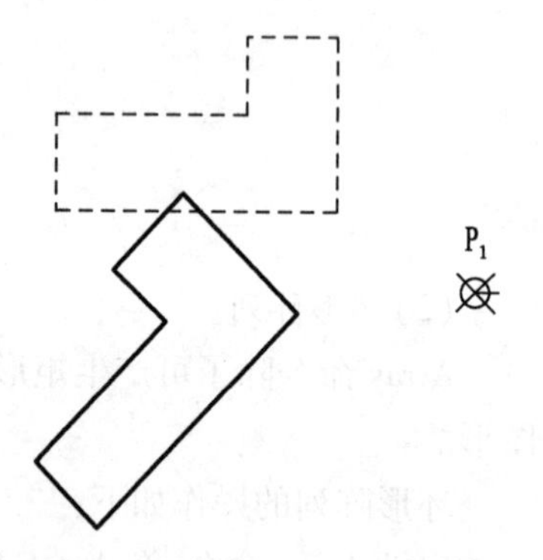

图 6.14　AutoCAD 中实体的旋转

9)比例缩放(Scale)

在工程制图中,经常需要比例缩放图形中的实体。比例缩放(Scale)命令可完成这项工作。调用该命令的方法有如下几种:

- 执行"修改"下拉菜单中的"缩放"命令;
- 单击"修改"工具栏上的"缩放"图标;
- 在命令行窗口中输入:Scale,然后回车。

缩放命令的操作步骤如下:

命令:Scale

选择对象:选择要进行比例缩放操作的实体目标;

指定基点:确定缩放基点,AutoCAD 将以该点为中心,比例缩放所选取的实体;

指定比例因子或[复制(C)/参照(R)]:确定绝对比例系数,或采用相对比例系数方式进行比例缩放。

10)拉伸(Stretch)图形

AutoCAD 提供的 Stretch 命令,可使图形拉长或压缩。

调用该命令的方法有如下几种:

- 执行"修改"下拉菜单中的"拉伸"命令;
- 单击"修改"工具栏上的"拉伸"图标;
- 在命令行窗口中输入:Stretch,然后回车。

拉伸命令的操作步骤如下:

命令:Stretch

选择对象:要求用户采用"Crossing"(以交叉窗口或交叉多边形选择要拉伸的对象)方式选择实体目标,如图 6.15 中的虚线;

指定基点或位移:输入基点,如图 6.16 中的点 A;

指定位移的第二个点或 <用第一个点作位移>:确定终点,将选中的实体要拉伸到的位置,如图 6.16 中的点 B。

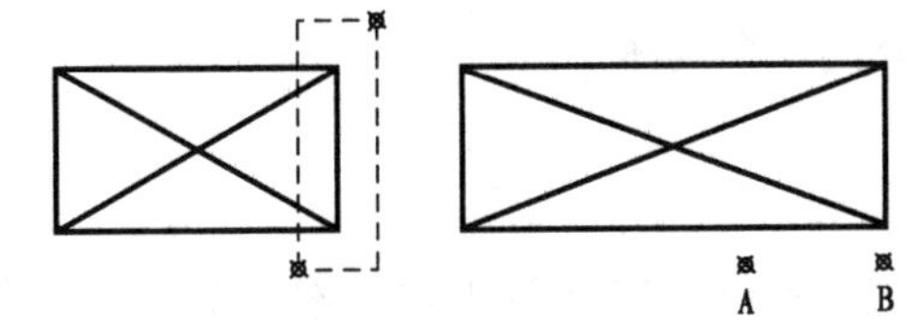

图 6.15　AutoCAD 中图形的拉伸

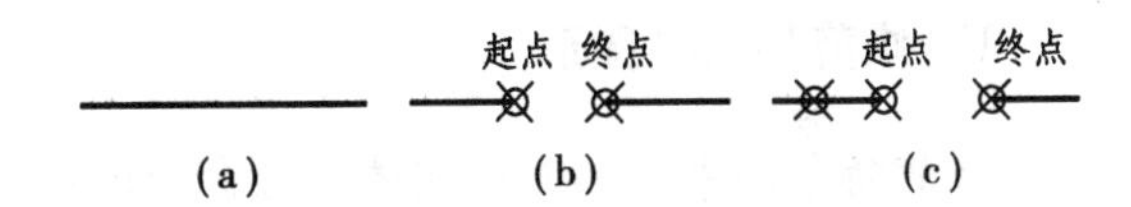

图 6.16　AutoCAD 中直线的折断

11)偏移复制(Offset)

在工程制图过程中,经常遇到一些间距相等、形状相似的图形。对于这类图形,用户可用 Offset 命令进行偏移复制图形的方法来获得。

调用该命令的方法有如下几种:

①执行"修改"下拉菜单中的"偏移"命令;

②单击"修改"工具栏上的"偏移"图标;

③在命令行窗口中输入:Offset,然后回车。

偏移命令的操作步骤如下:

命令:Offset

指定偏移距离或[通过(T)/删除(E)/图层(L)] <通过>:确定偏移量;

选择要偏移的对象或[退出(E)/放弃(U)] <退出>:选取要偏移复制的实体目标;

指定点以确定偏移所在一侧,或 [退出(E)/多个(M)/放弃(U)] <退出>:确定复制后的实体位于原实体的哪一侧;

选择要偏移的对象或[退出(E)/放弃(U)]<退出>:继续选择实体或直接回车结束偏移。

12)打断(Break)图形

绘图中,有时需要删除掉实体的一部分,首先须将该部分与实体分开(切断),然后才能删除,Break 命令可完成这项工作。

调用该命令的方法有以下几种:

- 执行“修改”下拉菜单中的“打断”命令;
- 单击“修改”工具栏上的“打断”图标;
- 在命令行窗口中输入:Break,然后回车。

打断命令的操作步骤如下:

①在上述三种输入方式中任选一种方式执行旋转命令。

②操作如下:

命令:Break

选择对象:选取需要折断的实体;

指定第二个打断点或[第一点(F)]:选择要删除部分的第二点,如图 6.16(a)所示。

若在指定第二个打断点或[第一点(F)]:输入 F,AutoCAD 接着会提示:

指定第一个打断点:重新选择起点;

指定第二个打断点:选择终点,如图 6.16(b)所示。

当终点和起点选择为一点时,可以将 1 个实体分成 2 个实体。

13)修剪(Trim)图形

修剪命令用来修剪图形实体。该命令的用法很多,不仅可以修剪相交或不相交的二维对象,还可以修剪三维对象。剪切边可以是直线、圆弧、曲线等对象,剪切边本身也可以作为被修剪的对象。

调用该命令的方法有以下几种:

- 执行“修改”下拉菜单中的“修剪”命令;
- 单击“修改”工具栏上的“修剪”图标;
- 在命令行窗口中输入:Trim,然后回车。

修剪命令的操作步骤如下:

①在上述三种输入方式中任选一种方式执行修剪命令。

②该命令执行格式如下:

选择要修剪的对象,或按住“Shift”键选择要延伸的对象,或[栏选(F)/窗交(C)/投影(P)/边(E)/删除(R)/放弃(U)]:

操作如下:

命令:Trim

选择对象:选择作为剪切边界的实体。可连续选多个实体作为剪切边界,然后回车确认;

选择要修剪的对象,或按住“Shift”键选择要延伸的对象,或[栏选(F)/窗交(C)/投影

(P)/边(E)/删除(R)/放弃(U)]:选取要剪切实体的被剪部分,将其剪掉。

方括号内选项作用分别为:

a. 栏选(F):以栏选方式确定被修剪对象。

b. 窗交(C):使与选择窗口边界相交的对象作为被修剪对象。

c. 投影(P):指定Trim命令修剪对象时,采用“投影”模式。

d. 边(E):用来确定剪切方式。相应提示为:

输入隐含边延伸模式[延伸(E)/不延伸(N)] <不延伸>:

其中,延伸(E)选项为自动延伸剪切边作剪切,不延伸(N)选项为不延伸剪切边作剪切。

e. 删除(R):删除指定的对象。

f. 放弃(U):取消上次操作。

如图6.17(a)所示,为不延伸剪切边(AB)所做的剪切;左边为剪切前的图形,右边为剪切后的图形。图6.17(b)为必须使用延伸剪切边(AB)所做的剪切。

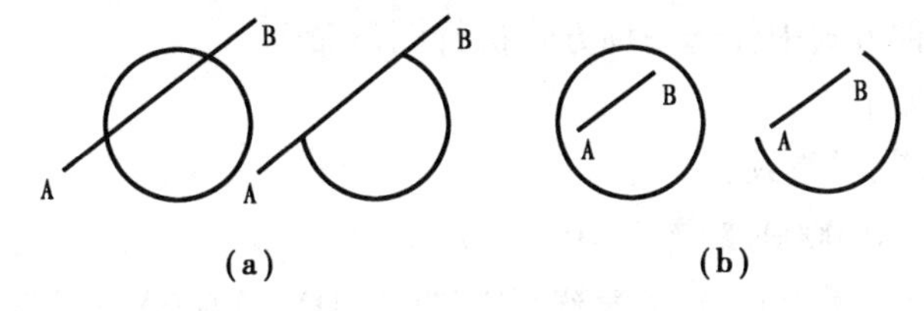

图6.17 AutoCAD中图形的剪切

14)延伸(Extend)实体

延伸实体的命令为Extend,延伸命令可以将指定的对象延长到指定的边界(又称为边界边)。

调用该命令的方法有如下几种:

- 执行“修改”下拉菜单中的“延伸”命令;
- 单击“修改”工具栏上的“延伸”图标--/;
- 在命令行窗口中输入:Extend(EX),然后回车。

延伸命令的操作步骤如下:

①在上述三种输入方式中任选一种方式执行延伸命令。

②该命令执行格式如下:

命令:Extend

当前设置为投影=UCS,边=无

选择对象:选择作为边界的实体目标,如图6.18(a)中的线段AB;

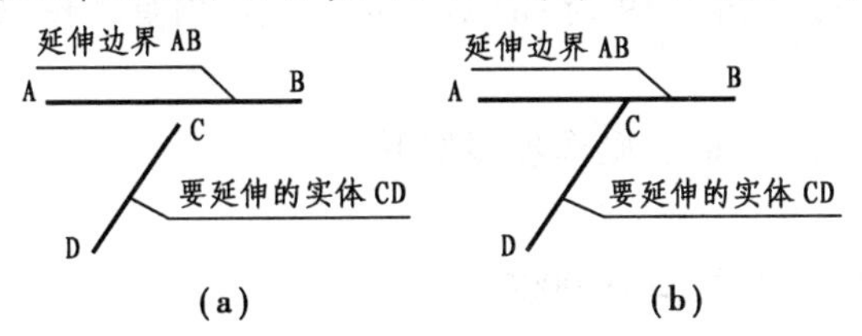

图6.18 AutoCAD中直线的延伸

选择要延伸的对象,或按住“Shift”键选择要修剪的对象,或[栏选(F)/窗交(C)/投影(P)/边(E)/放弃(U)]:选择要延伸的实体(见图 6.18(a)中的线段 CD),命令结束后的图形,如图 6.18(b)所示。

15)倒角和圆角

(1)倒角(Chamfer)

只要两直线相交成一点(或延长后交于一点),就可以利用 Chamfer 命令对这两条直线做倒角。

调用该命令的方法有如下几种:

- 执行“修改”下拉菜单中的“倒角”命令;
- 单击“修改”工具栏上的“倒角”图标;
- 在命令行窗口中输入:Chamfer,然后回车。

用户可在上述三种方式中任选一种方式执行倒角命令。

该命令执行格式如下:

命令:Chamfer(“修剪”模式)

当前倒角距离 1 = 0.0000,距离 2 =0.0000;

选择第一条直线或[放弃(U)/多段线(P)/距离(D)/角度(A)/修剪(T)/方式(E)/多个(M)]:选择要进行倒角操作的第一个实体目标(见图 6.19 的 AB 边)或选择其他项。

方括号内的选项的作用介绍如下:

①多段线(P):选择多义线。

②距离(D):要求输入切角距离,提示为:

指定第一个倒角距离 <0.0000>:输入第一个实体上的倒角距离,即从两个实体的交点到倒角线的起点距离;

指定第二个倒角距离:输入第二个实体上的倒角距离。

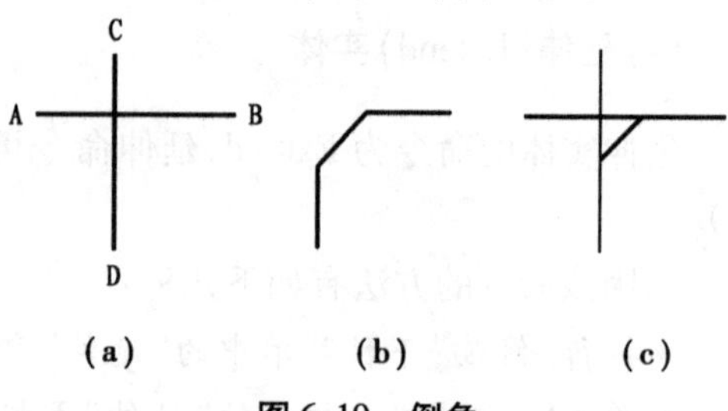

图 6.19　倒角

③角度(A):确定第一个倒角的距离和角度。

④修剪(T):确定倒角的修剪状态,提示为:

输入修剪模式选项[修剪(T)/不修剪(N)]<修剪>:[修剪(T)为剪掉倒角(见图 6.19(b));不修剪(N)为不去掉倒角(见图6.19(c))];

选择第二条直线:或按住“Shift”键选择直线以应用角点或[距离(D)/角度(A)/方法(M)],选第二个实体目标(见图 6.19 的 CD 边),即可完成倒角工作,如图6.19(b)、(c)所示。

(2)圆角(Fillet)

进行圆角操作的命令为 Fillet。操作步骤如下:

命令:Fillet

当前设置:模式 = 修剪,半径 = 0.0000;

选择第一个对象或[多段线(P)/半径(R)/修剪(T)/多个(U)]:(选择要进行圆角操作的第一个实体目标,见图 6.20(a)中的 AB 线);

选择第二个对象:选择要进行圆角操作的第二个实体(图 6.20(a)中的 CD 线),圆角后的结果如图6.20(b)、(c)所示。

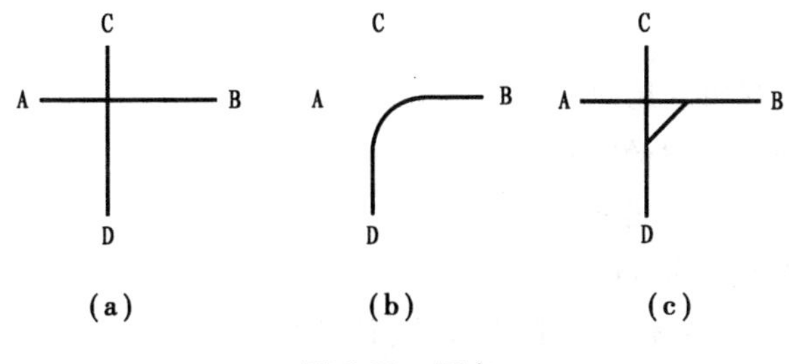

图 6.20 圆角

16)炸开(Explode)图形

对于块、多义线(Polyline)、用 Polygon 命令绘制的正多边形等图形,它们都是一个独立的实体。如果要修改它们的一个组成部分,而让其他部分保持不变,是没有办法直接修改的,必须先将其炸开,分成若干个部分实体后,再进行编辑操作。AutoCAD 提供的 Explode 命令,可完成此项工作。

调用该命令的方法有如下几种:

- 执行“修改”下拉菜单中的“分解”命令;
- 单击“修改”工具栏上的“分解”图标;
- 在命令行窗口中输入:Explode,然后回车。

用户可在上述三种方式中任选一种方式执行炸开命令。

该命令执行格式如下:

命令:Explode

选择对象:选择要炸开的实体目标;

选择对象:继续选择要炸开的实体目标或直接回车结束操作。

6.4 图层、图案填充

6.4.1 图层

一张图纸上包含了图框、标题栏、图形、尺寸标注等众多信息,我们可以把不同的信息分别绘制在不同的透明纸上,重叠这些透明纸就形成一幅完整图纸,AutoCAD 的图层就相当于这一张张的透明纸。

AutoCAD 允许用户根据需要建立任意数量的图层,并为每个图层指定图层名、颜色、线型等,并随时可以控制图层的状态(打开、关闭,冻结、解冻、锁定、解锁,打印和不打印)。这样我们可将相同线型、线宽的图元放在同一图层上,而不必给图中每 1 个图元分别设置线型和线宽,另外还可关闭一些暂时不用的图层。被关闭的图层,其上内容将不被显示,这样有利于实体目标的选择,方便编辑工作。

系统默认为 0 层,线型为连续线。当前正在使用的图层称为当前层。当前层的颜色、线型、线宽等信息在“图层特性管理器”工具栏上显示出来。用户只能在当前层上画图,但可以对其他层上的实体进行编辑。

调用该命令的方法有如下几种:

- 执行“格式”下拉菜单中的“图层”命令;
- 单击工具栏上的“图层”图标;
- 在命令行窗口中输入:layer。

用户可在上述三种方式中任选一种方式执行图层命令。

命令启动后将打开“图层特性管理器”对话框,如图 6.21 所示。用户可在该对话框中进行图层创建、修改图层名、删除图层,以及为图层设置线型、颜色、线宽等其他操作。

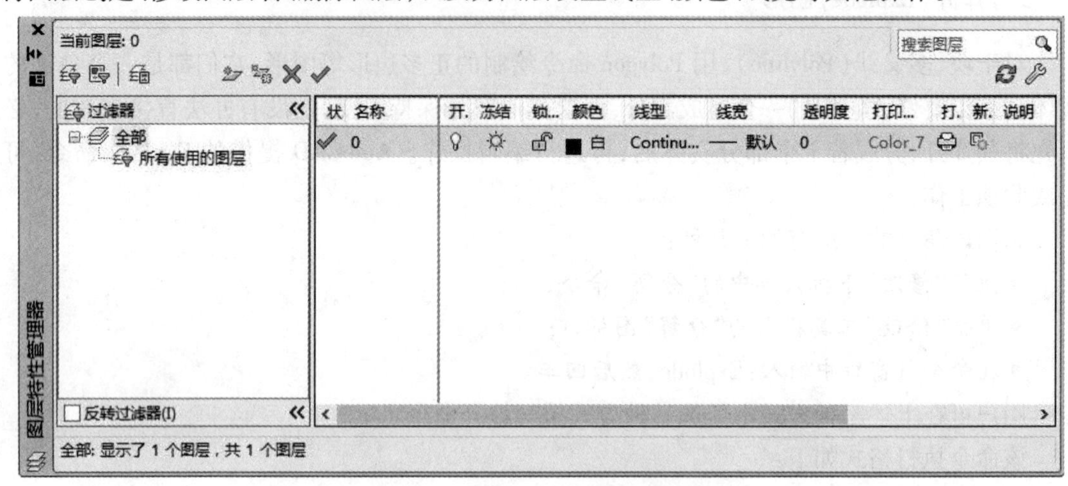

图 6.21 “图层特性管理器”对话框

对话框中常用按钮的含义:

- “新建”按钮,用于创建新图层;
- “删除”按钮✕,删除被选图层;
- “当前”按钮✓,将被选图层设为当前层;
- “显示细节”按钮,详细显示当前所选图层的属性信息。

1)创建新图层

(1)创建

单击“新建”,AutoCAD 将自动生成一个名为“图层×”的文件,其中“×”是数字,表明它是所创建的第几个图层。用户可将其改为自己所需的图层名,如“轴线层”等。

(2)设置图层颜色

用户应当为每个图层设置颜色(缺省为白色),具体操作如下:

①在“图层特性管理器”对话框图层列表框中选择所需的图层。

②在该图层名称后的颜色图标按钮上单击,弹出“选择颜色”对话框,如图 6.22 所示。

③在“选择颜色”对话框中选择一种颜色,单击“确定”按钮。

(3)设置线型

用户需为每一图层设置一种线型,默认为连续线。

在"图层特性管理器"对话框中,选定一个图层,单击该图层的初始线型名称,弹出"选择线型"对话框,如图6.23 所示。在此对话框中选择所需要的线型,并单击"确定"按钮。

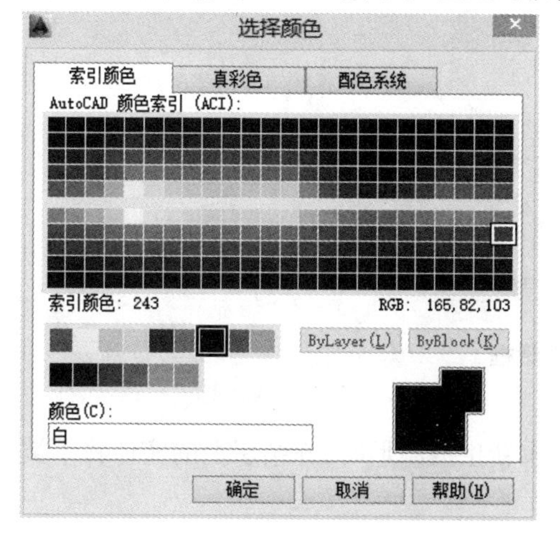

图6.22 "选择颜色"对话框

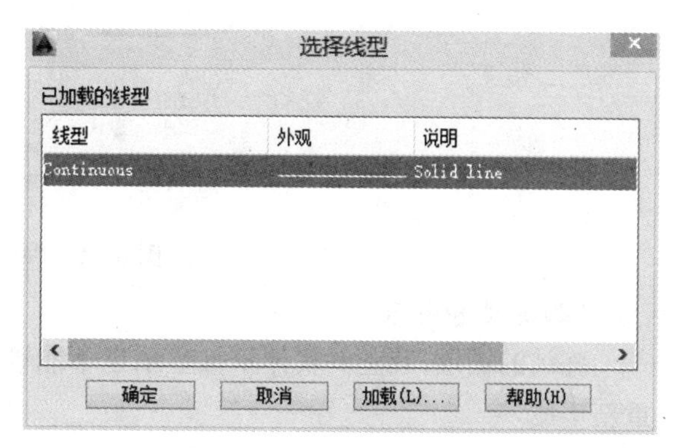

图6.23 "选择线型"对话框

如果在"选择线型"对话框中,没有所需线型,单击该对话框中的"加载"按钮,可弹出如图6.24 所示的对话框,在此选取所需线型。

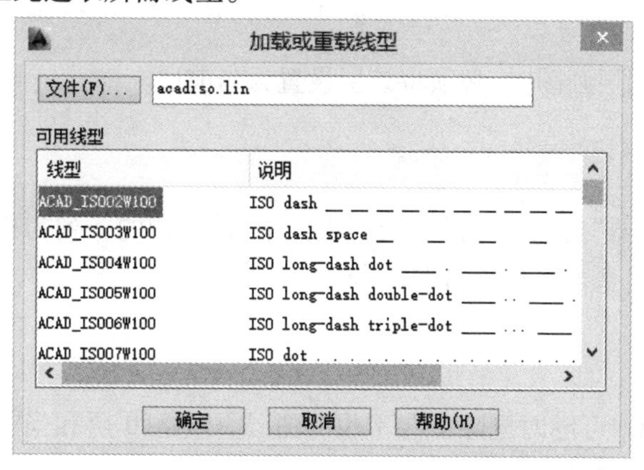

图6.24 "加载或重载线型"对话框

(4)设置线型宽度

在"图层特性管理器"对话框中,单击图层列表框中的第一图层的"线宽"选项,弹出"线宽"对话框,如图6.25 所示。在此对话框中,选择所需要的线宽,并单击"确定"按钮,即可将宽度赋予所选图层。

2)图层状态控制

(1)打开和关闭

关闭图层后,该层的实体不能在屏幕上显示,也不能被输出。重新生成图形时,图层和其上的实体仍将重新生成。

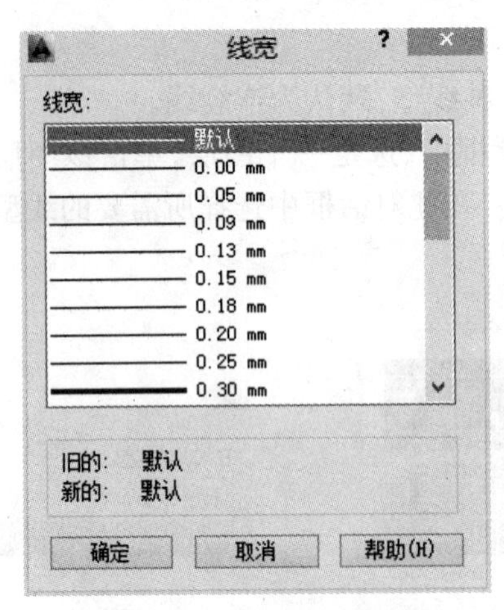

图 6.25 “线宽”对话框

(2)冻结和解冻

冻结的图层,其上的实体不被显示也不能输出。重新生成图形时,冻结层上的实体将不被重新生成。

(3)锁定和解锁

图层上锁后,该层上的实体仍被显示,且能输出,但不能对其进行修改和编辑。

3)设置当前层

当用户需在某一图层画图时,必须将该层设置为当前层。

4)图层打印开关

在“图层特性管理器”对话框中的图层列表框中,最右侧的一列为打印开关。用户可通过该开关来控制某一图层是否需打印出来。

5)删除图层

在绘图过程中,用户可随时删除一些不用的图层。但是,0 层和当前层含有实体的图层以及外部引用依赖层等不能被删除。

在“图层特性管理器”对话框中的图层列表框中,选中要删除的图层,单击“✖”按钮,即可删除该图层。

6.4.2 图案填充

图案填充就是用图案填充封闭的区域。作为区域的边界可由 1 条或多条图线组成,但必须是封闭的。

启动该命令的方法有如下几种:

- 执行下拉菜单“绘图”“图案填充”命令;
- 单击“绘图”工具栏上的“图案填充”图标▩;
- 在命令窗口中输入:HATCH,并回车。

命令启动后,打开如图 6.26 所示的对话框。其中包括“图案填充”“渐变色”选项卡,可用来确定图案填充时的填充图案、填充边界及填充方式等内容。

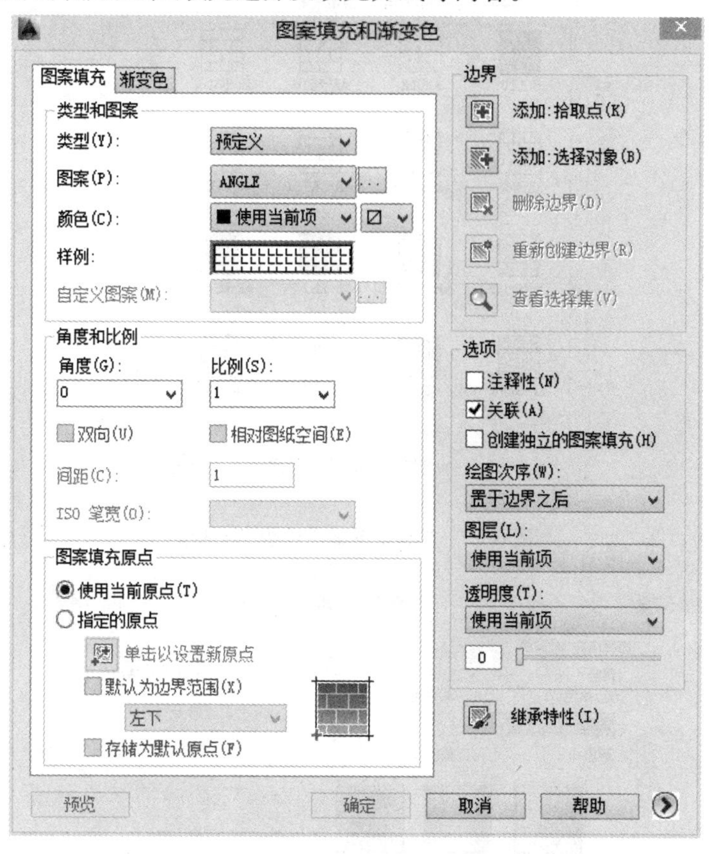

图 6.26　“图案填充和渐变色”对话框

下面介绍“图案填充”和“渐变色”选项卡的基本操作。

1)“图案填充”选项卡

该选项卡用来设置填充图案以及相关的填充参数。其中“类型和图案”选项组用于设置填充图案以及相关的填充参数,其中“样例”栏用于确定采用何种类型填充图案进行填充,如图6.27所示。可通过“类型和图案”选项组确定填充类型与图案。

通过“角度和比例”选项组设置填充图案时的图案旋转角度和缩放比例。

“图案填充原点”选项组控制生成填充图案时的起始位置。

“边界”选项组中“添加:拾取点”按钮和“添加:选择对象”用于确定填充区域。

2)“渐变色”选项卡

单击“图案填充和渐变色”对话框中的“渐变色”标签,AutoCAD 切换到“渐变色”选项卡,如图 6.28 所示。

该选项卡用于以渐变方式实现填充。其中,“单色”和“双色”两个单选按钮用于确定是以一种颜色填充,还是以两种颜色填充。

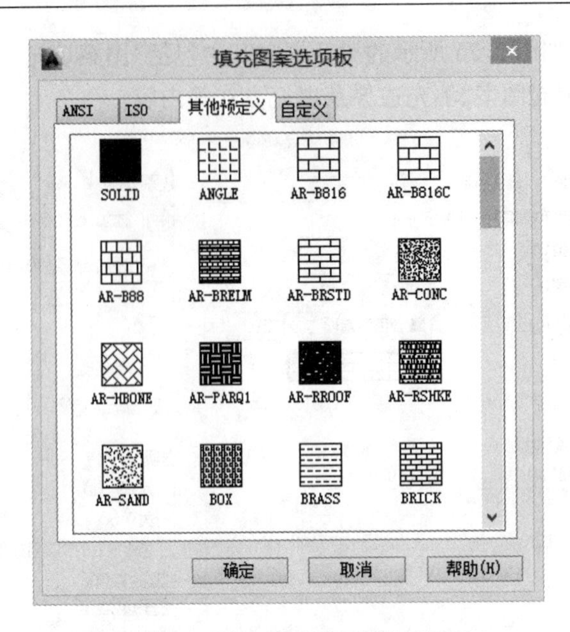

图 6.27 “填充图案选项板”对话框

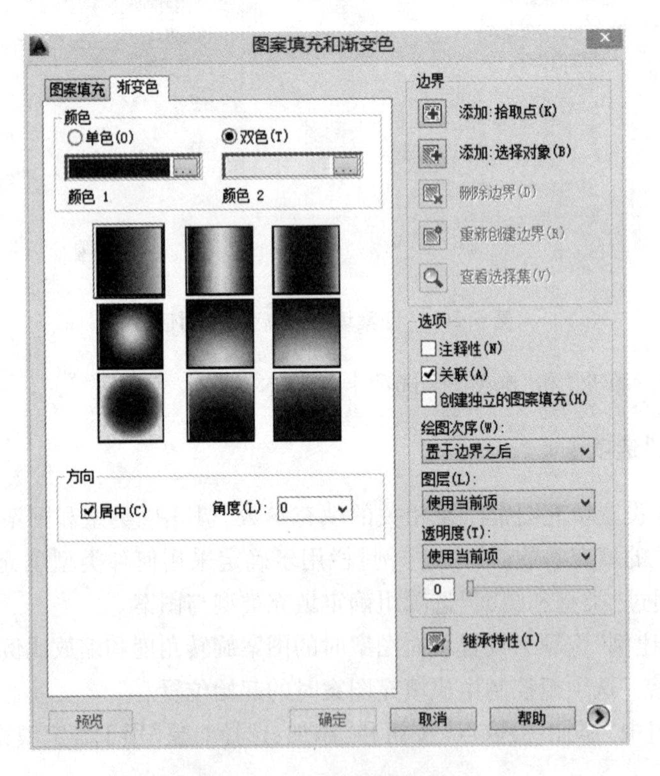

图 6.28 “渐变色”对话框

当以一种颜色填充时,可利用位于“双色”单选按钮下方的滑块调整所填充颜色的浓淡度。当以两种颜色填充时(选中“双色”单选按钮),位于“双色”单选按钮下方的滑块变成与其左侧相同的颜色框和按钮,用于确定另一种颜色。位于选项卡中间位置的 9 个图像按钮用于确定填充方式。

此外,还可以通过“角度”下拉列表框确定以渐变方式填充时的旋转角度,通过“居中”复选框指定对称的渐变配置。如果没有选定此选项,渐变填充将朝左上方变化,可创建出光源在对象左边的图案。

6.5 图块的定义及使用

在绘制工程图时,经常会遇到一些要反复使用的图形,如建筑工程图中的标高符号、门窗图例、卫生器具图例等。为了提高绘图速度,减少不必要的重复操作,最有效的方法是将重复绘制的图形预先定义成图块,然后以调用图块的方式进行绘图。图块是将若干个不同种类、不同性质的图元组成为一个整体,即作为一个图块。图块中的各图元均有各自的图层、线型、颜色等特征,AutoCAD 把图块作为一个单独、完整的对象来对待。用户可以对整个图块进行复制、移动、删除等操作,也可将图块按给定的系数和角度插入指定的位置。

图块具有的特性:便于创建图形库;节省磁盘空间;便于修改图形;便于携带属性。

图块可分为一般型图块和文件型图块两种。一般型图块是指直接存放在设计图中,且只能供给该图形使用;文件型图块是指以文件(扩展名为.DWG)形式存放,可供任何图形使用。

6.5.1 定义图块

1)定义一般型图块(Block)

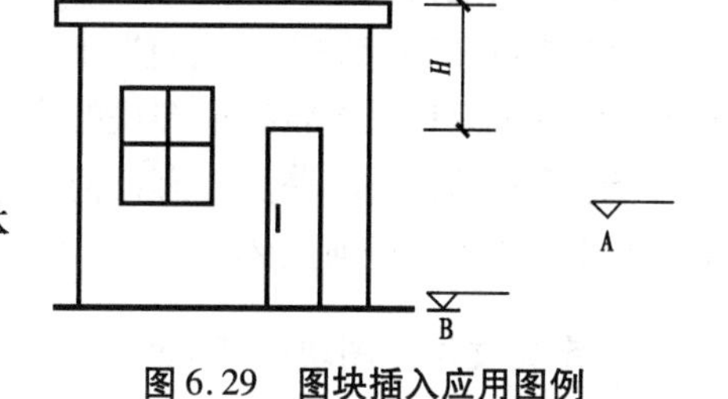

图 6.29 图块插入应用图例

(1)给出组成图块的各实体

在定义图块以前,应首先给出组成图块的各实体的标高符号,如图 6.29 中所示。

(2)输入块定义命令

启动命令的方式有:

①单击“绘图”下拉菜单中的“块”命令选项的“创建”按钮;

②在命令行中输入“Block”,回车。

命令启动后,将打开如图 6.30 所示的对话框。

(3)输入图块名

在“名称”文本框中输入图块名“标高”。

(4)确定图块的插入基准点

单击“拾取点”按钮,这时对话框隐去。命令行提示:

命令:<u>block</u>

指定插入基点:

用户利用捕捉功能选取标高符号上的点“A”为插入基准点后,返回对话框。这时,“基点”选项组中显示 A 点的坐标值。

图块的插入基准点可以任意选取,但考虑作图方便,通常应根据图块的图形结构选取基准点。一般应将基准点选择在图块的中心、左(右)下角或其他有特征的位置。

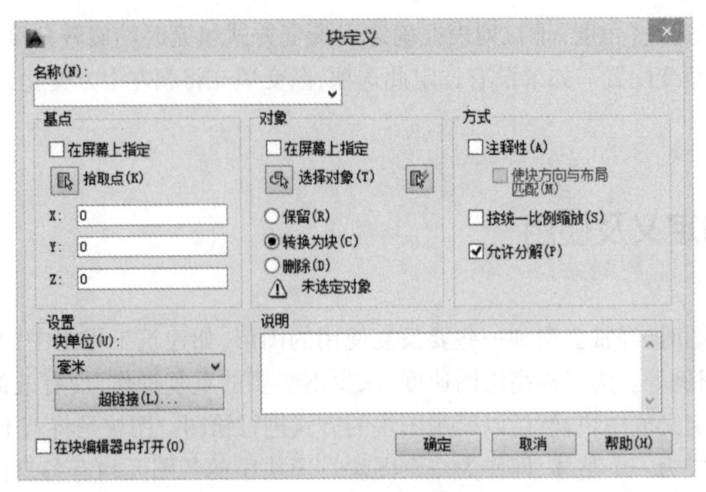

图 6.30 “块定义”对话框

(5)选择构成图块的实体

在“对象”选项组中单击“选择对象”按钮,这时对话框隐去。命令行提示:

选择对象:(用户在绘图区内选择构成图块的实体目标(选择标高符号)后回车,对话框重新出现)。

(6)退出

单击“确定”按钮,即可退出对话框,完成图块的定义。

在“块定义”对话框中,通过“对象”选项组中的“删除”单选按钮,可以确定当用户创建完图块后,AutoCAD 是否将构成图块的实体目标删除。

定义图块后,在屏幕上没有任何变化,但在图形中已有了我们刚定义的图块,需要注意的是,不可将图块中任何文体冻结,否则无法将其插入图形中去。

2)定义文件型图块(WBlock)

用 Block 命令定义的图块,不能被其他图形引用,为了使用户创建的图块成为共享资源,能够插入任何图形文件中,需将图块定义为文件型图块。文件型图块与其他图形文件无任何区别,具体操作步骤如下:

①绘出组成图块的实体。

②输入块定义命令。

命令:<u>WBlock,回车</u>;

命令启动后,AutoCAD 将打开“写块”对话框,如图 6.31 所示。

③在“源”选项组中选中“对象”选项。此时,AutoCAD 将把用户选择的实体目标直接定义为文件型图块。

④在“基点”选项组中确定图块的插入基准点。

⑤在“对象”选项组中确定构成图块的实体。

⑥输入文件名。在“目标”选项组中的“文件名和路径”文本框中输入文件型图块的文件名。

⑦单击“确定”按钮,退出对话框,完成文件型图块的定义。

图 6.31　“写块”对话框

6.5.2　插入(Insert)图块

插入图块就是将已定义的图块插入当前图形文件中。在插入图块时,用户必须确定四组特定参数,即:要插入的图块名、图形中插入点的位置、插入比例系数、图块插入时的旋转角度。

1)输入图块插入命令

启动命令的方式有:

- 单击“插入”下拉菜单中的“块”命令选项;
- 单击“绘图”工具栏上的“插入块”按钮;
- 在命令行中输入 Insert,回车。

命令启动后,打开对话框,如图 6.32 所示。

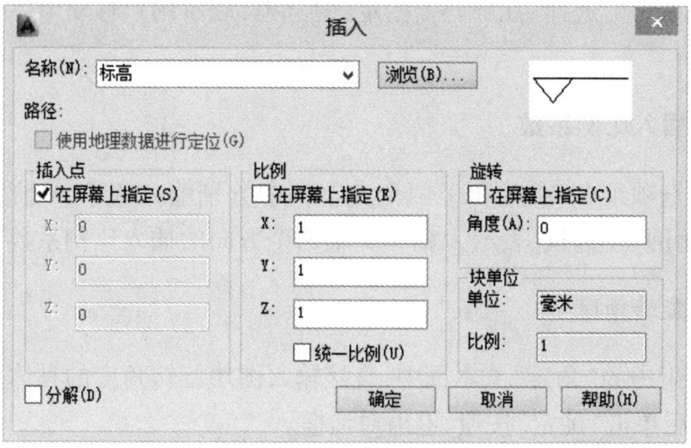

图 6.32　“插入”对话框

2)选择要插入的图块

(1)选择一般型图块

在“名称”下拉列表中选择所需要的图块名称,如选择已定义的图块“标高”。

(2)选择文件型图块

单击“浏览”按钮打开对话框,如图6.33所示。在对话框中选择要插入的文件型图块的文件名。

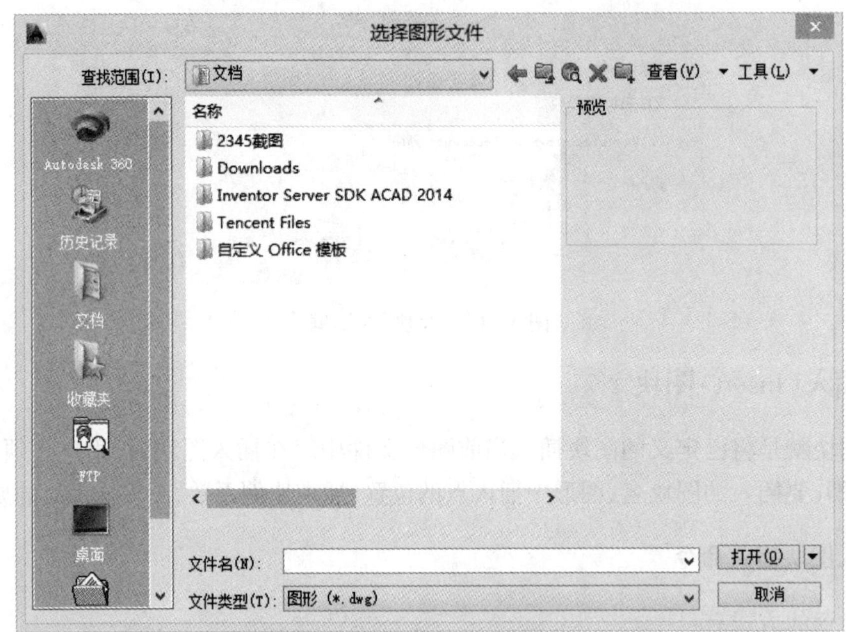

图6.33　插入“文件型”图块

3)确定图块的插入位置

在“插入点”选项组中选择“在屏幕上指定”复选框,表示用户移动十字光标在绘图区内确定图块的插入点。

4)确定图块的插入比例系数

在“缩放比例”选项组中,在X和Y两个文本框中分别输入X和Y轴方向的插入比例系数。如果选“统一比例”复选框,表示X轴和Y轴两个方向的插入比例系数相同。

5)确定图块的旋转角度

在“旋转”选项组中的“角度”文本框中,直接输入图块旋转角度的具体数值。

各参数设置好后单击“确定”按钮,退出对话框。

移动光标至图块的插入位置处单击,图块“标高”将按设置的参数插入该处。

6.6 视窗的缩放与移动

1)缩放(Zoom)显示图形

绘图时所能看到的图形都处在视窗中。利用视窗缩放(Zoom)功能,可以改变图形实体在视窗中显示的大小,从而方便地观察在当前视窗中太大或太小的图形,以便准确地进行绘制实体、捕捉目标等操作。图形显示缩放命令就像用放大镜或缩小镜观看图形一样,从而可以放大图形的局部细节,或缩小图形观看全貌。执行显示缩放后,对象的实际尺寸仍保持不变。

AutoCAD 通过视图缩放命令,可对图形的显示大小进行缩放,便于用户观察图形,进行绘图工作。

启动该命令有三种方式:

● 打开“视图”下拉菜单,选择“缩放”命令,如图 6.34 所示;

● 在“标准”工具栏上单击 Zoom 命令对应的图标按钮,如图 6.35 所示;

● 在命令行窗口中输入:Zoom 或 Z,然后回车。

下面,介绍一下“标准”工具栏上的该命令的用法。

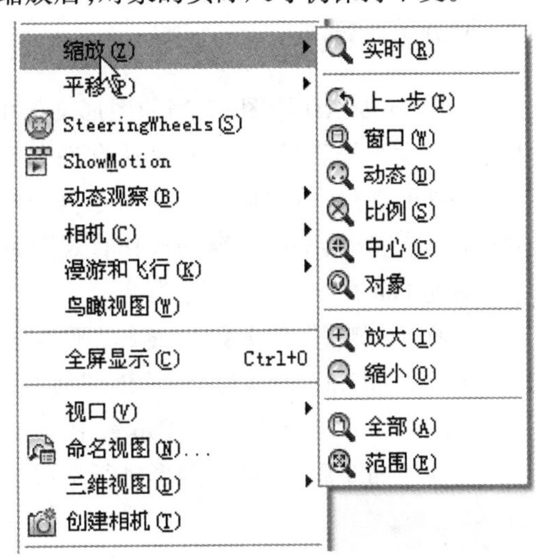

图 6.34 “显示控制”对话框

Zoom 命令有多个选项,其中最常用的 3 个选项以命令按钮的形式显示在“标准”主工具条上,其中“Zoom”按钮为嵌套按钮,嵌套了 9 个图标按钮。将光标移至“Zoom”按钮位置,单击鼠标左键,将显示 Zoom 命令其他选项对应的图标按钮,如图 6.35 所示。

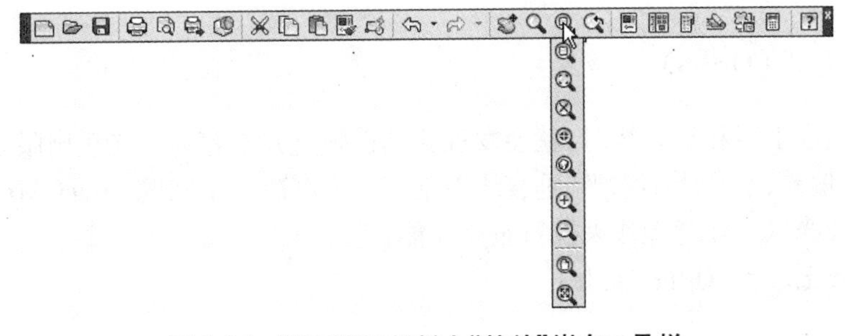

图 6.35 “标准”工具栏上“缩放”嵌套工具栏

下面仅介绍较为常用的按钮的功能:

(1)窗口缩放按钮(Window)

操作时像选择删除对象那样,在屏幕上画一个选择框,AutoCAD以该选择框为边界,把选择框内的图形放大到全屏。

(2)放大 1 倍按钮(In)

单击该按钮,屏幕上的图形将放大 1 倍。

(3)缩小 1 倍按钮(Out)

单击该按钮,屏幕上的图形缩小 1 倍。

(4)显示整幅图形按钮(All)

单击该按钮,在当前视窗中将显示整幅图形,图形的大小取决于绘图的区域。

(5)动态缩放按钮(Reamtile)

单击该按钮,屏幕上出现放大镜形状的光标,此时进入 Zoom 的动态缩放状态。

(6)前一屏显示按钮(Provious)

单击该按钮一次,系统返回到上次显示状态。AutoCAD 一般可以保存最近 10 个图形。

2)视窗平移(Pan)

使用 AutoCAD 绘图时,当前图形文件中的所有图形实体并不一定全部显示在屏幕内,因为屏幕的大小毕竟是有限的,必然有许多落在屏幕外而确实存在的实体。如果想查看落在当前屏幕外的图形,可以使用平移命令:Pan。该命令比"缩放视窗"要快得多,因为它不必进行缩放显示。另外,平移视窗的操作直观形象而且简便。因此,在绘图中经常使用这个命令。

启动 Pan 命令有三种方式:

- 打开"视图"下拉菜单,选择"平移"选项;
- 单击"标准"工具栏上的"Pan"按钮;
- 在命令行窗口中输入:Pan 或 P,然后回车。

启动该命令后,即可对图形进行平移。

6.7 辅助绘图工具

AutoCAD 提供了一些辅助绘图工具,如正交、捕捉等来帮助用户方便、准确、快捷地绘出所需要的图形。

6.7.1 正交方式(Ortho)

用鼠标来画水平线和垂直线时,就会发现要真正画直并不容易。光凭肉眼去观察和掌握,实在困难,稍一偏差,水平线不水平,垂直线不垂直。为解决这个问题,AutoCAD 提供了 1 个正交功能。可以选择以下任意操作来执行正交功能:

- 在状态栏上单击"Ortho"按钮;
- 按下键盘上的 F8 键。

启动命令后,即可执行正交功能。当需要绘制不同角度的直线时,可再次按下 F8 键,关闭正交状态。

6.7.2 对象捕捉

利用对象捕捉功能,在绘图过程中可以快速、准确地确定一些特殊点,如圆心、端点、中点、切点、交点、垂足等。

AutoCAD 提供了多种目标捕捉方式,其中有 7 种是常用的,图 6.36 所示为“目标捕捉”工具条,工具条中每个小符号就是一个命令按钮,图中标出了 7 个常用命令按钮的功能。

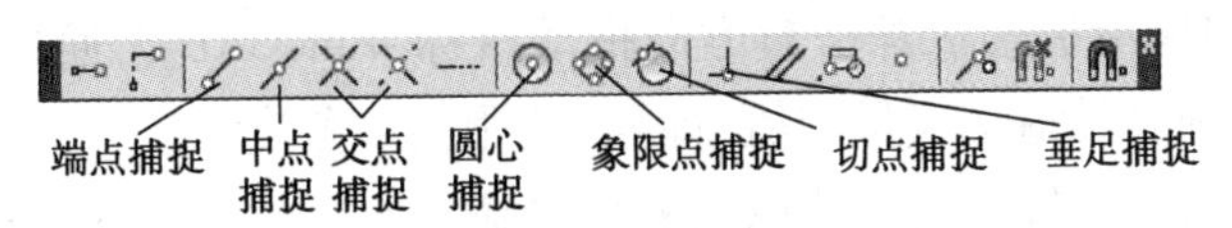

图 6.36 “对象捕捉”工具条

(1) 端点捕捉

用来捕捉直线段、圆弧等实体的端点。捕捉时拾取框移至所需端点所在的一侧,单击左键即可。

(2) 中点捕捉

用来捕捉直线段、圆弧等实体的中点。捕捉时拾取框移至实体上即可。

(3) 圆心捕捉

用来捕捉圆、弧、圆环等实体的圆心。

(4) 交点捕捉

用来捕捉实体的交点,要求实体在空间必须有一个真实的交点。

(5) 垂足捕捉

用来捕捉到直线、圆、圆弧等实体上的垂足,作为输入点。

(6) 切点捕捉

用来捕捉在圆、圆弧上的一点与已确定的另一点的连线与圆、圆弧相切。

(7) 象限点捕捉

用来捕捉圆、圆弧、圆环在圆周上的象限点。

AutoCAD 捕捉到每一种目标时,都会显示相应的标记类型,以表示捕捉成功和捕捉到的点的类型。

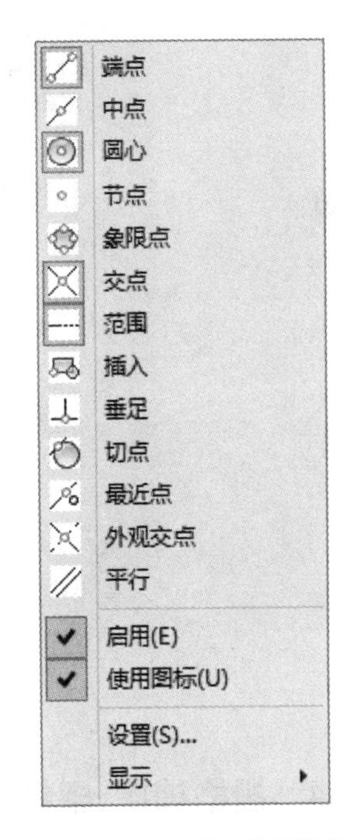

图 6.37 “对象捕捉”快捷菜单

可通过“对象捕捉”工具栏和对象捕捉菜单(按下“Shift”键后右击可弹出此快捷菜单,见图 6.37)启动对象捕捉功能。

6.7.3 极轴追踪

所谓极轴追踪,是指当 AutoCAD 提示用户指定点的位置时(如指定直线的另一端点),拖动光标,使光标接近预先设定的方向(即极轴追踪方向),AutoCAD 会自动将橡皮筋线吸附到该方向,同时沿该方向显示出极轴追踪矢量,并浮出一小标签,说明当前光标位置相对于前一点的极坐标,如图 6.38 所示。

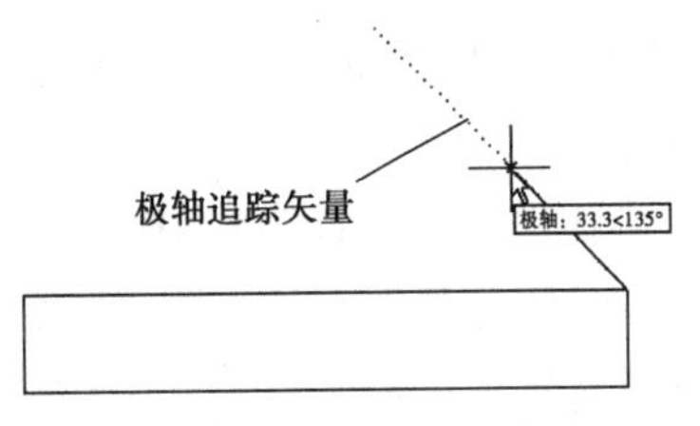

图 6.38 极轴追踪矢量图

可以看出,当前光标位置相对于前一点的极坐标为 33.3 < 135°,即两点之间的距离为 33.3,极轴追踪矢量与 X 轴正方向的夹角为 135°。此时单击拾取键,AutoCAD 会将该点作为绘图所需点;如果直接输入一个数值(如输入 50),AutoCAD 则沿极轴追踪矢量方向按此长度值确定出点的位置;如果沿极轴追踪矢量方向拖动鼠标,AutoCAD 会通过浮出的小标签动态显示与光标位置对应的极轴追踪矢量的值(即显示“距离 < 角度”)。

用户可设置是否启用极轴追踪功能以及极轴追踪方向等性能参数,设置过程为:选择“工具”→“草图设置”命令,AutoCAD 弹出“草图设置”对话框,打开对话框中的“极轴追踪”选项卡,如图 6.39 所示(在状态栏上的“极轴”按钮上右击,从快捷菜单选择“设置”命令,也可打开对应的对话框)。用户根据需要设置即可。

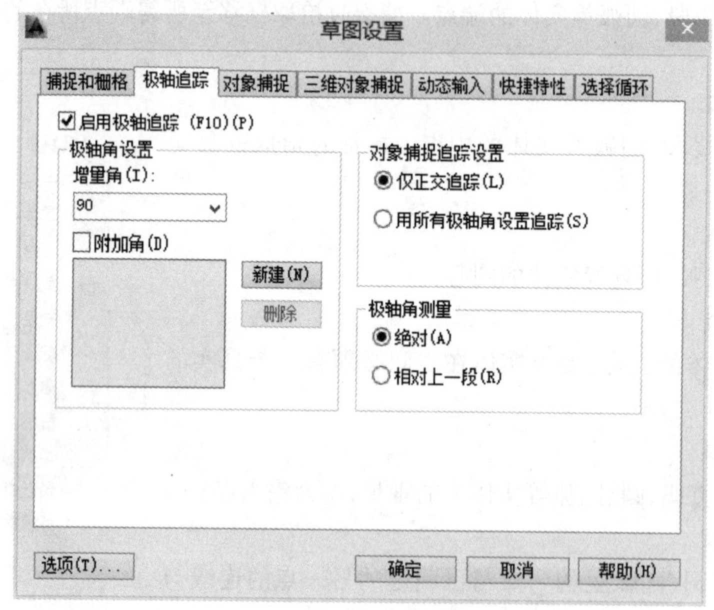

图 6.39 “极轴追踪”对话框

6.7.4 栅格捕捉、栅格显示

利用栅格捕捉,可使光标在绘图窗口按指定的步距移动,就像在绘图屏幕上隐含分布着按指定行间距和列间距排列的栅格点,这些栅格点对光标有吸附作用,即能够捕捉光标,使光标只能落在由这些点确定的位置上,从而使光标只能按指定的步距移动。

栅格显示是指在屏幕上显式分布一些按指定行间距和列间距排列的栅格点,就像在屏幕上铺了一张坐标纸。用户可根据需要设置是否启用栅格捕捉和栅格显示功能,还可设置对应的间距。

利用“草图设置”对话框中的“捕捉和栅格”选项卡可进行栅格捕捉与栅格显示方面的设置。选择“工具”→“草图设置”命令,AutoCAD 弹出“草图设置”对话框,对话框中的“捕捉和栅格”选项卡(见图 6.40)用于栅格捕捉、栅格显示方面的设置(在状态栏上的“捕捉”或“栅格”按钮上右击,从快捷菜单中选择“设置”命令,也可打开“草图设置”对话框)。

对话框中,“启用捕捉”“启用栅格”复选框分别用于起用捕捉和栅格功能,“捕捉间距”“栅格间距”选项组分别用于设置捕捉间距和栅格间距,可以通过此对话框进行其他设置。

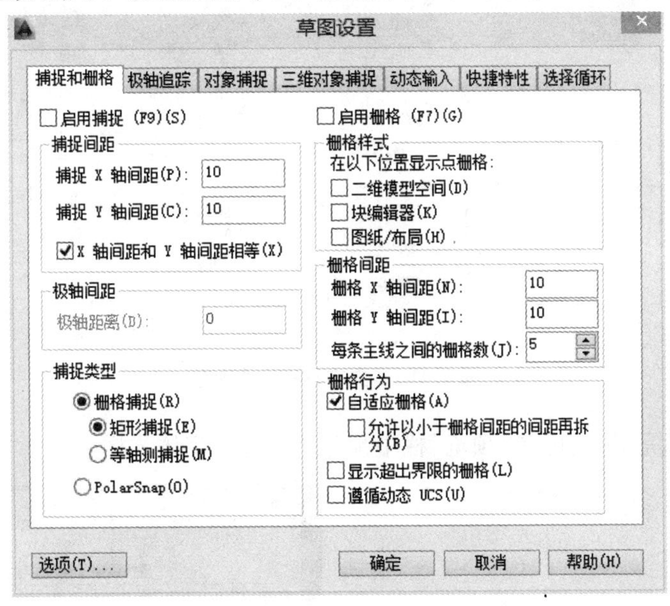

图 6.40　“捕捉和栅格”对话框

6.8　文本标注与编辑

AutoCAD 图形中的文字是根据当前文字样式标注的。文字样式说明所标注文字使用的字体以及其他设置,如字高、字颜色、文字标注方向等。AutoCAD 2014 为用户提供了默认文字样式 STANDARD。当在 AutoCAD 中标注文字时,如果系统提供的文字样式不能满足国家制图标准或用户的要求,则应首先定义文字样式。

1)建立新的文字样式

在 AutoCAD 中,定义字体样式的命令为:Style。启动 Style 命令的操作方法如下:

- 在命令行窗口中输入:Style,然后回车;
- 打开下拉菜单“格式”,单击“文字样式”命令。

①启动命令后,AutoCAD 会打开如图 6.41 所示的对话框。

②单击“样式名”对话框中的“新建”按钮,打开如图 6.42 所示的对话框。

③在“新建文字样式”对话框中的“样式名”文本框中输入要定义的式样名称“样式 1”,单击确定。

④打开图 6.41 中的“字体名”下拉列表框,选择“仿宋”字体文件。

⑤在图 6.41 中的“高度”文本框中,输入文字高度。

⑥在图 6.41 中的“效果”栏中,可进行文字的“宽度比例”“倾斜角度”“颠倒”“反向”“垂直”等选项的设定。

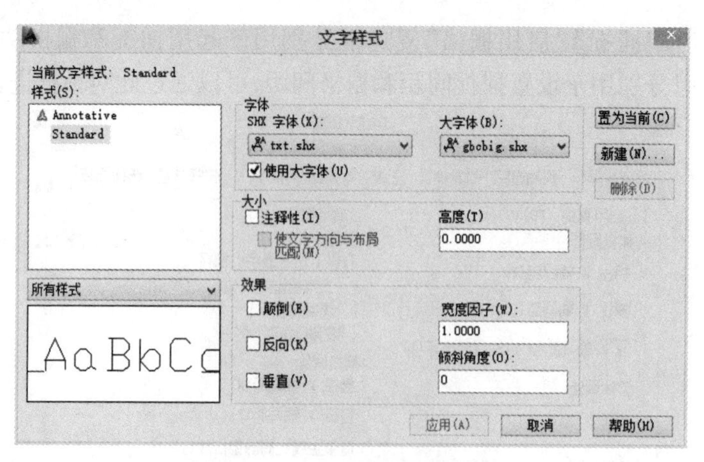

图 6.41 “文字样式”对话框

以上各项设置完成后，可在“预览”栏中预览所设置的字体式样。

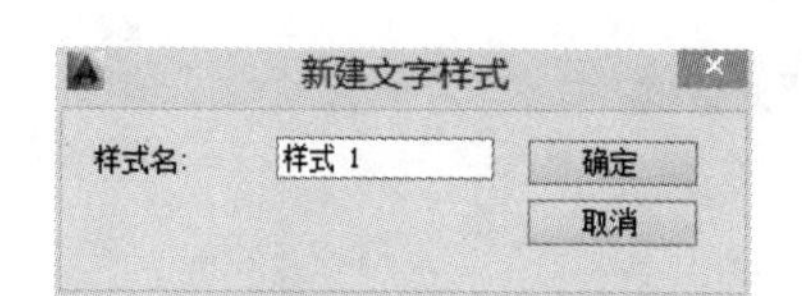

图 6.42 “新建文字样式”对话框

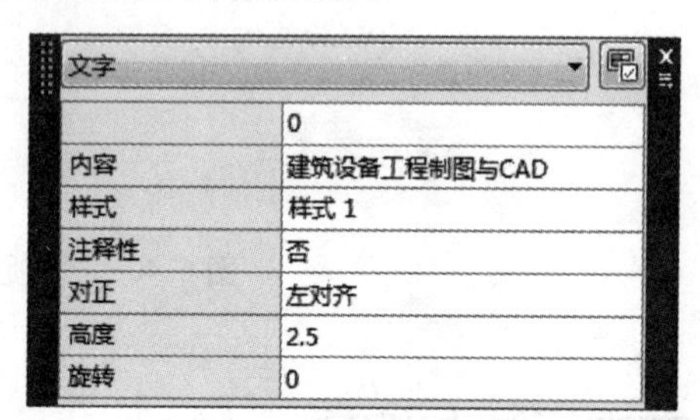

图 6.43 编辑文字对话框

⑦单击“应用”按钮，将“样式 1”设为当前样式。

⑧单击“关闭”按钮，完成设置。

2) 输入单行汉字

使用定义的“样式 1”输入汉字。

命令：输入 DText，然后回车。命令启动后，命令行出现如下提示：

当前文字样式：样式 1　当前文字高度：2.5000

指定文字的起点或［对正(J)/样式(S)］：将光标移至文字输入的起点位置，单击鼠标左键，命令行继续提示：

指定高度 <2.5000>：10(即输入文字的字高为 10)；

指定文字的旋转角度 <0>：(要求输入文字旋转角度，可取默认值)，回车；

输入文字：建筑设备工程制图与 CAD，回车；

输入文字：可继续输入文字，回车，结束命令。

3) 文字编辑

用鼠标左键单击需要修改的文本，如“建筑设备工程制图与 CAD”文字行，弹出如图 6.43 所示的对话框，对话框中显示了要修改的文字。

修改结束后，单击关闭按钮，结束操作。

6.9 编制表格

1) 创建表格

单击"绘图"工具栏上的(表格)按钮,或选择"绘图"→"表格"命令,即执行 TABLE 命令,AutoCAD 弹出"插入表格"对话框,如图 6.44 所示。

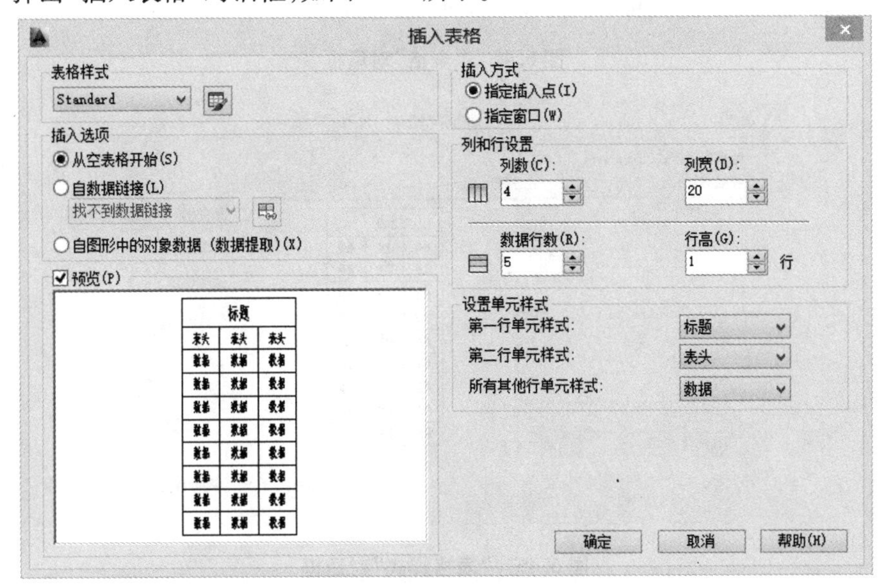

图 6.44 "插入表格"对话框

此对话框用于选择表格样式,设置表格的有关参数。

其中,"表格样式"选项用于选择所使用的表格样式。"插入选项"选项组用于确定如何为表格填写数据。预览框用于预览表格的样式。

"插入方式"选项组设置将表格插入图形时的插入方式。

"列和行设置"选项组则用于设置表格中的行数、列数以及行高和列宽。

"设置单元样式"选项组分别设置第一行、第二行和其他行的单元样式。

通过"插入表格"对话框确定表格数据后,单击"确定"按钮,而后根据提示确定表格的位置,即可将表格插入图形,且插入后 AutoCAD 弹出"文字格式"工具栏,并将表格中的第一个单元格醒目显示,此时就可以向表格输入文字,如图 6.45 所示。

2) 定义表格样式

单击"样式"工具栏上的表格样式按钮,或选择"格式"→"表格样式"命令,即执行 TABLESTYLE 命令,AutoCAD 弹出"表格样式"对话框,如图 6.46 所示。

其中,"样式"列表框中列出了满足条件的表格样式;

"预览"图片框中显示出表格的预览图像;

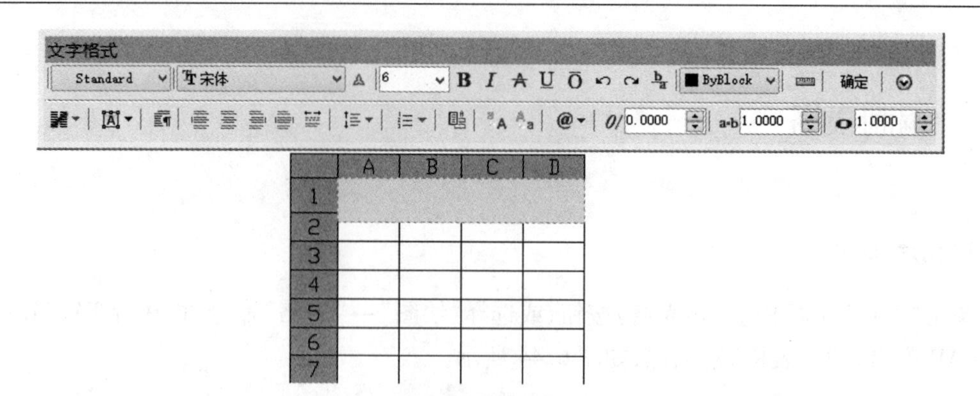

图 6.45 “表格”对话框

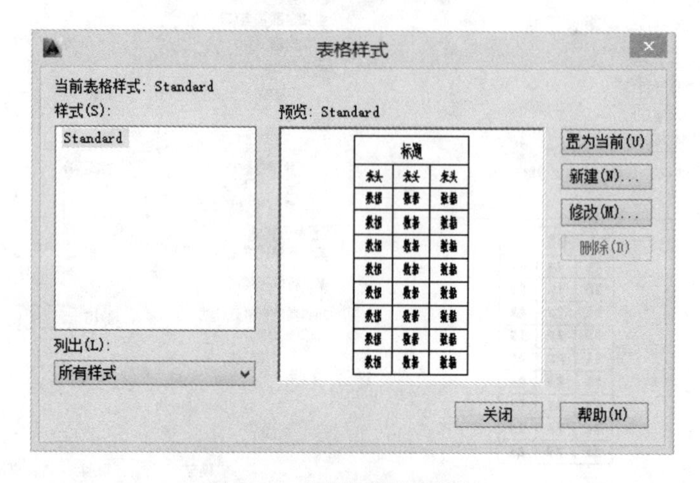

图 6.46 “表格样式”对话框

“置为当前”和“删除”按钮分别用于将在“样式”列表框中选中的表格样式置为当前样式、删除选中的表格样式;

“新建”“修改”按钮分别用于新建表格样式、修改已有的表格样式。

如单击“表格样式”对话框中的“新建”按钮,AutoCAD 弹出“创建新的表格样式”对话框,如图 6.47 所示。

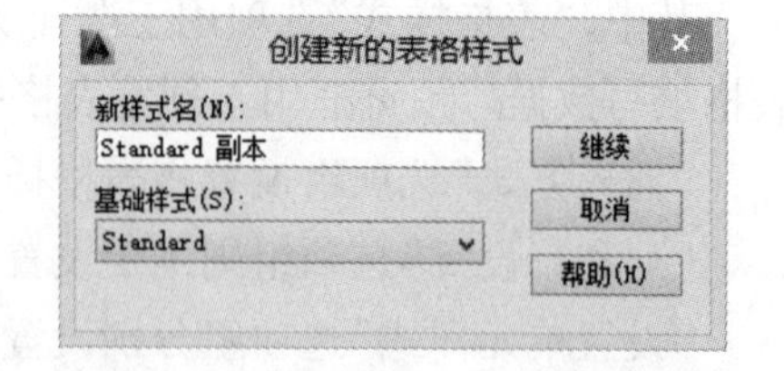

图 6.47 “创建新的表格样式”对话框

通过对话框中的“基础样式”下拉列表选择基础样式,并在“新样式名”文本框中输入新样式的名称后(如输入“表格 1”),单击“继续”按钮,AutoCAD 弹出“新建表格样式”对话框,如图 6.48 所示。

对话框中,左侧有起始表格、表格方向下拉列表框和预览图像框 3 个部分。

其中,起始表格用于使用户指定一个已有表格作为新建表格样式的起始表格。

表格方向列表框用于确定插入表格时的表方向,有“向下”和“向上”两个选择,“向下”表示创建由上而下读取的表,即标题行和列标题行位于表的顶部,“向上”则表示将创建由下而上读取的表,即标题行和列标题行位于表的底部。

图像框用于显示新创建表格样式的表格预览图像。

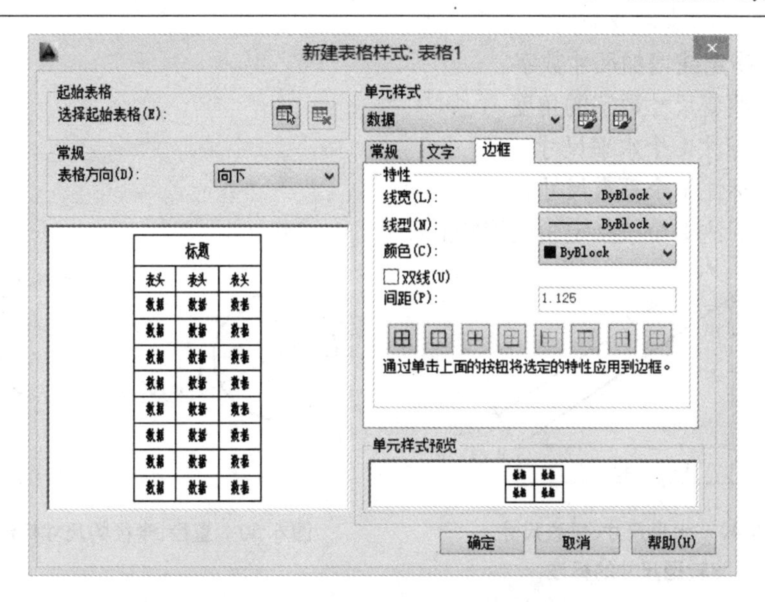

图 6.48 **"新建表格样式"对话框**

对话框的右侧有"单元样式"选项组等,用户可通过对应的下拉列表确定要设置的对象,即在"数据""标题"和"表头"之间进行选择。

选项组中,"常规""文字"和"边框"3 个选项卡分别用于设置表格中的基本内容、文字和边框。

完成表格样式的设置后,单击"确定"按钮,AutoCAD 返回到"表格样式"对话框,并将新定义的样式显示在"样式"列表框中。单击该对话框中的"确定"按钮关闭对话框,完成新表格样式的定义。

6.10 尺寸标注

尺寸标注是工程制图中最重要的表达方法,利用 AutoCAD 的尺寸标注命令,可以方便快速地标注图纸中各种方向、形式的尺寸。

1)尺寸标注的类型

(1)水平尺寸、垂直尺寸和旋转型尺寸的标注

启动命令:单击"标注"下拉菜单中的"线性"选项。操作步骤如下:

命令:dimlinear

指定第一条尺寸界线原点或 <选择对象>:(拾取 A 点,如图 6.49 所示,即第一条尺寸界线的起始点);

指定第二条尺寸界线原点:(拾取 B 点,如图 6.49 所示,即第二条尺寸界线的起始点);

指定尺寸线位置或[多行文字(M)/文字(T)/角度(A)/水平(H)/垂直(V)/旋转(R)]:(指定尺寸界线的位置,如图 6.49 所示的 C 点)。

各选项的含义如下:

文字(T):指定或增加尺寸数字。

角度(A):改变尺寸数字的角度。

水平(H):标注 1 个水平尺寸。

垂直(V):标注 1 个垂直尺寸。

旋转(R):标注 1 个按指定角度旋转的尺寸。

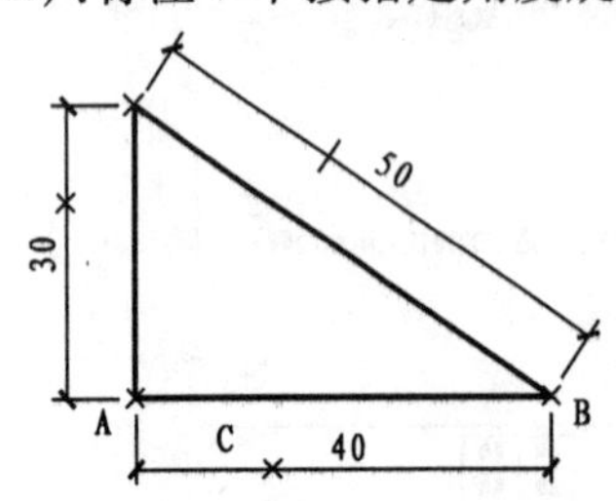

图 6.49　水平尺寸、垂直尺寸、旋转型尺寸的标注

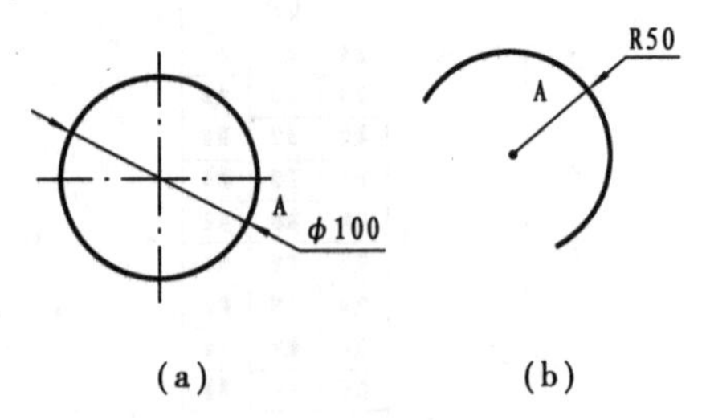

图 6.50　直径、半径的尺寸标注

(2)直径尺寸标注

启动命令:单击“标注”下拉菜单中的“直径”选项。操作步骤如下:

命令:Dimdiameter

选择圆弧或圆:(要求用户拾取要标注的圆或圆弧);

指定尺寸线位置或[多行文字(M)/文字(T)/角度(A)]:(拾取图 6.50(a)中的 A 点,确定引线和尺寸数字的位置)。

(3)半径尺寸标注

启动命令:单击“标注”下拉菜单中的“半径”选项。操作步骤如下:

命令:Dimradius

选择圆弧或圆:(拾取图中的圆或圆弧,如图 6.50(b)所示);

指定尺寸线位置或[多行文字(M)/文字(T)/角度(A)]:(拾取图 6.50(b)中的 A 点,确定引线和尺寸数字的位置)。

(4)角度尺寸的标注

启动命令:单击“标注”下拉菜单中的“角度”选项。操作步骤如下:

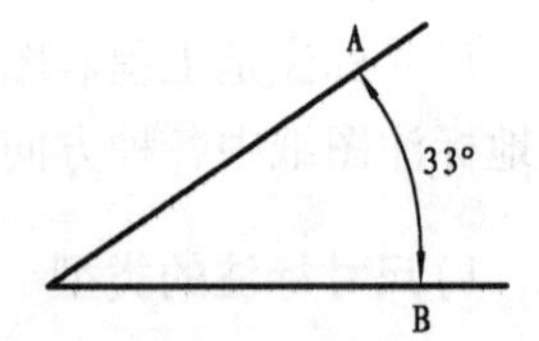

图 6.51　角度尺寸的标注

- 命令:dimangular
- 选择圆弧、圆、直线或 <指定顶点>:拾取图 6.51 中直线 A,选择第一条直线;
- 选择第二条直线:拾取图 6.51 中直线 B,选择第二条直线;
- 指定标注弧线位置或[多行文字(M)/文字(T)/角度(A)]:拾取 C 点,标注出尺寸线和数字。

(5)基线注法和连续注法

①基线注法。若干同一行(列)上尺寸的起点用同一基准标注。

启动命令:单击“标注”下拉菜单中的“基线”选项。预先用“线性”命令标注第一组水平尺寸,如图 6.52(a)所示,操作步骤如下:

命令:dimbaseline

选择基准标注:拾取图 6.52(a)中 A 点,选择基准尺寸;

指定第二条尺寸界线原点或[放弃(U)/选择(S)]<选择>:拾取图6.52(a)中 C 点,给出第二条尺寸界线的终点;

指定第二条尺寸界线原点或[放弃(U)/选择(S)]<选择>:拾取图6.52(a)中 D 点,给出第三条尺寸界线的终点。

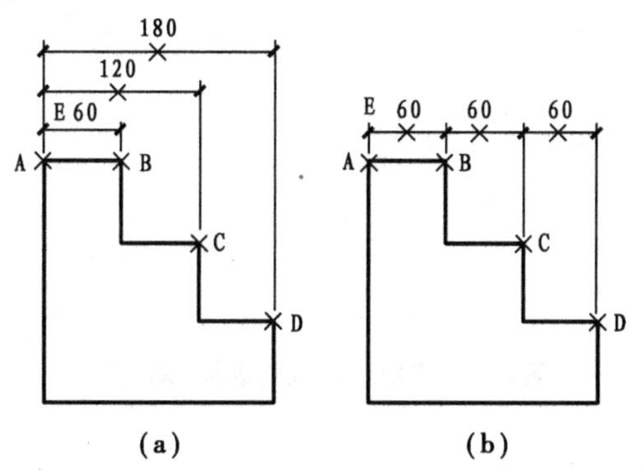

图 6.52　基线注法和连续注法

②连续注法。第一个尺寸的第二条尺寸界线就是第二个尺寸的第一条尺寸界线,尺寸线的方向相同。

启动命令:单击"标注"下拉菜单中的"连续"选项。预先用"线性"命令标注第一组水平尺寸,如图 6.52(b)中(A—B)所示,操作步骤如下:

命令:dimcontinue

指定第二条尺寸界线原点或[放弃(U)/选择(S)]<选择>:拾取图 6.52(b)中 C 点,给出第二条尺寸界线的起始点,并提示下一个尺寸;

指定第二条尺寸界线原点或[放弃(U)/选择(S)]<选择>:拾取图 6.52(b)中 D 点,给出第三条尺寸界线的终点。

2)尺寸标注的样式

在工程图样上尺寸的标注样式,不同行业是有区别的。在 AutoCAD 中允许用户对尺寸标注式样进行各种设置。

(1)尺寸样式对话框

启动命令:单击"标注"下拉菜单中"样式"选项。启动命令后,弹出如图 6.53 所示的对话框。

下面对各按钮选项作以简要介绍:

①"样式"显示窗口:该窗口显示系统中所有标准样式。

②"预览:ISO-25"显示窗口:预览当前选定的式样。

③"说明"栏:显示当前选定的标注式样与 ISO-25 标注式样的区别。

④"置为当前"按钮:把指定的标注样式置为当前样式。

⑤"新建"按钮:设置新的标注式样。

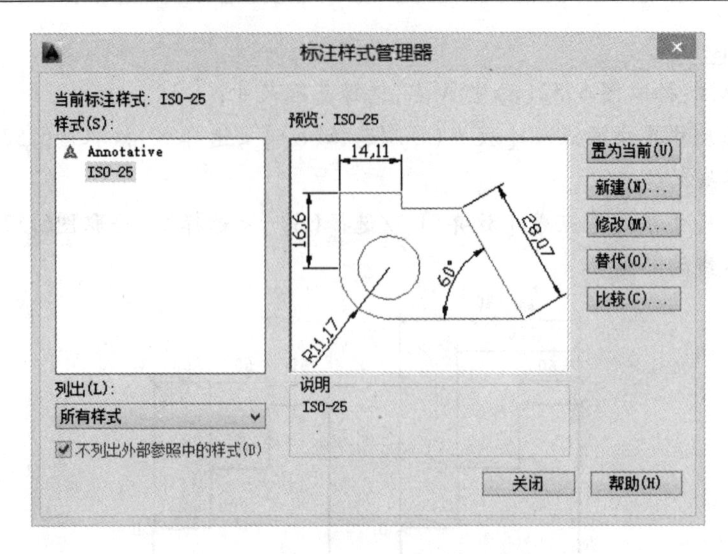

图 6.53 "标注样式管理器"对话框

⑥"修改"按钮:修改已有的式样。

⑦"替代"按钮:可覆盖所有的标注式样,用于更新设置标注式样。

⑧"比较"按钮:将当前式样与 ISO-25 作比较。

(2)创建新的标注样式

在"标注样式管理器"对话框中,单击"新建"按钮,打开如图 6.54 所示的对话框。

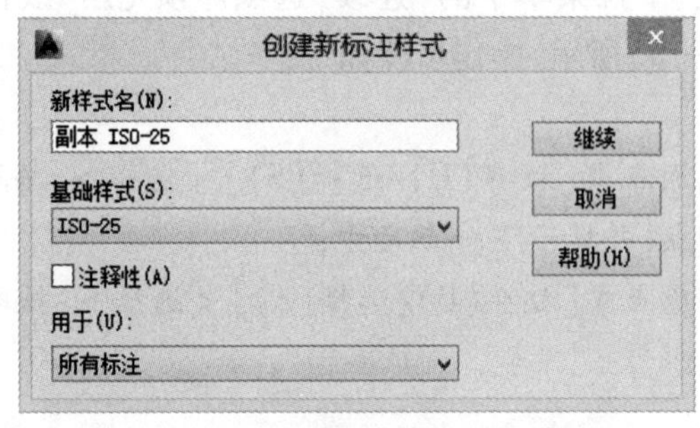

图 6.54 "创建新标注样式"对话框

可通过该对话框中的"新样式名"文本框指定新样式的名称;通过"基础样式"下拉列表框确定基础用来创建新样式的基础样式;通过"用于"下拉列表框,可确定新建标注样式的适用范围。下拉列表中有"所有标注""线性标注""角度标注""半径标注""直径标注""坐标标注"和"引线和公差"等选择项,分别用于使新样式适于对应的标注。确定新样式的名称和有关设置后,单击"继续"按钮,AutoCAD 弹出"新建标注样式"对话框,如图 6.55 所示。

对话框中有"线""符号和箭头""文字""调整""主单位""换算单位"和"公差"7 个选项卡,下面对前 4 个常用的选项卡给予介绍。

①"线"选项卡。

选项卡中,"尺寸线"选项组用于设置尺寸线的样式。"延伸线"选项组用于设置尺寸界线的样式。预览窗口可根据当前的样式设置显示出对应的标注效果示例。

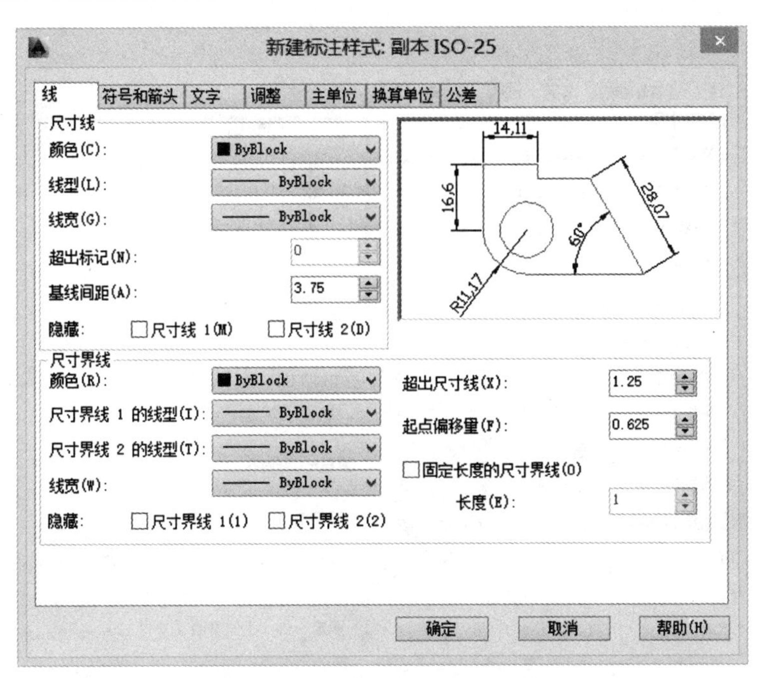

图 6.55 “新建标注样式”对话框

②“符号和箭头”选项卡,如图 6.56 所示。

“符号和箭头”选项卡用于设置尺寸箭头、圆心标记、弧长符号以及半径标注折弯方面的格式。

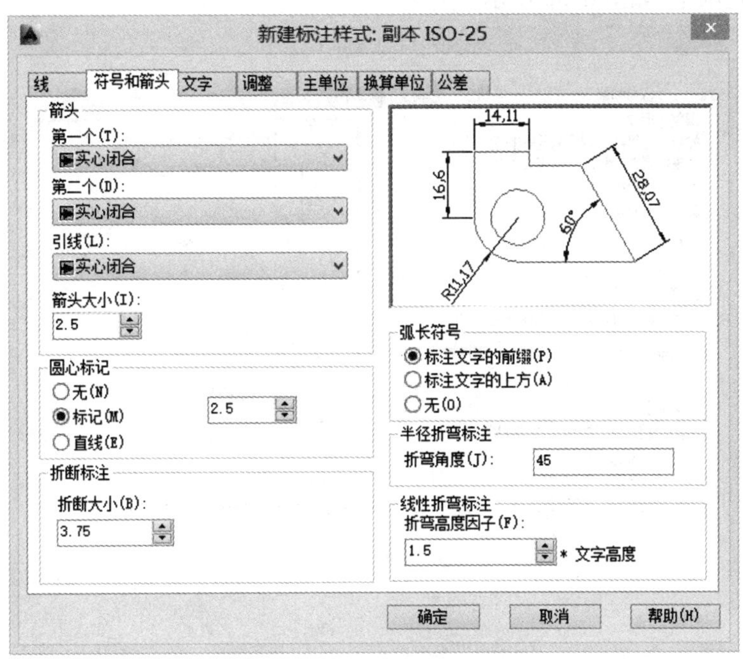

图 6.56 “符号和箭头”选项卡

③“文字”选项卡,如图 6.57 所示。

此选项卡用于设置尺寸数字的外观、位置及对齐方式等。

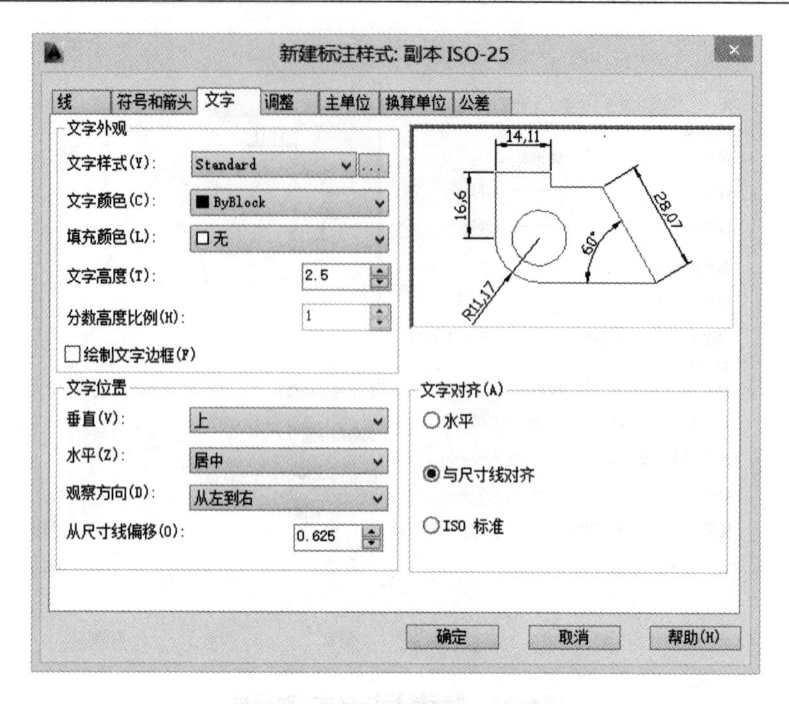

图 6.57 “文字”选项卡对话框

“文字”选项卡中,“文字外观”选项组用于设置尺寸文字的样式等。“文字位置”选项组用于设置尺寸文字的位置。“文字对齐”选项组则用于确定尺寸文字的对齐方式。

④“调整”选项卡,如图 6.58 所示。

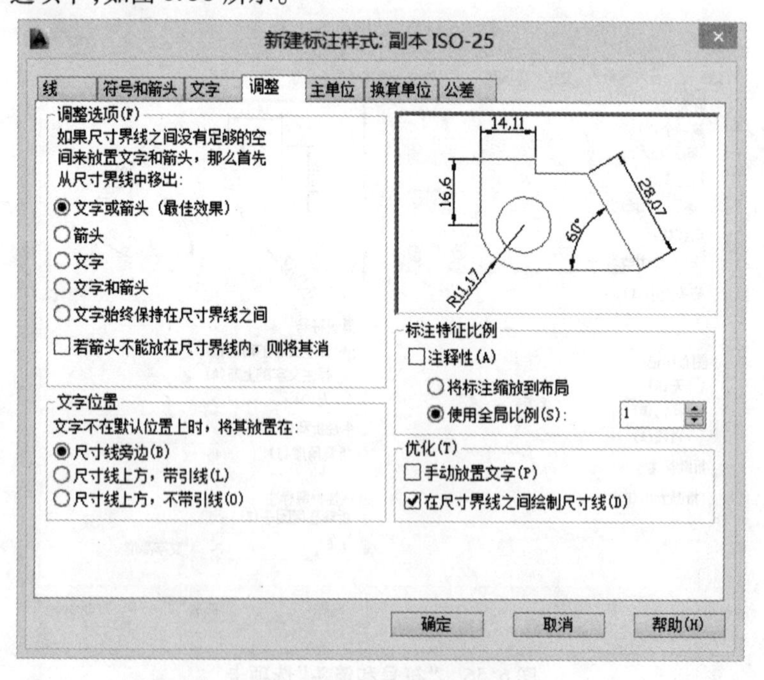

图 6.58 “调整”选项卡对话框

此选项卡用于控制尺寸文字、尺寸线以及尺寸箭头等的位置和其他一些特征。

“调整”选项卡中,“调整选项”选项组确定当尺寸界线之间没有足够的空间同时放置尺寸文字和箭头时,应首先从尺寸界线之间移出尺寸文字和箭头的哪一部分,用户可通过该选项组中的各单选按钮进行选择。

“文字位置”选项组确定当尺寸文字不在默认位置时,应将其放在何处。

“标注特征比例”选项组用于设置所标注尺寸的缩放关系。

“优化”选项组用于设置标注尺寸时是否进行附加调整。

6.11 查询图形属性

利用 AutoCAD 提供的查询功能,可随时了解和提取图形实体的数据。如直线的长度、平面图形的面积和周长等。

其命令在“工具”下拉菜单的子菜单“查询”中,如图 6.59 所示。

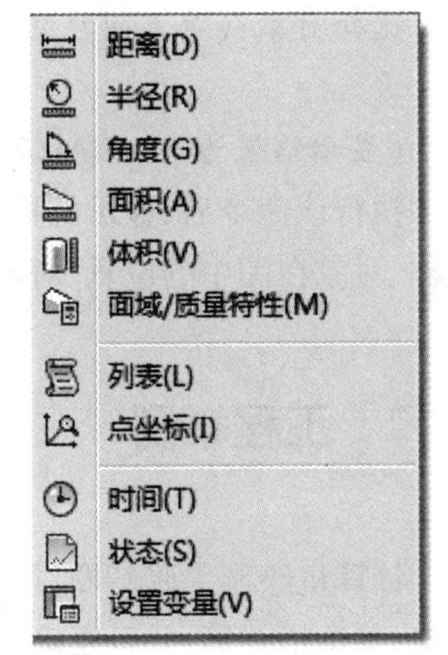

图 6.59 “查询”子菜单

下面,介绍 3 个常用的查询命令。

1) 计算距离

可计算指定两点间的距离、角度,以当前单位显示计算结果。

启动该命令的方式有:

- 单击下拉菜单“工具”中“查询”选项的“距离”命令;
- 在命令行:输入 Distance 或 DI,然后回车。

启动命令后,命令行出现如下提示:

指定第一点:(点取查询的第一点);

指定第二点:(点取查询的第二点);

显示距离 =(显示两点距离),XY 平面中的倾角 =(显示角度),与 XY 平面的夹角 =0,X 增量 =(显示计算 X 增量),Y 增量 =(显示计算 Y 增量),Z 增量 =0.0。

2) 计算面积

可计算给出指定区域的面积和周长。

启动该命令的方式有:

- 单击下拉菜单“工具”中“查询”选项的“面积”命令;
- 在命令行:输入 Area,然后回车。

启动命令后,命令行出现如下提示:

指定第一个角点或 [对象(O)/加(A)/减(S)]:(要求用户确定第一个角点);

指定下一个角点或按“ENTER”键全选:(要求用户确定第二个角点);

指定下一个角点或按“ENTER”键全选:(要求用户确定第三个角点);

⋮

信息显示由上面各点连线所围成区域的面积和周长:
面积=(计算所得面积值),周长=(计算所得周长值)。

3)列表

该命令可显示给出指定实体的详细数据。
启动该命令的方式有:
- 单击下拉菜单“工具”中“查询”选项的“列表显示”命令;
- 在命令行:输入 List 或 LI,然后回车。

启动命令后,命令行出现如下提示:
选择对象:(要求用户选定对象,如一条直线等);
选择对象:(要求用户继续选取对象);
⋮
(显示结果为 AutoCAD 2014 切换到文本窗口,显示所指定对象的有关数据信息)。

执行该命令后,显示的指定对象的数据信息取决于对象的类型。这些信息一般包括对象名称、对象在图中的位置、对象所在图层、对象的颜色等。

6.12 工程举例

计算机绘制一张新图,首先要确定绘图环境,即设置图幅界限、图层设置、线形样式、目标捕捉、单位格式等,并且要确定好绘图比例,才能有效地进行尺寸样式设置,确定字高及确定合适的线形和线宽等参数。

图形界限的设置是根据图中物件的大小设置图幅,设置图幅有利于绘图中对屏幕显示的刷新速度。在设定图幅时,对绘图比例应同时考虑。在 AoutCAD 绘图中,一般使用 1∶1 的比例,这样设置使图纸输出比例可以随意调整,但需要注意的问题是,绘图比例和图纸输出比例是两个完全不同的概念,输出时如使用“输出 1 单位 = 绘图 100 单位” 就是按 1∶100 比例输出,若“输出 10 单位 = 绘图 1 单位” 就是放大 10 倍输出。所以,当字高、尺寸标注、线宽均按 1∶1 绘制时,输出按 1∶100, 则字高和标注等就会过小,线宽也不符合要求。为此,在绘图时可以将标注文字、尺寸的内容设置为一层,将设有线宽要求的图形设置为另一个层,这样便于根据输出比例进行调整修改。为减少修改工作量,在输入线宽、字高时就按即将输出的比例放大(或缩小)进行绘制。合理设置图层,可提高绘图效率。开始绘图时,可预先设置一些基本层,每层都有设定的专门用途,这样设置的绘图环境,有利于各专业之间的协调和资源共享,有利于图形文件的修改和编辑,有利于绘图效率的提高。但图层的设置会使图形文件比较庞大,而占用计算机资源、降低计算机的运行速度,所以图层的设置不是越多越好,应适度设置图层数。

建筑公用设备工程是在建筑图上绘制工程图,所以平面图的比例一般应于建筑图比例一致。但有时在绘制机房图或其他大样详图时,在一张图中绘制不同比例的图,可采取两种方式绘图。可在计算机中将图形均按 1∶1 比例绘制,待图形绘制及标注完成后,将 1∶20 的图形取消图形与标注间的关联关系，再用 SCALE 命令放大 5 倍即可；也可将不同比例的图分别绘制，再插入同一张图中。

在建筑图上绘制本专业图时，要突出的是建筑设备及管道等，而不是建筑的墙、柱、梁、门、窗等，因此要对建筑图进行处理，线宽应改为细线，并统一为一种颜色，设在一个层内，本专业要绘制的图形线宽应设置为粗线。

建筑平面图的绘制步骤如下：

- 设置绘图环境；
- 绘制定位轴线及柱子；
- 绘制各种建筑构配件（如墙体线、门窗洞等）的形状和大小；
- 绘制各个建筑细部；
- 绘制尺寸界线、标高数字、索引符号和相关说明文字；
- 尺寸标注；
- 加图框和标题，打印出图。

下面结合图 6.60 介绍 AutoCAD 绘制建筑平面图的基本方法。

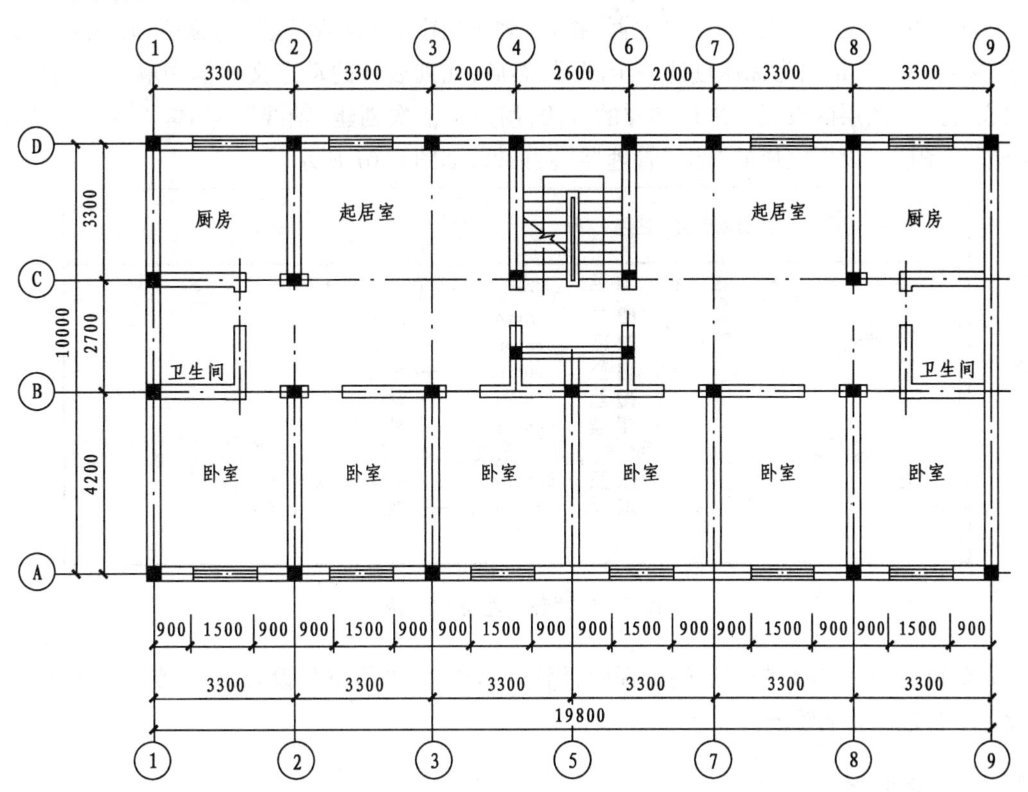

图 6.60 某学生公寓建筑平面图

6.12.1 设置绘图环境

1)设置绘图边界

要绘制如图 6.60 的图形,首先决定图纸的大小,例如要绘在 A3 图纸上并采用 1∶100 比例。

命令:limits

重新设置模型空间界限:

指定左下角点或[开(ON)/关(OFF)]<0.0000,0.0000>:↙

指定右上角点<420.0000,297.0000>:29700,21000 ↙

2)设置图层

设置图层是绘图之前必不可少的准备工作。用户可设置一些专用的图层,并把一些相关的图形放在专用的图层上。

单击“图层”工具栏的“图层管理器”按钮,弹出“图层特性管理器”对话框,在该对话框中单击“新建”按钮,可以为标注创建一个图层,然后,在列表区的动态文本框中输入“标注”,即可完成“标注”图层的设置。采用同样的方法,用户可依次创建“轴线”“墙体”“窗户”“图框”“楼梯”等图层。设置完成的“图层管理器”对话框,如图 6.61 所示。

当前图层:轴线

状.	名称	开	冻结	锁.	颜色	线型	线宽	打印...	打.	冻.	说明
	0				白	Contin...	—— 默认	Color_7			
	尺寸标注				蓝	Contin...	—— 默认	Color_5			
	窗户				蓝	Contin...	—— 默认	Color_5			
	墙体				蓝	Contin...	—— 默认	Color_5			
	文字标注				蓝	Contin...	—— 默认	Color_5			
✓	轴线				红	Contin...	—— 默认	[illegible]			
	柱子				蓝	Contin...	—— 默认	Color_5			
	图层1				蓝	Contin...	—— 默认	Color_5			

图 6.61 “新建图层”对话框

需要说明的是,在绘制图形的过程中,仍然可对它们进行重新设置,以避免用户在绘图时因设置不合理而影响绘图。

6.12.2 绘制图形

1)绘制轴线

①利用“缩放”命令中的“全部”选项将图形显示在绘图区域。

②单击状态栏的“正交”按钮,打开“正交”状态。

③将“轴线”层设置为当前层,同时,弹出“线型管理器”对话框,加载点画线线型 Dashdot。

④利用“直线”命令绘制水平、竖直基准线。

⑤利用“Offset”命令，将水平线按照固定的距离复制，由下至上，间距依次为：4200，2700，3100。

⑥再次利用“Offset”命令，将竖直线按照固定的距离复制，由左至右，间距依次为：3300，3300，3300，3300，3300，3300。

2）绘制柱子

柱子的绘制方法比较简单，先绘制一个正方形，然后填充即可。本例中的柱子尺寸全部为240×240，柱子的绘制方法如下：

①将“柱子”层设为当前层，同时将状态栏中的“对象捕捉”打开，选择端点和交点对象捕捉方式。

②单击“绘图”工具栏中的绘制多边形按钮，在一个轴线交点的位置绘制“240×240”的柱子。

③绘制完柱子后，对它进行填充。单击“绘图”工具栏中的“状态填充”按钮，激活此命令后，则弹出“边界图案填充”对话框，在“图案”下拉列表框中选择“SOLID”选项，然后进行填充即可。

④采用复制命令，把填充完成的柱子依次复制到合适的位置，在这里，要注意利用“对象捕捉”中的“交点捕捉”功能，这使得完成复制非常方便。复制的时候可以分两次完成，先复制完成1条轴线上的柱子，然后再复制完成其他轴线上的柱子。

3）绘制墙体

绘制墙体是建筑平面图很重要的环节之一。绘制墙体的方法有两种：一种是采用“直线”命令绘制出墙体的一侧直线，然后采用偏移命令再绘制出另一侧的直线；另一种是采用“多线”命令绘制墙体，然后再编辑多线，整理墙体的交线，并在墙体上开出门窗洞口等。

在本例中采用第二种方法，即“多线”命令绘制墙体，具体步骤如下：

①将“墙体”层设为当前层，同时将状态栏中的“对象捕捉”打开，选择端点和交点对象捕捉方式。

②选择“格式”→“多线样式”命令，即执行 MLSTYLE 命令，AutoCAD 弹出如图6.62所示的“多线样式”对话框，利用其设置即可。单击“新建”按钮，弹出如图6.63所示的对话框。

在该对话框的“新样式名称”中输入240，然后单击“继续”按钮，生成如图6.64所示的对话框。

单击“多线样式240”对话框中的“图元”选项卡，单击偏移“0.5”项。在下面偏移文本框中输入“120”，再选中该“图元”选项卡的第二个选项“-0.5”，在偏移文本框中输入“-120”。然后单击“确定”按钮，返回“多线样式”对话框，单击“确定”按钮，并“置为当前”，单击“确定”按钮，即完成多线的设置。

③选择“绘图”“多线”命令，绘制二四墙。

命令：_mline

当前设置：对正 = 上，比例 = 20.00，样式 = 240；

指定起点或[对正(J)/比例(S)/样式(ST)]：S；

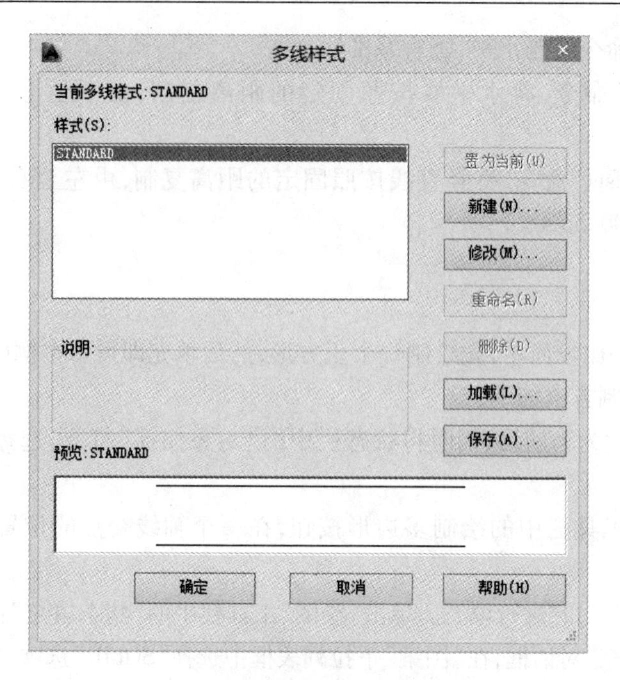

图6.62 “多线样式”对话框

图6.63 “创建新的多线样式”对话框

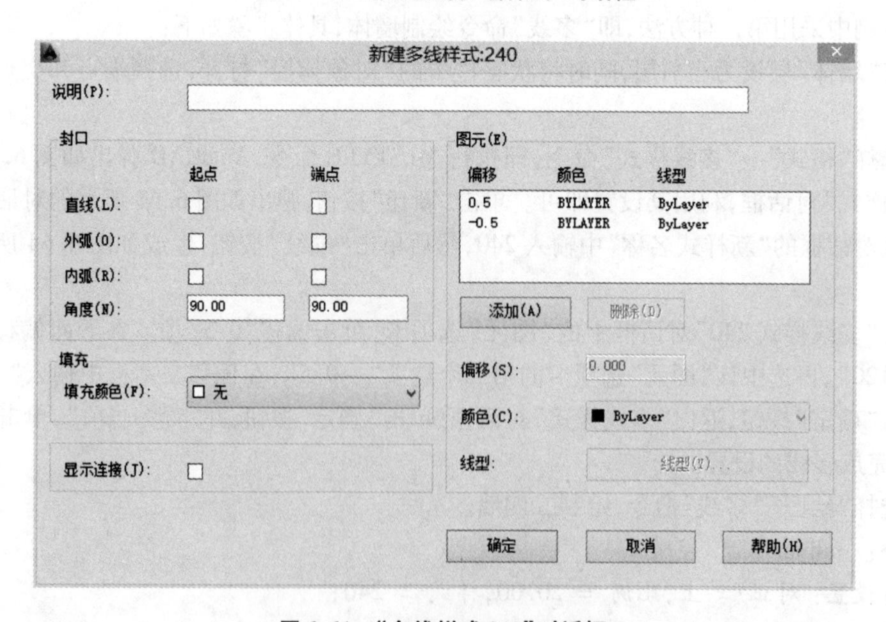

图6.64 “多线样式240”对话框

输入多线比例 <20.00>:1;

当前设置:对正 = 上,比例 = 1.00,样式 = 240;

指定起点或[对正(J)/比例(S)/样式(ST)]:J;

输入对正类型[上(T)/无(Z)/下(B)] <上>:Z;

当前设置:对正 = 无,比例 = 1.00,样式 = 240;

指定起点或[对正(J)/比例(S)/样式(ST)]:鼠标点取墙体第一点;

指定下一点:鼠标点取墙体第二点;

指定下一点或[放弃(U)]:继续点取所要绘制的墙体;

指定下一点或[闭合(C)/放弃(U)]:最后输入 C 闭合。

绘制的结果,如图 6.65 所示。

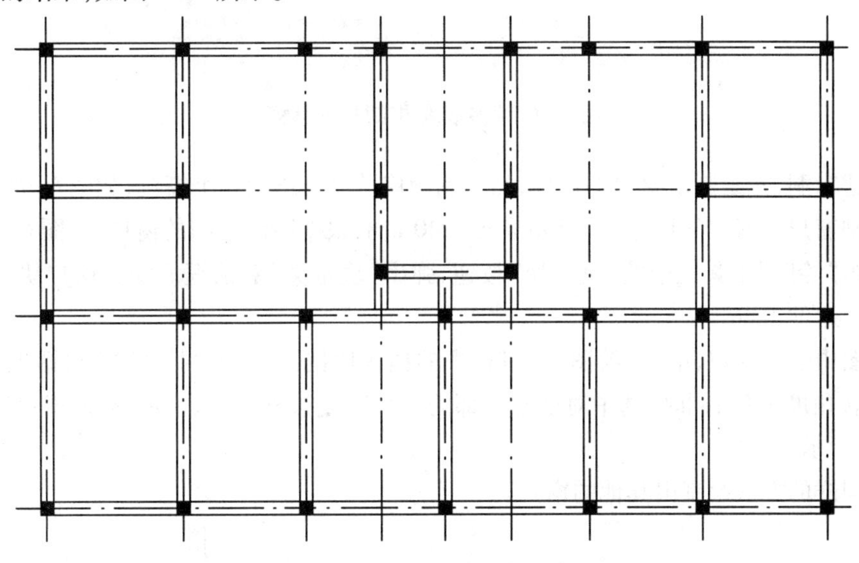

图 6.65　"墙体"绘制图

④编辑墙线。利用"多线"命令绘制的墙线只是一个墙体轮廓,多线的交点处并不满足墙线的要求,需要进一步编辑。

在命令提示符下,输入 Mledit 命令,弹出"多线编辑工具"对话框,如图 6.56 所示。

选择"修改"→"对象"→"多线"命令,即执行 MLEDIT 命令,AutoCAD 弹出如图 6.66 所示的"多线编辑工具"对话框。对话框中的各个图像按钮形象地说明了各编辑功能,根据需要选择按钮,然后根据提示操作即可。

用户可从对话框中选择多线的交点形式,对墙体进行编辑,当然用户也可把多线炸开,然后,利用剪切命令对墙线进行修剪。

4)绘制窗户

绘制窗户,可先修剪一个窗洞,然后,绘制出一个窗户,并把它保存成图块,在需要的地方插入即可。窗户的绘制方法如下:

①将"窗户"层设为当前层,同时将状态栏中的"对象捕捉"打开,选择端点和交点对象捕捉方式。

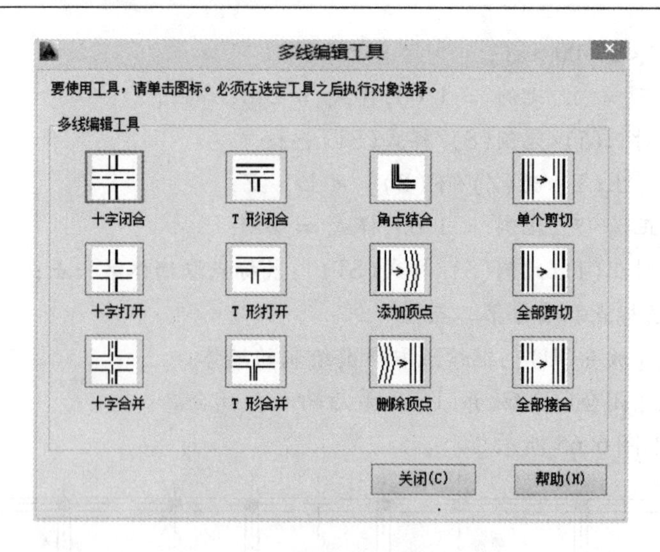

图 6.66 “多线编辑工具”对话框

②创建窗洞,先绘制出窗户的边界,然后利用修剪命令绘制一个窗洞,如图 6.67 所示。

③绘制窗户。窗户的尺寸为 1 500 mm×240 mm,根据图例绘制的窗户,如图 6.68 所示。

④单击“绘图”工具栏中的“创建块”按钮,弹出“块定义”对话框。定义窗户块,插入基点为图形最下边的中点。

⑤在图中插入窗户,单击“绘图”工具栏中的插入块按钮,弹出“插入块”对话框,选择“窗户”块,偏转角度为 0°;同时,选中对话框底部的“分解”复选框,插入窗户,插入窗户后的图形,如图 6.69 所示。

⑥用同样的方法绘制出其他的窗户。

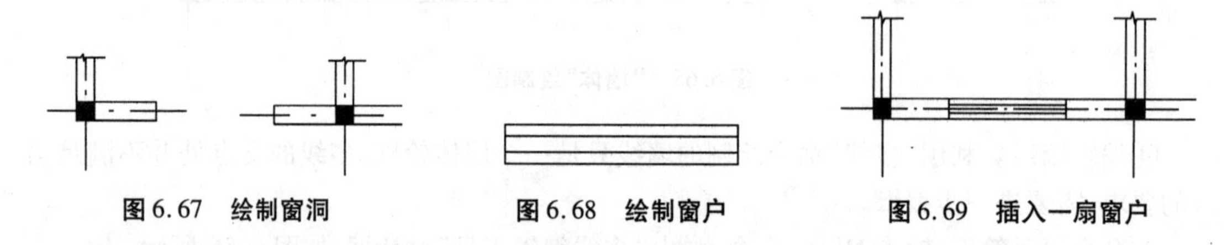

图 6.67 绘制窗洞　　图 6.68 绘制窗户　　图 6.69 插入一扇窗户

5)绘制门

绘制门,只需将所需要的地方修剪出一个门洞即可。

6)绘制楼梯

楼梯的绘制方法如下:

①将“楼梯”层设为当前层,同时将状态栏中的“对象捕捉”打开,选择端点和交点对象捕捉方式。

②利用“直线”命令绘制楼梯台阶端线。

③利用“阵列”命令绘制楼梯线的其他台阶线,台阶的间距为 250 mm,高为 200 mm。

④绘制楼梯的上下扶手。

⑤采用“修剪”命令去除穿过扶手的楼梯台阶线。

⑥利用“直线”命令绘制楼梯起跑方向线和剖断线，此时要注意楼梯的起跑方向必须符合国家的有关标准。完成楼梯绘制的图形，如图 6.70 所示。

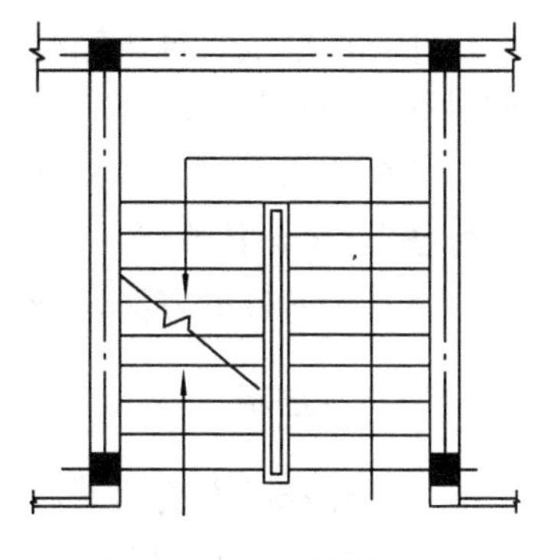

图 6.70　楼梯图

6.12.3　添加尺寸标注和文字注释

1）尺寸标注

尺寸标注的方法如下：

①将“标注”层设为当前层。打开“对象捕捉”，将其设为象限捕捉，并打开“标注”工具栏。

②设置尺寸标注的样式。启动“标注”下拉菜单的“样式”命令，弹出对话框。单击“修改”按钮，弹出“修改标注样式”对话框。用户可从标注样式的线条、箭头、文字等方面来修改标注样式。

在本建筑总平面图中，标注比例是箭头的符号选用“建筑标记”，字高和箭头的长短可以根据需要选用。

③绘制尺寸标注的辅助线。打开“轴线”图层，并将其设置为当前层。做尺寸辅助线 L1 ~ L5 和 S1 ~ S3，如图 6.71 所示。其中，L1 表示轴线标注符号起点位置，L2 表示第一排水平尺寸线的起点位置，L3 表示第 1 排水平尺寸线位置，L4 表示第二排水平尺寸线位置，L5 表示第 3 排水平尺寸线位置；S1 表示轴线标注符号起点位置，S2 表示第一排竖向尺寸线位置，S3 表示第二排竖向尺寸线位置。

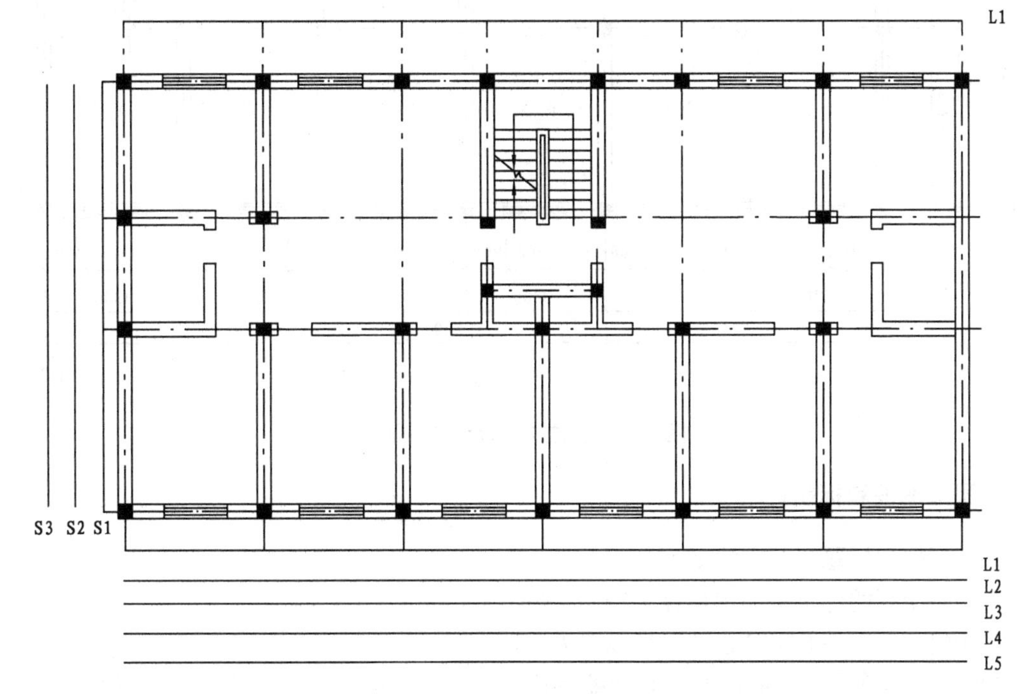

图 6.71　辅助线

④标注轴线符号。轴线符号的圆圈半径为 400 mm,在水平轴线上的编号为 1,2,3 等,竖向轴线的编号为 A,B,C 等。

⑤标注水平尺寸。将"轴线"层设为当前层,绘制尺寸标注界线。利用"线性标注"和"连续标注"命令标注水平尺寸。

⑥采用同样的方法,完成竖向尺寸的标注,以及图形上的其他尺寸标注。

2)文字注释

文字注释的方法如下:

①将"标注"层设为当前层。

②设置标注样式。选择"格式"下拉菜单中的"文字样式"命令,弹出"文字样式"对话框,根据《国家建筑制图标准》,在"字体"选项组的"字体名"下拉列表框中选择"仿宋"选项,字体高度设置为 400,标注尺寸数字取 250,其余选项均采用默认值。

③输入注释文字。选择"绘图""文字"中的"单行文字"命令,或者直接输入 Text 命令,进行文字的编辑。完成文字标注的平面图,如图 6.72 所示。

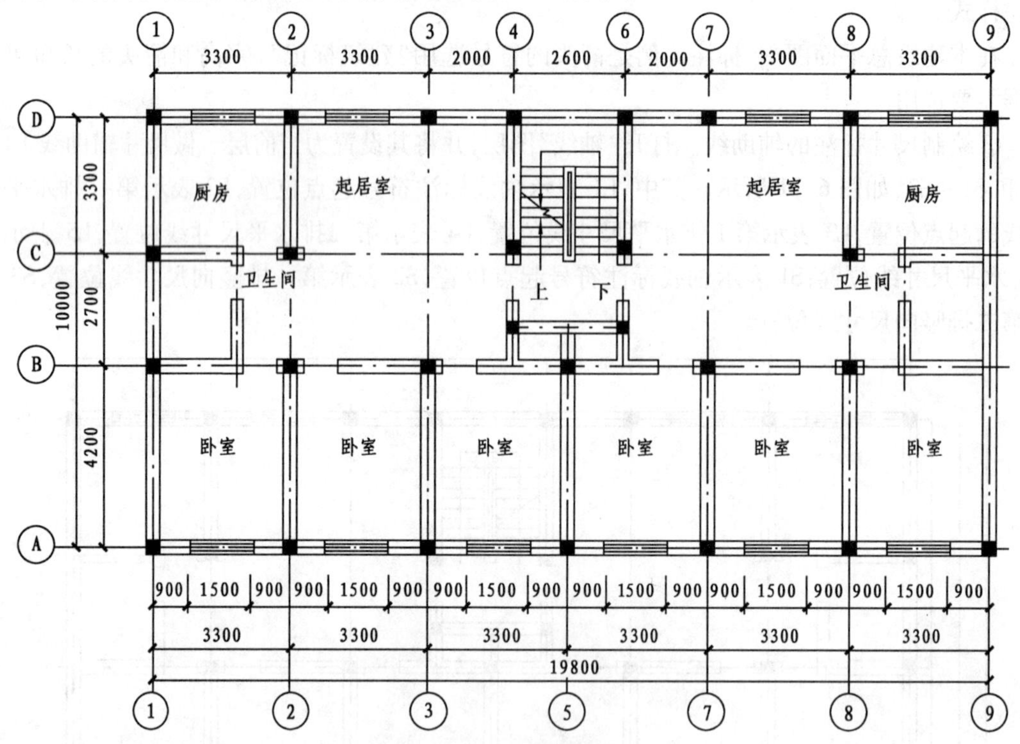

图 6.72　完成文字标注的平面图

3)添加图框和标题栏

添加图框和标题栏的方法如下:

①将所绘制的建筑平面图保存为"建筑平面图.dwg"。

②新建一个文件并将其绘图区域设置为 A3 页面大小。

③将所绘制的 A3 图框按照 1.0 的缩放比例插入新建的文件中。插入前,使用"视图"命

令将绘图区域全部显示到当前窗口，再将图框插入窗口中央即可。

④将所绘制的建筑平面图插入图框。将比例设为“1”，选择适当的位置插入图形，如果不满意可利用“移动”命令进行调整。

⑤填写标题栏中图纸的有关属性，如图名、日期等。

4）打印输出

绘制好平面图后，需要打印输出。打印输出的方法如下：

①选择“文件”下拉菜单中的“打印”命令，弹出“打印模型”对话框。

②在对话框中，“打印机”下拉列表中，选择打印机的名称；在“图纸尺寸”下拉列表框中选择“A3”选项；在“图形方向”选项组中选择“纵向”按钮；打印比例设为打印区域设为范围，其他为默认。

③完成这些设置后，进行预览，如果满意，即可进行打印；若不满意，还可进行调整，直到满意为止。

6.13 绘图软件简介

6.13.1 基于 AutoCAD 平台的建筑公用设备工程绘图软件

在建筑公用设备工程中，专业绘图软件有很多，如天正软件、鸿业软件、浩辰软件、PKPM 系列软件等。

这些专业制图软件都是基于 AutoCAD 20××平台开发研制的。

1）专业计算

暖通软件是在 AutoCAD 平台内部采用图形输入技术，结合 AutoCAD 可编程的 Windows 风格对话框，使需要输入大量数据的计算过程大为改善。

专业计算数据模型是根据最新设计规范，采用适应于计算机计算特点的数学模型，准确、可靠、实用。

2）灵活绘图

暖通软件将施工图的设计放在首位，充分考虑实际设计需要，采用工具集的方式，使专业绘图设计的各个阶段的绘制、修改、编辑迅速、可靠、灵活。使建筑公用设备工程师可以从容构思，专心设计。该软件首创“平面引用”的概念，使各层平面图的设计既相互联系又相对独立。开发了全新的专业图库管理系统，能够管理用户在使用过程中逐渐扩充的专业图块，并结合本专业的特点，使图块的输出使用更为方便。采用了新的自定义文字、表格和标注对象，可方便地进行书写和编辑，改善图面效果。

3）暖通计算模块

暖通软件包括供暖负荷计算、室内供暖系统水力平衡计算以及给用户提供室内热水供暖系统的各类型计算模块。主要有单管上供下回、下供上回(包括同程和异程)系统,双管系统,水平串联系统等系统水力计算模块。

数据输入采用图形可视化输入,直观且易于编辑修改,使计算过程简洁实用,结果接近工程实际。

4)方便灵活的结果查阅汇总

暖通软件增加了排序、汇总功能,方便用户查阅、比较计算结果。

5)多格式结果文件输出

用户可选择不同的应用程序(如文本浏览器、网页浏览器、Excel,Word 等)对结果文件进行查阅、排版及修改,最后打印输出计算结果,完成所做的工作,省去了多次文件转换的麻烦。

6)空调计算模块

空调计算模块包括空调负荷计算和空调动态焓湿图两部分。空调负荷计算跳出以往的数学模式,并提供两种计算方法及空气处理过程。空调动态焓湿图可以在图上实现多种空气处理过程,大大减轻了焓湿图作业的负担。

7)供暖绘图模块

在暖通软件中,供暖平面图设计充分考虑施工图的设计细节,采用浮动对话框,管线相关数据与管线布置同步进行,程序自动记录管线的参数,但不影响设计的连贯性动态处理,布置后还可进行编辑。这些参数为系统图的生成和材料统计,奠定了坚实的基础;系统图可通过平面图的转换自动生成,也可在没有平面图的情况下利用各工具模块快速生成,系统图设计充分考虑了目前的各种供暖系统形式,也充分考虑各个设计单位的设计习惯,既可作轴测图,也可作立管展开图,生成标准立管;采用先进的标注功能,管径、坡度、散热器、标高等大量标注工作更加灵活方便。

8)空调绘图模块

空调绘图模块包括空调的风管设计、系统单线轴测设计、水系统设计、空调设备布置等功能。提供实用的辅助定位工具,使管线设计一次到位。辅助用户完成空调系统的符号表和设备材料统计。

9)水系统设计

水系统设计包括给排水平面设计、剖面设计、系统设计及材料表生成。

①给排水平面设计方便灵活。包括给水、排水、热水、中水、雨水、消防、喷淋设计;卫生洁具、厨房设备的布置,泵房、水箱间的设计等。

②剖面设计。提供标准水箱、水泵的剖面设计,提高了工作效率。

③系统设计。给排水绘图模块提供了从平面图自动生成系统图及直接绘制系统图两套功能,并且还提供了大量修改功能及直接绘图功能,确保准确完美地完成设计。

④材料统计。为方便工程设计概算,提供了材料统计功能。绘制平面图后,不用手工添加

任何数据,可直接在平面图上自动搜索和统计这些信息,并生成材料表。统计内容包括管材的管径和管长,阀门的种类和数量,弯头的材料和数量等。具体的统计内容可由用户自行确定。

10)图库功能

图库功能包括图块入库、图块输出、外框插块、图库编辑等功能。图库中收集了大量的专业图块信息,包括暖通阀门图块、暖通设备图块、空调风口图块、通风设备图块、给排水阀门图块、洁具和厨具图块等。设计人员可根据需要任意调用图库中的图块,同时可对图块进行修改并存入用户图库中,以备以后使用。

11)通用工具

提供了管径、标高、尺寸等一系列方便快捷的标注工具,可用于标注用户采用 AutoCAD 绘制的管线。独立的"详图"模块功能,为设计人员绘制详图提供了新的思路。

12)新功能

①采暖热负荷和空调冷负荷计算模块能够从建筑底图中提取建筑信息(如墙体、窗户、门的高度、宽度、长度、朝向等),设有围护结构的缺省参数设置和数据的界面输入操作,数据的录入速度快,并且能够输出空调冷负荷的逐时负荷分布图。

②具有各种采暖系统的水力计算模块,并针对民用住宅建筑新建采用分户计量的现状,设置了分户热计量采暖单、双管系统水力计算模块,可以满足不同用户的需求。

③散热器片数计算模块,可方便地进行散热器片数计算。

④低温热水地板采暖有效散热量的计算模块,可合理地确定低温热水地板采暖系统的管间距、平均供水温度、地板材料等参数。

⑤考虑用户的需求,设置有"旧图转换""统一标高""转条件图""搜索房间"等功能。

⑥支持 AutoCAD 最新平台。暖通软件最新版本都支持 AutoCAD 20 ×× 多个新版本。因此,用户可充分利用 AutoCAD 各个版本的优点,如多文档操作等。

本教材的后面各章节中均有绘图软件介绍。

6.13.2　基于建筑信息模型(BIM)的设计制图软件

1)建筑信息模型概念

随着人们对信息建模研究的不断深入,逐渐建立起信息化建筑模型,如企业工程模型(Enterprise Engineering Modeling,EEM)、工程信息模型(Engineering information Modeling,EIM)等。21 世纪初,Autodesk 公司提出了建筑信息模型(Building information Modeling,BIM)的概念,并得到了学术界和软件开发商的认同。

建筑信息模型的概念:建筑信息模型是以三维数字技术为基础,通过在传统的三维几何模型基础上集成建筑工程项目各种相关信息而构建的面向建设工程全生命周期的工程信息模型,是对工程项目相关详细信息的数字化表达,是一种应用于设计、建造、管理的数字化方法。它支持建筑工程的集成管理环境,使建筑工程在其整个进程中显著提高了效率并减少各种风险。对基于 BIM 建筑信息模型的设计制图将在第 12 章中学习。

BIM应用数字技术,解决了建筑工程信息建模过程中的数据描述及数据集成的问题,不仅可用于建筑工程设计阶段,还能用于建筑工程的建设全过程。建筑工程由设计阶段向施工阶段、管理阶段的发展,更多的信息不断地添加到建筑模型中,信息非常充分,达到数字化且相互关联,这就为在建筑工程的全过程中实施数字化设计、数字化建造、数字化管理创造了必要的条件。

BIM建筑信息模型,连接了建设项目生命周期不同阶段的数据、过程和资源,建立工程数据源,从而解决了分布的、异构的工程数据之间的一致性和全局共享问题,支持建设项目生命周期中动态的工程信息创建、管理和共享,实现了建设项目的全生命周期管理。

基于建筑信息模型的建筑设计软件系统地融合了以下主要思想,并使得计算机辅助建筑设计发生了本质上的变化。

①在三维空间中建立起单一的、数字化的建筑信息模型,即建筑物的所有信息均出自于该模型,并将设计信息以数字形式保存在数据库中,以便于更新和共享。这一点决定了模型是由数字化的墙、数字化的门窗等三维数字化构件实体组成。这些构件实体具有几何信息、物理信息、功能信息、材料信息等,信息均保存在数据库中。

②在设计数据之间创建实时的、一致性的关联。这一点表明源于同一个数字化建筑模型的所有设计图纸、图表均相互关联,各数字化构件实体之间可实现关联显示、智能互动。对模型数据库中数据的任何更改,都马上可以在其他关联的地方反映出来,这样可提高项目设计的工作效率和质量。

③支持多种方式的数据表达与信息传输。这表明BIM提供了信息的共享环境。BIM软件既支持以平面图、立面图、剖面图为代表的传统二维方式显示以及图、表的表达,还支持三维方式的显示,以及动画方式的显示。为方便模型(包括模型所附带的信息)通过网络进行传输,BIM软件支持XML(Extensible Markup Language,可扩展标记语言)。

应用BIM软件来进行建筑设计,与应用绘图软件进行设计是有很大的区别。BIM建模工具不再提供低水平的几何绘图工具,操作的对象不再是点、线、圆这些简单的几何对象,而是墙体、门、窗等建筑构件及设备、管道等构件。在屏幕上建立和修改的不再是一些没有建立起关联关系的点和线,而是由一个个建筑构件组成的建筑物整体和建筑公用设备系统整体。整个设计过程就是不断确定和修改各种相关构件的参数,全面采用参数化设计方式的过程。

BIM软件立足于数据关联技术上进行三维建模,建立起的模型就是设计的成果。至于各种平、立、剖二维图纸,以及三维效果图、三维动画等都可根据模型来生成,这为设计的可视化提供了方便。而且所生成的各种图纸都是相互关联的,这种关联互动具有实时性,即在任何视图上对设计作出的任何更改,都可马上在其他视图上相关联的地方反映出来,因而从根本上避免了不同视图之间出现的不一致现象。

在建筑信息模型中,有关建筑工程及设备安装工程的所有基本构件的有关数据都存放在统一的数据库中。不同软件的数据库结构有所不同,一般分成两类,即基本数据和附属数据。

①基本数据是模型中构件本身特征和属性的描述,以"门"构件为例,基本数据包括几何数据(门框和门扇的几何尺寸、位置坐标等)、物理数据(质量、传热系数、隔声系数、防火等级等)、构造数据(组成材料、开启方式、功能分类等)。

②附属数据包括经济数据(如价格、安装人工费等)、技术数据(如技术标准、施工说明、类型编号等)、其他数据(如制造商、供货周期等)。

一般来讲,可根据用户需要增加必要的数据项,用以描述模型中的构件。由于模型中包含了详细的信息,为进行各种分析(如空间分析、体量分析、效果图分析、结构分析、传热分析等)提供了条件。

建筑信息模型的结构是一个包含有数据模型和行为模型的复合结构,数据模型与几何图形及其数据有关,行为模型则与管理行为以及图元间的关联有关。彼此的结合,通过关联为数据赋予意义,因此,可用于模拟真实世界的行为。建筑信息模型为建筑工程全生命周期的管理提供了有力的支持。

由于建筑信息模型支持 XML,所以对实现在建筑设计过程甚至在整个建筑工程生命周期中,计算机都能支持协同工作(Computer Supported Cooperative Work,CSCW),使身处异地的设计人员都能通过网络在同一个建筑模型上展开协同设计。同样,在整个建筑工程的建设过程中,参与工程的不同角色如土建施工工程师、监理工程师、机电安装工程师、材料供应商等都可通过网络在以建筑信息模型为支撑的协同工作平台上进行各种协调与沟通,使信息能及时地传达到有关方面,各种信息得到有效的管理与应用,保证建筑工程能高效顺利地进行。

2)基于 BIM 思想的部分软件

数字技术的飞速发展使得优秀的数字化三维设计软件不断涌现,广泛应用于模具设计、建筑及装潢、加工工业、城市建设及规划、家具制造等行业,不同行业有不同的软件,可根据工作需要选择。比较流行的三维软件,如 Rhino(Rhinoceros 犀牛),SketchUp,Maya,3ds Max,Microstation,Lightwave 3D,Cinema 4D,Pro-E 等在各大行业都备受青睐。随着 BIM 思想的发展和深入,基于 BIM 思想的三维设计软件将逐渐在市场中占据重要的地位。

BIM 核心建模软件通常称为"BIM Authoring Software"。目前市场主流的核心建模软件包含了 Autodesk,Bentley,Nemetschek Graphisoft,Gery Technology Dassault 在内的四大软件商旗下的十余款 BIM 设计软件。常用的 BIM 建模软件如图 6.73 所示。

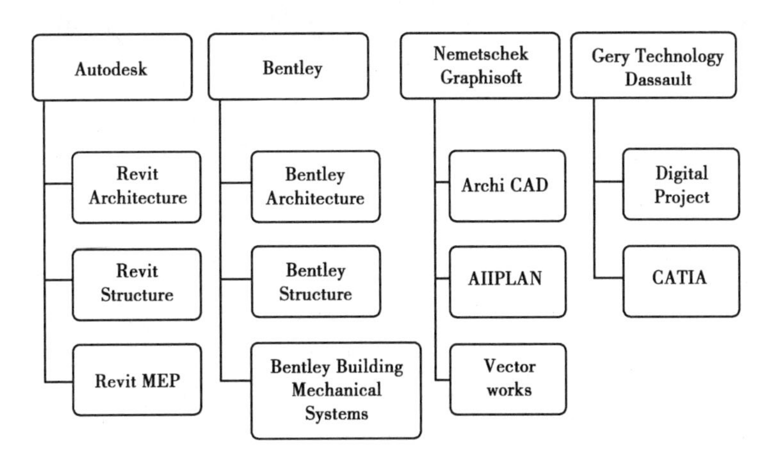

图 6.73 常用的 BIM 建模软件

小　结

本章介绍了 AutoCAD 的基本操作:包括 AutoCAD 的基本绘图方法、编辑方法、视图缩放及图层控制、块的定义与使用、文本标注、尺寸标注、查询图形属性等。同时,结合建筑平面图的基本知识,利用 AutoCAD 绘制了一幅完整的建筑平面图,从而对 AutoCAD 的使用及在建筑方面的应用有了很好地了解。

在本章的最后,对建筑公用设备工程绘图的一些软件作了简要的介绍,使学生对该专业相关绘图软件有一个初步的认识。

7

供热工程制图

当冬季室外温度低于室内温度时,房间的热量将不断地通过建筑物的围护结构传向室外,同时室外的冷空气通过门缝、窗缝或开门、开窗时侵入房间而耗热,为了保持室内温度恒定,满足人们生产、生活的需求,需要建立供暖系统向室内提供热量。本章主要是在了解采暖系统的基础上,掌握供热工程的绘图方法。

7.1 供热工程基础知识

供热工程又称为供暖工程或采暖工程,是指向建筑物供给热量,保持室内一定温度。这是人类最早发展起来的建筑环境控制技术,是对室内热环境进行调节控制。

7.1.1 供暖系统的组成

如图 7.1 所示,供暖系统主要由 3 个部分组成:热源、输热管网、热用户。

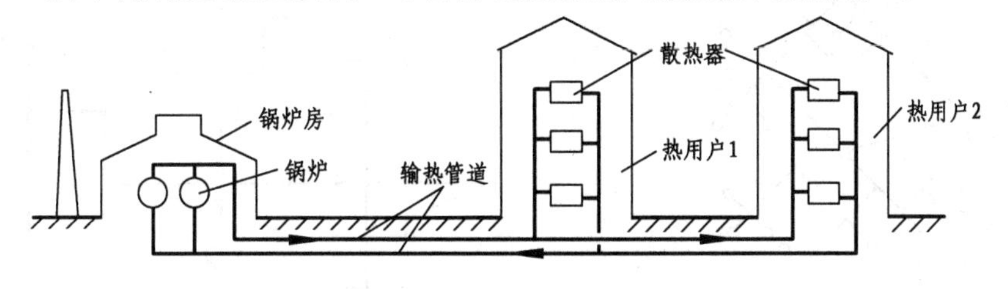

图 7.1 供暖系统示意图

1) 热源

供暖系统的热源是指供热热媒的来源,如图 7.2 所示。热源主要有区域锅炉房产生的热源(水或蒸汽)、热电厂的饱和蒸汽的热源以及有余热利用的热交换站热源(也称为热力站)。在设计过程中,热源系统是单独组成一套图纸,包括平面图、剖面图、大样图等,一般不与管网系统绘制在一起。

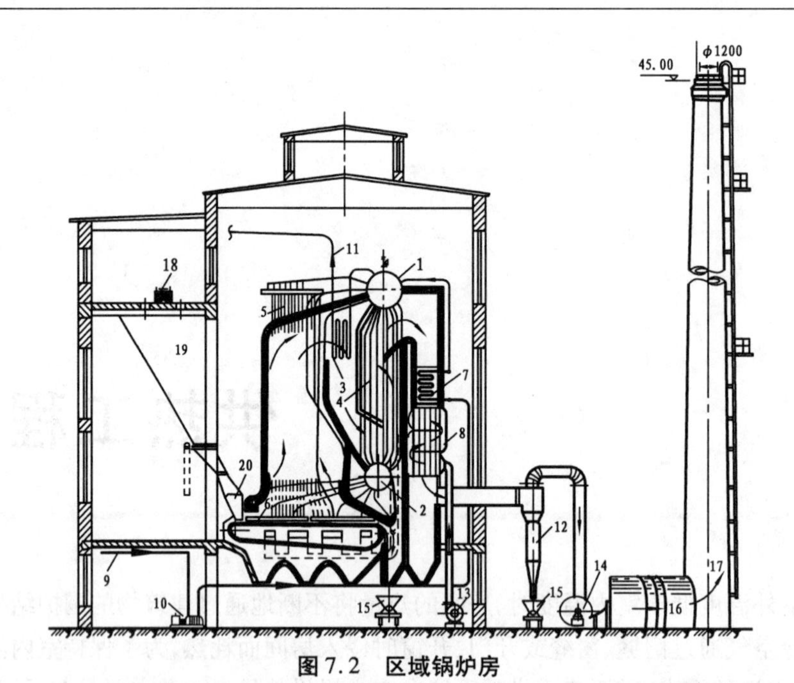

图 7.2　区域锅炉房

1—上锅筒;2—下锅筒;3—蒸汽过热器;4—对流管束;5—水冷壁;6—链条炉排;7—省煤器;
8—空气预热器;9—来自水处理间或给水间给水管;10—给水泵;11—去分汽缸的蒸汽管;12—除尘器;13—送风机
14—引风机;15—灰斗;16—烟道;17—烟囱;18—胶皮带运煤机;19—煤仓;20—炉前受煤斗

2)热网(输热管网或热力管网)

热网是由热源向热用户输送和分配热媒介质,并将经散热设备冷却后的媒介(热水或蒸汽)返回到热源的封闭式循环供热管网。根据热源与热用户的相对位置,热网又分为室外热力管网和室内管道系统。在设计时,一般将室外热力管网和室内采暖系统分为两套图纸绘制。

室外热力管网,如图 7.3 和图 7.4 所示。其中,图 7.3 为环状多热源热水供暖管网系统图;图 7.4 为多热源枝状热水供暖管网。图中是以单管线表示双管线路,实际工程设计中应清楚地绘制出各条管线,并标明管径、管长尺寸、相关坐标、地形标高等信息。

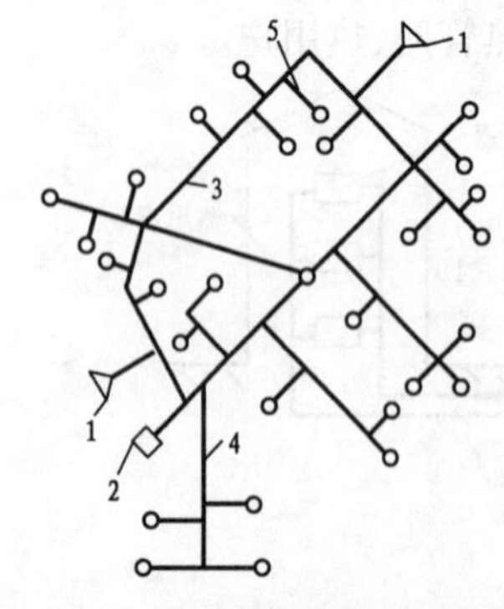

图 7.3　多热源供暖系统示意图

1—热电厂;2—区域锅炉房;3—环状管网;
4—支干线;5—分支管线

注:双管线路以单线表示,阀门未标出

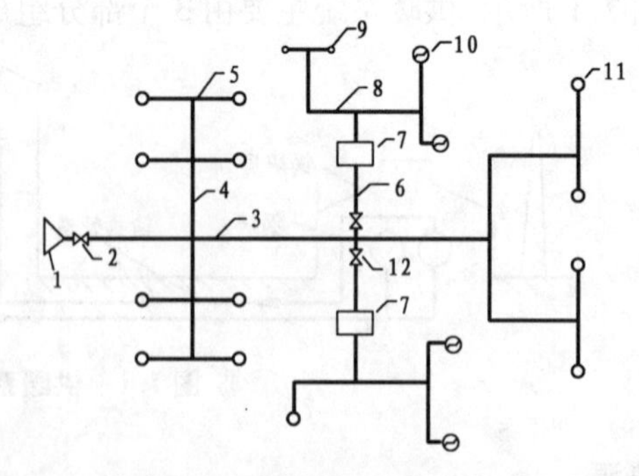

图 7.4　热电厂与区域锅炉房联合供暖系统示意图

1—热电厂;2—热源出口阀门;3—主干线;4—支干线;
5—分支管线;6—通向区域锅炉房的输配干线;
7—区域锅炉房;8—区域锅炉房供暖范围内的管线;
9,10—区域锅炉房供暖范围内的用户入口和热力站;
11—供暖季节只由热电厂供热的热力站;12—阀门

注:双线管路以单线表示

图7.5为室内供暖系统管道图。其中,图7.5(a)为上供下回式系统;图7.5(b)为上供上回式系统;图7.5(c)为下供下回式系统;图7.5(d)为下供上回式系统。上述各图均为垂直式双管系统。垂直式单管系统如图7.6所示,又可分为上供和下供的形式;水平式单管、双管系统如图7.7所示。图中采用粗实线表示热水供水管的位置及走向,粗虚线表示热水回水管道。

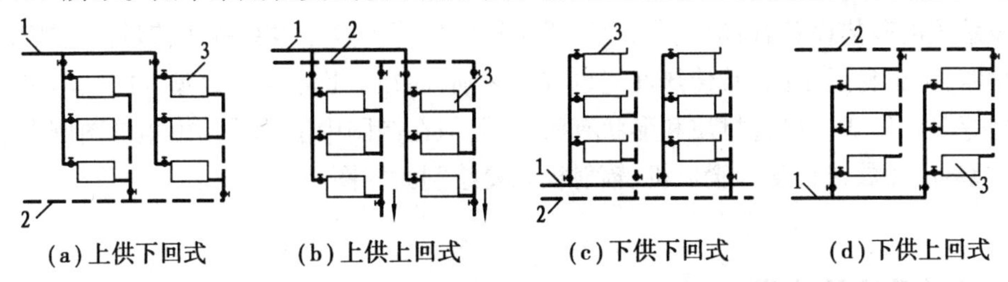

图7.5 按供、回水干管位置不同分类的垂直式采暖系统示意图

1—供水干管;2—回水干管;3—散热器

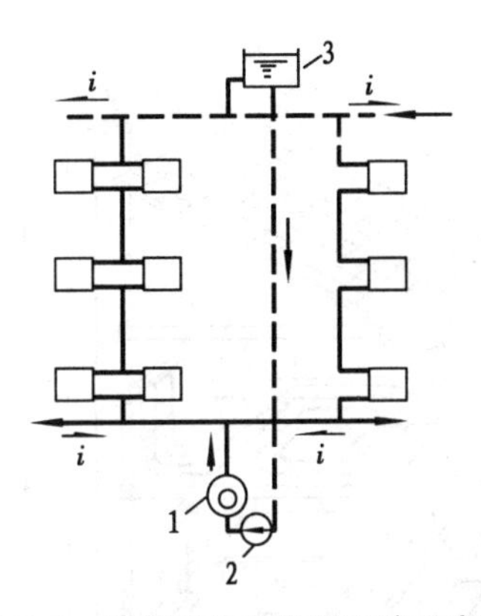

图7.6 单管式热水采暖系统示意图

1—锅炉;2—水泵;3—膨胀水箱

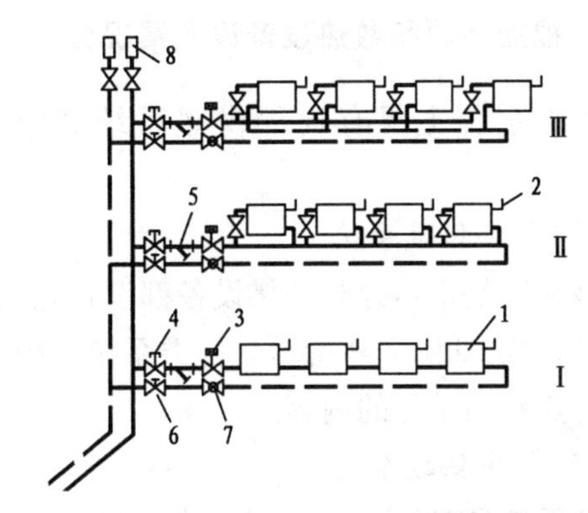

图7.7 住宅分户计量水平式热水供暖系统示意图

1—散热器;2—手动排气阀;3—热表;4—锁闭阀;
5—除污阀;6—关断阀;7—调节阀;8—排气阀

图7.7为水平式热水供暖系统,适用于民用住宅分户热量计量供暖系统。下层Ⅰ为水平单管顺流式系统[见图7.8(a)];中层Ⅱ为水平单管跨越式系统[见图7.8(b)];上层Ⅲ为水平双管式系统;在工程设计中,一幢建筑内应采用同一种类型的采暖系统形式。

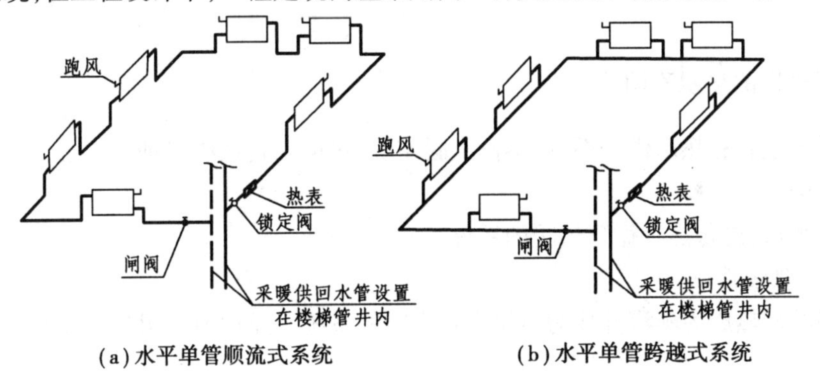

图7.8 机械循环水平式单管系统示意图

3)热用户(或散热设备)

热用户是指热媒介质在其散热设备中进行热量交换,放出热量加热室内空气的放热设备。有时也把室内供暖管路与散热器统称为热用户。

供暖系统的散热设备有:散热器、暖风机及辐射板等。散热器有铸铁、钢制、铝制和铜铝复合等散热器,由于材质不同,其传热性能也有所区别,而在形状上又有翼型、柱型、串片型、扁管型和板型等多种形式。尽管材质和形状有所不同,但在制图中散热器均由矩形图例表示,并应标注相关型号、片数或长度。暖风机、辐射板则要绘制大样图。

7.1.2 供暖系统的分类

1)根据热源和散热设备设置情况分

供暖系统主要有局部供暖系统和集中供暖系统两种。

(1)局部供暖系统

该系统是指热源和散热设备都设置在同一个单元房屋内的系统,如图 7.9 所示。这类系统绘图简单,将不作为本专业制图学习的内容。

(2)集中供暖系统

该系统是对于一个小区或街区进行供暖时,利用集中的热源产生的热量去“补偿”多个热用户及房间散失出去的热量,称为集中供暖系统。这种供热系统将热源集中设置,当采用锅炉房作为热源时,应设置在供暖区域的常年主导风向的下风侧,一般远离供暖建筑,所以热源产生的热媒介质必须通过热力管网送至多个热用户,如图 7.1 所示。

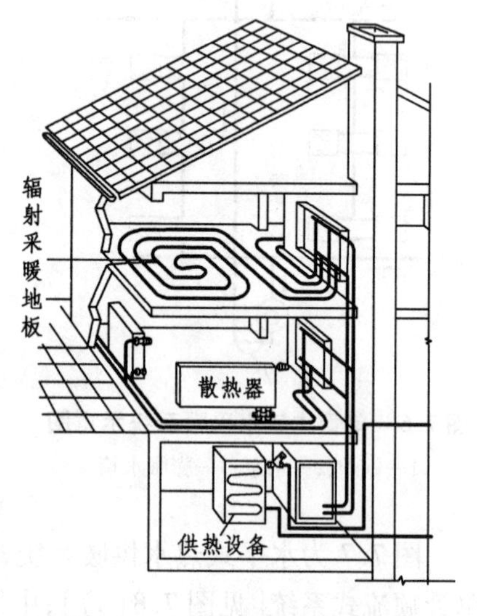

图 7.9 局部供暖系统示意图

2)根据输送的热媒不同分

供暖系统主要有热水供暖系统、蒸汽供暖系统、热风供暖系统三种。

(1)热水供暖系统

将水加热后,进行热媒循环供暖的系统。

(2)蒸汽供暖系统

水被锅炉加热成为蒸汽并作为热媒进行供暖的系统。原理图如图 7.10 所示;系统图如图 7.11 所示。

(3)热风供暖系统

将空气加热后用风管送入房间或暖风循环加热室内空气进行供暖的系统,图 7.12 所示为暖风机供暖系统,蒸汽或热水经暖风机换热盘管循环加热室内空气。

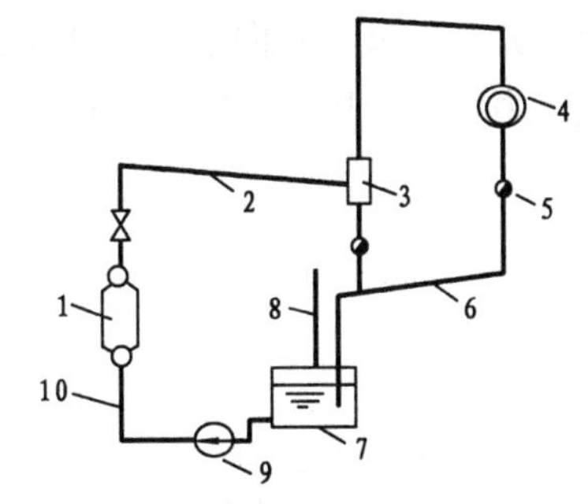

图7.10 蒸汽供热系统原理图

1—热源;2—蒸汽管路;3—分水器;4—散热设备;
5—疏水器;6—凝水管路;7—凝结水箱;
8—空气管;9—凝结水泵;10—凝水管

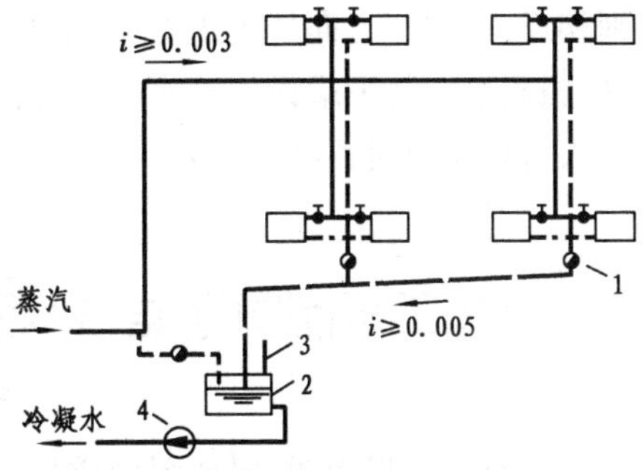

图7.11 机械回水低压蒸汽供暖系统示意图

1—低压恒温式输水器;2—凝水箱;
3—空气管;4—凝水泵

3)根据散热设备传热的方式不同分

供暖系统还可分为:对流换热供暖系统和辐射换热供暖系统。

(1)对流换热供暖系统

对流换热供暖系统即通过散热器与室内空气进行自然热对流循环来交换和传递热量的采暖系统;另外,还有采用暖风机进行强迫对流换热的采暖系统。

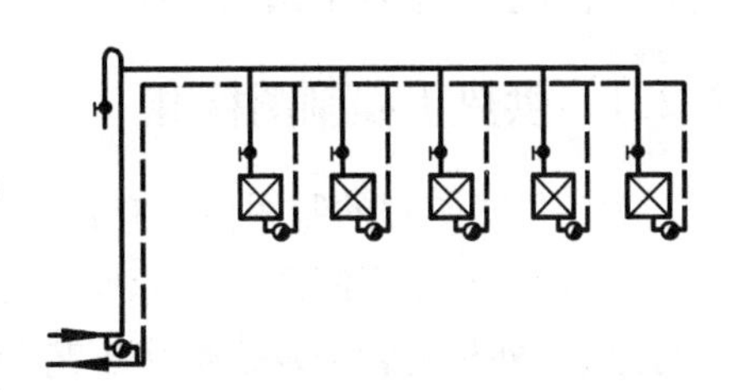

图7.12 上供上回式暖风机供暖系统

(2)辐射换热供暖系统

辐射换热供暖系统是通过辐射地板、吊顶(板)、墙面等辐射方式向室内进行热辐射的采暖系统。

散热设备的表面以热辐射的方式向房间进行换热的辐射供暖系统,其散热设备可采用悬挂金属辐射板的方式;也常采用与建筑结构合为一体的方式,如墙面式、地面式和楼板式。如图7.13所示为低温地板辐射供暖系统原理图。它由热交换器出来的热水经过滤器进入分水器再分别送至用户辐射散热管,并通过辐射板将热量散出,回水经集水器,由水泵送至热交换器再加热,循环使用。

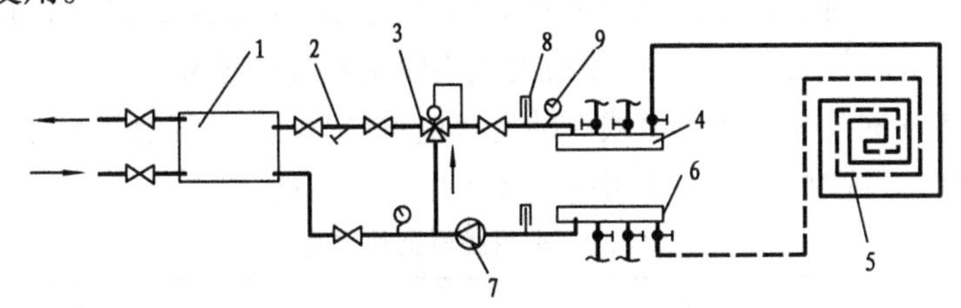

图7.13 地板低温辐射供暖原理示意图

1—热交换器;2—过滤器;3—三通阀;4—分水器;5—地板辐射散热管;
6—集水器;7—水泵;8—温度计;9—压力表

辐射供暖系统在绘图时需要分别绘制热力交换站、室外管网、室内供暖系统3部分图纸。对于室内辐射供暖系统除需要绘制平面图、系统图外,还应绘制大样图,如辐射地板设施与安装、集水器和分水器制作安装等均应绘制详图。

对于上述各种系统在制图时,均应注意管路布置走向,如热水管路的水平干管应沿着水流方向越走越高,并在最高点设置排气装置,其坡度的表示方法见7.3.3节。蒸汽管路的水平干管则相反,沿水流方向越走越低,目的是排除沿途凝结水,并在供汽干管向上拐弯处、散热器出口、每根凝水立管下端设置输水器;另外,由于管网输汽压力均高于用户所需蒸汽压力,所以蒸汽引入口处均应设置减压装置。

7.2 供热工程制图标准、规范及图例

为了统一工程制图,保证图面质量,提高工程设计与工程施工的工作效率,便于工程技术的交流,国家及有关部门相应制定了国家标准和行业标准。供热工程图的绘制应遵守相关标准,根据不同情况和某些约定俗成的习惯,允许有一定的调整,这样才能保证工程项目的顺利实施。因此,在学习中认真掌握制图标准与规范非常重要。

7.2.1 供热工程制图标准

关于供热工程的制图标准有:《暖通空调制图标准》(GB/T 50114—2010),是推荐性国家标准,室内采暖工程制图按此标准执行;《供热工程制图标准》(CJJ/T 78—2010),是推荐性行业标准,室外热力管网及锅炉房工艺制图按此标准执行。

在工程制图中,除应符合上述标准外,还应符合第 3,4,5 章介绍的相关制图标准。

7.2.2 供热工程制图的基本规定

1) 图幅、图面与图线

图幅的幅面及图框尺寸按第 3 章表 3.1 所示的要求执行。

图面布置时,当一张图上布置几种图样时,应按平面图在下、剖面图在上、管道系统图或流程图或样图在右的原则绘制。对于无剖面图时,可将管道系统图放在平面图上方。当一张图上布置几个平面图时,宜按下层平面图在下、上层平面图在上的原则绘制。图中的说明宜放在该图样的右侧或下方。对于两个或几个形状类似、尺寸不同的图形或图样,可绘制其中一个图形或图样,在尺寸标注时用括号分别标注或列表格给出对应的尺寸。

绘制室外供热管网及锅炉房管道线型的选择应符合《供热工程制图标准》中的规定,见表 7.1。绘制室内采暖系统时,其图线也可按表 8.1 中线型选择。

表 7.1 常用线型及其用途

名称		线型	用途
粗线	粗实线	———	单线表示的管道; 设备平面图和剖面图中的设备轮廓线; 设备和零部件等的编号标志线; 剖切位置线
	粗虚线	— — — —	被遮挡的单线表示的管道; 设备平面图和剖面图中被遮挡设备的轮廓线

续表

名　称		线　型	用　途
中线	中实线		双线表示的管道； 设备及管道平面图和设备及管道剖面图中的设备轮廓线； 尺寸起止符
	中虚线		被遮挡的双线表示的管道； 设备、管道平面图和剖面图中被遮挡设备的轮廓线； 拟建的设备和管道
细线	细实线		可见建筑物和构筑物的轮廓线； 尺寸线和尺寸界线； 材料剖面、设备及附件等的图形符号； 设备、零部件及管路附件等的编号标志引出线； 单线表示的管道横剖面； 管道平面图和剖面图中的设备及管路附件的轮廓线
	细虚线		被遮挡建筑物、构筑物的轮廓线； 拟建建筑物的轮廓线； 管道平面图和剖面图中被遮挡的设备及管路附件的轮廓线
	细点划线		建筑物的定位轴线； 设备中心线； 管沟或沟槽中心线； 双线表示的管道中心线； 管路附件或其他零部件的中心线或对称轴线
	细折断线		建筑物断开界线； 管道与建筑物、构筑物同时被剖切时的断开界线； 设备及其他部件断开界线
	细波浪线		双线表示的非圆断面管道自由断开界线； 设备及其他部件自由断开界线
	细双点划线		假想轮廓线； 保温结构外轮廓线

几种图线的制图要求如图7.14所示，图中数字的单位为“mm”。

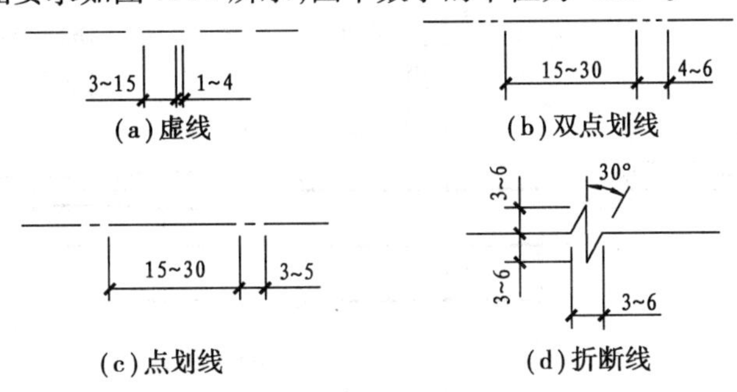

(a)虚线　(b)双点划线　(c)点划线　(d)折断线

图7.14　几种图线画法示意图(单位:mm)

2)绘图比例

供热工程制图总平面图、单体平面图的比例,应符合表 7.2 的规定。

表 7.2　绘图比例

图　名		常用比例
锅炉房、热力站和中继泵站图		1∶20,1∶25,1∶30,1∶50,1∶100,1∶200
供热管网管线平面图 供热管网管道系统图	供热规划	1∶15 000,1∶110 000,1∶20 000
	可行性研究	1∶2 000,1∶105 000
	初步设计	1∶1 000,1∶2 000,1∶5 000
	施工图	1∶500,1∶1 000
管线纵断面图		铅直方向 1∶50,1∶100 水平方向 1∶500,1∶1 000
管线横剖面图		1∶10,1∶20,1∶50,1∶100
管线节点、检查室图		1∶20,1∶25,1∶30,1∶50
详图		1∶1,1∶2,1∶5,1∶10,1∶20

表 7.2 的规定适应于室外供热管网制图和锅炉房制图可选用的比例。对于室内采暖系统制图适用的比例,应按《暖通空调制图标准》规定选用(见表 8.2)。

3)管道规格的标注

管道规格的单位为"mm",一般省略不写,标注时应注写在管道代号之后,如图 7.15(a)、(b)所示。焊接钢管应用公称直径"DN"表示,无缝钢管、螺旋焊接钢管,一般用"外径 × 壁

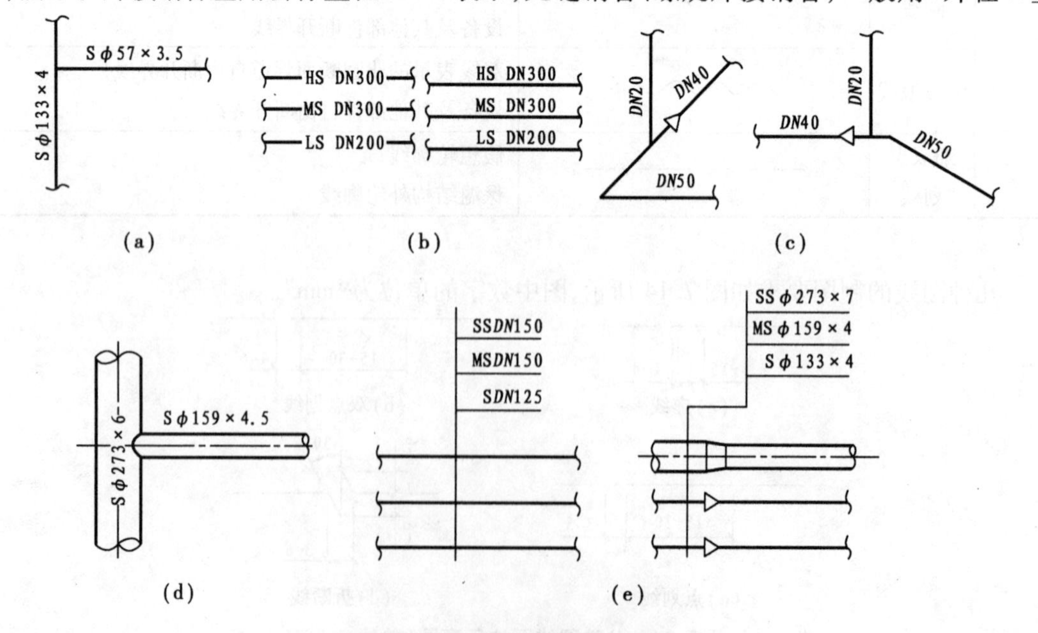

图 7.15　管道规格的标注示意图

厚",数值前冠以"ϕ"表示。

管道规格的标注应清晰易识读,其标注位置如图 7.15 所示。水平管道标注在管道上方,垂直管道标注在管道左侧,如图 7.15(c)所示;采用单线绘制的管道,可标注在管线断开处,如图 7.15(a)、(b)所示;采用双线绘制的管道,也可标注在管道轮廓线内,如图 7.15(d)所示。

多根管道并列时,可用垂直于管道的细实线作公共引出线,从公共引出线作若干条间隔相同的横线,在横线上方标注管道规格。管道规格的标注顺序应与图面上管子排列顺序一致。当标注位置不足时,公共引出线可用折线,如图 7.15(e)所示。

室外热力管网在管道规格变化处应绘制异径管图形符号,并在该图形符号前后标注管道规格。有若干分支而不变径的管道应在起止管段处标注管道规格;管道很长时,尚应在中间一处或两处加注管道规格,如图 7.16 所示。

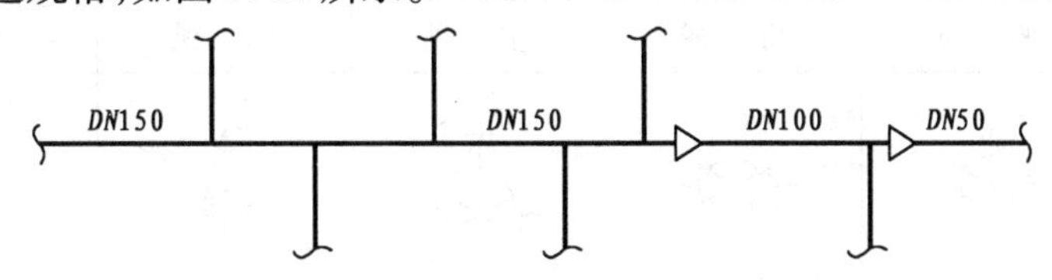

图 7.16 分出支管和变径时管道规格的标注示意图

4)尺寸标注

尺寸标注包括尺寸界线、尺寸线、尺寸起止符和尺寸数字,如图 7.17 和图 7.18 所示。

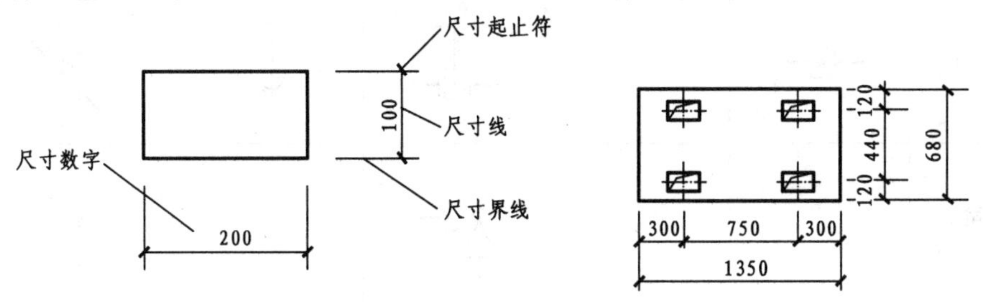

图 7.17 尺寸标注示意图

图 7.18 尺寸界线与尺寸线示意图

标注中尺寸界线与被标注长度垂直,直线段的尺寸起止符可采用短斜线,如图 7.19(a)所示;尺寸起止符也可采用箭头表示,但在一张图样中应采用同一种尺寸起止符,只有当采用箭头位置不足时,可采用黑圆点或短斜线代替箭头,如图 7.19(b)所示。

半径、直径、角度和弧线的尺寸起止符应用箭头表示,如图 7.19(c)所示。

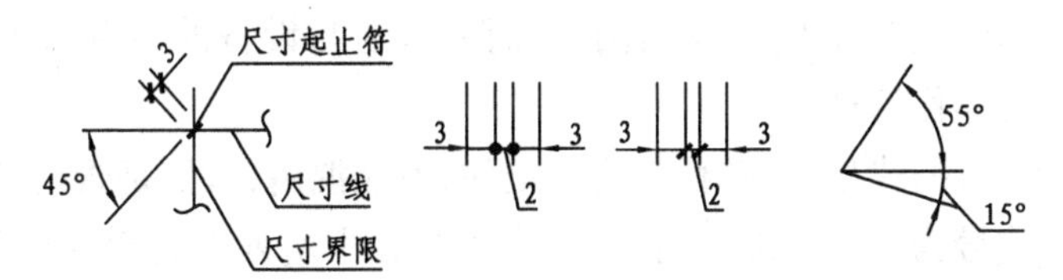

(a)直线段尺寸起止符用短斜线表示 (b)直线段尺寸起止符用其他方法表示 (c)角度和弧线尺寸起止符用箭头表示

图 7.19 尺寸起止符的表示

尺寸数字的标注以“mm”为单位,标注应连续清晰,不得被图线、文字或符号中断。

5)管道与阀门的表示及画法

在本书第 5,8 章分别介绍了管道的基本画法,如单线、双线管段的表示;交叉管道、分支管道和重叠管道的表示等,供热工程制图标准中对管道画法也有相关规定,绘图时应按制图标准规定要求进行制图。

管道图中常用阀门的画法应符合表 7.3 的规定。阀体长度、法兰直径、手轮直径及阀杆长度宜按比例用细实线绘制;电动、气动、液动、自动阀门等宜按比例绘制简化实物外形、附属驱动装置和信号传递装置。对于室内管道阀门的画法应符合表 8.8 的规定。

表 7.3 管道图中常用阀门的画法

名称	俯视	仰视	主视	侧视	轴测投影
截止阀			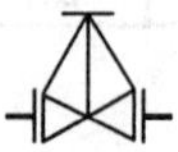		
闸阀			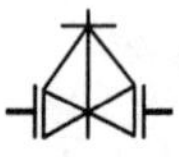		
蝶阀			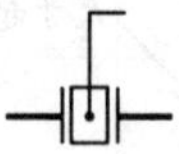		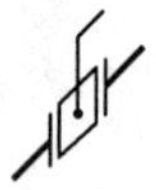
弹簧式安全阀					

注:此表中阀门与管道为法兰连接。

7.2.3 供热工程制图的常用代号和图例

由于建筑公用设备工程中的设备、器具、管道及部件种类繁多,需要统一制图规定及标准,即要对各种类型的设备和管道规定代号及图例,从而使管道与设备的布置清晰完整,易读易懂,便于设计、施工与运行操作管理。

表 7.4 列出了常用管道的代号,这些代号需要记住,不能混淆,特别是管道种类较多时,更应认真区别。该表中的代号为英文的缩写,在第 8 章表 8.5 中所列的管道代号采用的是中文的第一个拼音字母。对于供热工程(包括锅炉房、室外热力管网和室内供暖系统)应按表 7.4 的规定选用;对于楼宇内的通风空调工程应按表 8.5 规定选用。不管采用哪种代号均应列出选用的代号图例表。

表 7.4 水、气管道代号

代 号	管道名称	代 号	管道名称
HP	供热管线（通用）	P	生产热水供水管
S	蒸汽管(通用)	PR	生产热水回水管(或循环管)
S	饱和蒸汽管	DS	生活热水供水管
SS	过热蒸汽管	DC	生活热水循环管
FS	二次蒸汽管	M	补水管
HS	高压蒸汽管	CI	循环管
MS	中压蒸汽管	E	膨胀管
LS	低压蒸汽管	SI	信号管
C	凝结水管(通用)	OF	溢流管
CP	有压凝结水管	SP	取样管
CG	自流凝结水管	D	排水管
EX	排气管	V	放气管
W	给水管(通用)自来水管	CW	冷却水管
PW	生产给水管	SW	软化水管
DW	生活给水管	DA	除氧水管
BW	锅炉给水管	DM	除盐水管
ER	省煤器回水管	SA	盐液管
CB	连续排污管	AP	酸液管
PB	定期排污管	CA	碱液管
SL	冲灰水管	SO	亚硫酸钠溶液管
H	供水管(通用)采暖供水管	TP	磷酸三钠溶液管
HR	回水管(通用)采暖回水管	O	燃油管(供油管)
H1	一级管网供水管	RO	回油管
HR1	一级管网回水管	WO	污油管
H2	二级管网供水管	G	燃气管
HR2	二级管网回水管	A	压缩空气管
AS	空调用供水管	N	氧气管
AR	空调用回水管		

注:管道代号为英文缩写。

供暖系统的设备及器具的图形符号应符合《供热工程制图标准》的规定,见表 7.5。在实际制图中,也可以根据物体的具体形状采用简化外形的方法来作为其图形符号。

表 7.5 设备和器具图形符号

名 称	图形符号	名 称	图形符号
电动水泵		换热器(通用)	
蒸汽往复泵		套管式换热器	
调速水泵		管壳式换热器	
真空泵		容积式换热器	
水喷射器 蒸汽喷射器		板式换热器	
螺旋板式换热器		安全水封	
除污器(通用)		闭式水箱	
过滤器		开式水箱	
Y 形过滤器		电磁水处理仪	N S
分汽缸 分(集)水器		热力除氧器 真空除氧器	
水封 单级水封		离心式风机	
多极水封		消声器	
沉淀罐		阻火器	
取样冷却器		斜板锁气器	
离子交换器(通用)		锥式锁气器	

续表

名　称	图形符号	名　称	图形符号
除砂器	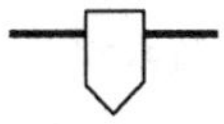	电动锁气器	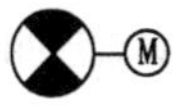
散热器及手动放气阀	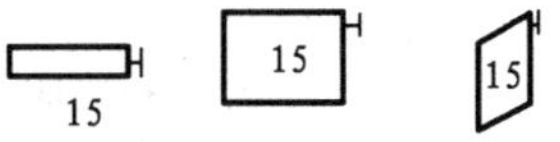 左为平面图画法,中为剖立面图画法,右为系统图(Y轴侧)画法		
散热器及温控阀	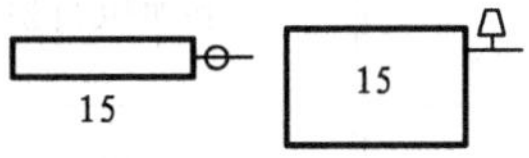		

注:图形符号的粗实线表示管道。

对于各种阀门、控制元件以及一些执行机构按外形绘图比较复杂,应按表7.6的规定选用。表中有阀门的图形符号与控制元件或执行机构的图形符号共同组合而构成的图形符号。

表7.6　控制元件和执行机构的图形

名　称	图形符号	名　称	图形符号
阀门(通用)		闸阀	
截止阀		蝶阀	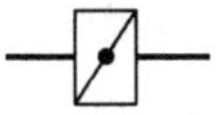
节流阀		手动调节阀	
球阀		旋塞阀	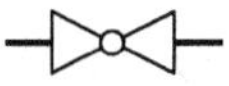
减压阀		隔膜阀	
安全阀(通用)	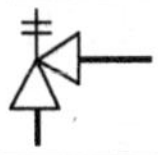	柱塞阀	
角阀		平衡阀	
三通阀		底阀	
四通阀	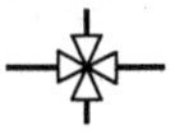	浮球阀	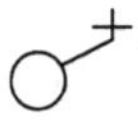
止回阀(通用)	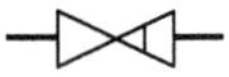	防回流污染止回阀	
升降式止回阀		快速排污阀	

续表

名　称	图形符号	名　称	图形符号
旋启式止回阀		疏水阀	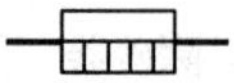
调节阀(通用)		自动排气阀	
通风管道手动调节阀	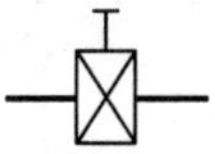	手动执行机构	
烟风管道蝶阀		自动执行机构(通用)	
烟风管道插板阀	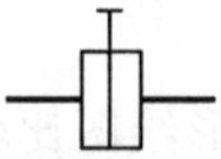	电动执行机构	
插板式媒阀门	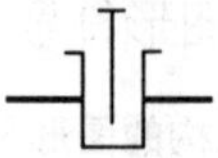	电磁执行机构	
插管式媒阀门	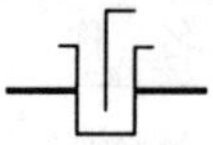	气动执行机构	
呼吸阀		液动执行机构	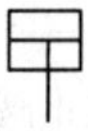
自力式流量控制阀		浮球元件	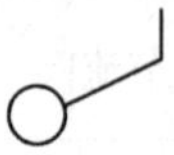
自力式压力调节阀		弹簧元件	
自力式温度调节阀		重锤元件	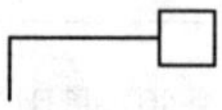
自力式差压调节阀		—	—

注:①阀门(通用)图形符号适用于在一张图中不需要区别阀门类型的情况。

②减压阀图形符号中的小三角形为高压端。

③止回阀(通用)和升降式止回阀图形符号表示介质由空白三角形流向非空白三角形。

④悬启式止回阀图形符号表示介质由黑点流向无黑点方向。

⑤呼吸阀图形符号表示介质由上黑点流向下黑点方向。

在供暖系统中,为便于控制调节以及维护检修,需要设置阀门。阀门与管路连接方式的图形符号应按表 7.7 中的规定执行。

表 7.7 阀门与管路连接方式的图形符号

名 称	图形符号	名 称	图形符号
通用连接		螺纹连接	
法兰连接		焊接连接	

注:①图形符号的粗实线表示管道;

②表中通用连接的图形符号适用于在一张图中不需要区别的连接。

供热管道是需要补偿的,而补偿器的种类很多,应按表 7.8 规定的补偿器图形符号、代号选用。对其他管路附件的图形符号应按表 7.9 选用。

表 7.8 补偿器图形符号及其代号

名 称		图形符号		代 号
		平面图	纵剖面图	
补偿器(通用)				E
方形补偿器	表示管线上补偿器节点			UE
	表示单根管道上的补偿器			
波纹管补偿器	表示管线上补偿器节点			BE
	表示单根管道上的补偿器			
套筒补偿器				SE
球形补偿器				BC
旋转补偿器				RE
一次性补偿器	表示管线上补偿器节点			SC
	表示单根管道上的补偿器			

注:①图形符号的粗实线表示管道;

②球形或旋转补偿器成组使用时,图形符号仅示出一个即可。

表 7.9 其他管路附件图形符号

名 称	图形符号	名 称	图形符号
同心异径管		法兰盘	
偏心异径管		法兰盖	
活接头		盲板	

续表

名　称	图形符号	名　称	图形符号
丝堵		烟风管道挠性接头	
管堵		放气装置	
减压孔板		放水装置、启动输水装置	
可挠曲橡胶接头		经常输水装置	

管道的铺设方式是不同的，且需要运用管道支座、支吊架固定，这些支架的图形符号及其代号应按表 7.10 的规定绘图。管道的敷设方式的图形符号见表 7.11。

表 7.10　管道支架、支吊架、管架图形符号及其代号

名　称		图形符号		代　号
		平面图	纵剖面图	
支座(通用)				S
支架、支墩				T
固定支座 (固定墩)	单管固定			FS (A)
	多管固定			
	单管单向固定			—
	多管单向固定			
活动支座(通用)				MS
滑动支座				SS
滚动支座				RS
导向支座				GS
刚性吊架				RH

续表

名　称		图形符号		代　号
		平面图	纵剖面图	
弹簧支吊架	弹簧支架			SH
	弹簧吊架			
固定支架 固定管架	单管固定			FT
	多管同时固定			
	单管单向固定			—
	多管单向固定		—	—
活动支架(通用) 活动管架(通用)				MT
滑动支架 滑动管架				ST
滚动支架 滚动管架				RT
导向支架 导向管架				GT

注:图形符号的粗实线表示管道。

表 7.11　敷设方式、管线设施图形符号及其代号

名　称	图形符号		代　号
	平面图	纵剖面图	
架空敷设			
管沟敷设			
直埋敷设			
套管敷设			C
管沟人孔			SF

续表

名　称		图形符号		代　号
		平面图	纵剖面图	
管沟安装孔		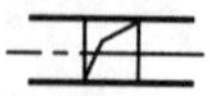	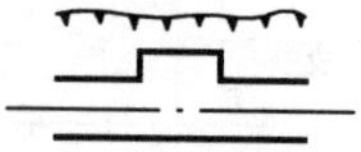	IH
管沟通风孔	进风口	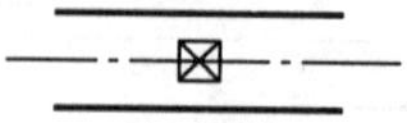	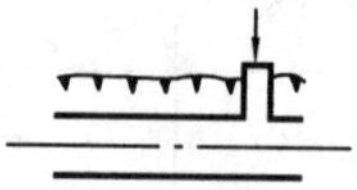	IA
	排风口	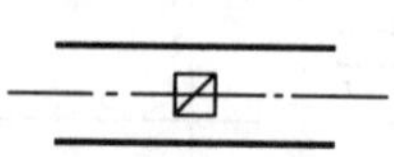	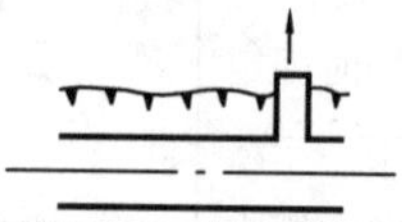	EA
检查室(通用) 入户井				W CW
保护穴			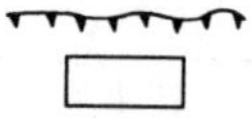	D
管沟方形补偿器穴		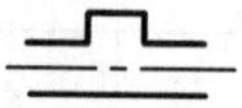	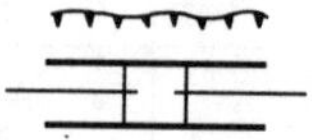	UD
操作平台		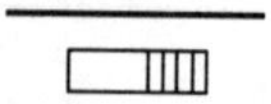	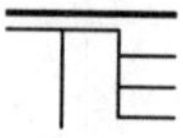	OP
水主、副检查室		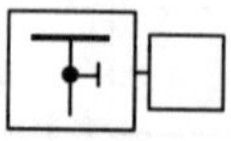	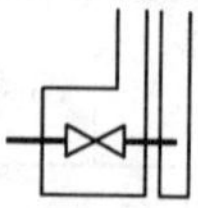	—

注:图形符号的粗实线表示管道,图形符号中两条平行的中实线为管沟示意轮廓线。

在供暖系统中,检测与计量仪器仪表是不可缺少的设备,按外形详细绘图既麻烦又没有必要,所以制订一些简化的图形图例对工程设计是非常有益的。对于检测、计量仪表及元件的图形符号和其他有关图形符号应按表 7.12 和表 7.13 选用。

表 7.12　检测、计量仪表及元件图形符号

名　称	图形符号	名　称	图形符号
压力表(通用)	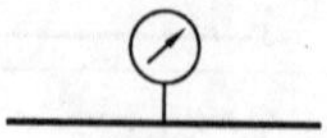	流量孔板	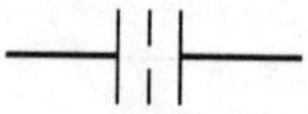
压力控制器	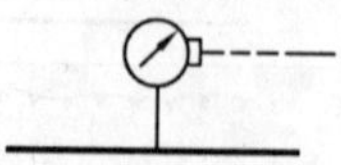	冷水表	
压力表座	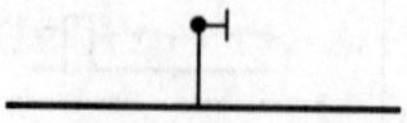	转子流量计	

续表

名　称	图形符号	名　称	图形符号
温度计(通用)		液面计	
流量计(通用)		视镜	
热量计	H		

注:①图形符号的粗实线表示管道;
②冷水表图形符号是指左进右出;
③液面计图形符号适应于各种类型的液面计,使用时应附加说明。

表 7.13　其他图形符号

名　称	图形符号	名　称	图形符号
裸管局部保温管		漏斗	
保护套管		排水管	
伴热管		排水沟	
挠性管软管		排至大气(放散管)	
地漏		—	—

注:图形符号的粗实线表示管道。

以上所述的图形符号和代号都是工程设计中经常遇到的,虽然种类较多,但通过认真学习达到熟练掌握和应用,对我们的工程设计制图和工程施工都是非常有益的。

7.3　供热工程制图的基本方法

供热工程施工图应包括:锅炉房或热力站施工图、室外热力管网施工图和室内采暖施工图,可以绘制成一套图纸,也可分别单独成套绘制。设计绘制图纸的排序依次表示为:图纸目录、选用图集(纸)目录、设计施工说明、图例、设备及主要材料表、总图、工艺图、系统图、平面图、剖面图、详图等。如单独成图,其图纸编号也应按上述顺序排列。下面分别介绍制图的基本方法。

7.3.1　锅炉房工艺制图

锅炉房工艺设计一般分为两个阶段,即初步设计阶段和施工图设计阶段。初步设计主要绘制用于方案比较的设备平、剖面布置图、热力系统图、辅助系统的区域布置图等;施工图设计阶段主要绘制施工安装图,包括工艺设备的平(剖)面图、工艺流程图、大样图等。根据锅炉房的各工艺系统,平(剖)面图可以分为:设备、管道平(剖)面图;鼓风、引风系统管道平(剖)面图;因燃烧系统形式不同又有上煤系统、除渣系统平(剖)面图和燃油燃气管道系统平(剖)面图。另外还有煤场系统、渣场或贮油系统等平(剖)面图、软水处理平、剖面及系统图、烟气净化或余热利用设施平、剖面及系统图。

1)设备及管道平面图和剖面图

对于集中供暖系统的锅炉房设备或热力站一般独立设置,所以在进行锅炉房设计制图时,首先要绘制锅炉房建筑图,建筑结构必须满足锅炉工艺设备的要求。一般大型锅炉房为分层布置设备及管道,所以平面图应分层绘制,底层平面图上还应标注指北针。对于建筑物轮廓线及门、窗、梁、柱、平台等都应按比例绘制,而且建筑物的定位轴线、轴线间尺寸和房间名称等均应标注清楚。在剖面图中,建筑的梁底、屋架下弦的底标高及多层建筑楼层的标高等均应标注清楚。绘图的基本要求:

①由于锅炉房中的工艺设备很多,所以对各种设备都应编号,编号的顺序应由锅炉开始,其他应按工艺系统分别编号,且应与设备明细表中的序号相对应;各种管道应标注其代号及规格。

②锅炉房内的设备都应按比例绘制。

③定位尺寸应采用设备中心线相对于建筑轴线的尺寸标注;管道轴线相对于建筑轴线的尺寸标注。

④标高的标注主要包括:设备基础上表面标高;设备的操作平台各层标高;设备与管道连接处的标高;各种水平管道中心标高。

⑤管沟和排水沟的绘制,宜标注沟的定位尺寸和断面尺寸。

⑥管道支吊架,应编号并注明安装位置。支吊架应列一览表,表中应表示出支吊架形式和所支吊管道的规格。

⑦非标准设备、需要详尽表达的部位和零部件应绘制详图。

根据以上述绘图的基本要求,则可以进行锅炉房工艺设备及管道图的绘制。图 7.20 和图 7.21 分别是锅炉房设备及管道平面图和剖面图。当绘制的平面图和剖面图不能详尽地表达某些复杂的局部或表示不清楚的地方,应绘制局部详图。

由于锅炉房工艺复杂,设备与管道的制图应严格按制图标准绘制,特别是对所采用的代号和图形符号在全套图纸中要一致,编号要清楚明了,便于识读。

2)鼓风、引风系统管道平面图和剖面图

鼓风、引风系统是锅炉工艺中不可缺少的系统。管道系统的平面图和剖面图一般可单独绘制,因为管道是与设备相连接的,所以应按比例绘制设备简化轮廓线,并应标注定位尺寸,且设备与管道连接的尺寸、位置及标高都应标注清楚。绘图的基本要求:

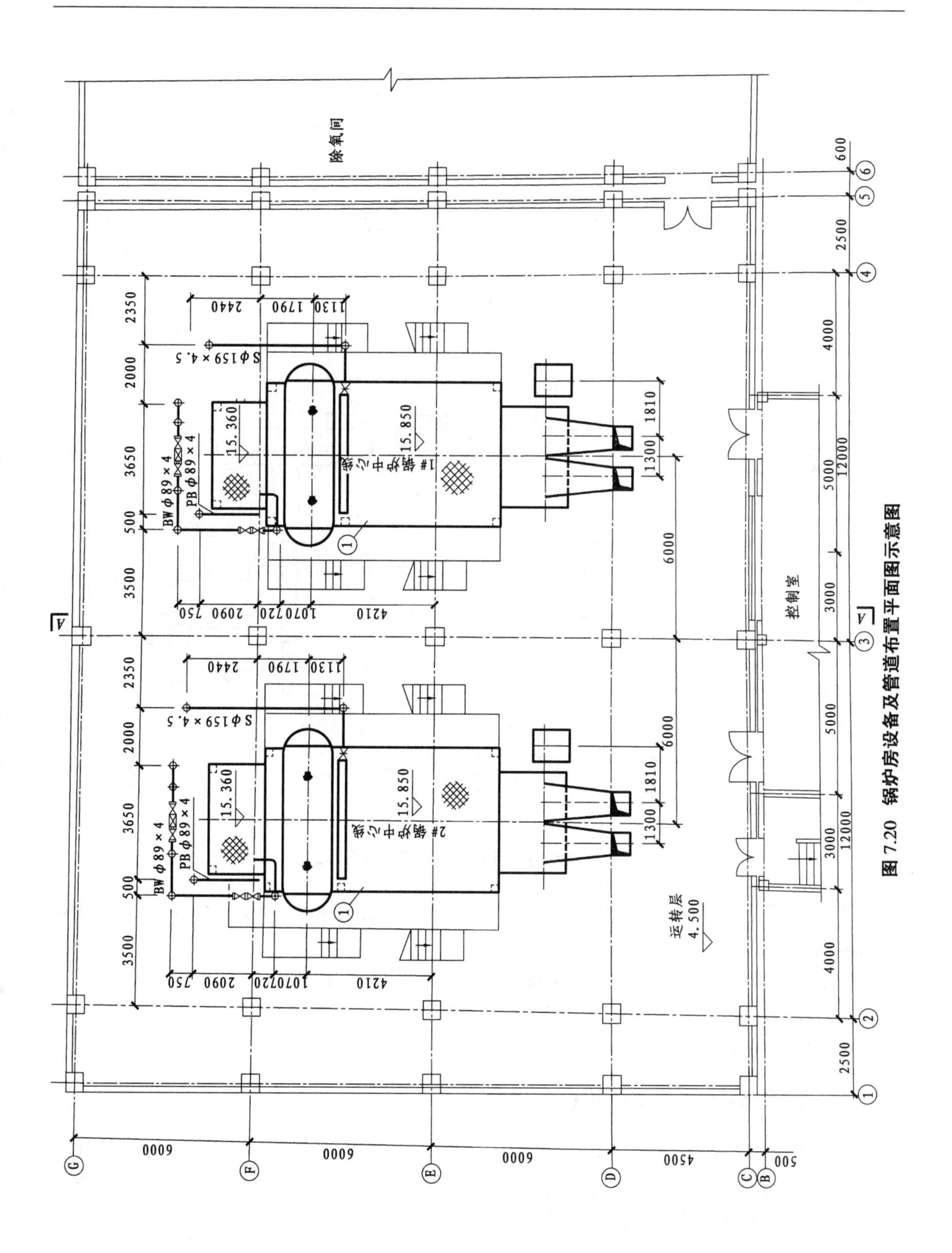

图 7.20 锅炉房设备及管道布置平面图示意图

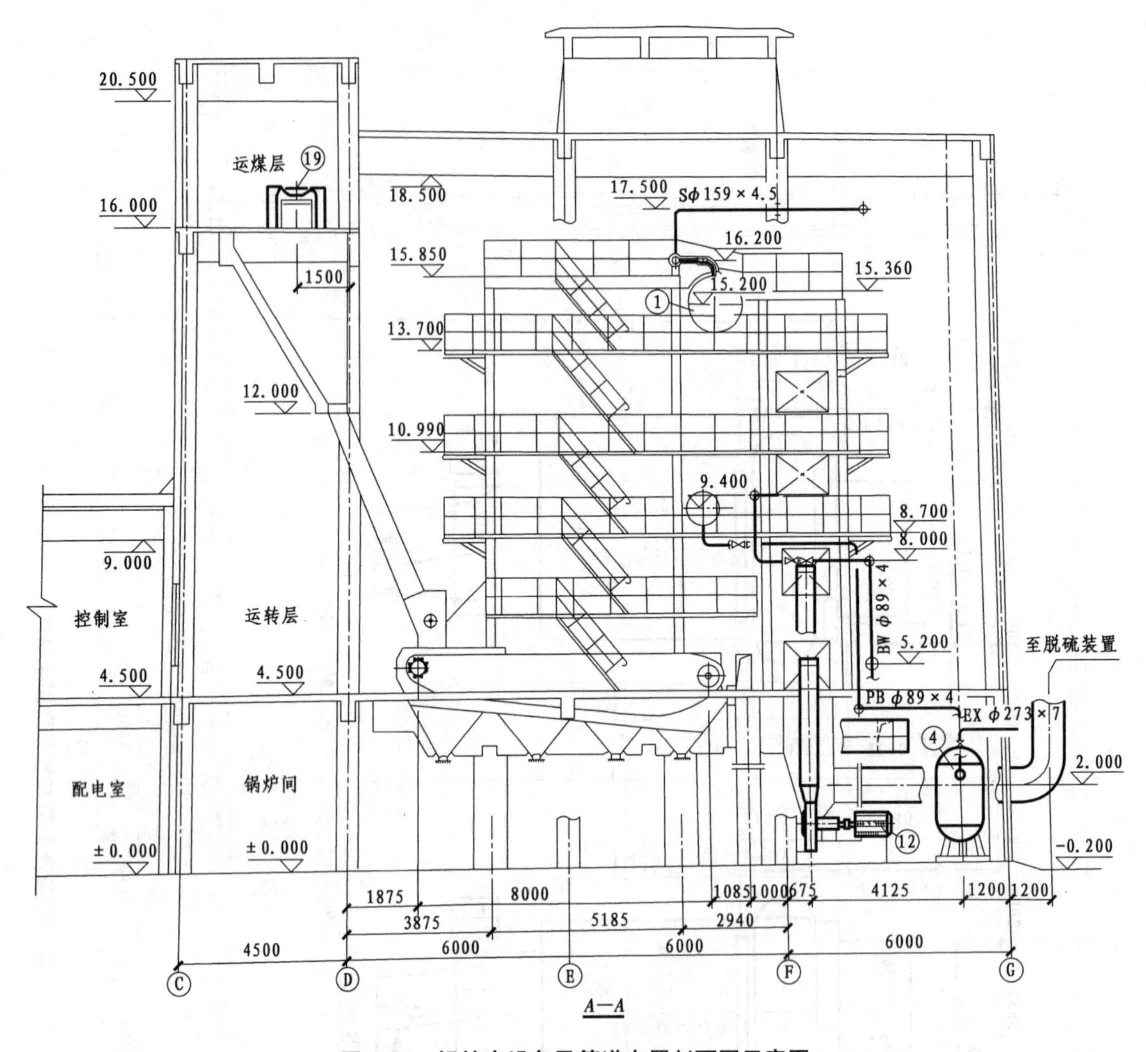

图 7.21　锅炉房设备及管道布置剖面图示意图

①烟、风管道及附件应按比例逐个部件进行绘制。每件管道及附件均应编号,并与材料或零部件明细表相对应。

②图中应详细标注管道的长度、断面尺寸及支吊架的安装位置。

③需要详尽表达的部位和零部件应绘制详图。

④应编制材料或零部件明细表。

3)上煤、除渣系统平面图和剖面图

上煤除渣工艺包括输煤廊、破碎间、受煤坑、皮带运输及提升设备等上煤系统和灰渣沟、灰渣泵设备及管道等除渣系统,都应按比例绘制平(剖)面图;相关建筑物及设备的外形轮廓都应按比例绘图,并应标注尺寸,设备应编号。

设备及管道平面图和剖面图的图样画法应符合上述有关规定。对于非标准设备,需要详尽表达的部位和零部件应绘制详图。

4)工艺流程图及管道系统图

对于一些复杂的工艺设备与管道系统,需要绘制流程图及管道系统图来表达系统工作原理,绘制流程图不需要按比例绘制,只要绘制清楚设备与设备、设备与管道、管道与管道之间的相互关系,理顺流程关系即工艺过程进行的顺序,不必按投影关系绘图,图面布置清晰、均匀顺畅、好看易懂即可。流程图的基本要求:

①流程图应表示清楚全部设备及流程中有关的构筑物,并应标注设备名称或设备编号,编号应与平面图和剖面图中的编号一致。

②设备、构筑物等均可用图形符号或简化外形图例表示,对于同类型的设备应采用相似的图形。

③图上应绘出全部管道、阀门及管路附件,应标注管道代号及规格,且应注明介质流向。

④管道与设备的接口方位宜与实际情况相符。

⑤管线应采用水平方向或垂直方向的单线绘出,转折处应画成直角。管线不宜交叉,当有交叉时,应使主要管线连通,次要管线断开。管线不得穿越图形。

⑥管线应采用粗实线绘制,设备应采用中实线绘制。

⑦宜在流程图上注释管道代号和图形符号,并列出设备明细表。

由于锅炉房的工艺系统较多,所以在绘制系统流程图时,可以分别用不同的工艺流程绘制,相互之间有关联时应注意在图中有关处表示出来。其中,图7.22是锅炉间热力系统流程图;图7.23是锅炉水处理间热力系统流程图。

热力站管道系统图应按轴测投影法的要求绘制(见图7.24),布图方位应与平面图一致,绘图比例可参照平面图的比例,应表示出系统介质流向、流经的设备及管路附件等的连接、配置状况,设备及管路附件的相对位置应与实际情况一致,管道、设备不得重叠绘制。

管道应采用单线绘制,管道应标注管道代号和规格,并注释管道代号和图形符号。应绘制管道放气装置、放水装置、控制仪表等。

设备和需要特指的管路附件应编号,并应与设备和主要材料表中列出的编号一致。

图中应标注管道的标高,并宜标注管道至热力站本层地面或楼板上表面的相对标高。

7.3.2 热力管网图的绘制

热力管道由锅炉房敷设至各幢建筑热用户,且管路均由供、回2路管道平行敷设而形成庞大的热力管网。热力管网的敷设方式有直埋敷设、地沟敷设和架空敷设3种。由于架空敷设直接影响城市的市容和市貌,所以城镇集中供暖系统已不采用架空敷设热力管网(一般工业区使用较多),目前主要采用地沟敷设,在东北、华北地区直埋敷设也很普遍。热力管网的敷设,一般都是沿街道铺设的;在进入建筑入口处一般要设立检查井,井内设置控制和计量等装置。热力管网图的绘制分为:平面图、系统图及纵(横)剖面图。对于各节点及检查井、保温结构都应绘制详图,下面分别进行介绍。

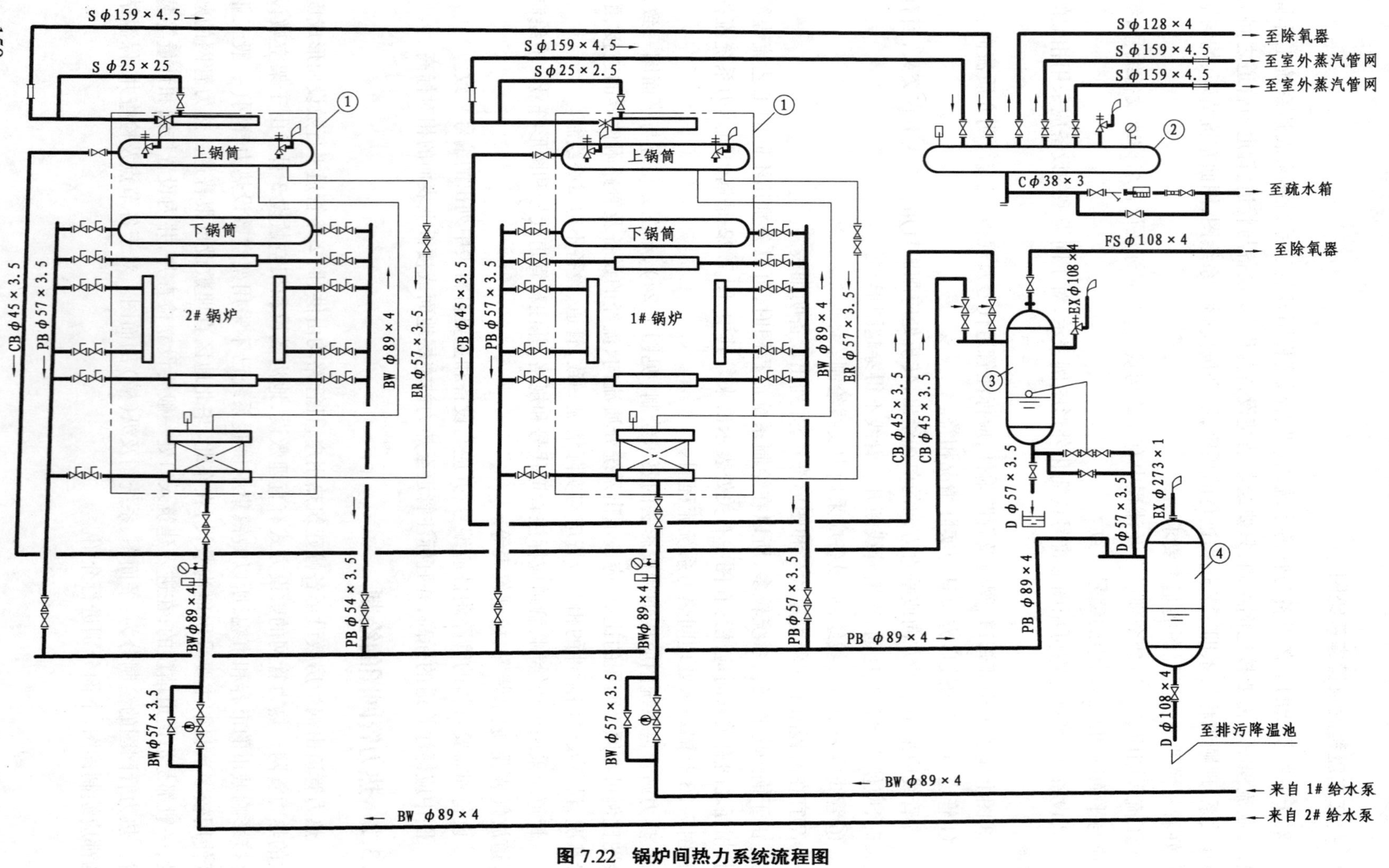

图 7.22 锅炉间热力系统流程图

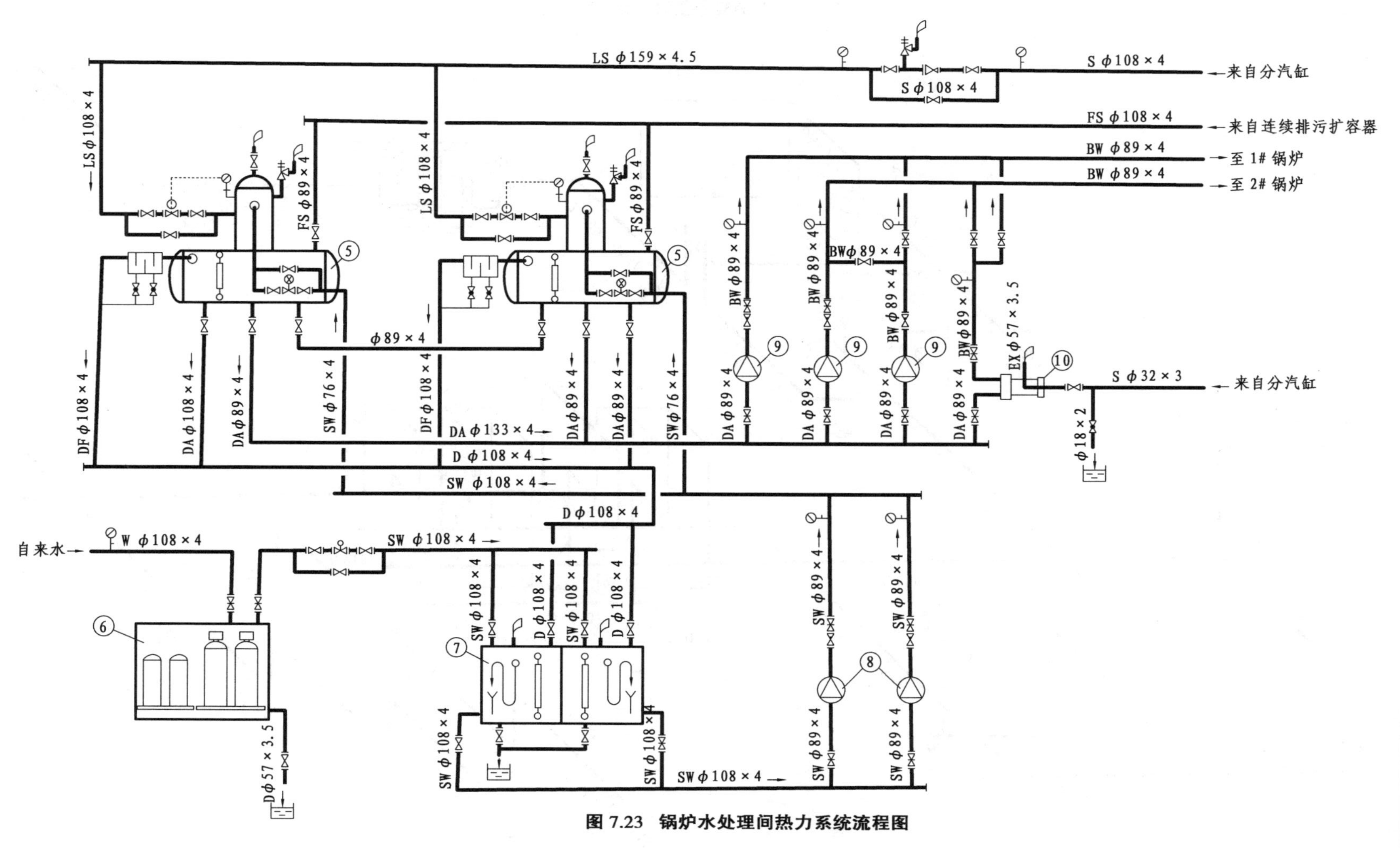

图 7.23　锅炉水处理间热力系统流程图

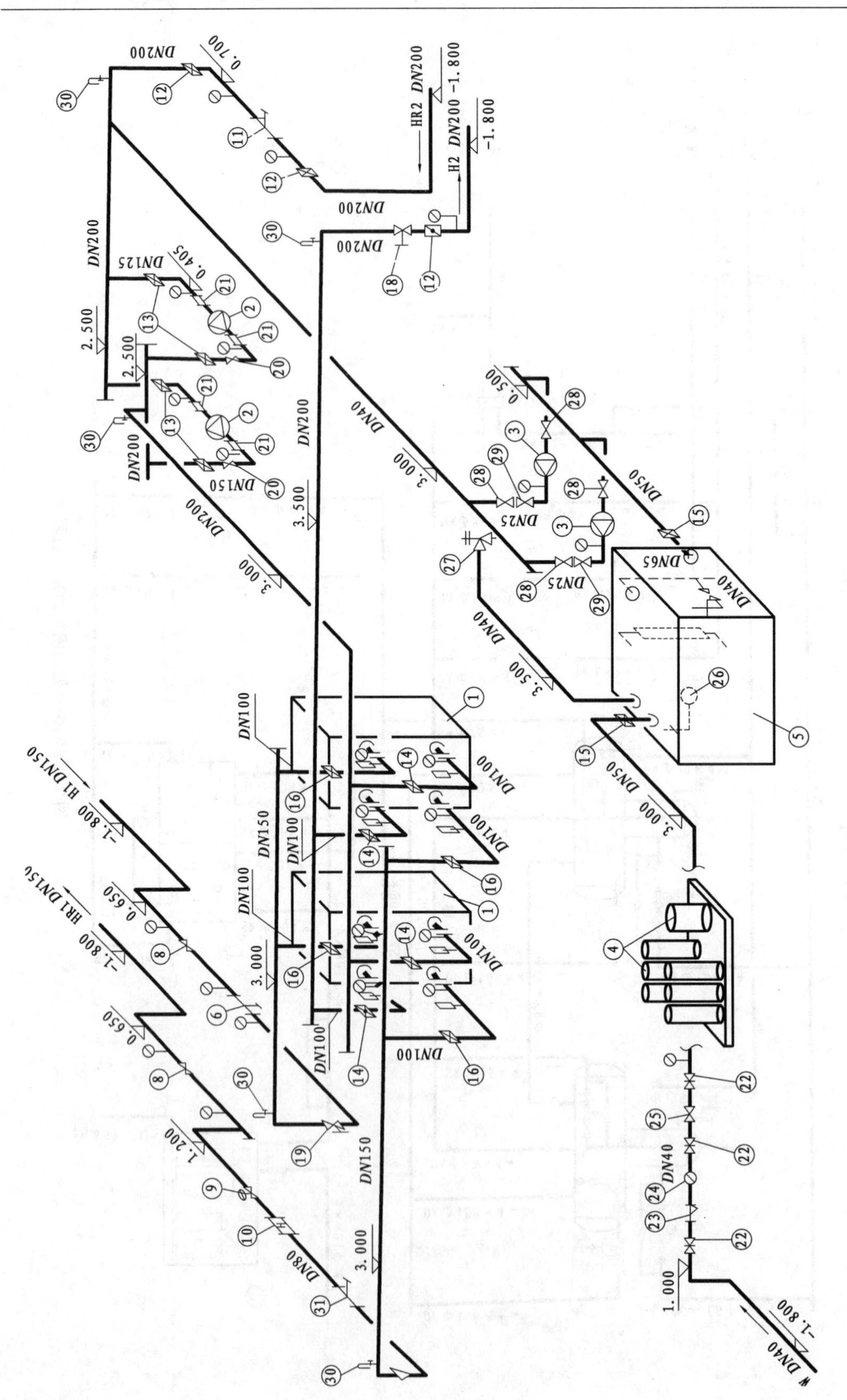

图 7.24 热力站管道系统图

1)热力管网平面图

热网管线平面图应在供热区域平面或地形图的基础上绘制,即应把区域相关的建筑物、街道及管线同时绘制清楚地表示出来。

(1)供热区域平面图或地形图主要表达的内容

①应绘出反映现状的地形、地貌、海拔标高、街区以及有关的建筑物或建筑红线(建筑边界线);绘出反映有关的地下管线及构筑物;还应绘出指北针。

②道路名称、位置坐标应标注。对于隐蔽工程的地下管线和构筑物,如上下水管道、燃气管道、电缆线、通信及网络线等管线以及地铁、涵洞等其他构筑物均应注明名称(或代号)和规格,以及坐标位置。

③对于无街区、道路等参照物的区域,应标注坐标网。采用测量坐标网时,可不绘制指北针。

(2)热力管线绘图的基本要求

①应注明管线中心与道路、建筑红线或建筑物的定位尺寸,在管线起止点、转角点等重要控制点处均应标注定位坐标。

②应在平面图上标出管线横剖面的位置并应编号。对枝状管网其剖视方向应从热源向热用户方向观看。

③地上敷设管线,一般用管线中心线代表管线用粗实线绘制,管道较少时也可绘出管道组示意图及其中心线;管沟敷设时,可绘出管沟的中心线及其示意轮廓线;直埋敷设时,可绘出管道组示意图及其管线中心线。总之,当不需要区别敷设方式和不需表示管道组时,可用管线中心线表示管线。由于平面图的绘图比例较小,严格按比例绘制平面图时,多条管线则无法绘制,因此管中心线代表的管线之间可不按比例绘制,可绘制管道组平面示意图,但管线长度尺寸应按比例绘制。

④热力管线还应绘制管路附件或其检查室详图,管线上为检查、维修、操作所设其他设施或构筑物应绘出。地上敷设管线应绘制管架详图;地下敷设管线应标注固定墩、固定支座;上述各部位中心线的间隔尺寸应标注清楚。上述各部位应用代号或序号进行编号。

⑤供热区域平面图或地形图上的内容应采用细线绘制。管线中心线代表管线时,应采用粗实线绘制。管沟敷设时,管沟轮廓线应采用中粗线绘制。

⑥表示管道组时,可采用同一线型并注明管道代号及规格,也可采用不同线型加注管道规格来表示各种管道。

⑦为便于管线图识读,可在平面图上注释说明所采用的线型、代号和图形符号。

图7.25为热力管线网平面图画法示例。

2)热力管网系统图

热力管网系统图能够更清楚地表达管线的平面布置情况(见图7.26),一般应绘制出热源、热用户等有关的建筑物和构筑物,并标注其名称或依次进行编号。其尺寸方位和管道走向都应与热力管网平面图统一对应起来。

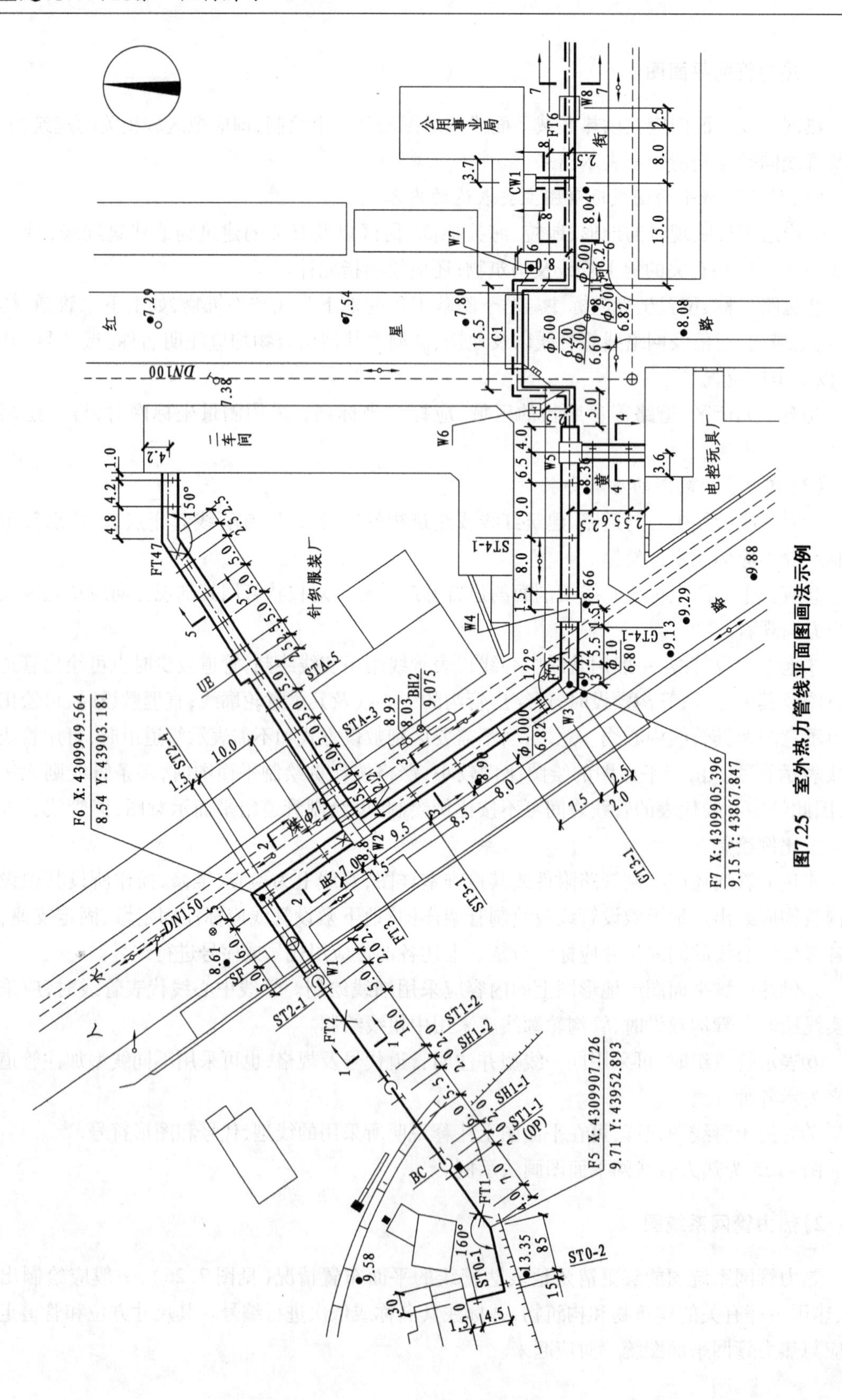

图7.25 室外热力管线平面图画法示例

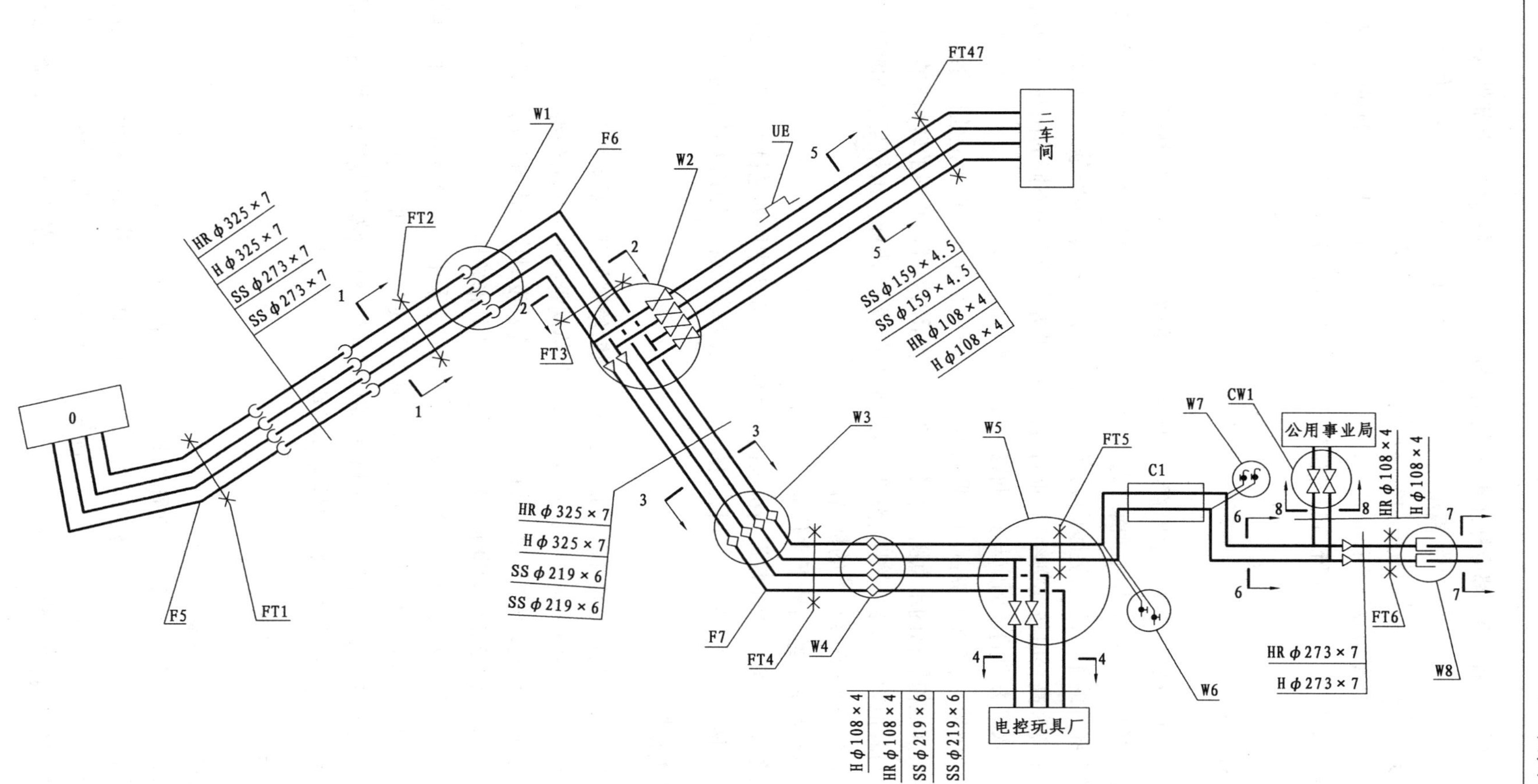

图 7.26　热网管道系统图示例

系统图中绘出的各种管道，都应标注出管道的代号及规格，且各种管道上部件，如阀门、疏水装置、放水装置、放气装置、补偿器、固定管架以及转角点、管道上返点、下返点和分支点，都应标注清楚并统一进行编号，其编号应与管线平面图上的编号相对应。

绘制的多条管道其线型或管道代号及规格，应与热力管网平面图上的线型和画法相对应。

需要说明的是，当热力管网系统图的内容在热力管网平面图中表示清楚时，可不必另外绘制热网管道系统图。

3）管线纵剖面图

绘制纵剖面图可以更清楚地表示出管线与地形地貌的关系，绘制时应按管线的中心线展开绘出。管线纵剖面图是由管线纵剖面示意图、管线平面展开图和管线敷设情况表组成。绘图时有关这三个部分的相应部位应上下对齐绘出。绘制管线纵剖面图的基本要求如下：

①绘制时距离和高程应按比例绘出，垂直方向和水平方向应选用不同的比例，并应绘出垂直方向的标尺。水平方向的比例应与热网管线平面图的比例一致。

②应分别绘出地形、管线的纵剖面和平面展开图。管线平面展开图上应绘出管线、管路附件及管线设施或其他构筑物的示意图。在各转角点应表示出展开前管线的转角方向。

③当管线与其他管线、道路、铁路、沟渠交叉时应绘制清楚，应标注出相互之间的距离及位置，并标注出与热力管线直接相关的标高。

④地下水位较高时应绘出地下水位线。

⑤应按制图标准规定的管线敷设情况表的形式绘制。表头中所列栏目可根据管线敷设方式等情况编排与取舍，也可增加有关项目。图 7.27 所示为热力管网系统纵剖面图的示例。

4）管线横剖面图

复杂的管道断面情况必须通过横剖面图来表示清楚，绘制的基本要求如下：

①对各个横剖面图的图名应统一编号，其编号应与热网管线平面图上的编号一致。

②横剖面图中应绘出管道和保温结构的外轮廓；管沟敷设时应绘出管沟内轮廓，直埋敷设时应绘出开槽轮廓；管沟及架空敷设时应绘出管架的简化外形轮廓。

③管道轮廓线应采用粗线绘制；支座简化外形轮廓线应采用中粗线绘制；支架和支墩的简化外形轮廓应采用细线绘制；保温结构外轮廓线及其他图线应采用细线绘制。

④各管道中心线的间距，与沟、槽、管架的相关尺寸和沟、槽、管架的轮廓尺寸应标注清楚。

⑤管道应标注代号、规格和支座的型号（或图号）。

5）热力管网绘图的其他要求

（1）绘制管线节点和检查室详图

绘出的节点俯视图的方位宜与热网管线平面图上该节点的方位相同。

检查室等节点构筑物的内轮廓，检查室的人孔、爬梯和集水坑应绘制详图。其中的阀门与管道的绘制应按前面所述的制图标注绘制。例如，绘出管道代号及规格；管道中心线间距、管道与构筑物轮廓的距离；管路附件的主要外形尺寸；管路附件之间的安装尺寸；检查室的内轮

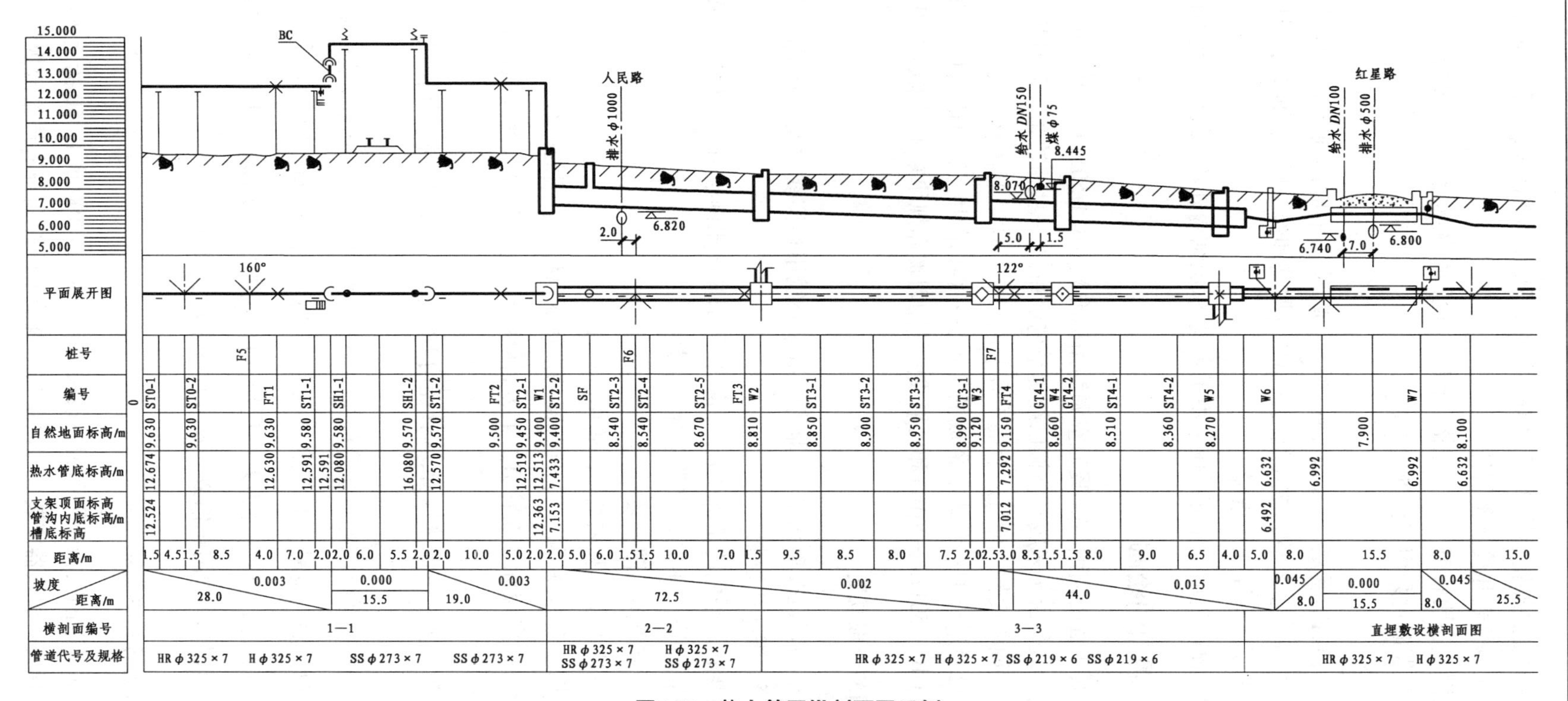

图7.27　热力管网纵剖面图示例

廓尺寸、操作平台的主要外轮廓尺寸、标高等。另外,还应标注出供热介质流向和管道坡度。

图中应绘出就地仪表和检测预留件。

补偿器安装图应注明管道代号及规格、计算热伸长量、补偿器型号、安装尺寸及其他技术数据。有多个补偿器时可采用表格列出上述项目。

(2)保温结构图

管道的保温结构由防腐层、保温层和保护层组成,绘图中应详细绘出结构形式及相互关系,并应注明施工要求。应按管道规格列出保温层的厚度和保护层的厚度表,并注明其他要求以及所用材料的主要技术性能和指标。

保温结构图绘制时管道外轮廓线应采用粗实线,保温结构外轮廓线应采用中粗实线。

7.3.3 室内采暖图的绘制

对于室内采暖工程的制图,在《暖通空调制图标准》(GB/T 50114—2010)中,并没有专门详细的条文规定。这是由于采暖与空调已经越来越融和,在一些寒冷地区和夏热冬冷地区,采暖被越来越多的空调所代替。而且原有的采暖通风与空气调节制图标准在多年的执行中,使得采暖工程制图已经形成了一套约定俗成的规定,一直在沿用。下面依据目前执行的《暖通空调制图标准》(GB/T 50114—2010)和已形成的绘图习惯和规律来了解采暖工程绘图。

1)采暖制图的一般规定

①采暖系统中的管道按单线绘制,即将管道中心线用粗实线绘制;散热设备用中粗线绘制;建筑轮廓线等用细实线绘制。

②对于建筑物各层平面的轮廓线及门、窗、柱等都应按比例绘制,并应与建筑图一致,建筑物的定位轴线、轴线间尺寸和房间名称应标注清楚。

③散热器的绘制以图形图例表示。

④管道应在管段的始端和末端标注管中心标高。

⑤散热器宜标注底标高,同一层、同标高的散热器只标注右端的一组。

⑥水平干管的坡度应标注在管道的上方,标注形式为“i=0.003”,箭头表示坡向下方,数字表示坡度为0.003。

⑦室内采暖管道多采用焊接钢管,其管径用DN标注;对于埋在楼板内的塑料管的管径用d标注。

⑧对于垂直式采暖系统的各个立管应统一编号,用直径为8~10 mm的中粗实线圆或细实线圆环,圆内书写编号,编号为L后跟1~n的阿拉伯数字,如(L1),(L2),…,(Ln)。

⑨采暖入口应编号,入口号即为系统代号,用直径为8~10 mm的中粗实线圆,其内书写Rn:R为采暖入口代号,n为阿拉伯数字表示的系统编号,即(Rn)。

2)采暖平面图的基本规定

平面图绘制时,应注意:由于平面图一般采用1∶150、1∶100或1∶50的比例绘制,但在施工安装规范中对管道与散热器安装位置以及与建筑墙壁的距离都有严格的规定,一般情况管外壁距墙壁表面为 20～30 mm,散热器外表面距墙壁表面为 50～60 mm。这样就使得管道、散热器与建筑的位置如按比例绘制则没法表示,所以散热器宜按图 7.28 的方式绘图,即散热器、管道与建筑的关系用示意方式绘制。

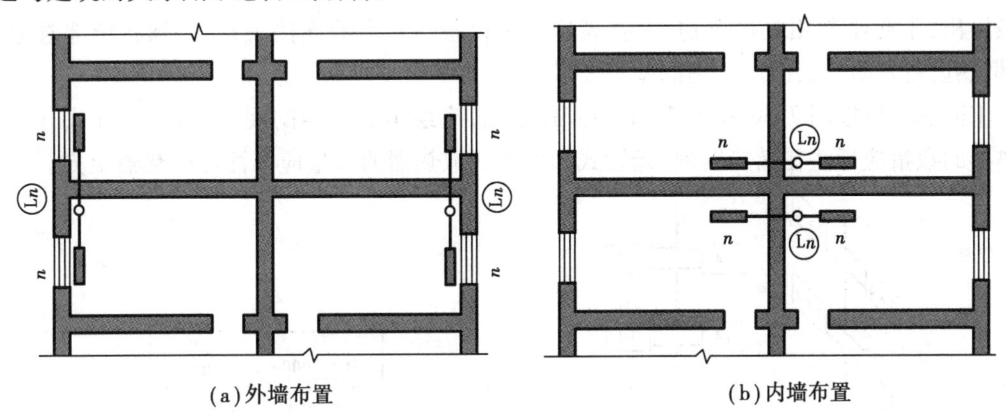

(a)外墙布置　　(b)内墙布置

图 7.28　平面图中散热器的画法示例

n—散热器的规格、数量

各种形式的散热器的规格及数量在平面图的绘制方式按下列规定标注。

①柱式散热器应只标注片数。

②圆翼型散热器应标注根数、排数。

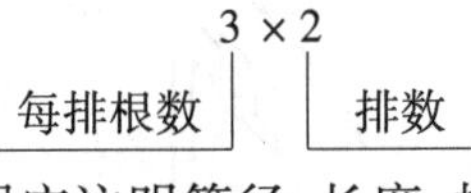

③光管散热器应注明管径、长度、排数。

D108 × 3 000　×　4

管径(mm)　管长(mm)　排数

④串片式散热器应注明长度、排数。

1.0 × 3

长度(m)　排数

其他类型,如板式等应标注出宽度和厚度。

平面图中散热器的供水、回水管道宜按图 7.29 所示绘制。

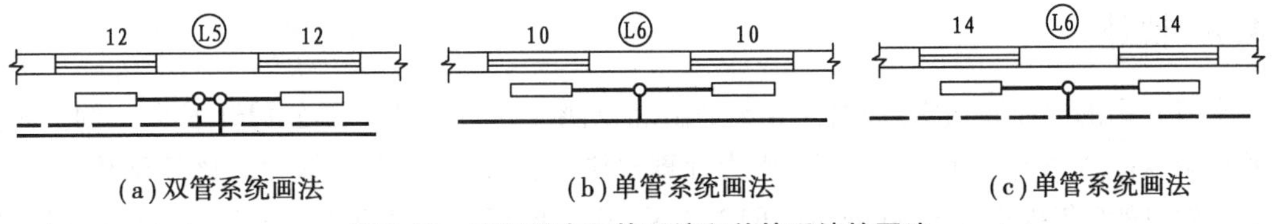

(a)双管系统画法　　(b)单管系统画法　　(c)单管系统画法

图 7.29　平面图中双管系统和单管系统的画法

图 7.29(a)为下供下回(或上供上回)双管系统底层(或顶层)平面图的画法示例,供回水立管采用空心圆表示,也可以采用供水立管为空心圆,回水立管采用实心圆的图形表示;图 7.29(b)和图 7.29(c)是上供下回式单管系统平面图,其中图 7.29(b)是顶层平面图,图 7.29(c)是底层平面图。绘制平面图时,有时为将散热器、水平干管、立管及支管表示清楚,可将水平干管平移到散热器内侧绘出。

3)采暖系统图的轴测图绘制

采暖系统图采用正面斜轴测投影绘制,绘图比例宜采用与平面图相同的比例,管道采用单线条绘出,不必绘制相关建筑物,主要表达散热设备与管道的连接关系,必须将全部管道、阀门、散热设备及附件绘出。绘图的基本要求如下:

①散热器应按图 7.30 和图 7.31 的方式绘出,应绘出散热器的规格、数量。柱式、圆翼型散热器的数量应标注在散热器内,光管式和串片式散热器的数量应标注在散热器上方。

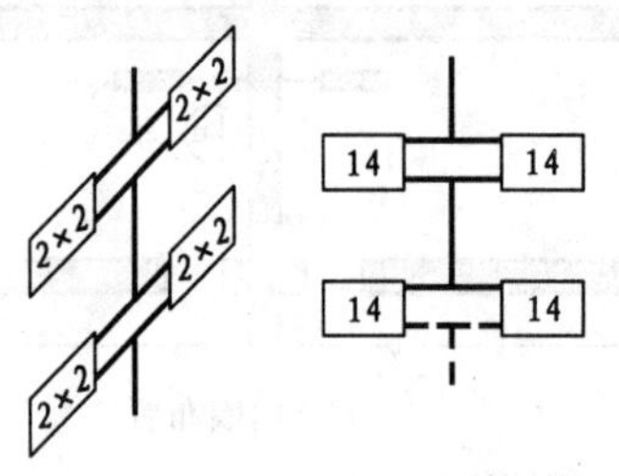

图 7.30　柱式、圆翼形散热器画法

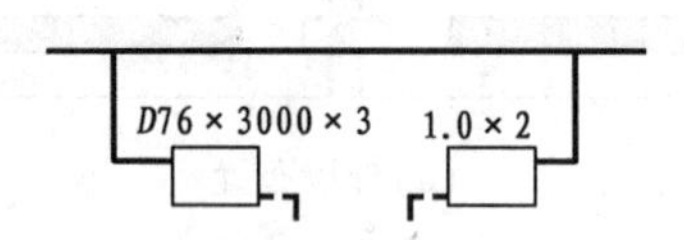

图 7.31　光管式、串片式散热器画法

②绘制系统图时,当管道发生重叠或比较密集时,可断开引出,移到适宜位置处绘制,并应在断开处用相同的小写拉丁字母标识,或在断开处用细虚线或细实线连接在一起,如图 7.32 所示。

③系统图中应标注管道规格、水平管道的中心标高、管道的坡向及坡度。

④膨胀水箱、集气罐和自动排气阀等与系统的连接方式应标注清楚。

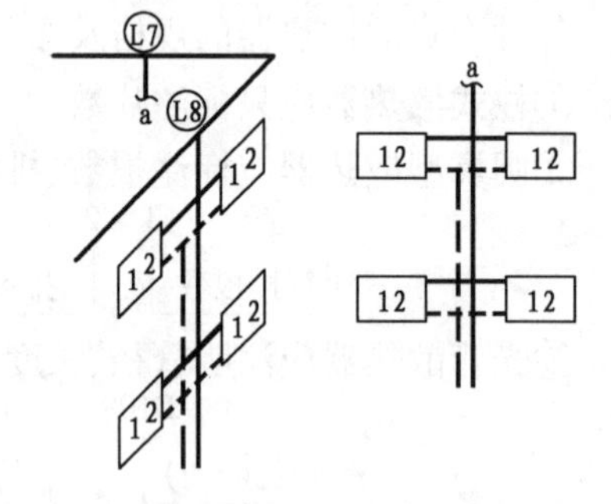

图 7.32　系统图中重叠管道的引出画法

7.4　供热绘图软件简介

7.4.1　概述

本节介绍的鸿业暖通空调软件 ACS 是由北京鸿业同行科技有限公司开发生产的。鸿业暖通空调软件 ACS 中含有负荷计算、水力计算模块,实行计算绘图一体化。该软件从 1995 年开始开发,1996 年推出基于 AutoCAD R12 的 V1.0 DOS 版。随着操作系统和 AutoCAD 的不断升级,ACS 软件陆续推出 V2.5,V3.0,V4.0,V4.2 ACS V5.2,ACS V7.0,ACS V8.0,ACS V9.0 版,对于 ACS V8.0 版,支持 Windows 8/Me/2000/NT/XP/Win7/Win8,AutoCAD 2007/2008/2009。ACS V9.0 版支持 AutoCAD 2009/2010/2011。由于两个版本大同小异,因此本节介绍 ACS V8.0 版的应用。

ACS 暖通空调软件 V8.0 包括有采暖和空调两部分,本节中仅介绍 ACS V8.0 中采暖部分绘图软件的使用方法和特点。

ACS V8.0 是基于 AutoCAD 的界面基础上建立的绘图界面。保留 AutoCAD 的所有下拉菜单和图标菜单,补充建立了自己的菜单系统,包括屏幕菜单和快捷菜单,如图 7.33 所示。图 7.33(a)为 AutoCAD 2008 界面,图 7.33(b)为 ACS V8.0 与 AutoCAD 2008 镶嵌的界面。

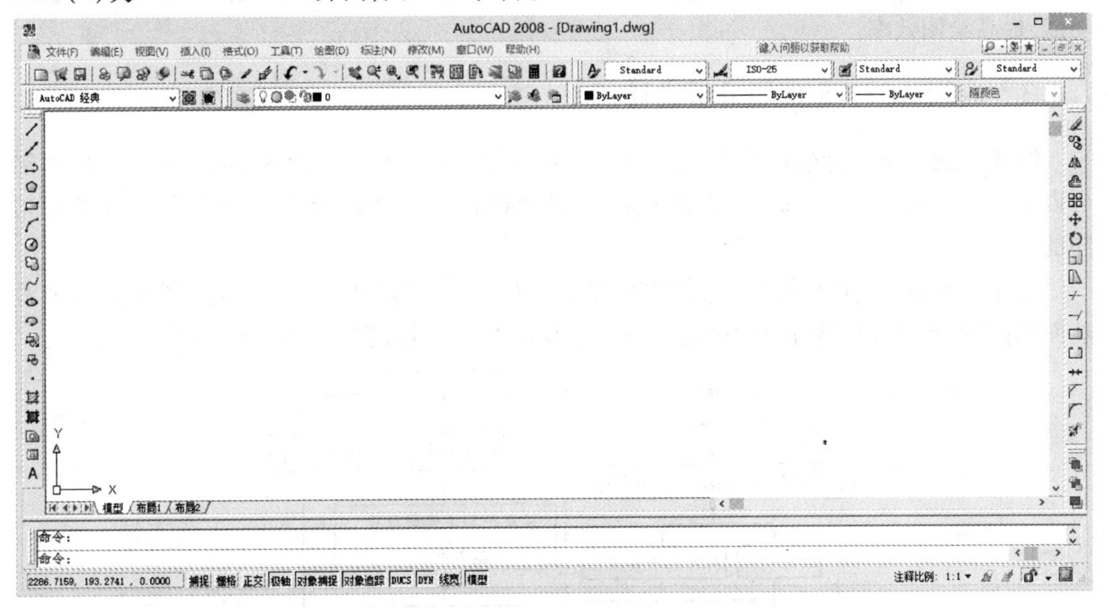

(a) AutoCAD 2008界面

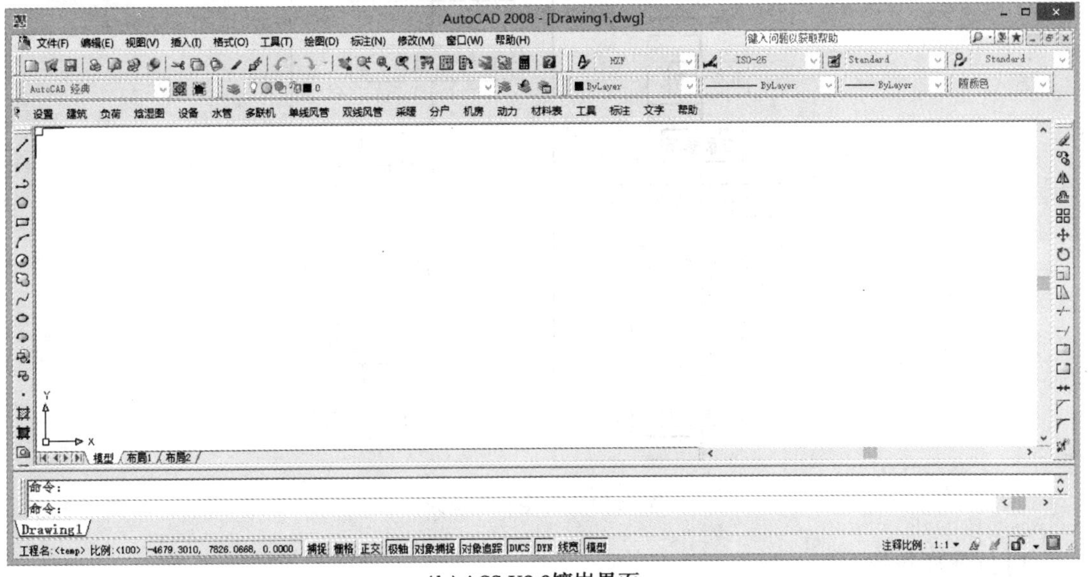

(b) ACS V8.0镶嵌界面

图 7.33 绘图界面

7.4.2 屏幕菜单

由于 ACS V8.0 是镶嵌在 AutoCAD 2008 中,AutoCAD 2008 的全部功能维持不变,所以在 ACS V8.0 界面中可以进行 AutoCAD 2008 的全部绘图功能。使用时鸿业绘图软件的所有功能的调用都可在屏幕菜单上找到,同样是以树状结构调用多级子菜单,对于分支子菜单都可用左键点取进入变为当前菜单,也可右键点取弹出菜单,从而维持或改变当前菜单。界面上的菜单项图标,在使用时可以快捷地确定菜单项的位置,且当光标移至菜单项图标上时,则会弹出菜单项功能的简短提示。只要具备专业技能,使用 ACS V8.0 时可以很快地熟悉暖通绘图软件功能,提高绘图效率。

7.4.3 应用 ACS V8.0 的采暖设计

鸿业暖通空调设计软件是集计算与绘图为一体的专业软件。ACS V8.0 大部分功能都可以用命令行输入,屏幕菜单、右键快捷菜单和键盘命令 3 种形式调用命令的效果是相同的。

设计时采暖热负荷计算软件根据建筑结构进行负荷计算,从而可以确定散热器片数或散热面积;通过水力计算软件可以确定管径。采暖系统的设计步骤,如图 7.34 所示。

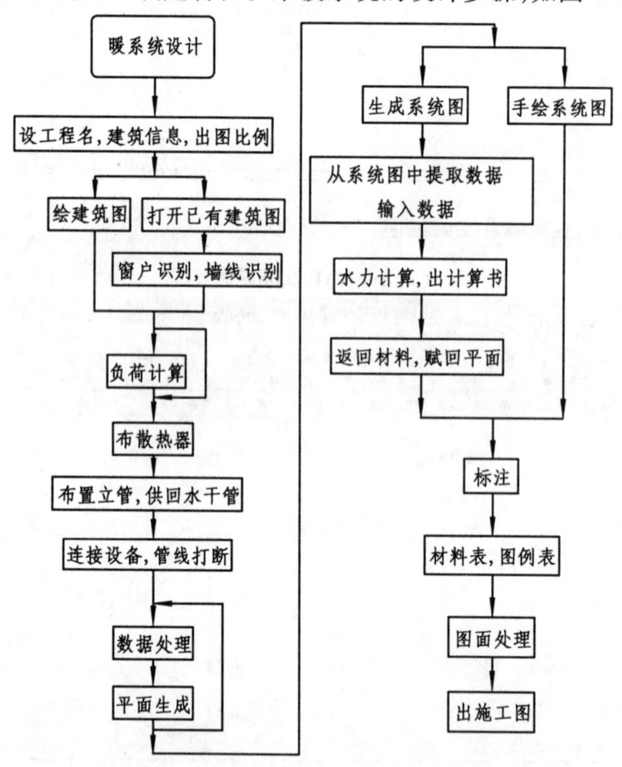

图 7.34 采暖系统设计

1)打开建筑图

操作步骤为打开建筑图平面图,示意图如图 7.35 所示,并输入相关信息:设置工程名称、设置建筑物的相关信息和参数,建筑物墙线、窗户识别等。例如,菜单:"设置"→"设置工程名","设置"→"设建筑物信息",可根据软件提供的数据要求将建筑物的信息输入,如图 7.36 所示;选择"设置"→"设置系统缺省参数",可将采暖系统的有关信息输入,并绘制采暖平面图,如图 7.37 所示。

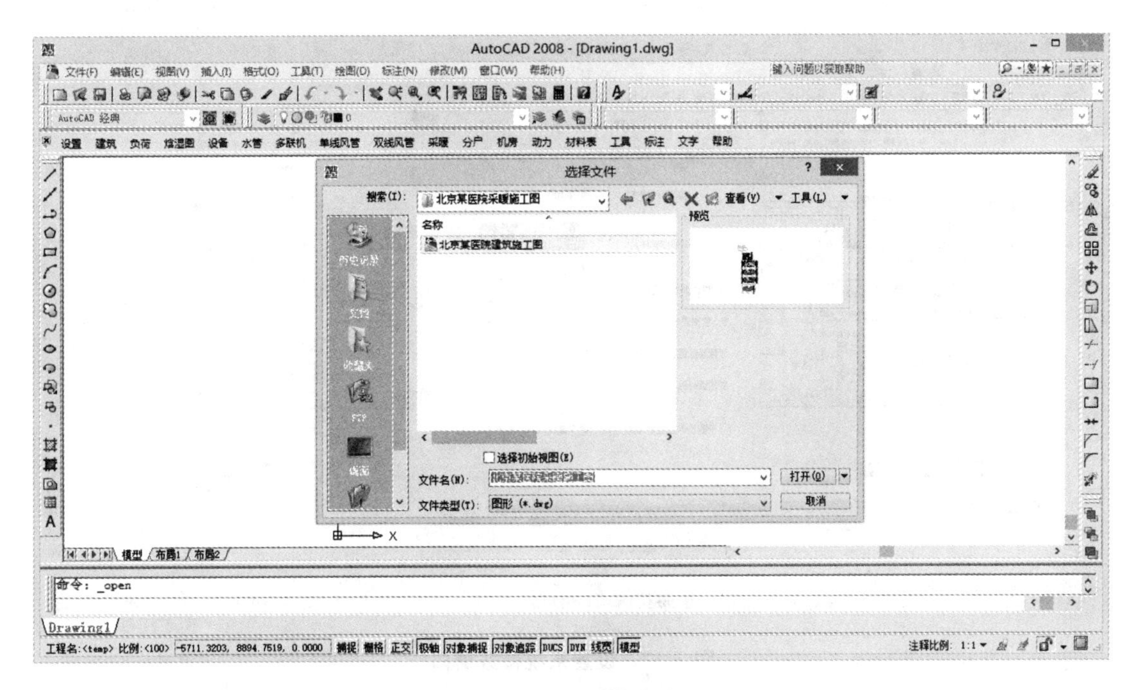

图 7.35　打开建筑图窗口

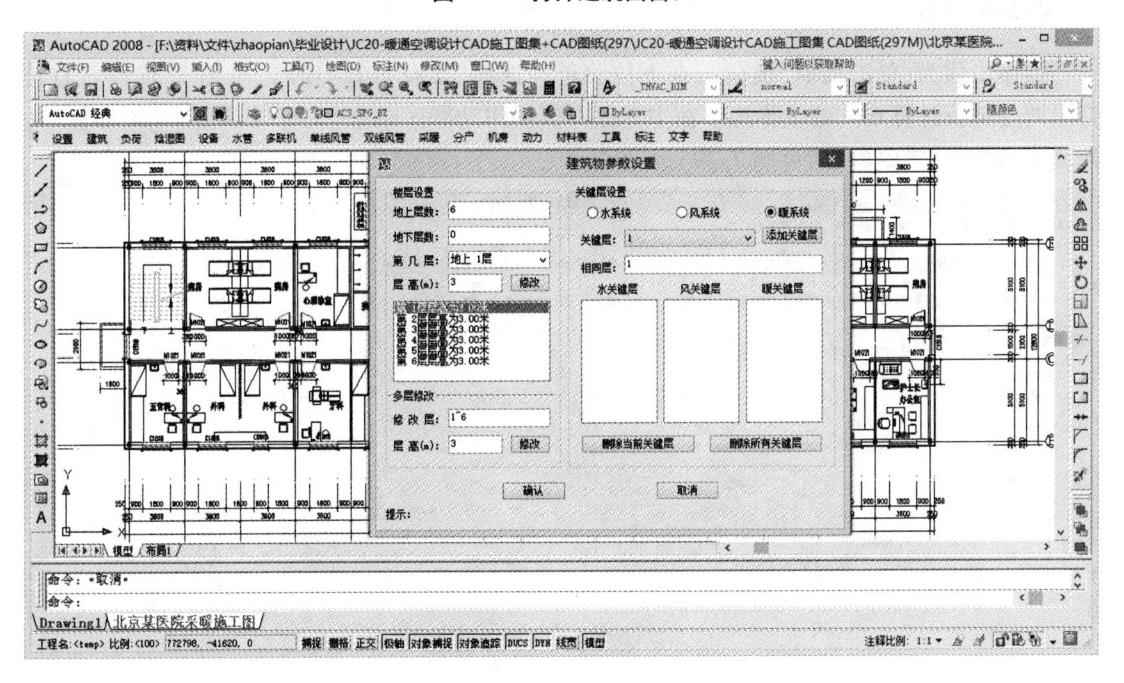

图 7.36　设置建筑信息窗口

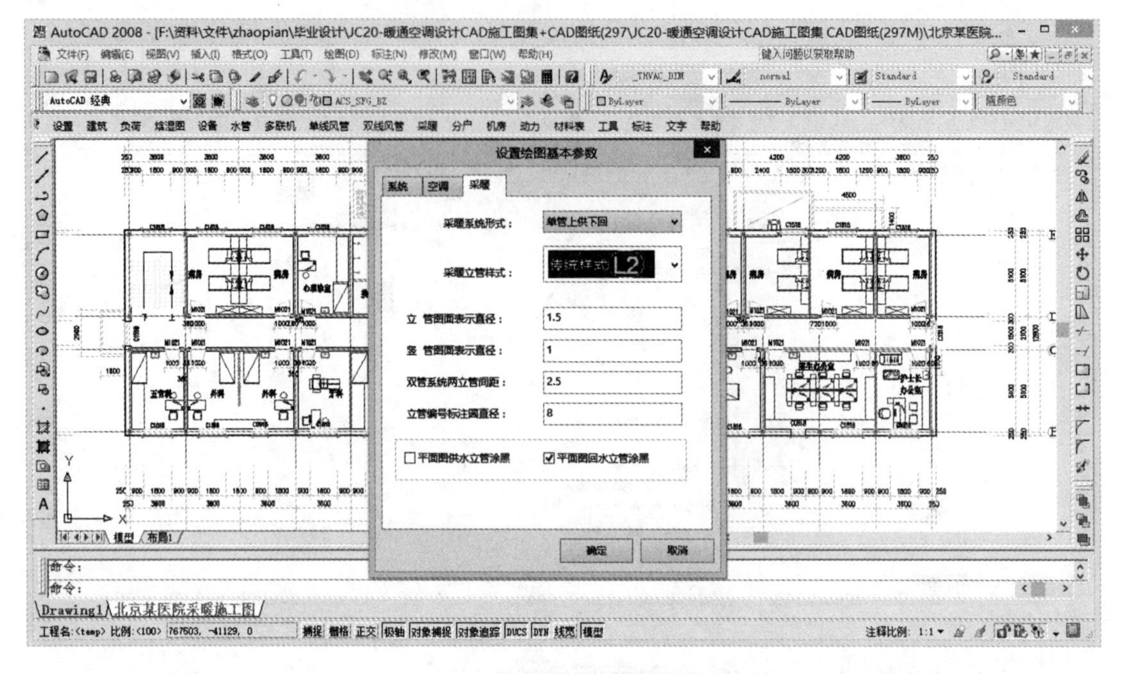

图 7.37　设置系统参数窗口

2)负荷计算

操作步骤为:单击菜单“负荷”,在下拉菜单中选择“负荷计算”窗口(见图 7.38)后,直接弹出鸿业负荷计算 6.0 的主界面。在主界面左侧操作功能区单击“工程”,单击“气象参数”选择城市,确定其气象参数(见图 7.39)。

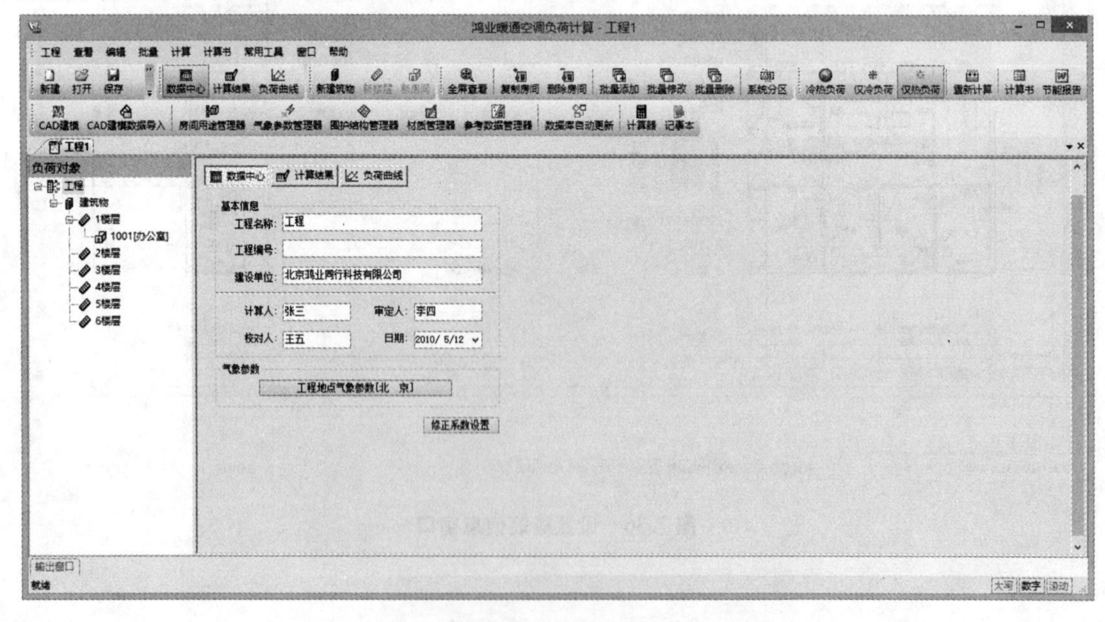

图 7.38　采暖热负荷计算设置地理和气象信息窗口

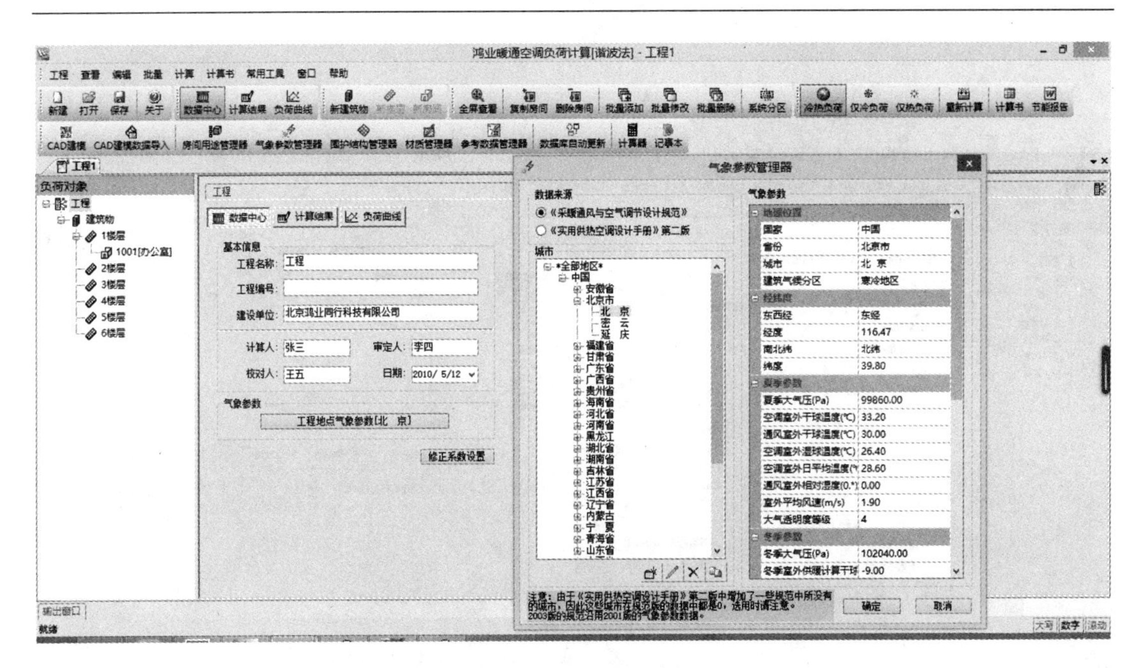

图 7.39　气象参数设置

在主界面左侧操作功能区单击“建筑物”,在数据区设定其楼层数、层高、窗户高度等建筑信息（见图 7.40）。设定结束后,注意单击图 7.40 中的“刷新数据”保存数据。单击围护结构设置,设置外墙,屋面、外窗、外门等参数(见图 7.41)。对所有用到的围护结构,都要预先建立模板,例如,一个建筑物的外墙,若有 3 种构造形式,需要建立 3 种对应的模板。在后续录入围护结构数据时,直接指定其模板即可。

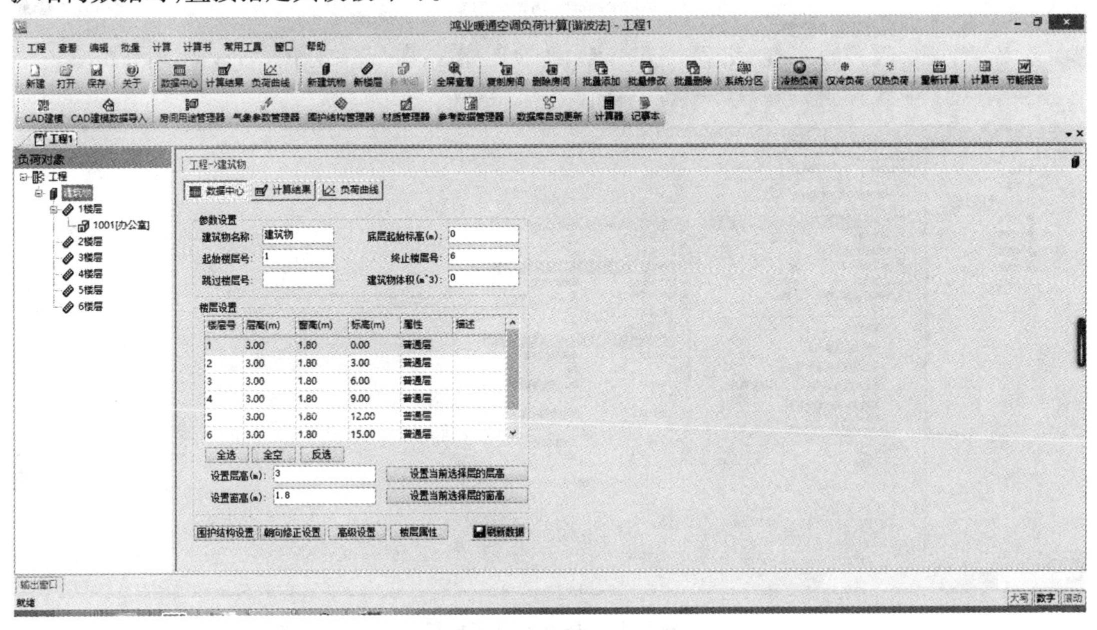

图 7.40　建筑信息设置

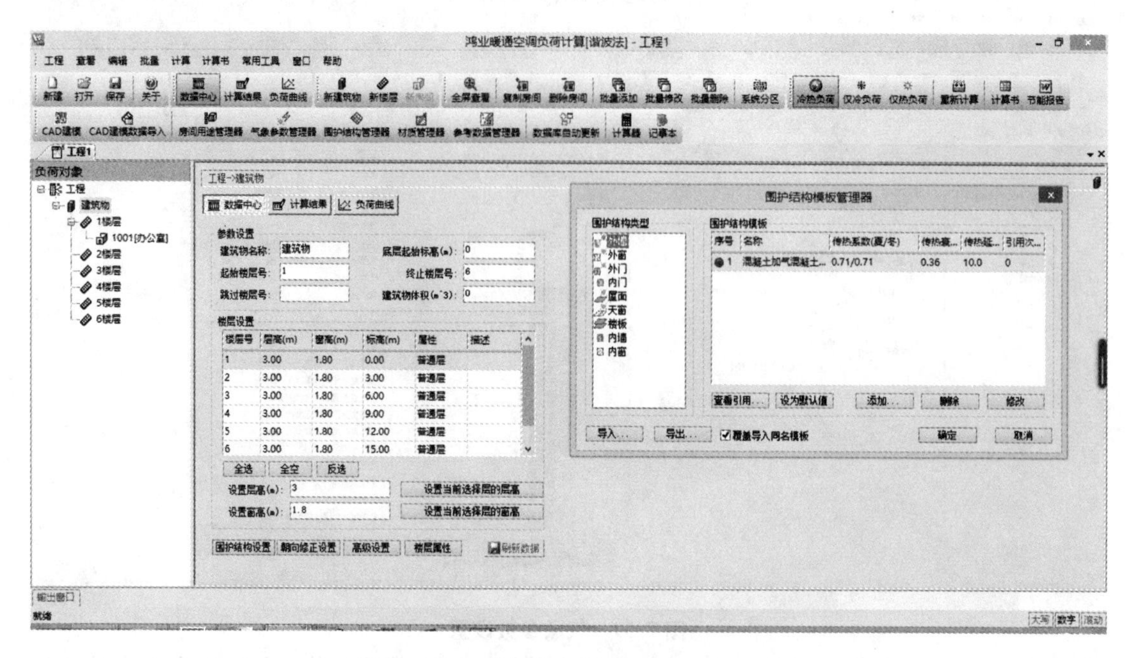

图 7.41　围护结构信息设置

房间负荷计算,如单击 1001 房间,在数据区—基本信息页面,录入其名称、面积、设计温度、相对湿度等基本信息,如图 7.42 所示的对话框。单击“详细负荷”,在界面中添加围护结构,如图 7.43 所示。相似的房间、楼层,可以复制。

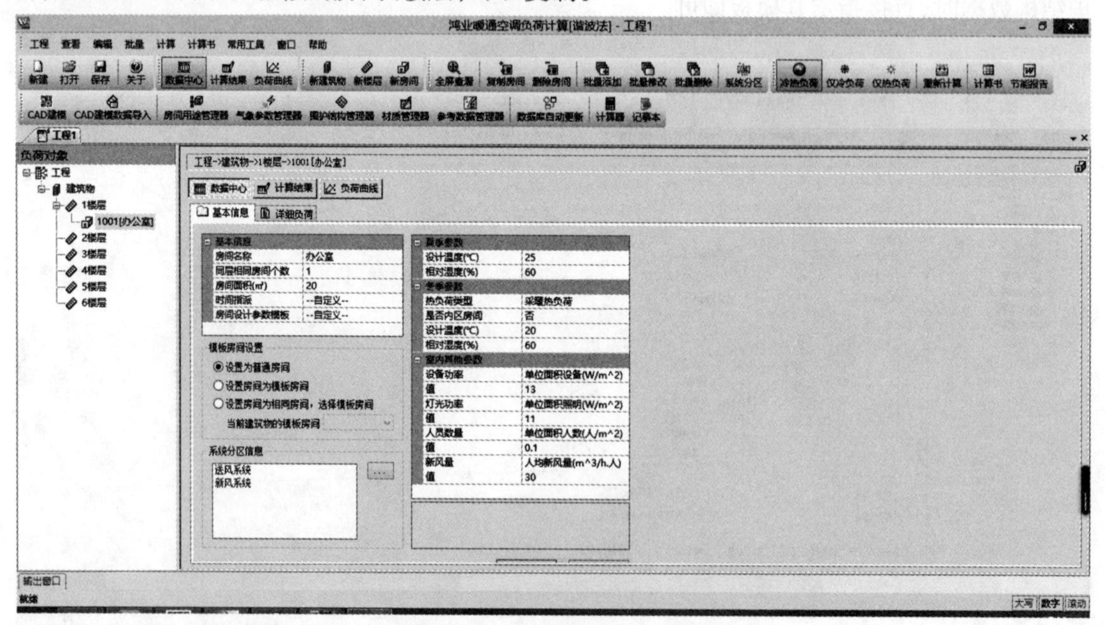

图 7.42　房间的基本信息

数据录入完成后,单击“计算结果”或单击计算书(见图 7.44),选择输出方式,Excel 的输出结果如图 7.45 所示。

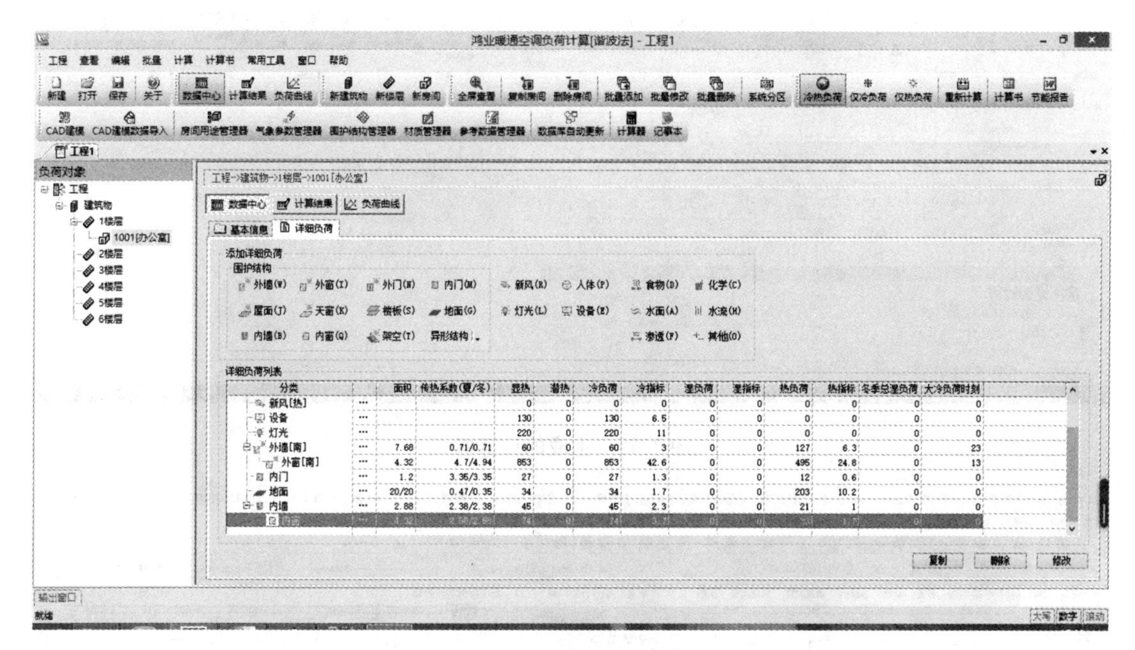

图 7.43　房间详细负荷

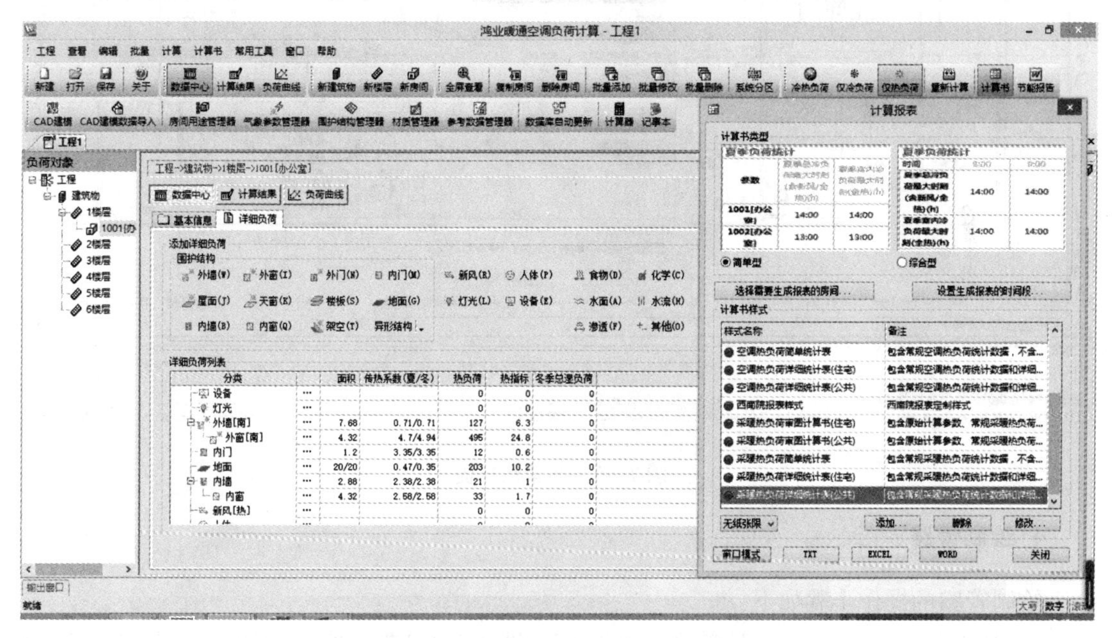

图 7.44　采暖热负荷计算书选择框

3) 散热器的布置

根据负荷计算的结果进行散热器选择和布置。操作步骤为：
"采暖"→"散热器"→"布置散热器"，如图 7.46 所示。

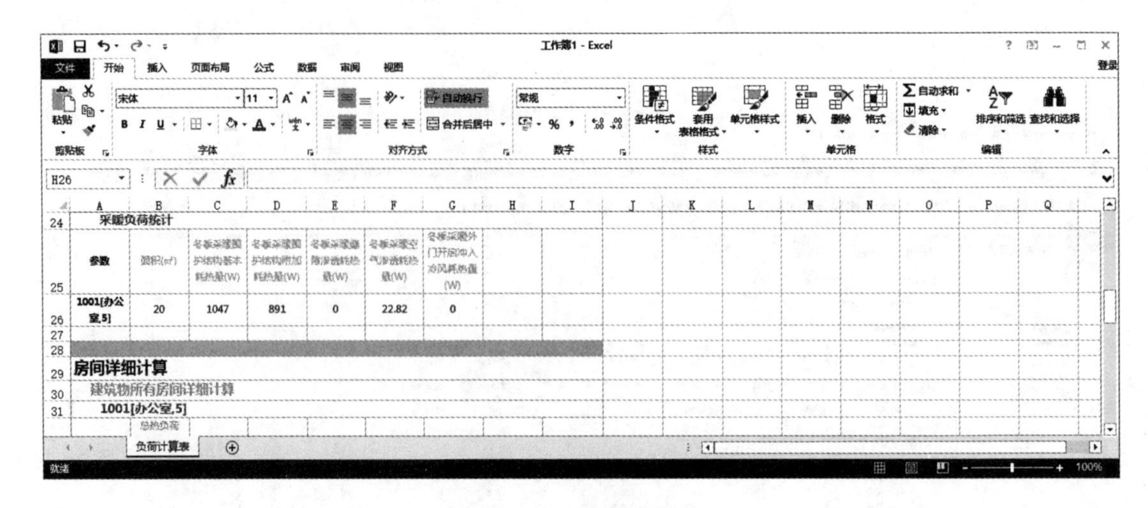

图 7.45　生成的计算书

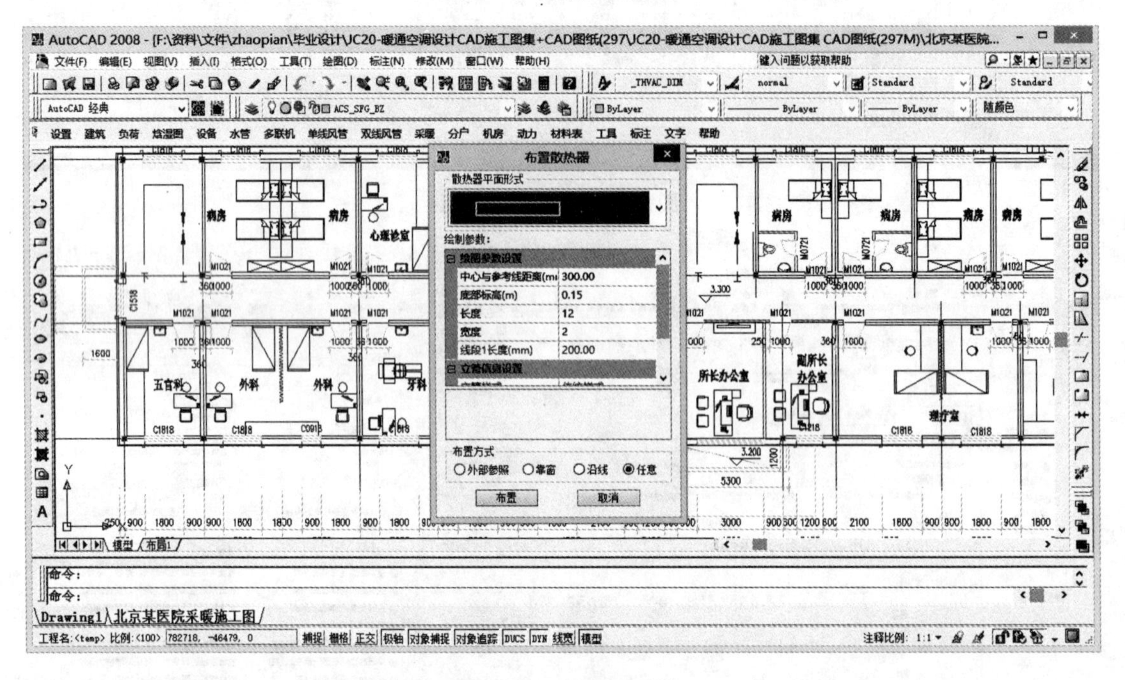

图 7.46　布置散热器

4)绘制管路

绘制管路的操作步骤如下:

根据"总供水立管""供水干管""回水干管""供水立管"菜单选项,可以绘制各类管道,再由"自动连线"中的"干管—立管""散热器—立管""散热器—干管"完成自动连线绘制。

再由"采暖"→"数据处理"菜单对首层进行数据处理,数据生成后,由平面生成命令对其他各层分别进行生成处理,生成各层散热器。

绘制顶层供水干管:传统采暖→绘制采暖管线→供水干管(见图 7.47)。重复"自动连线"步骤,进行干管连立管,散热器连立管,散热器连干管。

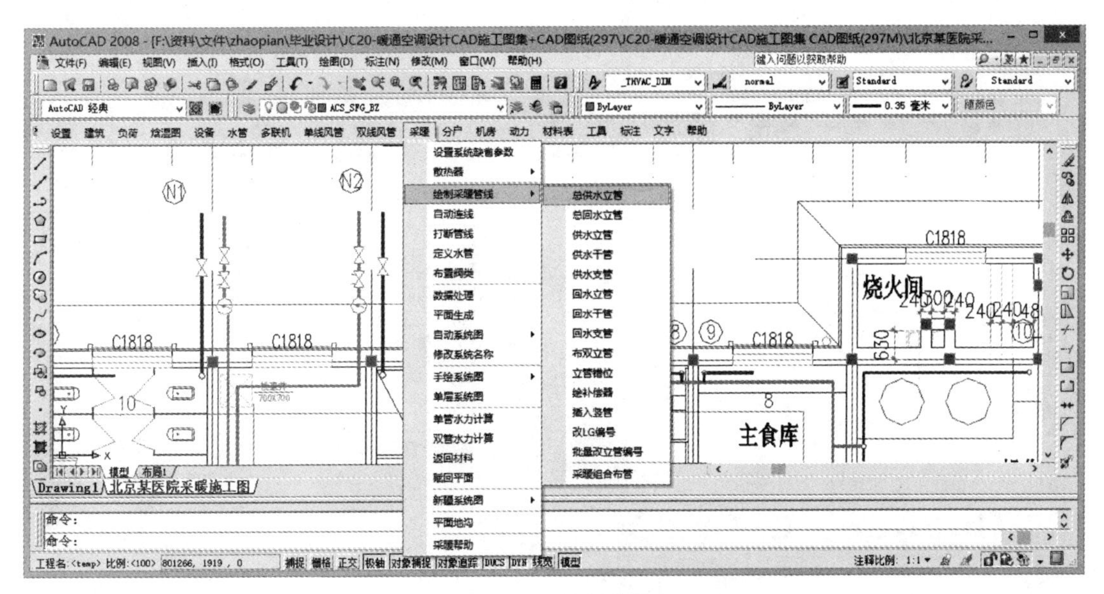

图 7.47　绘制水管

5)绘制系统图

根据各层平面图的数据进行处理来自动生成系统图。减少工作量可以有两种方法,即具体操作步骤如下:

选择“采暖”→“自动系统图”→“绘系统图”后自动生成如图 7.48 所示的系统图。

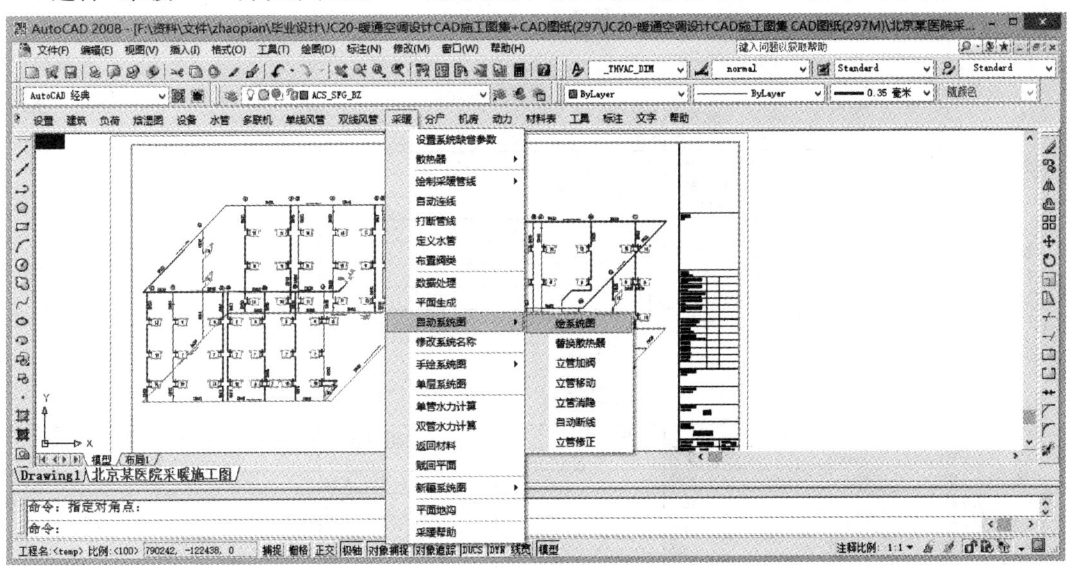

图 7.48　绘制水管

6)水力计算

利用生成的系统图进行水力计算,自动确定管径大小,并绘制。步骤如下:

“采暖”→“单管水力计算”或“双管水力计算”→“系统”设置系统形式→“设计计算”→“校核计算”→“EXCEL”,如图 7.49 和图 7.50 所示。

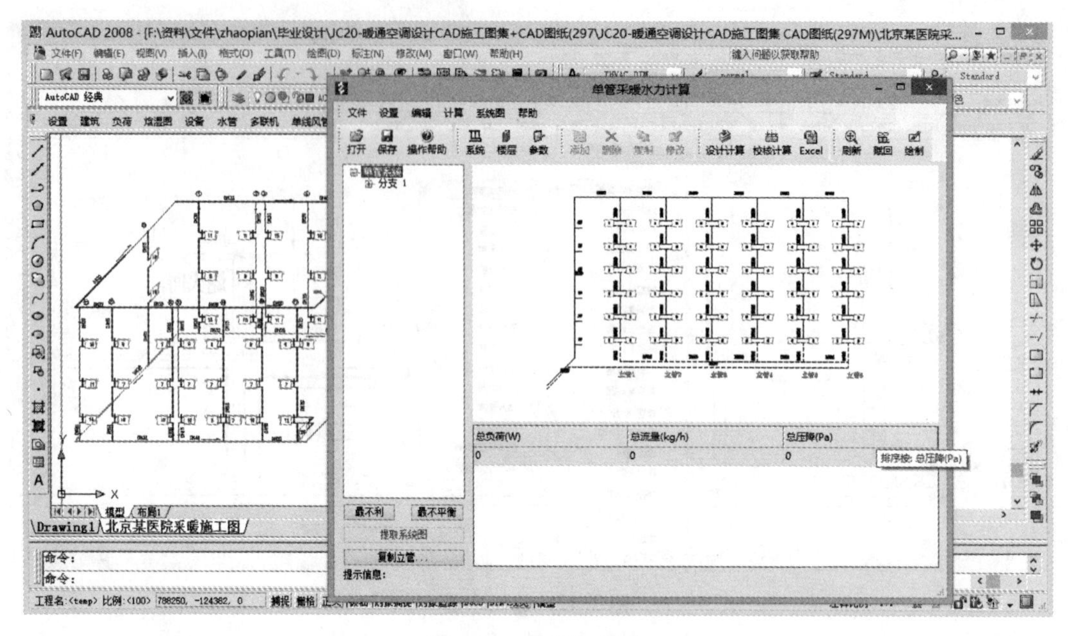

图 7.49 绘制系统图

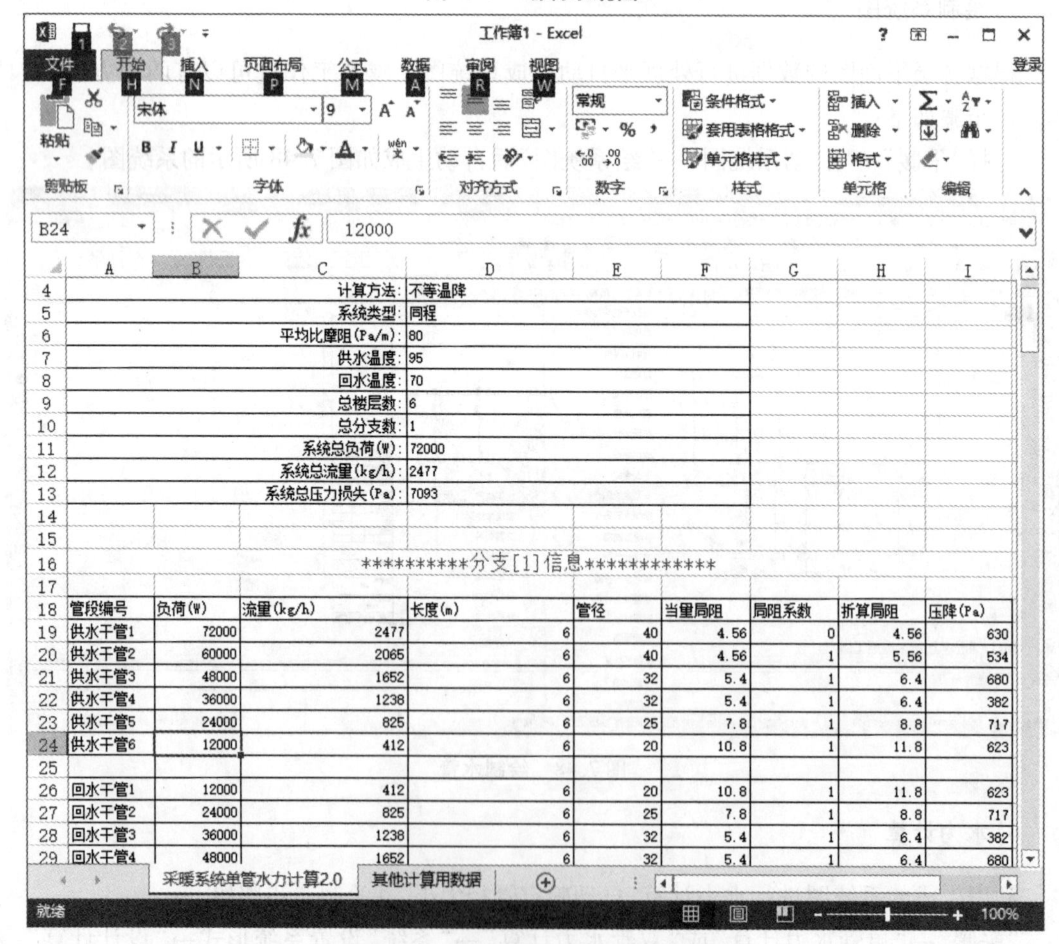

	A	B	C	D	E	F	G	H	I
4			计算方法:	不等温降					
5			系统类型:	同程					
6			平均比摩阻(Pa/m):	80					
7			供水温度:	95					
8			回水温度:	70					
9			总楼层数:	6					
10			总分支数:	1					
11			系统总负荷(W):	72000					
12			系统总流量(kg/h):	2477					
13			系统总压力损失(Pa):	7093					
14									
15									
16	***********分支[1]信息*************								
17									
18	管段编号	负荷(W)	流量(kg/h)	长度(m)	管径	当量局阻	局阻系数	折算局阻	压降(Pa)
19	供水干管1	72000	2477	6	40	4.56	0	4.56	630
20	供水干管2	60000	2065	6	40	4.56	1	5.56	534
21	供水干管3	48000	1652	6	32	5.4	1	6.4	680
22	供水干管4	36000	1238	6	32	5.4	1	6.4	382
23	供水干管5	24000	825	6	25	7.8	1	8.8	717
24	供水干管6	12000	412	6	20	10.8	1	11.8	623
25									
26	回水干管1	12000	412	6	20	10.8	1	11.8	623
27	回水干管2	24000	825	6	25	7.8	1	8.8	717
28	回水干管3	36000	1238	6	32	5.4	1	6.4	382
29	回水干管4	48000	1652	6	32	5.4	1	6.4	680

图 7.50 单管系统的水力计算生成表

7)出施工图

根据水力计算可以自动生成材料表等,并对管线进行加粗即可打印出图。

综上所述,鸿业暖通空调软件是将负荷计算、水力计算与制图合为一体的设计软件。绘图时,只要绘制出平面图,即可自动生成系统轴测图,大大减少了设计人员的绘图工作量。

7.5 工程举例与 CAD 绘图应用

本节简要介绍室内采暖系统施工图与 CAD 绘图的应用。

室内采暖施工图包括的样图有:

(1)图纸目录

内容为图样类别及编号,应编号为“暖施—n”,n 为图号的阿拉伯数字,编号顺序从 $1 \sim n$。

(2)设计施工说明

包括的内容有:热负荷大小、采暖系统方式、散热器类型、管道材质、连接方式、管道刷油防腐及保温、水压试验要求等,如图 7.51 所示。

采暖设计施工说明

一、工程概况

1.本工程为某市农业技术推广服务中心办公楼。

2.本工程建筑高度23.3 m,建筑面积5 916 m²。

二、设计参数

1.供暖室外计算温度-9 ℃,供暖室内计算温度。

房间名称	办公室	走廊	卫生间	车库
室内计算温度/℃	18	14	14	10

2.采暖供回水温度:90/75 ℃,由院内供热管网提供。

三、设计依据

1.甲方提供设计任务书。

2.国家有关规范及规程:《民用建筑供暖通风与空气调节设计规范》(GB 50736—2012)。

四、采暖部分

1.供暖方式为:系统采用上供下回单管同程式,供暖设3个系统N1,N2,N3;热负荷分别为96,323,62 kW,系统阻力为18,46,12 kPa。

2.散热器选用TZY2-6-8型铸铁散热器,除卫生间均带足安装,单位标准散热量179 W/片。

3.散热器供回水立管安装闸阀,每组散热器均安装 $\phi 8$ 手动跑风阀。

4.采暖管道采用热镀锌钢管≥*DN*50者焊接,<*DN*50者丝接,两组相串联连的散热器之间管径同散热器接口管径。

5.设计图中所注的管道安装标高,均以管中心为准。

6.管道上必须配置必要的支、吊、托架,具体形式根据现场实际情况确定。

7.刷油漆前先清除金属表面的铁锈,对保温管道刷防锈底漆两遍,非保温管道,刷防锈底漆两遍,耐热色漆或银粉两遍。

8.敷设在不采暖房间、楼梯间内的供暖及回水管道均应采用岩棉瓦进行保温,保温层厚度为50 mm,保温层外部做铝箔保护层。

9.施工完毕,热水系统应进行水压试验,水压试验的步骤详见《建筑给水排水及采暖工程施工质量验收规范》(GB 50240—2015)。

10.冲洗供暖系统,安装竣工并经试压合格后,应对系统反复注水、排水,直至排出水中不含泥沙、铁屑等杂质,且水色不浑浊方为合格。

图 7.51 采暖设计施工说明

(3)图例

应按照国家现行的规范、标准进行编制,如图 7.52 所示。

图	例		
——	采暖供水管	平面 系统	卧式集气罐 *DN*100
----	采暖回水管		铜闸阀
平面 系统	散热器	平面 系统	E121型自动排气阀
	固定支架	NL/n	立管编号
	钢闸阀		泄水丝堵(*DN*15)
	变径	*i*=0.003	管道坡度及坡向
	三通阀(型号同支管管径)		

图 7.52　图例

(4)主要设备材料表

表格内容有:编号、(材料、设备的)规格及型号、单位、数量,另外还应有备注栏,标注一些特殊需要说明的问题。该表还应包括有单重和总重,对于系统比较小的工程也可以不编注。

(5)采暖平面图

该平面图包括从底层至顶层各层平面图,如果各层之间均相同,可只绘制其中一层,并在图中说明与哪些层相同即可,如图 7.53—图 7.58 所示。

(6)采暖系统轴测图

轴测图应按比例以斜等轴测投影关系绘制,并宜与平面图的位置关系相一致,如图7.59—图 7.61 所示。

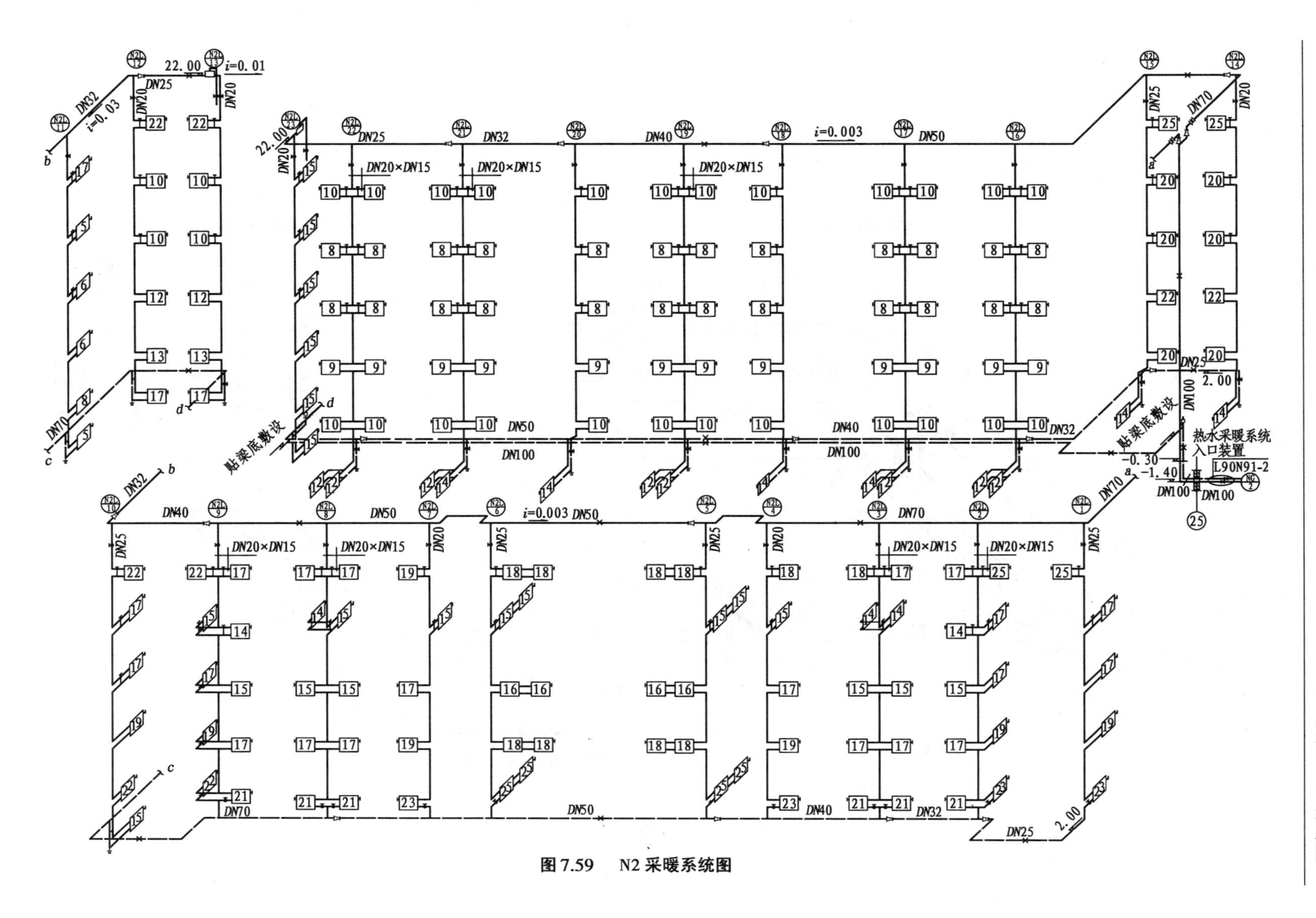

图 7.59　N2 采暖系统图

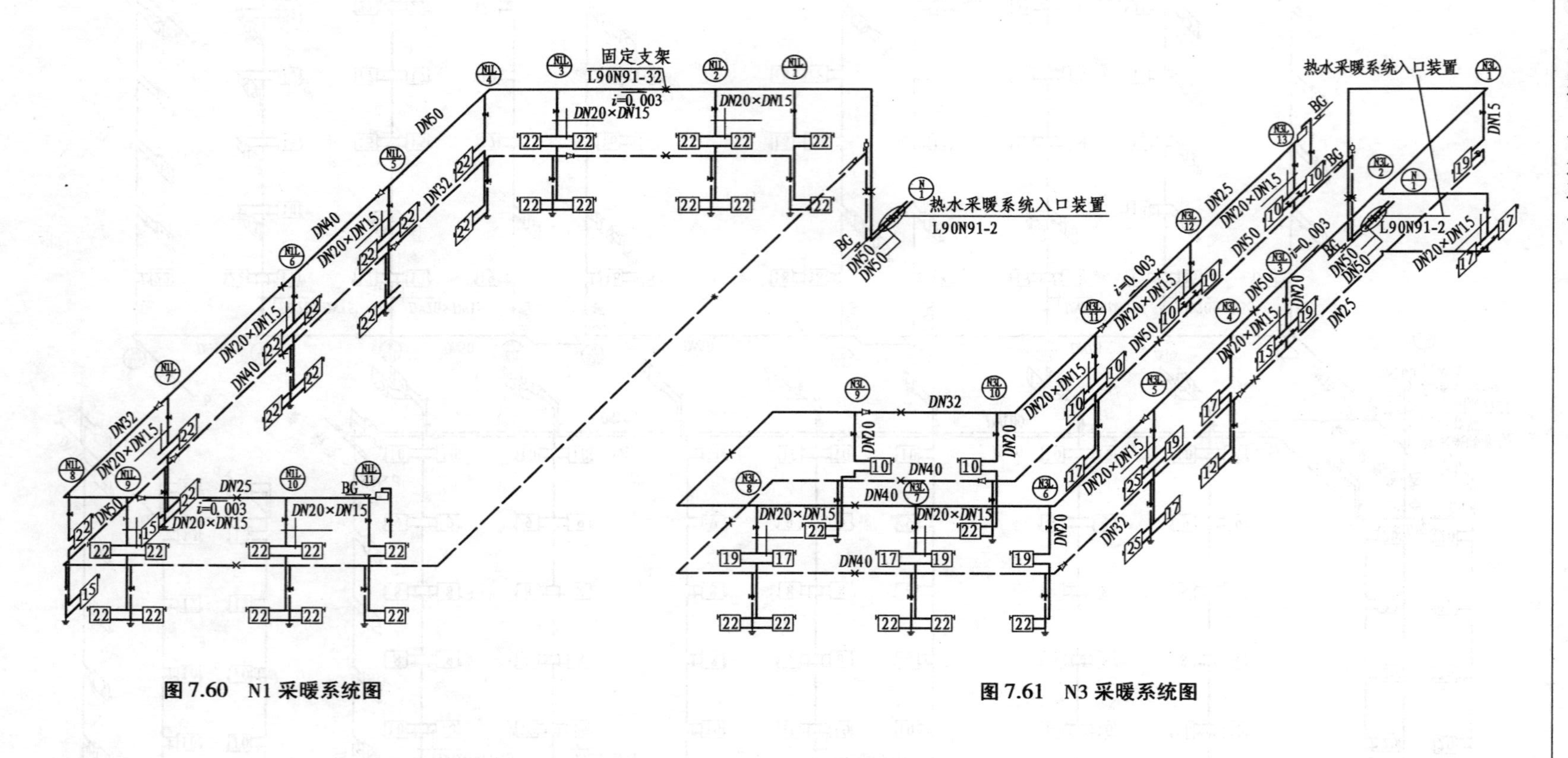

图 7.60 N1 采暖系统图

图 7.61 N3 采暖系统图

小 结

本章首先介绍了采暖工程的基础知识,包括采暖系统的组成、分类以及各种常用采暖系统的工作原理,使读者对采暖工程有了初步了解;其次介绍了国家现行的采暖工程制图标准、规范及相关绘图知识。本章重点介绍了采暖工程制图的基本方法,包括锅炉房工艺图、室外热力管网图以及室内采暖图的绘制方法;最后对鸿业暖通空调设计软件及CAD应用作了简要介绍,并附以工程实例。

8

空调工程制图

8.1 概 述

空气调节,简称空调,是指对建筑室内空气的各种处理和控制,使之达到一定的温度、湿度、风速和清洁度,从而保证生产工艺的顺利进行或达到人们舒适性要求的一种技术。一般将满足生产工艺需求的空调系统称为工艺性空调;把满足人的舒适要求的空调系统称为舒适性空调。舒适性空调是以人为主要对象,强调人的舒适感,对室内的温度和湿度的控制并不严格;而工艺性空调主要以生产工艺或科学实验为对象,强调生产工艺过程、设备运行或科学实验必需的环境条件,对空气的温度、湿度乃至空气洁净度等都有较高要求,同时也要兼顾工作人员的舒适要求。对空气进行各种处理的主要手段有:空气的加热、加湿、冷却、除湿和过滤等,它们都由相应的空气处理设备来实现。实现空气的调节,完成对空气的处理,典型的空调方法有:将空气经由空调设备处理到需求的参数后,由风管和送风口送入空调房间,再由回风口、回风管将房间内的空气取出返回到空气处理设备。这样,送回风口、风管、空气处理设备和提供空气流动动力的风机以及风阀等附件就形成了一个空调循环系统,如图 8.1 所示。此外,还有空气—水系统、冷剂式系统等空调方法。空调系统是由冷热源及其设备、管网及末端设施组成,因系统形式不同,各组成部分各有差异。

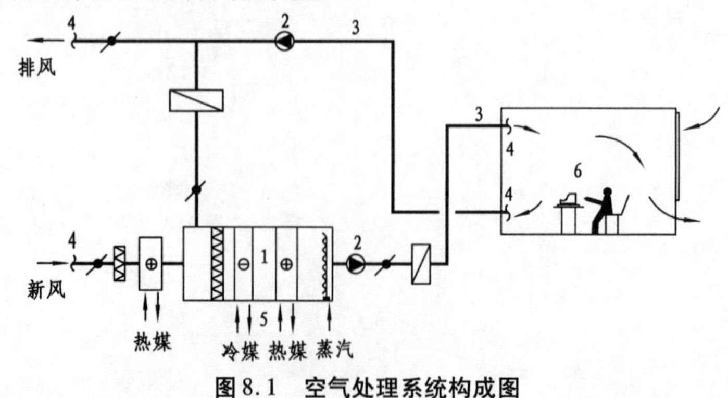

图 8.1 空气处理系统构成图

1—空调设备;2—通风机;3—送回风管道;4—进、排风口;5—冷热源系统;6—受控房间

1) 空调冷热源形式

为实现空气调节的目的,就需要有冷热源设备。目前,冷热源设备种类繁多,空调用冷热源通常有如下几种形式:

(1) 空调独立热源

空调热源一般采用集中供暖热源。如热源为蒸汽时,采用高效汽—水热交换器;热源为热水时,采用高效水—水换热器。当没有集中热源时,可自备热源,如采用燃气、燃油等热水机组,也可采用电蓄热热水机组。

(2) 空调独立冷源

空调冷源形式主要有压缩式制冷和吸收式制冷。

(3) 空调冷热源一体化

主要有风冷热泵机组、直燃溴化锂机组、水源热泵机组、地源热泵机组等多种形式。

2) 空调系统形式

对于以建筑冷(热)、湿环境为主要控制对象的系统,根据承担建筑环境中的冷(热)负荷和湿负荷的介质不同又可分为:

(1) 全水系统

全部用水承担室内的冷(热)负荷。由于系统全部采用室内空气循环,不能保证室内的空气品质,因此一般不采用。

(2) 全空气系统

以空气为介质来承担室内冷、热、湿负荷,向室内提供冷(热)量。例如全空气空调系统,在夏季向室内提供经过处理的冷空气以除去室内显热冷负荷和潜热冷负荷,而在室内不再需要附加冷却。

(3) 空气—水系统

以空气和水为介质,共同承担室内的负荷。例如以水为媒介的风机盘管向室内提供冷、热量,承担室内的部分负荷,同时由新风系统向室内提供经处理的新鲜空气,从而满足室内空气品质的需要。

(4) 冷剂系统

以制冷剂为介质,直接用于对室内空气进行冷却、去湿。一般这种系统是用带制冷机的空调器来处理室内的负荷,所以又称为机组式系统;另外还有变制冷剂流量的 VRV 系统,室内盘管的媒介是制冷剂液体,并设置新风系统,则称为空气—冷剂盘管系统。

在空调系统中,一般是以水为媒介来传递和交换热量的,而对于空调的水系统,按其功能分为冷冻水系统(输送冷量)、热水系统(输送热量)和冷却水系统(机组的冷凝器冷却用水)。以夏季供冷为例:冷水机组的蒸发器、空气处理设备的冷却盘管以及提供水流动力的水泵、连接管道和附件组成了空调系统的一个循环环路,称为冷冻水循环系统;对于制冷机组的冷凝器采用水冷时由冷却水泵、冷却水管道及冷却塔等组成了另一个循环环路,称为冷却水循环系统。

3) 空调水系统管路形式

目前,空调水系统常见的几种管路形式有:

(1)开式和闭式系统

①开式循环系统是指管路之间设有贮水箱(或水池)且与大气相通,自流回水的管路与大气相通的系统。当采用喷水室处理空气时,一般为开式系统。

②闭式循环系统是指管路不与大气接触,系统设有膨胀水箱或定压装置,并设有排气和泄水装置的系统。当空调系统采用风机盘管、诱导器、辐射板和水冷式表冷器冷却时,冷冻水系统宜采用闭式循环系统。

(2)定水量和变水量系统

①定水量系统中的循环水量为定值,或夏季和冬季分别采用不同的定水量,负荷变化时,改变供、回水温度以改变制冷量和制热量,或根据负荷变化调节多台冷冻机组和水泵的运行台数,形成阶梯式定水量系统。

②变水量系统始终保持供水温度在一定范围内,当负荷变化时,改变供水量水泵能耗是随负荷的减少而降低,一般采用供、回水压差进行流量控制。

另外,还有一次泵和二次泵空调水系统形式,在此不一一介绍。关于此部分内容可参考相关设计手册。

图 8.2 为冷、热源提供空气冷却、加热(还包括了热水供应)的水系统图,工程中称为空调制冷(热)系统原理图。

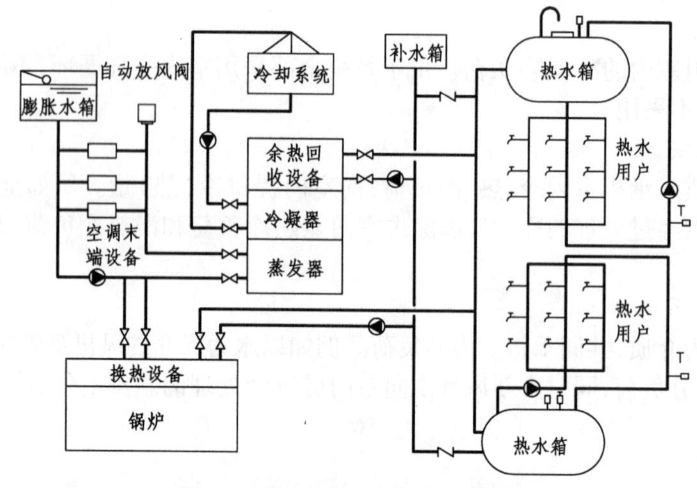

图 8.2　空调制冷(热)系统原理图

综上所述,空调系统是由空气处理设备与风机形成的空气系统、空调冷热源与水泵及管路形成的冷冻水循环系统和冷却水循环系统以及控制与调节系统共同组成的。

在空调工程图中,涉及大量的设备,如泵、冷水机组、风机、空调机组、新风机组等,还有大量不同类型的管道和附件,如冷冻水、冷却水、凝结水、热水、蒸汽、阀门等。这些设备、管道及附件在建筑空间内纵横交错,制图表达是有一定难度的。要清楚地表达上述各个系统中设备及管道的平面位置、走向及相互关系,空调风系统、水系统均应绘制在一套图中,在平面图上应同时绘制出各个系统的设备及管道,而系统图则可分别绘制。各层建筑的空调设备和管道应分别绘制平面图,空调机房应单独绘制平面图和剖(立)面图。而且为了明确地反映空调系统的工艺流程,还应绘制空调系统原理图(也称为空调系统流程图)。

空调工程图纸不仅是建筑公用设备工程技术人员的工程技术语言,也是空调工程进行施工、预决算的基本依据。因此,掌握绘制标准规范的空调工程图纸的方法和手段是建筑公用设备工程技术人员必备的重要技能之一。本章主要依据《暖通空调制图标准》(GB/T 50114—2010)介绍空调工程的制图方法。

8.2 空调工程制图标准、规范及图例

空调工程设计图,应按国家及有关部门制定的暖通空调制图标准及规范进行绘制,这是保证设计图纸质量的前提,在学习过程中认真掌握制图标准与规范是非常重要的。

8.2.1 空调工程制图标准

由于空调工程的设备管路形式多样,不仅应用于建筑的舒适性空间,还涉及许多领域的工艺性空调,如热能、动力、石油化工等,表达习惯和表达深度上都有较大的差异。国家根据空调行业的特点,统一制定了《暖通空调制图标准》(GB/T 50114—2010)。该标准适用于暖通空调专业的新建、改建、扩建工程的各阶段设计图、竣工图;原有建筑物、构筑物等的实测图;通用设计图、标准设计图。空调工程制图,除应符合本标准外,还应符合《房屋建筑制图统一标准》(GB 50001—2010),以及其他相关标准。

8.2.2 空调工程制图的基本规定

1)图线

为区分不同设备和管道轮廓,《暖通空调制图标准》(GB/T 50114—2010)给出了空调专业制图中常采用的线型、线宽及一般用途,其要求与《房屋建筑制图统一标准》(GB 50001—2010)的规定(见表3.3)是大同小异的。在暖通专业制图中宜采用表8.1的规定,其中基本宽度 b 可选用1.0,0.7,0.5 mm等。

表8.1 线型及其含义

<table>
<tr><th colspan="2">名称</th><th>线型</th><th>线宽</th><th>一般用途</th></tr>
<tr><td rowspan="4">实线</td><td>粗</td><td>————</td><td>b</td><td>单线表示的管道</td></tr>
<tr><td>中粗</td><td>————</td><td>0.7b</td><td>本专业设备轮廓、双线表示的管道轮廓</td></tr>
<tr><td>中</td><td>————</td><td>0.5b</td><td>尺寸、标高、角度等标注线及引出线;建筑物轮廓</td></tr>
<tr><td>细</td><td>————</td><td>0.25b</td><td>建筑布置的家具、绿化等;非本专业设备轮廓</td></tr>
<tr><td rowspan="4">虚线</td><td>粗</td><td>— — — — —</td><td>b</td><td>回水管线及单根表示的管道被遮挡的轮廓</td></tr>
<tr><td>中粗</td><td>— — — — —</td><td>0.75b</td><td>本专业设备及双线表示的管道被遮挡的轮廓</td></tr>
<tr><td>中</td><td>— — — — —</td><td>0.5b</td><td>地下管沟、改造前风管的轮廓线、示意性连线</td></tr>
<tr><td>细</td><td>— — — — —</td><td>0.25b</td><td>非本专业设备轮廓</td></tr>
</table>

续表

名称		线型	线宽	一般用途
波浪线	中粗	 〜〜〜	0.5*b*	单线表示的软管
	细	 〜〜〜	0.25*b*	断开界线
单点长画线		 ——·——·——	0.25*b*	轴线、中心线
双点长画线		 ——··——··——	0.25*b*	假想或工艺设备轮廓线
折断线		 ——∧∨——	0.25*b*	断开界线

图样中也可使用自定义图线及含义，但应明确说明，且其含义不应与《暖通空调制图标准》(GB/T 50114—2010)相违背。

2)比例

在空调工程制图中总平面图、单体平面图的比例，宜与工程项目设计的主导专业一致，其余可按表 8.2 选用。

表 8.2　绘图比例

图名	常用比例	可用比例
剖面图	1∶50,1∶100	1∶150,1∶200
局部放大图、管沟断面图	1∶20,1∶50,1∶100	1∶25,1∶30,1∶50,1∶200
索引图、详图	1∶1,1∶2,1∶5,1∶10,1∶20	1∶3,1∶4,1∶15

3)字体

文字的字高，其要求应与《房屋建筑制图统一标准》(GB 50001—2010)的规定一致。图样及说明中的汉字，宜采用长仿宋体(矢量字体)或黑体，同一图纸字体种类不应超过两种。图样及说明中的拉丁字母、阿拉伯数字与罗马数字，宜采用单线简体或 ROMAN 字体。

4)尺寸标注

空调施工图上的尺寸标注应遵守《房屋建筑制图统一标准》(GB 50001—2010)中的基本规定。此外，空调施工图的尺寸标注也有着自己的特色。具体地说有以下几类。

(1)定位尺寸标注

平、剖面图中应标注出设备、管道中心线与建筑定位(墙、柱等)轴线间的间距尺寸。

(2)风管规格标注

风管分为圆形和矩形，其规格用管径或断面尺寸表示，为了规范设计与施工管理，宜按全国通用通风管道计算表选择和匹配风管规格尺寸，见表 8.3 和表 8.4，设计时风管的规格尺寸与配件规格尺寸应一致。

表 8.3　圆形通风管道规格

<table>
<tr><th rowspan="2">外径
/mm</th><th colspan="2">钢板制风管</th><th colspan="2">塑料制风管</th><th rowspan="2">外径
/mm</th><th colspan="2">除尘风管</th><th colspan="2">气密性风管</th></tr>
<tr><th>外径允许
偏差/mm</th><th>壁厚/mm</th><th>外径允许
偏差/mm</th><th>壁厚/mm</th><th>外径允许
偏差/mm</th><th>壁厚/mm</th><th>外径允许
偏差/mm</th><th>壁厚/mm</th></tr>
<tr><td>100</td><td rowspan="26">±1</td><td rowspan="6">0.5</td><td rowspan="14">±1</td><td rowspan="10">3.0</td><td>80
90
100</td><td rowspan="26">±1</td><td rowspan="14">1.5</td><td rowspan="26">±1</td><td rowspan="14">2.0</td></tr>
<tr><td>120</td><td>110
120</td></tr>
<tr><td>140</td><td>130
140</td></tr>
<tr><td>160</td><td>150
160</td></tr>
<tr><td>180</td><td>170
180</td></tr>
<tr><td>200</td><td>190
200</td></tr>
<tr><td>220</td><td rowspan="8">0.75</td><td>210
220</td></tr>
<tr><td>250</td><td>240
250</td></tr>
<tr><td>280</td><td>260
280</td></tr>
<tr><td>320</td><td>300
320</td></tr>
<tr><td>360</td><td rowspan="6">4.0</td><td>340
360</td></tr>
<tr><td>400</td><td>380
400</td></tr>
<tr><td>450</td><td>420
450</td></tr>
<tr><td>500</td><td>480
500</td></tr>
<tr><td>560</td><td rowspan="7">1.0</td><td rowspan="12">±1.5</td><td>530
560</td><td rowspan="9">2.0</td><td rowspan="9">3.0~4.0</td></tr>
<tr><td>630</td><td>600
630</td></tr>
<tr><td>700</td><td rowspan="4">5.0</td><td>670
700</td></tr>
<tr><td>800</td><td>750
800</td></tr>
<tr><td>900</td><td>850
900</td></tr>
<tr><td>1 000</td><td>950
1 000</td></tr>
<tr><td>1 120</td><td rowspan="6">6.0</td><td>1 060
1 120</td></tr>
<tr><td>1 250</td><td rowspan="5">1.2~1.5</td><td>1 180
1 250</td></tr>
<tr><td>1 400</td><td>1 320
1 400</td></tr>
<tr><td>1 600</td><td>1 500
1 600</td><td rowspan="3">3.0</td><td rowspan="3">4.0~6.0</td></tr>
<tr><td>1 800</td><td>1 700
1 800</td></tr>
<tr><td>2 000</td><td>1 900
2 000</td></tr>
</table>

表 8.4　矩形通风管道规格

<table>
<tr><th rowspan="2">外边长
(A×B)
/mm×mm</th><th colspan="2">钢板制风管</th><th colspan="2">塑料制风管</th><th rowspan="2">外边长
(A×B)
/mm×mm</th><th colspan="2">钢板制风管</th><th colspan="2">塑料制风管</th></tr>
<tr><th>外边长允许偏差/mm</th><th>壁厚/mm</th><th>外边长允许偏差/mm</th><th>壁厚/mm</th><th>外边长允许偏差/mm</th><th>壁厚/mm</th><th>外边长允许偏差/mm</th><th>壁厚/mm</th></tr>
<tr><td>120×120</td><td rowspan="26">-2</td><td rowspan="6">0.5</td><td rowspan="23">-2</td><td rowspan="14">3.0</td><td>630×500</td><td rowspan="26">-2</td><td rowspan="13">1.0</td><td rowspan="26">-3</td><td rowspan="7">5.0</td></tr>
<tr><td>160×120</td><td>630×630</td></tr>
<tr><td>160×160</td><td>800×320</td></tr>
<tr><td>200×120</td><td>800×400</td></tr>
<tr><td>200×160</td><td>800×500</td></tr>
<tr><td>200×200</td><td>800×630</td></tr>
<tr><td>250×120</td><td rowspan="17">0.75</td><td>800×800</td></tr>
<tr><td>250×160</td><td>1 000×320</td><td rowspan="11">6.0</td></tr>
<tr><td>250×200</td><td>1 000×400</td></tr>
<tr><td>250×250</td><td>1 000×500</td></tr>
<tr><td>320×160</td><td>1 000×630</td></tr>
<tr><td>320×200</td><td>1 000×800</td></tr>
<tr><td>320×250</td><td>1 000×1 000</td></tr>
<tr><td>320×320</td><td>1 250×400</td><td rowspan="13">1.2</td></tr>
<tr><td>400×200</td><td rowspan="9">4.0</td><td>1 250×500</td></tr>
<tr><td>400×250</td><td>1 250×630</td></tr>
<tr><td>400×320</td><td>1 250×800</td></tr>
<tr><td>400×400</td><td>1 250×1 000</td></tr>
<tr><td>500×200</td><td>1 600×500</td><td rowspan="8">8.0</td></tr>
<tr><td>500×250</td><td>1 600×630</td></tr>
<tr><td>500×320</td><td>1 600×800</td></tr>
<tr><td>500×400</td><td>1 600×1 000</td></tr>
<tr><td>500×500</td><td>1 600×1 250</td></tr>
<tr><td>630×250</td><td rowspan="3">1.0</td><td rowspan="3">-3</td><td rowspan="3">5.0</td><td>2 000×800</td></tr>
<tr><td>630×320</td><td>2 000×1 000</td></tr>
<tr><td>630×400</td><td>2 000×1 250</td></tr>
</table>

风管管径或断面尺寸宜标注于风管上或风管法兰处延长的细实线上方。圆形风管规格用其外径表示，如 $\phi360$。矩形风管规格用断面尺寸"(×××)×(×××)"表示，前面数字为该视图投影面尺寸。例如，图 8.3 中风管规格标注为"500×160"，说明该风管水平方向宽为 500，高为 160(单位为 mm)。

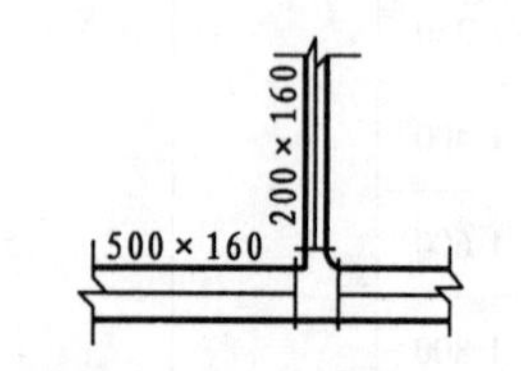

图 8.3　风管规格的标注

(3)冷热媒管道规格标注

对镀锌钢管,管道规格用公称直径表示,如管道公称直径为25 mm,则表示为 *DN*25;对无缝钢管,则用"D 外径 × 管壁厚"表示,如外径为 D159 mm,壁厚 4.5 mm 的无缝钢管表示为"D159 × 4.5"。水管管径宜标注于水管上方、左方,也可标注于邻近水管的下方或右方,还可用指引线引出标注,如图 8.4 所示。

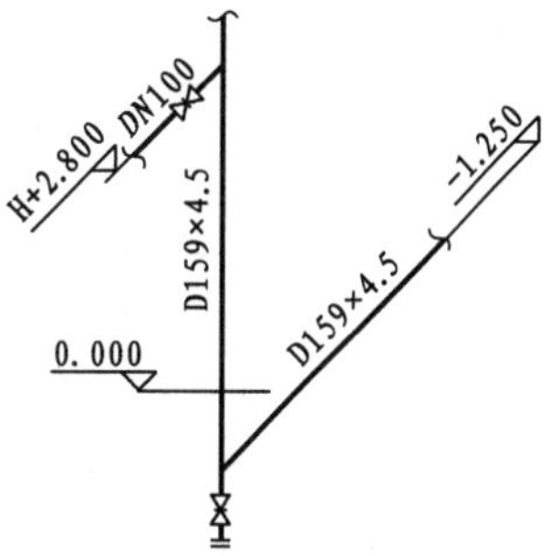

图 8.4　水管管径及标高的标注

(4)标高标注

在空调工程施工图中,建筑物各部分的高度和被安装物体(风管、水管、设备)的高度是使用标高这个方法来表示。它的符号为:▽——。下面的横线为某处高度的界限,中间的三角形为等腰直角三角形,它上面的横线上注明该处的高度,与其他尺寸的标注不同的是,标高的单位是"m",并应精确到 cm 或 mm。

当标准层较多时,可只标注与本层楼(地)板面的相对标高,如图 8.4 所示。例如,某设备底标高标注为 H+2.00 ▽——,即表示某设备底部相对于本楼层标高为 2.00 m。相对于该层地坪高度,该层空调系统各部件、设备的高度,就可直接得到,而不必经过烦琐的计算,从而降低了设计人员与施工人员的工作量。

水、气管道所注标高未予说明时,应表示为管中心标高。当标注管底或顶标高时,应在数字前加"底"或"顶"字样。矩形风管所标注标高应表示管底标高;圆形风管所注标高应表示管中心标高。当不采用此方法标注时,应进行说明。管道标高一般应标注在剖(立)面图和系统图上,如图 8.4 所示,当风管系统比较简单而不绘制剖面图和系统图时,也可将标高标注在平面图上,可标注出风管距该层地面标高来确定高度(见图 8.15)或标注风管距该层梁底的标高。

(5)材料设备的编号标注

平、剖面图中,各设备、剖件等,均应标注编号。根据此编号可在相应设备材料表中查得相应设备材料的名称、型号、规格、技术性能及数量等。

8.2.3　空调工程制图的常用图例

空调工程制图中,绘制各种管道、管件及设备均需要用图例来表示,所以绘图中涉及很多图例,常用图例宜按《暖通空调制图标准》(GB/T 50114—2010)选用。只有牢牢记住这些图例,才能正确熟练地绘制空调工程图。

1)水、气管道

管道代号的名称,取自汉语拼音第一个字母,具体见表 8.5。绘制时,将管道断开,于断开处写管道代号。

表 8.5　水、气管道代号

序号	代号	管道名称	序号	代号	管道名称
1	RG	采暖热水供水管	3	LG	空调冷水供水管
2	RH	采暖热水回水管	4	LH	空调冷水回水管

续表

序号	代号	管道名称	序号	代号	管道名称
5	KRG	空调热水供水管	24	J	给水管
6	KRH	空调热水回水管	25	SR	软化水管
7	LRG	空调冷、热水供水管	26	CY	除氧水管
8	LRH	空调冷、热水回水管	27	GG	锅炉进水管
9	LQG	冷却水供水管	28	JY	加药管
10	LQH	冷却水回水管	29	YS	盐溶液管
11	n	空调冷凝水管	30	XI	连续排污管
12	PZ	膨胀水管	31	XD	定期排污管
13	BS	补水管	32	XS	泄水管
14	X	循环管	33	YS	溢水(油)管
15	LM	冷媒管	34	R1G	一次热水供水管
16	YG	乙二醇供水管	35	R1H	一次热水回水管
17	YH	乙二醇回水管	36	F	放空管
18	BG	冰水供水管	37	FAQ	安全阀放空管
19	BH	冰水回水管	38	O1	柴油供油管
20	ZG	过热蒸汽管	39	O2	柴油回油管
21	ZB	饱和蒸汽管	40	OZ1	重油供油管
22	Z2	二次蒸汽管	41	OZ2	重油回油管
23	N	凝结水管	42	OP	排油管

注:可通过实线和虚线表示供回水关系而省略字母 G,H。

在工程实践中,国内许多设计单位为了与国际接轨,采用的管道代号来自英文名称的首字母。一些被广泛使用的空调工程管道英文代号,见表 8.6。

表 8.6　空调常用管道英文代号

代　号	管道名称	代　号	管道名称
CHWS	冷冻水供水管	HWS	热水供水管
CHWR	冷冻水回水管	HWR	热水回水管
CWS	冷却水供水管	HPWS	热泵供水管
CWR	冷却水回水管	HPWR	热泵回水管

2)风管系统代号与系统编号

因风管用途不同,空调工程图中常采用表 8.7 所列代号区分标注风管系统,采用表 8.8 风道代号标注风管。

当空调工程图中出现两个及其以上不同的风管系统时,应进行系统编号(见图8.5)。

空调系统编号、入口编号,应由系统代号和顺序号组成。风管系统代号用大写拉丁字母表示,相同系统采用阿拉伯数字(即顺序号)表示,编号通常标注在系统的总管处。

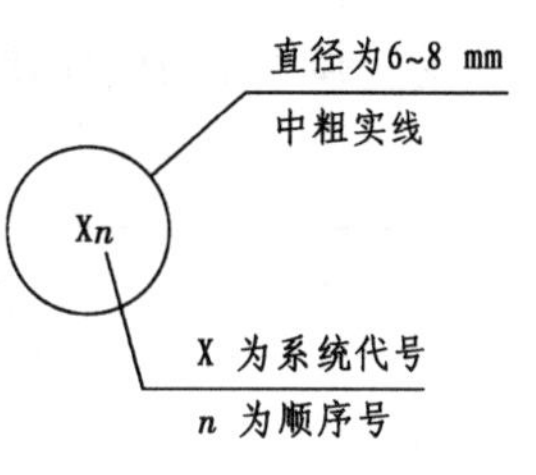

图8.5 系统的编号

表8.7 风管系统代号

序　号	字母代号	系统名称	序　号	字母代号	系统名称
1	K	空调系统	7	JY	加压送风系统
2	S	送风系统	8	PY	排烟系统
3	X	新风系统	9	P(PY)	排风兼排烟系统
4	J	净化系统	10	RS	人防送风系统
5	H	回风系统	11	RP	人防排风系统
6	P	排风系统	12	XP	新风换气系统

表8.8 风道代号

序　号	代　号	风道名称	备　注	序　号	字母代号	风道名称	备　注
1	SF	送风管		6	ZY	加压送风管	
2	HF	回风管	一、二次回风可附加1、2区别	7	P(Y)	排风排烟兼用风管	
3	PF	排风管		8	XB	消防补风风管	
4	XF	新风系统		9	S(B)	送风兼消防补风风管	
5	PY	消防排烟系统					

3)竖向管道编号

竖向布置的管道系统,应标注立管号,如图8.6所示。在不致引起误解时,可只标注序号,但应与建筑轴线编号有明显的区别。

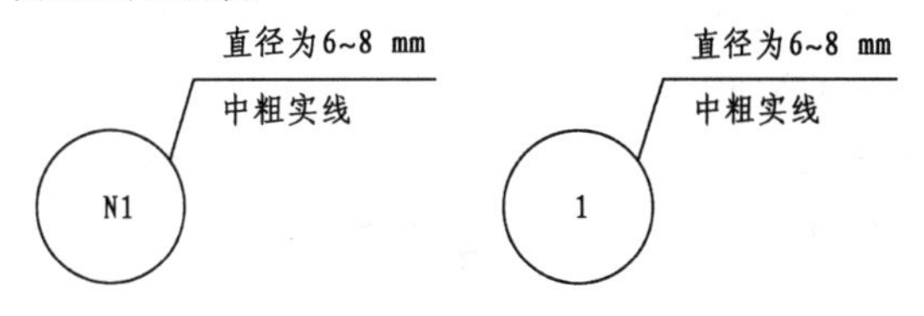

图8.6 立管编号的画法

4)水、气管道阀门和附件的图例

绘制管道阀门及附件应采用图例来表示,《暖通空调制图标准》(GB 50001—2010)中给出了暖通空调工程中常用的水、汽管道阀门和附件图例(见表 8.9)。

表 8.9　水、气管道阀门和附件图例

1	截止阀		—
2	闸阀		—
3	球阀		—
4	柱塞阀		—
5	快开阀		—
6	蝶阀		
7	旋塞阀		—
8	止回阀		
9	浮球阀		—
10	三通阀		—
11	平衡阀		—
12	定流量阀		—
13	定压差阀		—
14	自动排气阀		—
15	集气罐、放气阀		—
16	气流阀		—
17	调节止回关断阀		水泵出口用
18	膨胀阀		—
19	排入大气或室外		—
20	安全阀		—
21	角阀		—
22	底阀		—

续表

23	漏斗		—
24	地漏		—
25	明沟排水		—
26	向上弯头		—
27	向下弯头		—
28	法兰封头或管封		—
29	上出三通		—
30	下出三通		—
31	变径管		—
32	活街头或法兰连接		—
33	固定支架		—
34	导向支架		—
35	活动支架		—
36	金属软管		—
37	可屈挠橡胶软接头		—
38	Y 形过滤器		—
39	疏水器		—
40	减压阀		左高右低
41	直通型(或反冲型) 除污器		—
42	除垢仪	E	—
43	补偿器		—
44	矩形补偿器		—

续表

45	套管补偿器		—
46	波纹管补偿器	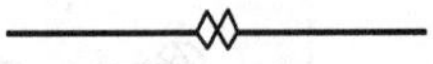	—
47	弧形补偿器		—
48	球形补偿器		—
49	伴热管		—
50	保护套管	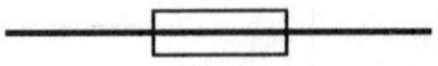	—
51	爆破膜		—
52	阻火器		—
53	节流孔板、减压孔板	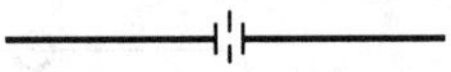	—
54	快速接头	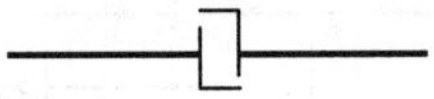	—
55	介质流向	 或	在管道断开处时，流向符号宜标注在管道中心线上，其余可同管径标注位置
56	坡度及坡向	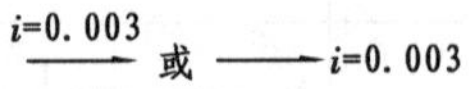 i=0.003 或 i=0.003	坡度数值不宜与管道起、止点标高同时标注。标注位置同管径标注位置

5）**风道、阀门及附件的图例**

《暖通空调制图标准》（GB/T 50114—2010）中给出了空调工程中常用的风道、阀门及附件的图例，见表 8.10。

表 8.10　风道、阀门及附件图例

序　号	名　称	图　例	备　注
1	矩形风管	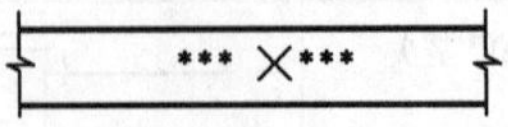 *** × ***	宽 × 高（mm）
2	圆形风管	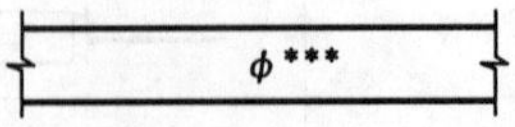 φ***	φ 直径（mm）
3	风管向上	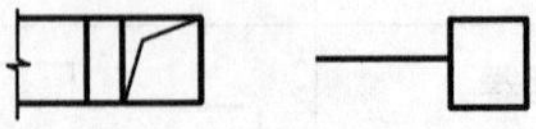	—

续表

序　号	名　称	图　例	备　注
4	风管向下	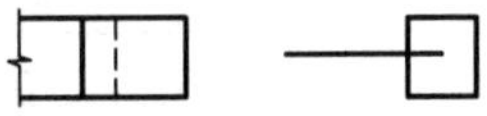	—
5	风管上升摇手弯	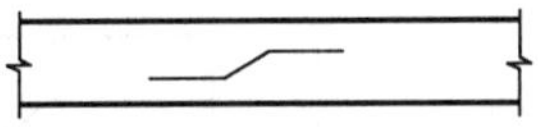	—
6	风管下降摇手弯	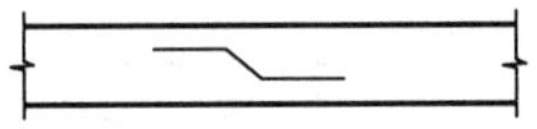	—
7	天圆地方	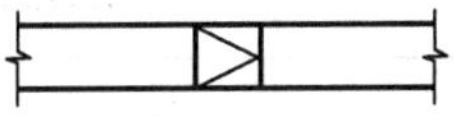	左接矩形风管，右接圆形风管
8	软风管		—
9	圆弧形弯头		—
10	带导流片的矩形弯头		—
11	消声器		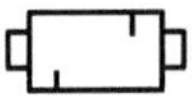
12	消声弯头		—
13	消声静压箱		—
14	风管软接头	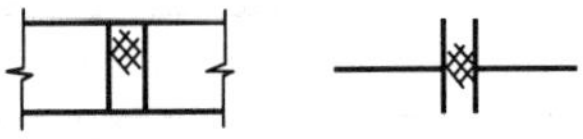	—
15	对开多叶调节风阀	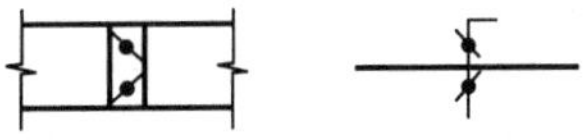	—
16	蝶　阀	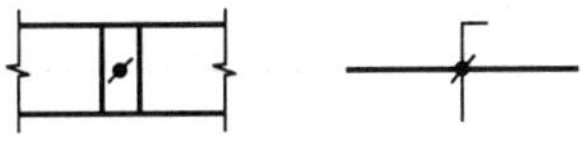	—
17	插板阀	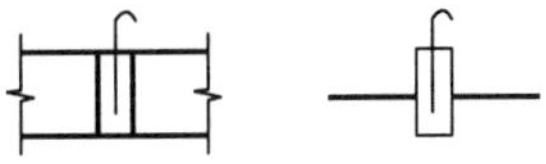	—
18	止回风阀	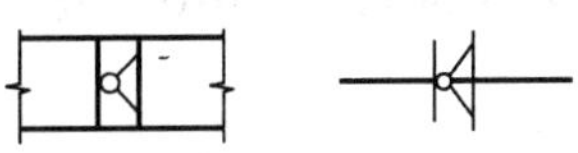	—

续表

序　号	名　称	图　例	备　注
19	余压阀	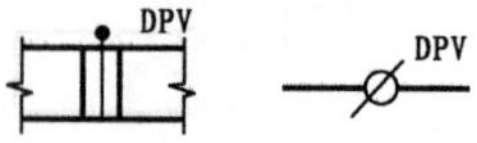 DPV　DPV	—
20	三通调节阀	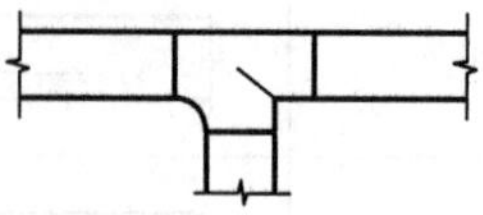	—
21	防烟、防火阀	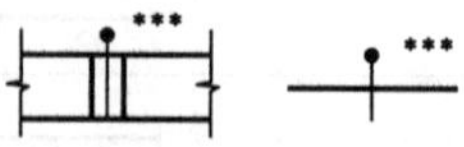 ***　***	***表示防烟、防火阀名称代号
22	方形风口	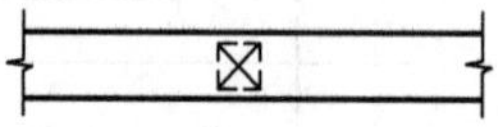	—
23	条缝形风口	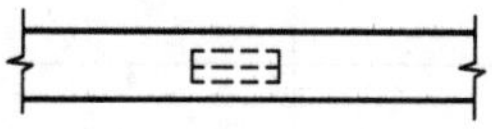	—
24	矩形风口	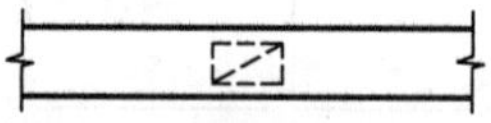	—
25	圆形风口	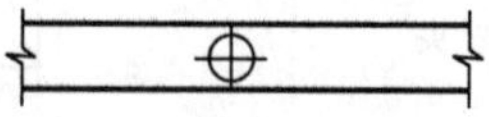	—
26	侧面风口	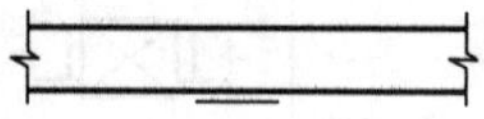	—
27	防雨百叶		—
28	检修门	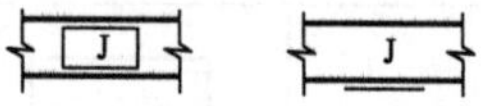 J　J	—
29	气流方向		左为通用表示法，中表示送风，右表示回风
30	远程手控盒	B	防排烟用
31	防雨罩	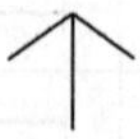	—

6)空调设备的图例

《暖通空调制图标准》(GB/T 50114—2010)中给出了空调工程中常用的空调设备的图例，见表 8.11。

表 8.11 空调设备图例

序号	名 称	图 例	序号	名 称	图 例
1	轴流风机		11	变风量末端	
2	轴(混)流式管道风机		12	板式换热器	
3	离心式管道风机		13	窗式空调器	
4	离心风机		14	分体空调器	
5	吊顶式排气扇		15		
6	水泵		16	立式明装风机盘管	
7	空调机组加热、冷却盘管	+ − + −	17	立式暗装风机盘管	
8	空气过滤器		18	卧式明装风机盘管	
9	电加热器		19	卧式暗装风机盘管	
10	加湿器		20	射流诱导风机	

7)调控装置及仪表的图例

调控装置及仪表的图例宜按表 8.12 所示绘制,其他更多图例可参照《暖通空调制图标准》(GB/T 50114—2010)中的图例绘制。

表 8.12 调控装置及仪表的图例

序号	名 称	图 例	序号	名 称	图 例
1	温度传感器	T 或 温度	5	弹簧执行机构	
2	湿度传感器	H 或 湿度	6	浮力执行机构	
3	压力传感器	P 或 压力	7	电动执行机构	~ 或
4	压差传感器	ΔP 或 压差	8	电磁(双位)执行机构	M 或

续表

序号	名　称	图　例	序号	名　称	图　例
9	温度计	Ⓣ 或	11	流量计	F.M. 或
10	压力表	或	12	能量计	E.M. 或 T1 T2

8.3　空调工程制图基本方法

8.3.1　空调工程制图的特点

空调工程施工图属于建筑图的范畴。在图纸上，各种管线作为建筑物的配套部分，用《暖通空调制图标准》中统一的图例符号来表示不同的管线和设备，有时还需要绘制节点大样和设备安装详图。因此，在学习空调工程制图之前，除了具备一定的识图和制图基础外，还必须掌握与图纸有关的图例符号所代表的含义；了解空调工程安装操作的基本方法；熟悉空调工程相关的施工规范和质量验收标准；从而绘制出符合国家专业制图标准的施工图，达到图面清晰、简明，符合设计、施工、存档的要求，适应工程建设的需要。

8.3.2　空调工程制图的一般规定

①空调工程设计通常包括方案设计、初步设计、施工图设计、竣工图等几个阶段，各阶段的设计图纸，应满足国家建设部制定的《建筑工程设计文件编制深度规定》管理文本中规定的相应设计深度要求。

②本专业设计图纸编号应独立。

③在同一套工程设计图纸中，图样线宽、图例、符号等应一致。

④在空调工程制图设计中，宜依次表示图纸目录、选用标准图集（图纸）目录、设计施工说明、图例、设备及主要材料表、总图、工艺图、系统图、平面图、剖面图、详图等。如单独成图时，其图纸编号应按所述顺序排列。

⑤图样需用的文字说明，宜以"注:""附注:"或"说明:"的形式在图纸右下方、标题栏的上方书写，并用"1,2,3,…"进行编号。

⑥一张图幅内绘制平、剖面等多种图样时，宜按平面图、剖面图、安装详图，从下至上、从左至右的顺序排列；当一张图幅绘有多层平面图时，宜按建筑层次由低至高、由下至上的顺序排列。

⑦图纸中的设备或部件不便用文字标注时，可进行编号。图样中只注明编号，其名称宜以"注:""附注:"或"说明:"表示。如还需表明其型号（规格）、性能等内容时，宜用"明细栏"表示，示例可参见表8.13。装配图的明细栏按现行国家标准《技术制图——明细栏》（GB 10609.2—2009）执行。

表 8.13　设备表(二管制风机盘管性能参数表)

序号	设备编号	设备形式	(高档)风量/($m^3 \cdot h^{-1}$)	出口余压/Pa	电机容量/kW	冷盘管						噪声/dB(A)	冷水管接管管径	热水管接管管径	凝结水管接管管径	出风方形散流器尺寸(接一个出风口)	出风方形散流器尺寸(接两个出风口)	回风口尺寸(接底部回风的回风箱)	备注
						冷量/kW	冷水进/出水温/℃	空气进口温度/℃		水流阻力/kPa	工作压力/MPa								
								干球	温球										
1	FP-3.5	卧式暗装风机盘管	340	30	<41	1.8	5/12	24	17	<30	1.6	<40	*DN*20	*DN*20	*DN*20	180×180		500×200	表中的数值均中档风量时的数值,且均为两管制风机盘管
2	FP-5.0	卧式暗装风机盘管	450	30	<52	2.4	5/12	24	17	<30	1.6	<40	*DN*20	*DN*20	*DN*20	240×240		600×200	
3	FP-6.3	卧式暗装风机盘管	600	30	<65	3.3	5/12	24	17	<30	1.6	<45	*DN*20	*DN*20	*DN*20	300×300		700×200	
4	FP-7.0	卧式暗装风机盘管	730	30	<96	3.9	5/12	24	17	<30	1.6	<45	*DN*20	*DN*20	*DN*20	300×300	240×240	800×200	
5	FP-8.0	卧式暗装风机盘管	820	30	<120	4.7	5/12	24	17	<40	1.6	<45	*DN*20	*DN*20	*DN*20	300×300	240×240	900×200	
6	FP-12.5	卧式暗装风机盘管	1 230	30	<130	6.7	5/12	24	17	<40	1.6	<45	*DN*20	*DN*20	*DN*20	360×360	300×300	1 000×200	

⑧初步设计和施工图设计的设备表至少应包括序号(或编号)、设备名称、技术要求、数量、备注栏;材料表至少应包括序号(或编号)、材料名称、规格或物理性能、数量、单位、备注栏。

8.3.3 空调工程绘图与画法

根据空调工程设计与制图所应包括的内容,下面通过一些常规空调工程施工图设计涉及的内容,来介绍空调冷热源和空调风、水管路的基本绘制要求与画法。

1)图纸目录

施工图纸设计工作完成后,设计人员按一定的图名及顺序将它们逐项归纳编排成图纸目录,以便查阅。通常先列新绘图纸,后列选用的标准图或重复利用图。为便于审批、施工、验收、监理等方面技术人员理解设计意图和阅图,一般空调通风工程图宜按下列顺序排列:目纸目录、设计与施工说明、设备与主要材料表、冷热源机房热力系统原理图、冷热源机房平、剖面图、冷热源机房水系统轴测图、空调系统风管、水管平面图、风管、水管剖面图、风管、水管轴测图、详图等。也可先编排空调系统类的图,再编排冷热源机房类的图。每个工程的图样可能有所增减,但仍需按上述顺序排列。当设计工程较简单时,可将上述的某些图纸合并。

图纸目录的范例参见本章 8.5 节的工程实例。

2)设计说明和施工说明

(1)设计说明

设计说明是图纸的重要组成部分,主要表达施工图中无法表示清楚,而在施工中施工人员必须知道的技术、质量方面的要求。它无法用图的形式表达,只能以文字的形式表述。

设计说明应介绍设计概况和空调室内外设计参数;热源、冷源情况;热媒、冷媒参数;空调冷、热负荷;冷、热量指标;系统形式和控制方法。必要时,还需要说明系统的运行操作要点,例如空调系统的季节转换,防排烟系统的送、排风道转换等。设计说明的范例参见本章 8.5 节的空调工程实例。

(2)施工说明

应说明设计中使用的材料和附件的技术要求,系统工作压力和试压要求;施工安装要求及注意事项。施工说明的具体内容范例参见本章 8.5 节中的空调工程实例。

3)图例

通常执行国家《暖通空调制图标准》。大型设计院还自定义了一些本单位标准,但在使用中不得与《暖通空调制图标准》中已有规定相矛盾,且应在相应图面说明。表 8.14 是空调工程的一些图例示例。

表 8.14　图例示例

符　号	说　明	符　号	说　明
—— CHWS ——	冷冻水供水管		软接管
—— CHWR ——	冷冻水回水管		Y 形水过滤器
—— S ——	补水管	—— CWS ——	冷却水供水管
—— P ——	膨胀水管	—— CWR ——	冷却水回水管
.	标高或圆管中心标高		风管软接头
×	矩形风管:宽×高/mm×mm		风管止回阀
φ***	圆形风管:直径 φ		调节蝶阀
	防雨百叶		消声器
—— HS ——	热水供水管		防火调节阀(70 ℃)
—— HR ——	热水回水管		手动对开多叶调节阀
	闸阀		单层活动百叶风口
	碟阀		方形散流器
	阀门(通用)、截止阀		

4)设备表

施工图阶段,必须编制设备材料表。在设备材料表内列出设计图纸中主要设备的名称、规格、型号、数量等,规格及型号栏应注明详细的技术数据。设备、材料表可单独成图,也可书写于平面图的标题栏上方,这时项目名称写在下面,从下往上编号。设备表至少包括序号(或编号)、设备名称、技术要求、件数、备注栏。表 8.15 是某冷冻机房设备表。

5)系统图(原理图)、系统流程图、立管图的绘制

(1)系统原理图

它是工程设计图中重要的图样,表达了系统的工艺流程,应表示出设备和管道间的相对关系以及系统运行过程的程序,此图无须按照比例和投影规则绘制。一般而言,尺寸大的设备绘制得大一些,尺寸小的设备小一些,设备、管道在图面的布置上主要考虑使得工艺流程及图面线条清晰、图面布局均衡,与实际物理空间位置的设备及管道布置没有投影对应关系,如图8.7所示。

表 8.15　某冷冻机房设备表

9	⋮	⋮			
8	⋮	⋮			
7	集水器	ϕ500,L=1 250 mm	台	1	
6	分水器	ϕ500,L=1 250 mm	台	1	
5	电子除垢仪	出入水口尺寸 300 mm	台	2	用电功率 300 W 220 V,50 Hz
4	压差控制器	P 906A1032-DN200	台	1	
3	冷却水循环泵	卧式离心泵:n=1 450 r/min H=30×9 800 Pa, 体积流量:280 m^3/h	台	3	(二用一备)N=30 kW 卧式离心泵
2	冷冻水循环泵	卧式离心泵:n=1 450 r/min H=36×9 800 Pa, 体积流量:240 m^3/h	台	3	(二用一备)N=37 kW 卧式离心泵(变频)
1	螺杆式冷水机组	制冷量 128 kW,冷冻水温 7/12 ℃,冷却水温 32/37 ℃	台	2	用电功率 240 kW
设备编号	设备名称	型号与规格	单位	数量	备　注

图 8.7 中绘出了设备、阀门、控制仪表、配件,标注介质流向、管路代号、管径及设备编号;流程图不需按比例绘制,但管路分支与平面图应相符。空调冷热源机房系统原理图,主要应表明制冷、热源管路的工作流程,同时反映设备之间的关系,图中的主要设备以方块图或形状示意图表现出来。

(2)系统流程图

热力、制冷、空调冷热水系统及复杂的风系统应绘制系统流程图。系统流程图应绘出设备、阀门、控制仪表、配件,标注介质流向、管径代号及设备编号。流程图可不按比例绘制,但管路分支应与平面图相符。图 8.8 是两台燃油锅炉的热力系统图,又称为汽-水流程图或管道流程图。锅炉房内管道系统的流程图,主要表明锅炉系统的作用和汽水的流程,同时反映设备之间的关系。从该流程图可知:各管道的管径和管路代号,阀门、控制仪表、配件,同时标注了介质流向,锅炉房的主要设备以方块图或形状示意图表现出来。图 8.9 为某多联机空调系统流程示意图,图 8.10 为空调新风及其热回收系统图。

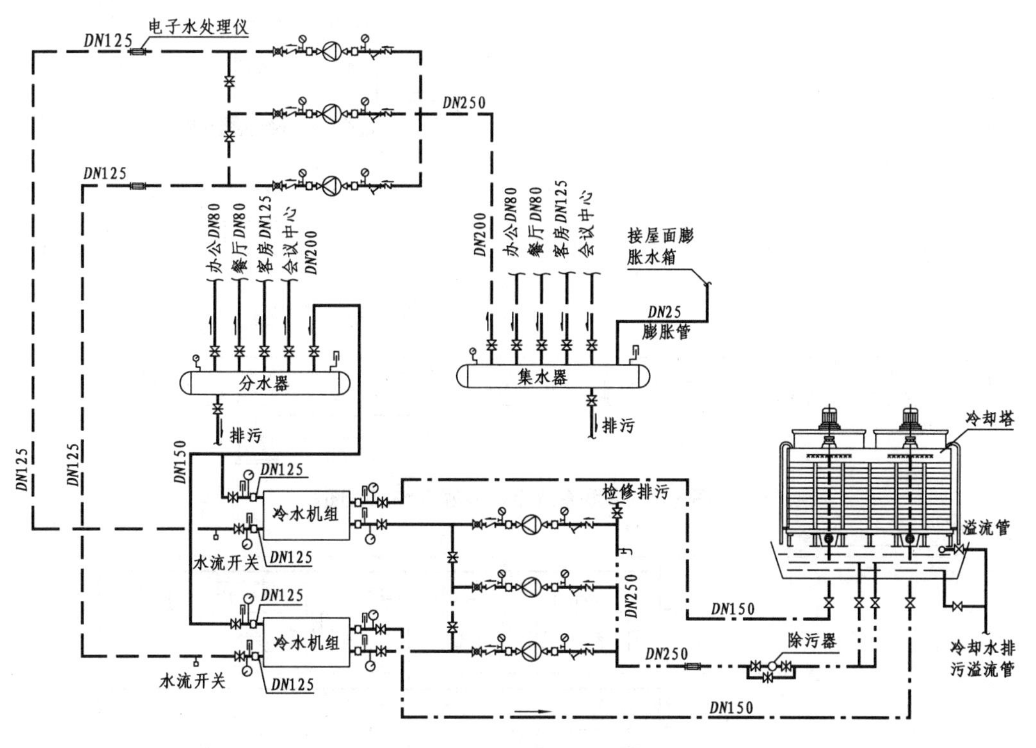

图 8.7　空调制冷原理图

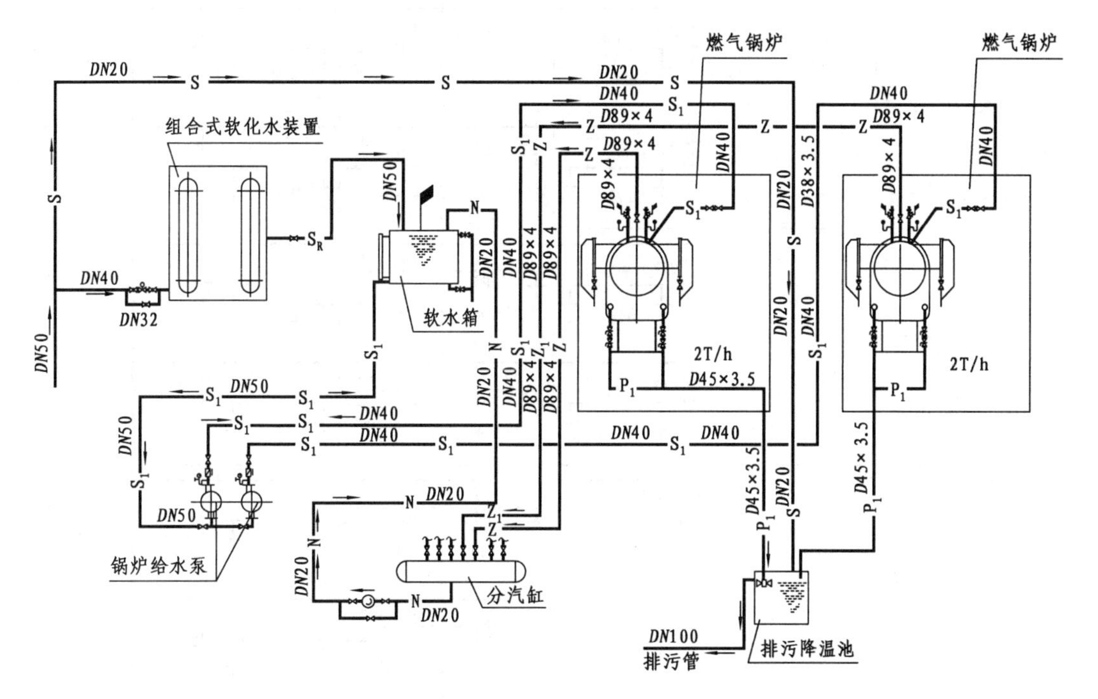

图 8.8　热力系统图

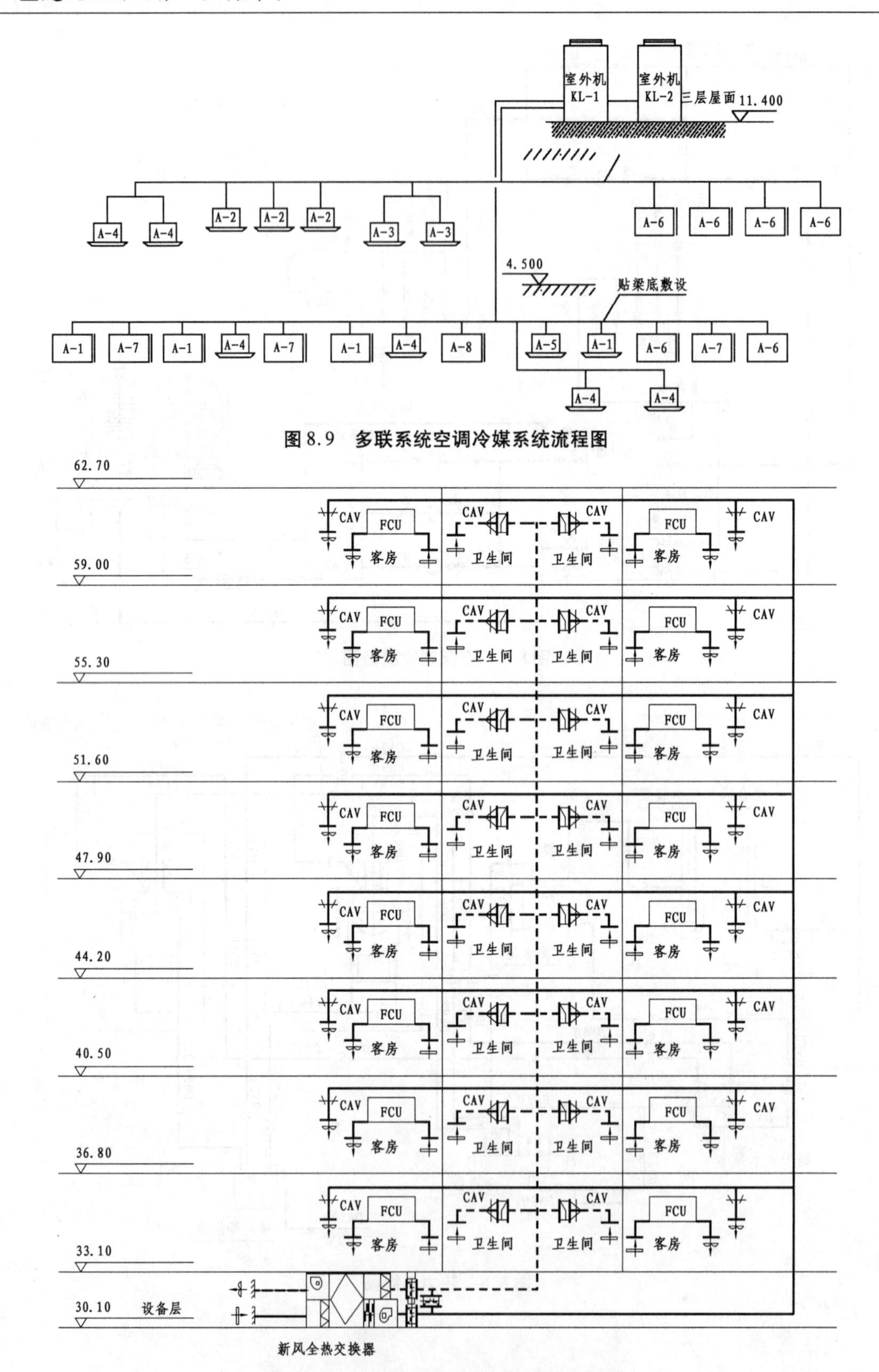

图 8.9　多联系统空调冷媒系统流程图

图 8.10　空调新风及其热回收系统流程图

（3）立管图

空调的供冷、供热分支水路采用竖向输送时，应绘制立管图，并编号，注明管径、坡向、标高及空调器的型号，如图 8.11 所示的空调水系统末端流程图，可以用来表示立管与末端设备的连接情况。

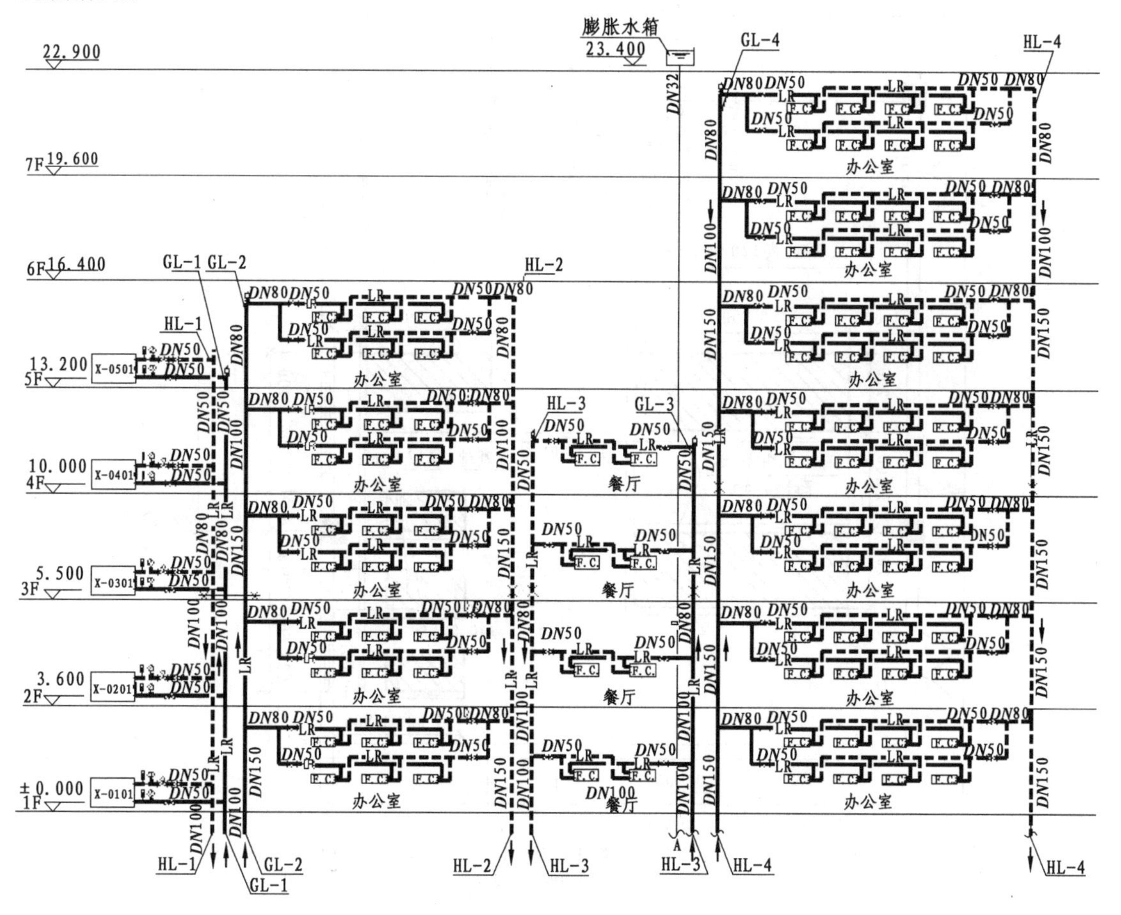

图 8.11　空调水系统末端流程图

6）平面图的绘制

（1）一般规定

①空调工程的平面图应在建筑专业提供的建筑平面图中采用正投影法绘制。在平面图上应包含建筑轮廓、主要轴线号、轴线尺寸、室内外地面标高、房间名称。另外，底层平面图上应绘出指北针。

②空调工程根据设计内容通常分为：制冷机房平面图、空调机房平面图、风管路平面图、水管路平面图。

（2）空调机房、冷热源机房平面图的绘制

机房平面图应根据需要增大绘图比例。通常采用比例为 150。空调机房和冷热源机房平面图通常包括设备基础平面图和设备及管线平面图。机房平面图主要反映设备的基础做法和定位情况，设备与管线及附件的连接情况，这是施工安装的重要依据。图 8.12 为某制冷机房设备基础平面图,在此图中设备是突出表达的对象,设备轮廓用粗线,设备轮廓根据实际物体的尺寸和形状按比例绘制。当机房平面图能将设备与管线绘制清楚时,可不绘制设备基础平面图,设备基础平面图是提供给土建专业的资料图。

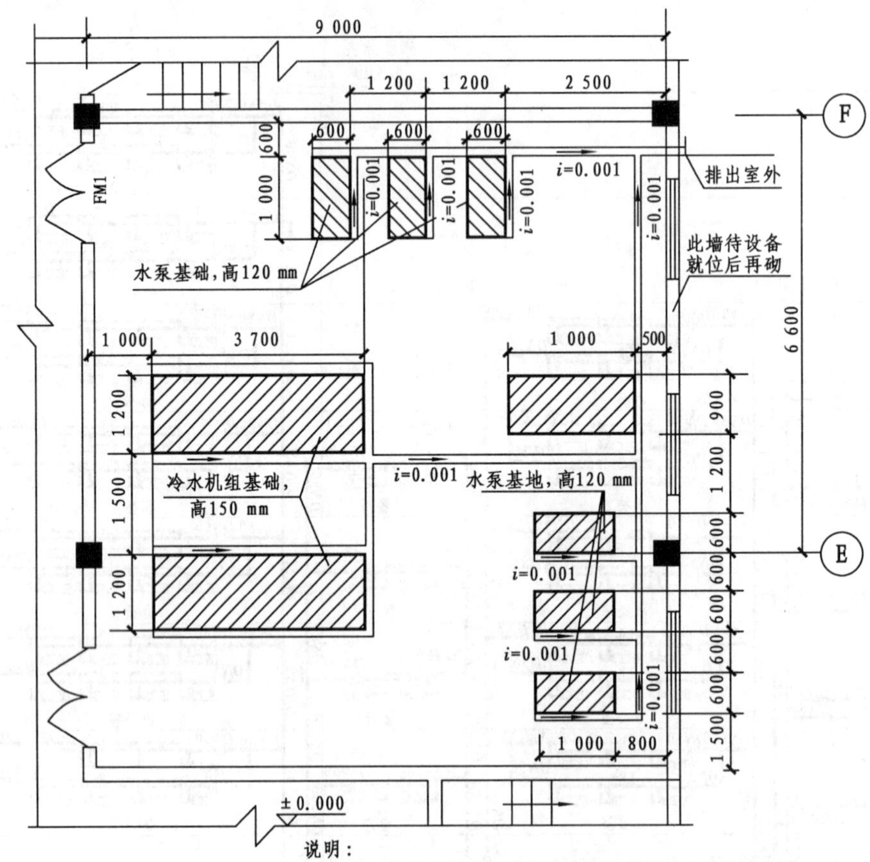

图 8.12　制冷机房设备基础平面图

在绘制空调机房、冷热源机房的管线平面图时,通常是绘出空调、制冷设备(如冷水机组、热交换设备、冷热水泵、冷却水泵、水箱等)的轮廓位置及编号,注明设备距离墙或轴线的尺寸。在该图上设备轮廓线用中粗线绘制,各种连接管道需要重点突出,所以必须采用粗线绘制。图中还应绘出连接设备的水管位置及走向;标注介质流向、管路代号、管径及标高。同时注明机房内所有设备、管道附件(各种阀门、仪表、柔性短管、过滤器等)的位置,管道的定位尺寸,即标注管道中心线与建筑、设备或管道间的距离。管道的遮挡、分支、交叉、重叠等要遵循《暖通空调制图标准》(GB/T 50114—2010)中相关规定。图 8.13 为某冷热源机房平面图。

(3)风、水管路平面图的绘制

国家在《建设工程设计文件编制深度规定》中规定:在空调风、水管路平面图上,风管路的施工图需用双线绘出,空调冷热水、凝结水等管道用单线绘出。同时须标注风管尺寸、标高及风口尺寸(圆形风管:管径;矩形风管:宽×高),标注水管管径及标高;各种设备及风口安装的定位尺寸和编号;消声器、调节阀、防火阀等各种部件位置及风管、风口的气流方向。图 8.14

和图 8.15 分别为某宾馆标准层空调风、水管路平面图示例。

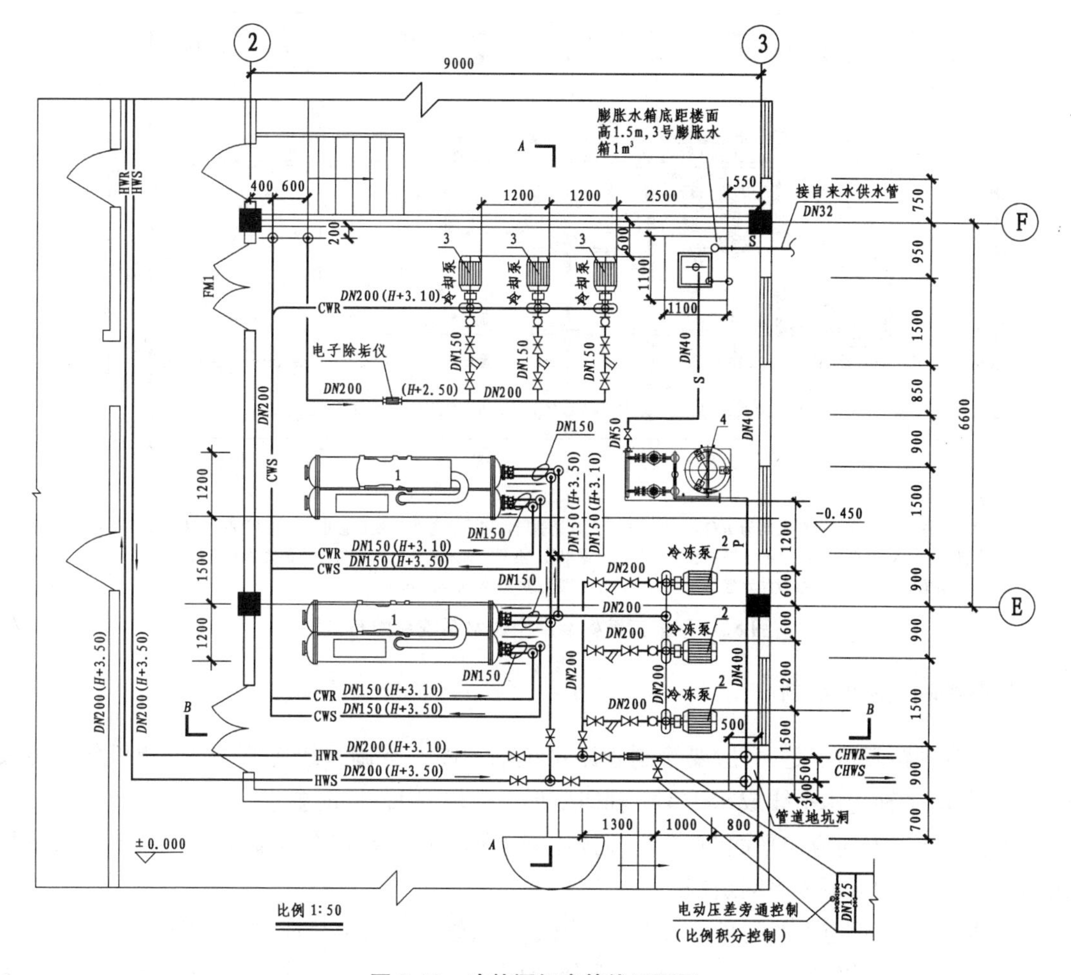

图 8.13　冷热源机房管线平面图

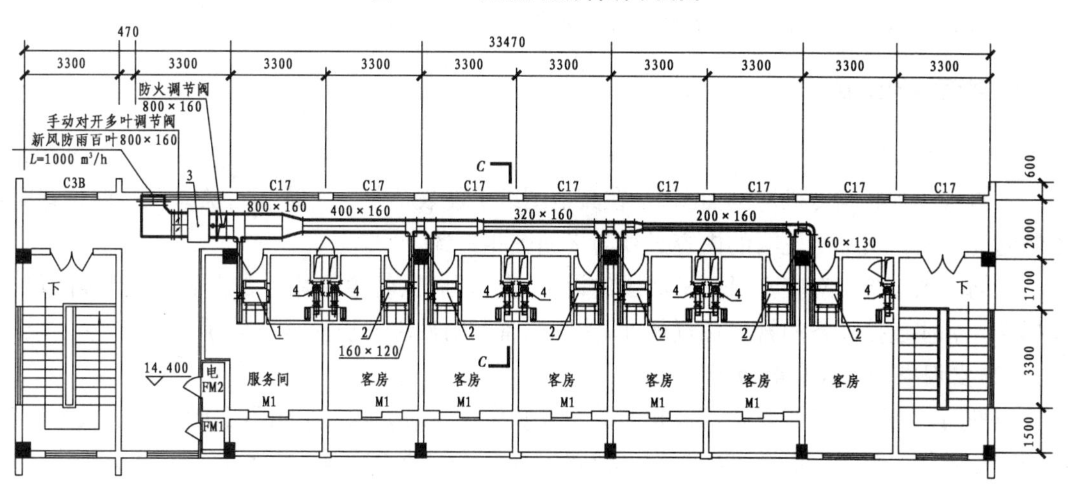

注：1—风管贴梁底敷设；2—新风支管管径均为 160×120；3—卫生间排风支管管径均为 120×120。

图 8.14　某宾馆标准层空调风管平面布置图

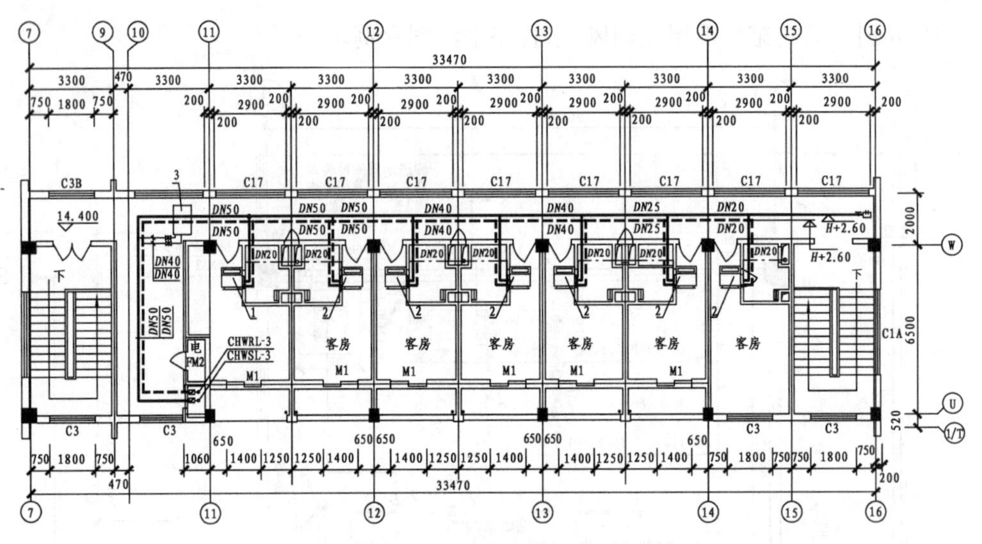

说明:

1. 风机盘管供、回水支管管径均为 *DN*20，供水支管入口设滤网，回水支管出口设恒温电动二通阀 T9275A1002 风机盘管各供、回水接管管口均采用不锈钢软管与水系统管道相接，各供、回水支管上均配相应管径之黄铜闸阀。
2. 图中所有与风机盘管连接凝结水管管径均为 *DN*20，坡度为 0.01 坡向排水方向。

图 8.15　某宾馆标准层空调水系统平面布置图

7) 系统轴测图的绘制

为了将管路表达清楚，一般要绘制管路系统轴测图。空调系统图宜按 45°正面斜轴测投影法绘制，即 *Y* 轴与水平线成 45°，3 个轴向变形系数均取 1。同时要求：

①管道布置方向应与平面图一致，并按比例绘制。在末端设备与管道连接等局部管道按比例绘制不清时，可不按比例绘制。

②楼地面线、管道上的附件、阀门等应予以表示，管径立管编号应与平面图一致。

③管道应注明管径、标高（也可标注距楼地面的尺寸），连接管道上的设备宜编号表示清楚。图 8.16 为某宾馆标准层空调水系统图示例。

8) 剖面图的绘制

(1) 一般规定

①通风、空调、制冷机房剖面图，是在其他图纸不能表达复杂管道相对关系及竖向位置时，绘制的剖面图。图中所说明的内容必须与平面图相一致。

②剖面图应绘出对应于机房平面图的设备、设备基础、管道和附件的竖向位置、竖向尺寸和标高。标注连接设备的管道位置尺寸；注明设备和附件编号以及详图索引编号。

(2) 空调冷热源机房剖面图

当平面图中不能表达复杂管道相对关系及竖向位置时，应绘制剖面图，绘图要求及方法与空调冷热源机房管线平面图一样。剖面位置应选择管线重叠较多，平面图不足以反映清楚之处。剖面图上需将在平面图上被剖到或见到的有关建筑、结构、工艺设备均应用细实线画出。标出地板、楼板、门窗、吊顶及相关建筑物、工艺设备标高，并注明建筑轴线编号。通常剖面图的比例为 1∶50。例如，图 8.13 中冷热源机房平面管线交叉较多，为此该图的绘制设有两处剖

切面 *A*—*A*、*B*—*B*,其剖面图分别如图 8.17 和图 8.18 所示。从该剖面图中可以得知设备基础尺寸与高度,与冷水机组相连的各管线标高、位置尺寸,以及相连的管道附件安装。

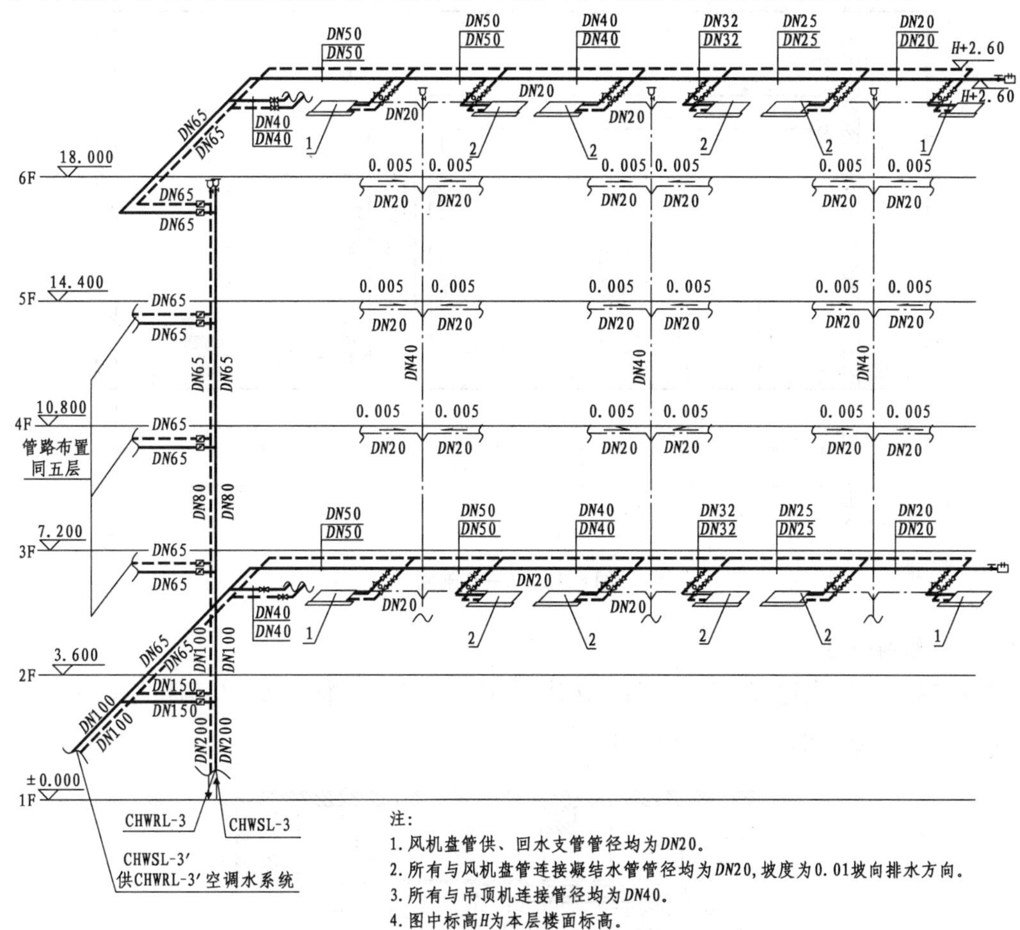

图 8.16　某宾馆标准层空调水系统图

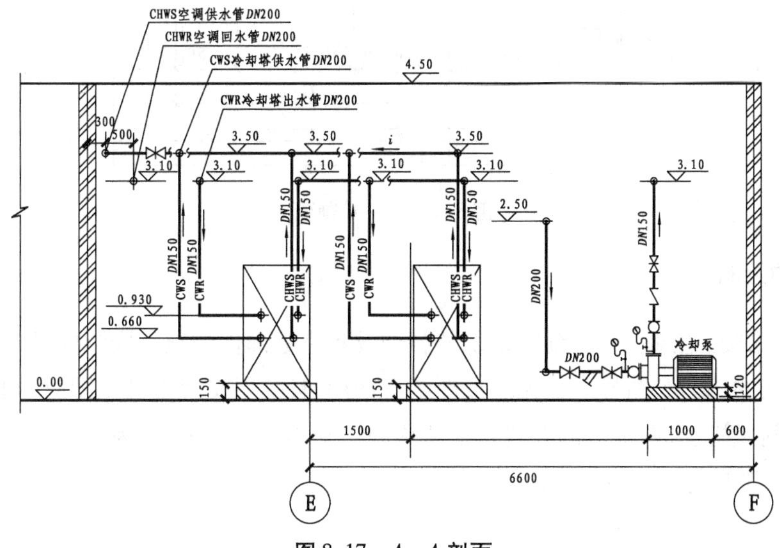

图 8.17　*A*—*A* 剖面

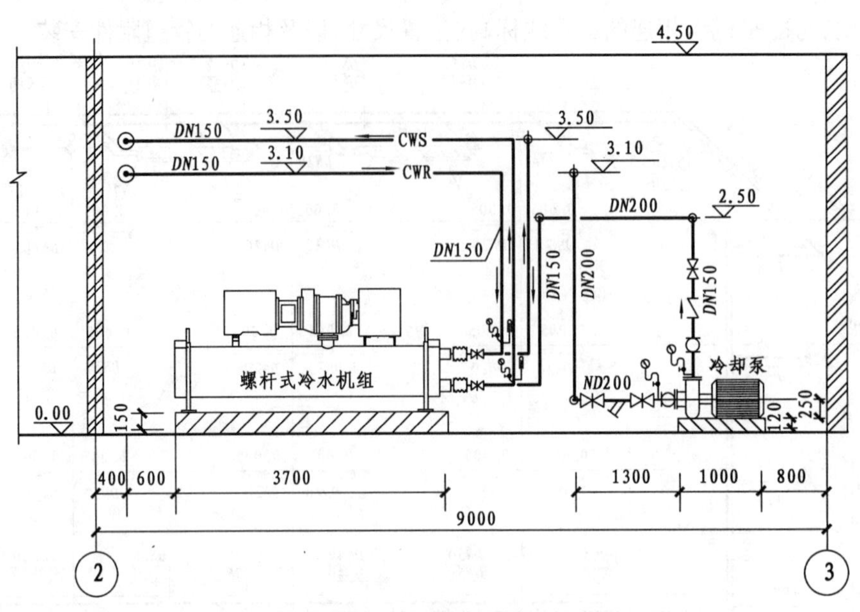

图 8.18　*B—B* 剖面

(3)局部剖面图

图 8.14 中宾馆走道管线较多,为表达清楚,特别在走道处标有 *C—C* 剖切号。图 8.14 中 *C—C* 剖切面的剖面图,如图 8.19 所示。

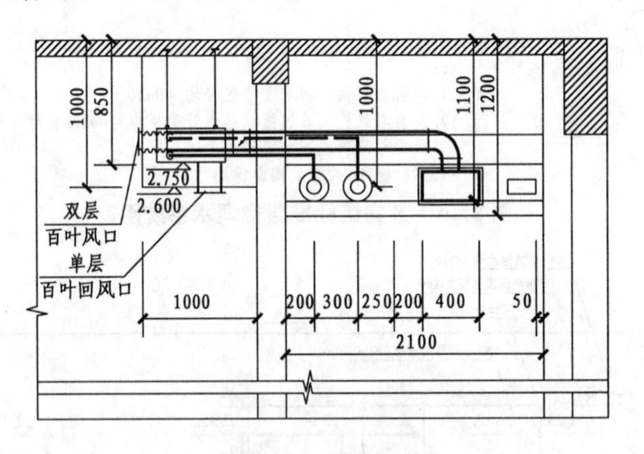

图 8.19　*C—C* 剖面

9)详图的绘制

①为明示采暖、通风、空调、制冷系统的各种设备及零部件的施工安装要求,应注明采用的标准图、通用图的图名和图号。如无现成图纸可选用,且需要交代设计意图时,均需绘制详图。通常情况下,新风机、空调机房的布置与安装均需绘制详图。图 8.20 为某新风机房大样图,图 8.21 为机房局部剖面大样图。

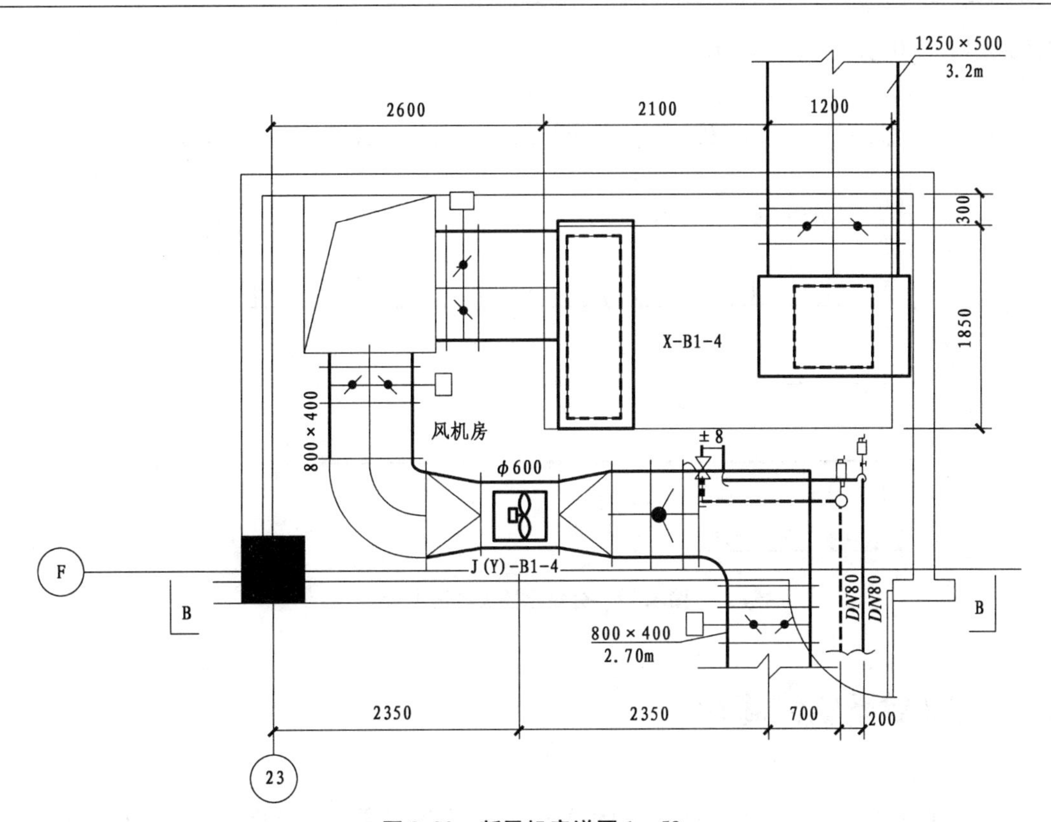

图 8.20 新风机房详图 1∶50

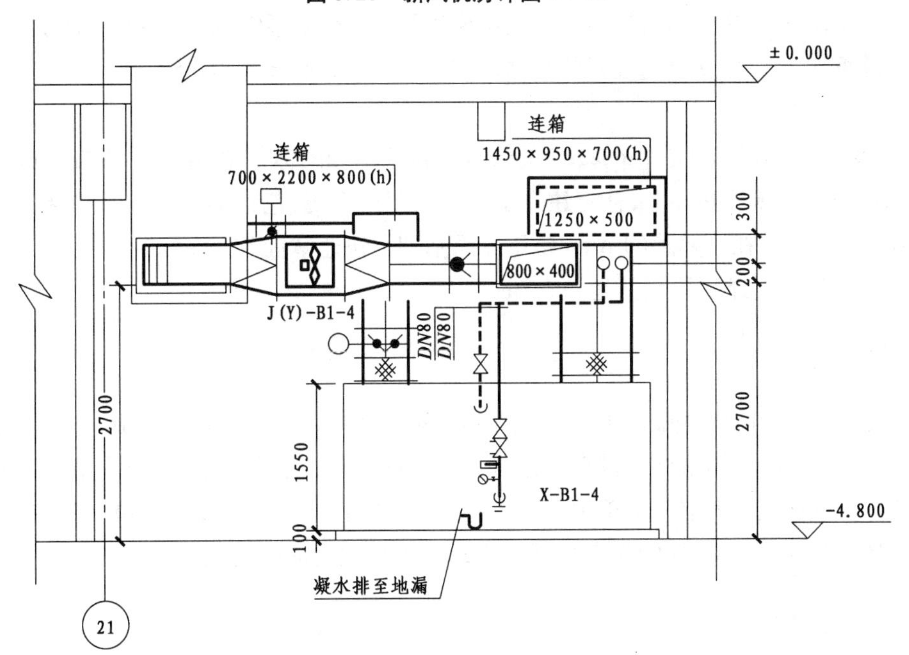

图 8.21 C—C 机房局部剖面大样图 1∶50

②简单的详图，可由平剖面图引出，如绘制局部详图；加工制作所需详图或安装复杂的详图应单独绘制。如机组、水泵等设备的排水沟做法，分、集水器制作等，应绘制局部详图，通常

比例采用 1∶20,如图 8.22 所示。

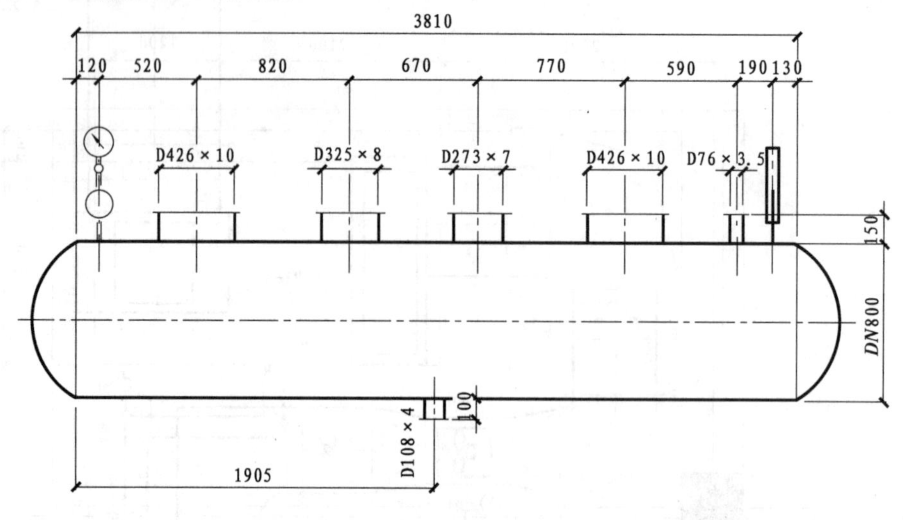

图 8.22　分集水器大样图 1∶25

8.4　空调绘图软件简介

对于空调系统的制图,直接采用 AutoCAD 进行制图,速度相对较慢。为了减轻设计人员绘图工作量,加快设计进度,目前已经开发出不少适用于空调系统的制图软件,较典型的有天正 THvac 暖通制图、鸿业 ACS 暖通制图、浩辰 INt 暖通等。本节主要介绍 THvac 8.0 天正暖通绘图软件。

THvac 8.0 的界面保留了 AutoCAD 的所有下拉菜单和图标菜单,不予补充或修改,即在保留 AutoCAD 原汁原味的基础上,补充建立了自己的菜单系统,包括屏幕菜单和快捷菜单,这样非常有利于设计人员在已熟悉的 AutoCAD 界面基础上快速掌握 THvac 8.0 的使用。THvac 的菜单源是 tch. Tmn,编译后的文件是 tch. Tmc。

8.4.1　屏幕菜单

天正绘图所有功能的调用都可在天正屏幕菜单上找到,是以树状结构调用的多级子菜单。所有的分支子菜单都可用鼠标左键点取进入变为当前菜单,也可用鼠标右键点取弹出菜单,从而维持当前菜单不变。大部分菜单项都有图标,以方便用户更快地确定菜单项的位置。当光标移到菜单项上时,AutoCAD 的状态行就会出现菜单单项功能的简短提示。

8.4.2　快捷菜单

快捷菜单又称右键菜单,在 AutoCAD 绘图区,单击鼠标右键弹出。快捷菜单根据当前预选对象确定菜单内容,当没有任何预选对象时,弹出最常用的功能,否则根据所选的对象列出相关的命令。当光标在菜单项上移动时,AutoCAD 状态行给出当前菜单项的简短使用说明。天正的有些命令利用预选对象,有些则不利用预选对象。对于单选对象,当命令与点取位置无关,则利用预选对象,否则还要提示“选择对象”。

8.4.3　命令行

THvac 大部分功能都可用命令行输入,命令行是以简化命令的方式提供命令的。上述屏幕菜单、右键快捷菜单和键盘命令 3 种形式调用命令的效果是相同的。

8.4.4　空调系统绘制方法

下面举例介绍空调水系统和风系统的绘制方法。

1)空调水系统的设计

在下面空调水系统的绘制中,主要介绍风机盘管的绘制方法及相关操作命令的使用。

(1)风机盘管布置

由“框布盘管”“点布盘管”“盘管替换”“盘管删除”“盘管旋转”等菜单命令可以很方便地进行风机盘管布置及编辑。

例如“框布盘管”:从菜单位置选择“空调”→“布盘管”→“框布盘管”,其功能是在定位参考线的交点处插入风机盘管。

点取该命令后,命令行就会提示:请点取风机盘管的插入点(定位线交点)或窗口的第一点 < 退出 >;如果点取位置为参考线的交点,风机盘管随即在参考线交点处插入,否则 THvac 会自动以该点作为窗口的第一点并提示:窗口的第二点 < 退出 >;请拾取风机盘管方向参考线 < 水平方向 >。

用橡皮线拉出风机盘管插入方向,既在点取位置或窗口内参考线交点上完成风机盘管布置。

从菜单位置选择“空调”→“布盘管”→“点布盘管”(或“盘管替换”“盘管删除”“盘管旋转”等),则在点取位置上可插入风机盘管(或盘管替换、盘管删除、盘管旋转),且“盘管删除”“盘管旋转”命令与 AutoCAD 中的删除和旋转命令的用法是一致的。

(2)风机盘管的制作

用户可用 AutoCAD 命令绘制所需要的风机盘管,对风机盘管进行原形设计,例如,从菜单位置选择“空调”→“布盘管”→“盘管原形”进行编辑,并将设计好的风机盘管原形变为图块,加入 THvac 图库中,供以后做风机盘管替换时调用,即选择菜单“空调”→“布盘管”→“盘管入库”进行编辑。风机盘管制作主要用到的命令有:

①风机盘管原形。从菜单位置选择“空调”→“布盘管”→“盘管原形”,其功能是选择要替换风机盘管作为风机盘管原形制作的模板,并构造风机盘管制作的环境。

在点取该命令后,命令行提示:请选取风机盘管原形 < 退出 >。在屏幕上点取风机盘管后,屏幕中除选重的风机盘管外的一切图元都暂时消失,图中有一个红色的“×”标志表示风机盘管插入点。此时风机盘管已不再是块,而是由 Line,Arc,Circle 等容易编辑的图元组成,用户可以用 AutoCAD 命令绘制所需要的风机盘管。

②风机盘管原形设计。“绘短风管”此命令用来绘制盘管回风、进风口的风管,可按命令行提示选择是否接入弯头。

"绘制箭头"此命令操作和 Line 命令一样,只是在 < 回车 > 结束时,自动在线的结束点位置插入一个箭头。

"虚实变换"此命令将选取的 Line, Arc 和 Circle 等图元由实线转为虚线或由虚线转为实线。

③阀门虚实变换。从菜单位置选择"空调"→"布盘管"→"虚实变换",主要功能是在阀门原形上虚线与实线之间进行变换。点取该命令,命令行提示:请选取要变换线型的图元 < 退出 >,选取要变换的线型后 < 回车 > 退出。

④风机盘管入库。从菜单位置选择"空调"→"布盘管"→"盘管入库",其功能是将设计好的风机盘管原形变为图块,加入 THvac 图库中,供以后作风机盘管替换时调用。

(3)管道绘制

从菜单位置选择"空调"→"水路"→"单管绘制",可以完成单根管线绘制。管线所在图层的颜色在对话框中确定。点取"单管绘制"命令后,屏幕上显示出「请确定管线类型」对话框。对话框中「管号」列表框中包括 5 种类型的空调管线。用户可以任选其一确定该管线的图层及颜色。选取后点取「确认」,命令行提示:请点取管线的起始点 < 退出 >;点取起始点后,命令行提示:请选择管线起点处是否插入立管【Y/N】? < N >。如果用户希望管线起点处插入立管,键入字母 Y 后 < 回车 >,否则直接 < 回车 > 或键入字母 N 后 < 回车 >,命令行提示:请继续用 LINE 方式画线 < 退出 >:以下绘制方法同 AutoCAD 中绘直线(Line)命令。

从菜单位置选择"空调"→"水路"→"双管绘制",可以同时完成两根管线绘制。点取"双管绘制"命令后,用户可以在「请确定管线类型」对话框中选择两种管线。选取后点取「确认」,命令行提示:请点取管线的起始点 < 退出 >;请点取管线的下一点/W-管间距/P-接盘管/U-回退/ < 退出 >;请选择:是否在管线起始点处插入立管(Y/N): < N >;选择后即完成管线绘制。还可选择"三管绘制"和"四管绘制"菜单命令来同时完成 3 根、4 根管线的绘制。

绘制连接盘管的管线与主管线的交叉管线,选择"阶梯接管"命令。

查询空调水路中管道使用的管线类型,选择"管号查询"命令。

(4)阀门阀件绘制

从菜单位置选择"空调"→"水路"→"阀门阀件",其主要功能是空调管道插入阀门。

点取该命令后,屏幕上将显示出一个天正暖通图块对话框。此对话框中包括显示阀门配件类型的多个图像框,用户可以在此选择阀门配件类型。

2)空调风系统的设计

在风系统的设计中,天正软件提供了风系统图的生成、风系统图的编辑、单层入库及组合菜单功能。

在风系统图的生成中,主要由空调风管平面图生成系统图。例如,从菜单位置选择"空调"→"风系统"→"单层轴测"后,可将调入的空调平面图生成轴测图。不必绘制复杂的系统图,只要绘制好各层平面图,就可以很容易地生成风系统轴测图。在点取命令后,程序由选择的平面图中提取主管、分支风管等,转换成单线图插入左下视窗。命令行提示:

请选择轴测图形式 A45 度轴测/B30 度轴测: < A >;画 45 度轴测,所以 < 回车 >:

请点本层单线风管的起始段:

请点取轴测图起始点:将轴测图画在那里,程序将单线风管轴测图画在右视窗中。

在风系统图的编辑中,主要由菜单“插变径符”“添加风口”“添加风阀”“修改标高”“管线拖动”“任绘管线”等对系统图进行编辑;在单层入库中,绘制好的风系统图应存放在指定的图库中;并通过组合菜单,对各层进行组合。

例如,从菜单位置选择“空调”→“风系统”→“添加风口”后,可在系统图管线上添加风口。点取命令后,命令行提示:

请在管线上点取需加风口的位置点 <回车退出>:点取需加风口的支风管端点;

程序绘出轴测风口,<回车>,退出本命令。

绘制好的系统图可以从菜单位置选择“空调”→“风系统”→“单层入库”命令,存放到指定图库中。

当单层轴测图或其他图需要组合时,可使用“组合菜单”进行绘制。例如,从菜单位置选择“空调”→“组合”→“各层输出”则可将图库中的单层轴测图分别输出,并插入指定的位置点。

点取本命令后,屏幕弹出「图库管理系统」对话框,命令行提示:

请选取要输出的某层风管轴测图 <退出>:

点取要输出的轴测图,点取「OK」,命令行提示:

请点取该层轴测图的接入点:

在屏幕上点取插入点,程序将选好的轴测图插至该点,<回车>退出。

组合菜单的命令有“绘楼板线”“各层输出”“断线开符”“整层移动”“管线断点”“管线拖动”“改变标高”“擦除连接”“单线修剪”“轴测设备”等,可根据绘图需要进行选择。

关于天正暖通绘图方法,其具体的绘图方式,可参考天正暖通使用手册。

8.5　工程举例与 CAD 绘图应用

本节附图为某办公楼中央空调工程设计部分图纸分述如下。

图纸目录

序　号	图纸编号	图纸名称	图　幅	备　注
1	空施 15-1	图纸目录、空调设计、施工说明、图例	A1 加长	
2	空施 15-2	主要设备材料表	A1	
3	空施 15-3	一层空调风平面图	A1 加长	
4	空施 15-4	一层空调水平面图	A1 加长	
5	空施 15-5	二层空调风平面图	A1 加长	
6	空施 15-6	二层空调水平面图	A1 加长	
7	空施 15-7	三层空调风平面图	A1 加长	
8	空施 15-8	三层空调水平面图	A1 加长	

续表

序　号	图纸编号	图纸名称	图　幅	备　注
9	空施 15-9	四层空调风平面图	A1 加长	
10	空施 15-10	四层空调水平面图	A1 加长	
11	空施 15-11	五层空调风平面图	A1 加长	
12	空施 15-12	五层空调水平面图	A1 加长	
13	空施 15-13	一至三层空调水系统图	A1 加长	
14	空施 15-14	五至六层空调水系统图	A1 加长	
15	空施 15-15	空调机房平面、剖面及大样图	A1 加长	

图　例

符　号	说　明	符　号	说　明
	冷、热水供水管	—P—	膨胀水管
	冷、热水回水管		向上弯管
	空气冷凝水管		向下弯管
—S—	补水管		法兰封头或管封
.	标高或圆管中心标高		消声静压箱
×	矩形风管:宽×高 mm		带导流片的矩形弯头
φ***	圆形风管直径 φ		方形风口
	消声弯头		防雨百叶
	上出三通		风管软接头
	下出三通		防火调节阀(70 ℃)
	软接管		手动对开多叶调节阀
	Y 形水过滤器		排烟防火阀(280 ℃)
	电子除垢仪		调节蝶阀
	压力表		电动对开多叶调节阀
	温度计		消声器

续表

符　号	说　明	符　号	说　明
	闸阀		吊顶式排气扇
	蝶阀		侧面风口
	止回阀		单层活动百叶风口
	电动二通调节阀		方形散流器
	自动排气阀	设备标注方法：AHU-××-××（设备类别；所在楼层层数；设备编号）	
	固定支架		
	活动支架		
	电动调节平衡阀		

所选用国家标准图集

序　号	图纸编号	图纸名称	备　注
1	03K132	风管支吊架	
2	98R418	管道及设备保温	
3	01R409	管道穿墙，屋面防水套管	
4	99K103	防、排烟设备安装图	
5	97K130-1	ZP 型消声器，ZW 型消声弯管	
6	94K302	卫生间通风器安装图	
7	03S402	管道支架与吊架	
8	94K101-1 ~2	轴流式通风机安装	
9	01R405	弹簧管压力表安装图	
10	01R406	温度仪表安装图	

小 结

本章首先对空调工程的基本概念和系统形式作了简单介绍;介绍了国家现行的空调工程制图标准、规范及相关图例,并重点介绍了空调工程制图的基本方法,包括空调工程制图的特点、一般规定以及绘图画法。最后,对天正 THvac 暖通制图软件作了简要介绍,并附空调工程设计绘图实例。

空调设计说明

一 设计依据

1.《民用建筑供暖通风与空气调节设计规范》(GB 50736—2012)
2.《民用建筑暖通空调设计技术措施》
3.《建筑设计防火规范》(GB 50016—2014)
4.《空气调节设计手册》
5.《办公建筑空调设计》

二 工程概况

某省某供电有限责任公司电力生产综合楼办公楼以办公、调度及会议等部门为主，总建筑面积约为8000 m²。全部功能设施均要求夏、冬两季给予舒适性空调并保证空气清新。

三 室外设计空调参数及室内设计标准

1. 室外设计参数：夏季空调设计干球温度:35 ℃ 夏季空调设计湿球温度:28.2 ℃
冬季空调设计干球温度：-6 ℃ 冬季空调设计相对湿度：77%

2. 室内设计参数：

房间名称	室内参数				新风量/(m³·h·人)	室内允许噪声 L_A/dB
	夏季		冬季			
	℃	%	℃	%		
门 厅	27~29	≤65	13~20	—	10~15	≤50
值班室	26~28	≤65	20~22	—	25	≤50
办公室	26~28	≤65	20~22	—	25	≤45
接待室	26~28	≤65	20~22	—	25	≤45
会客室	25~28	≤65	20~22	—	25~30	≤45
会议室	25~28	≤65	20~22	—	25~30	≤45

四 热冷源

根据本工程所在地理位置及建筑平面布置空调考虑舒适安全可靠及灵活，并从使用实施管理及计费等方面综合考虑。冷热源：拟采用空气源风冷热泵机组。空调主机房具体位置及详图另见设备机房图。

五 空调设计系统

1. 空调系统：本办公大楼均采用风机盘管加新风系统，凝结水按坡度统一分段排放。
2. 空调水系统：
a. 主楼冷热供回水立管设计为双管异程系统。
b. 每层回水总水干管上设置流量控制干衡阀。
c. 冷冻水供回水温差7~12 ℃；热水供、回水温差5.7~6.5 ℃。
d. 室外空调系统设计为水平双管异程式系统。

六 机械通风系统

1. 电梯机房排风换气次数为25次/h，用壁式轴流风机直接排至室外。
2. 卫厕排风换气次数为10次/h，直接排至室外，由建筑装饰确定。

七 消防

1. 空调机房的风管在穿越机房的隔墙均设有防火阀，防火阀与防火墙段采用防排烟风管制作管道与墙体间隙采用非燃性柔性材料严密填塞，充实。
2. 当每个防火分区发生火灾时，烟气温度达70 ℃。此时，空调、通风管防火阀自动关闭，并由探测设备输送信号至防灾中心，由防灾中心，发出指令，空调机停止运行。
3. 有可开启外窗的房间采用自然排烟的方式。
4. 所有管道采用难燃或非燃材料制作，管道与设备的保温材料，消声材料和黏结剂采用消防局认可的难燃或非燃材料。

八 空调自控设计

空调自控深度具体根据业主实际要求而定。

1. 会议室、办公室、接待室的温度控制，由风机盘管的三速开关进行手控或由安装在回水管上的电动双通阀进行自控。
2. 组合式空调机组回水管上设电动二通阀，对水系统管路进行控制。

九 环保

1. 噪声治理：
a. 为减少震动和降低噪声，冷水机组、水泵、空调设备、风机盘管等设备进出水管口均装橡胶软接头。其中，风机盘管采用FPT型风机盘管橡胶接头，冷水机组、水泵、空调设备等设备进出水管口均采用K×T可曲挠合成橡胶接头，所有空调和通风设备下垫隔振器。另外，风机盘管、空调箱吊装时采用弹性吊架、冷水机组、空调通风设备落地安装时采用SD型橡胶隔振垫，水泵采用SI型阻尼弹簧隔振器。
b. 所有动力设备（主机空调箱风机）尽量采用低噪声，节能型设备，并考虑消声，隔振措施，机房内作吸声处理。
c. 空调设备与风管之间均设双层铝箔保温风管(L=150 mm)连接。

十 其他

1. 消防控制室、职工活动中心均采用冷暖分体空调，空调设备由业主自理。
2. 电梯机房配备单冷分体空调机，空调设备由业主自理。

空调施工说明

一　管材与施工要求

1. 凡管径小于*DN*100的冷、热水管均采用热镀锌焊接钢管，丝扣连接；管径大于等于*DN*100的冷、热水管均采用无缝钢管，焊接连接；冷、热水管道与设备及阀门间均采用法兰连接。管道垂直连接时应尽量采用沿水流方向斜接连接。钢管规格如下：

公称直径/mm	20	25	32	40	50	70	100	125
外径×壁厚	25×2.5	32×2.5	37×3.5	45×3	57×3.5	76×3.5	107×4	133×4
公称直径	150	200	250	300	350	400	450	500
外径×壁厚	159×4.5	219×6	273×7	325×8	377×9	426×9	428×9	530×9

2. 水系统最高点（各主、支管）设自动排气阀门，最低点设排水阀门；
3. 保温管道与支吊架间用垫木分隔，垫木厚度与保温材料厚度相同，风、水管道吊托架视现场情况制作，形式见T607. N112；落地支架座阀参见《管道工程安装手册》。
4. 各管道支架间距如下：

活动支架间的最大距离

管径/mm	50	70	80	100	125	150	200	250	300	350	400	450	500
保温管道/m	3.0	4.0	4.0	4.5	5.0	6.0	7.0	8.0	9.0	9.0	10.0	11.0	11.0
非保温管道/m	3.5	4.5	5.0	5.5	6.0	7.0	8.0	9.0	10.0	10.0	11.0	12.0	13.0

5. 风道材料：

本工程送、回风道，排风道均采用镀锌钢板制作，钢板厚度及法兰大小根据施工验收规范制作，详见下表：

矩形风道六边或圆形风道直径/mm	钢板厚度/mm	法兰用料
80~320	0.5	L50×3
340~1 000	0.75	L30×4
1 120~2 500	1.0	L40×4
>2 500	1.2	L50×5

6. 主楼空调供回水进出口处均设热水热力入口，详见《施工安装手册》CN37。
7. 施工和验收参见《通风与空调工程施工及验收规范》（GB 50243—2012）及《制冷设备空气分离设备安装工程施工及验收规范》（GB 50274—2010）；《建筑给水排水及采暖工程施工质量验收规范》（GB 50242—2002）进行。

二　附件、阀门及仪表

本工程空调设备进出口处均设手动阀门，其中管径小于等于*DN*80时，除风机盘管供回水支管上设全铜截止阀外，J11W-16T其余均采用J41H-16C截止阀；管径大于等于*DN*100时，采用D373H-16手动蝶阀。风机盘管回水支管上设VC6013电动二通阀。回水水平干管设ZL-4M自力式流量控制平衡阀。所有设备进出口处均设压力表，机组进出口处均设温度计。

三　保温与刷油

1. 管道保温：

a. 冷冻水管须保温：保温材料为闭孔橡塑材料保温≤*DN*80，保温厚度为30 mm；管径*DN*350>*DN*≥*DN*100保温厚度为40 mm；再用铝皮做保护层。

b. 空调新风管道保温：保温材料为闭孔橡塑材料，保温厚度为25 mm。

2. 刷油漆：凡管道支、吊架除锈后刷红丹漆二度，灰漆二度，机房内明露管道，外刷色漆二度。

四　系统清洗与水压试验

1. 各路供、回水总管在施工前，必须将管道内的施工垃圾清除干净，安装时严防焊渣及塑料落入管内，试压前各路管道应清洗排污两次，以保证系统运行时的顺利进行。
2. 系统管道清洗完毕，须做试压试漏10 min，压力下降不大于0. 02 MPa，且外观检查不漏，为合格，试验压力为0. 4 MPa。

五　其他

1. 空调设备、风机盘管等设备进出水管口均装橡胶软接头，其中：风机盘管采用FPT型风机盘管橡胶接头，空调设备等设备进出水管口均采用KXT可曲挠合成橡胶接头。所有空调和通风设备下垫隔振器。其中：风机盘管，空调箱吊装时采用弹性吊架，冷水机组，空调通风设备落地安装时采用SD型橡胶隔振垫。
2. 有关设备由设计院提供技术参数，经制造厂验算，业主及设计院确认后定货。
3. 风管上口标高绝大部分离梁底50 mm，即尽量紧贴梁底安装。
4. 空调机凝结水排入空调机房内的地漏中，风机盘管凝结水按坡度就近排入浴厕或分段统一排放，具体位置详见空施。
5. 有些房间涉及二次装修管道标高、走向等可能会出现矛盾，尚待今后施工配合中根据现场实际情况及业主、其他工种另行协商而定。

9 通风工程制图

建筑通风工程是保证健康的室内环境,以满足人们在生产和生活中对空气环境的需要。通风与空调都是对空气进行处理的工程,其主要区别是:通风工程仅对室内进行通风换气,并对有毒有害气体或含尘气体进行过滤净化,一般不作热湿处理;空调工程则是根据室内环境的要求对空气进行各种处理,如在舒适性空调中主要是对空气进行热湿处理。

对于建筑通风工程的设计,要求专业设计人员除了具备专业知识外,还应具备通风工程制图和 CAD 软件绘图的技能。本章主要介绍通风工程的制图方法和步骤。对于专业软件的应用,可参见第 8 章的相关内容。

9.1 概 述

通过自然通风和机械通风的方法,可以达到向室内空间送入新鲜空气或排出室内被污染的空气,保证室内空气品质达到卫生健康的要求。通风的主要功能就是:提供人们呼吸所需要的空气;稀释室内污染物或异味;排出生产工艺过程中产生的污染物;除去室内多余的热量或湿量;补充室内燃烧设备燃烧所需的空气。但是建筑通风去除热湿的能力是有限的,通风的主要功能还是对空气进行过滤和净化,从而保证室内的空气品质。

虽然建筑室内卫生、安全、舒适的环境是由诸多因素决定的,但是通风却是保证健康室内环境的基础。

9.1.1 通风系统的类型

对于通风系统从不同的角度划分则有多种类型。例如,按通风系统的作用范围可分为全面通风和局部通风;按通风系统的工作动力来划分又可分为自然通风和机械通风。

1) 全面通风

全面通风是对整个房间进行通风换气,是用新鲜空气对整个房间内的污染物浓度进行稀释,使有害物浓度降低到最高容许值以下,同时把污浊空气不断排至室外,所以全面通风又称为稀释通风。图 9.1 为全面通风系统示意图,根据排风量的大小差异,可保持房间处于正压或负压状态,以满足不同的通风要求。

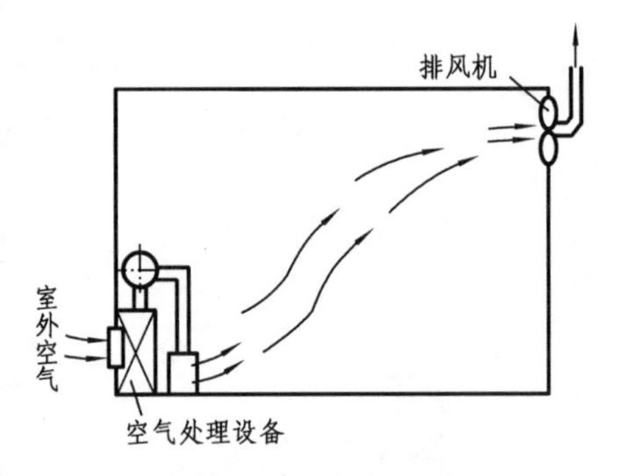

图 9.1 全面通风示意图

图 9.2 所示为全面机械送风系统图,当房间对送风有一定要求或邻室有污染源不宜直接自然进风时,可采用机械送风系统。室外新风先经空气处理装置进行预处理,达到室内卫生标准和工艺要求时,由送风机、送风管道、送风口送入房间。此时室内处于正压状态,室内部分空气通过门、窗缝隙逸出室外,此种通风系统即为机械送风自然排风系统。图 9.3 所示为全面机械排风系统图,进风来自房间门、窗的孔洞和缝隙,排风机的抽吸作用使房间形成负压,可以防止有害气体窜出室外。若有害气体浓度超过排放大气规定的允许浓度时,应进行过滤净化处理后再排放到室外,此种通风系统即为自然进风机械排风系统。送风系统和排风系统设计制图时,应明确标注出室内风口处气流流动的方向。

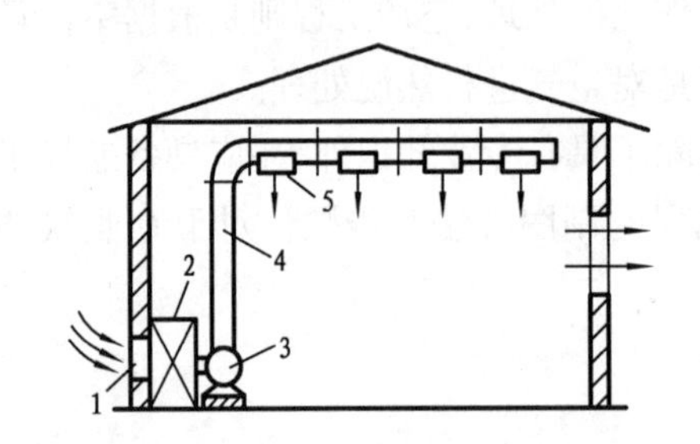

图 9.2 全面机械送风系统图(自然排风)

1—进风口;2—空气处理设备;3—风机;4—风道;5—送风口

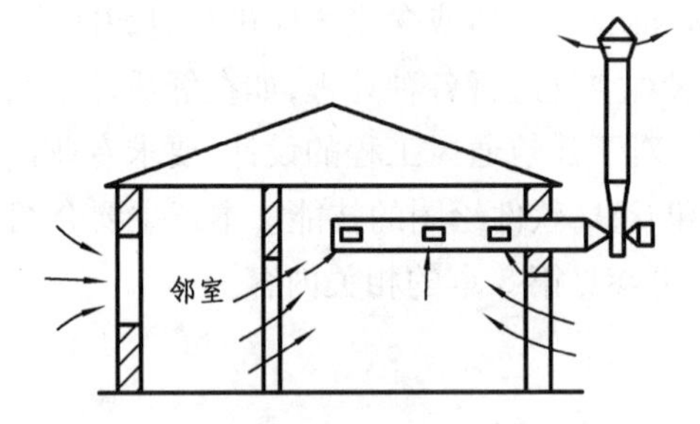

图 9.3 全面机械排风系统图(自然进风)

2)局部通风

局部通风是对室内某一局部区域进行通风。具体地讲,就是将室内有害物质在未与工作人员接触之前进行捕集、排除,以防止有害物质扩散到整个房间,或者为保证室内工作区域具有良好的空气环境而送入新鲜空气。图 9.4 所示为局部送风系统示意图,该车间由于工作人员少且生产工作地点相对固定,采用全面通风方法是不经济的,所以采用向局部工作区域输送定量所需的新鲜空气,是创造适宜工作环境非常有效的措施。

图 9.5 所示为局部排风系统示意图,局部排风是防毒、防尘、排烟非常有效的措施。可以有效地控制有害物的扩散以及污染周围环境。

3)自然通风和机械通风

自然通风是利用室外风力造成的风压,以及建筑物内、外空气的温度差和由此形成自然循环的高度差而产生的热压来引进室外新鲜空气达到通风换气的作用,如图 9.6 所示。

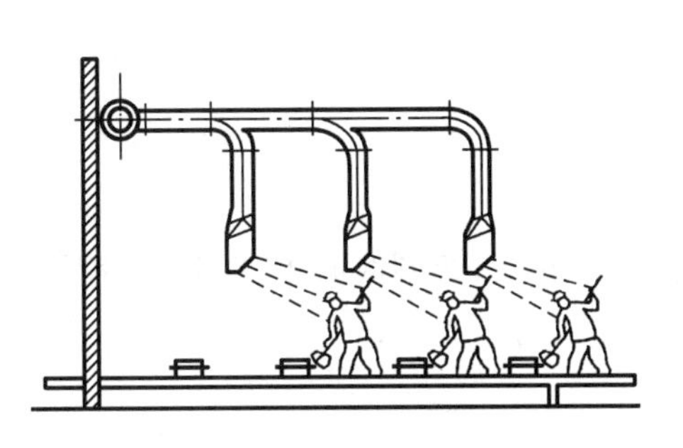

图9.4 局部送风系统图

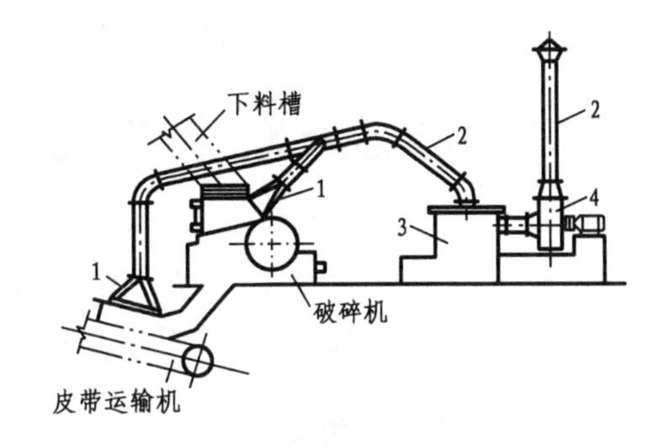

图9.5 局部排风系统图

1—局部排风罩;2—风管;3—净化设备;4—风机

自然通风是具有不消耗能量、结构简单、不需要复杂的装置和专人管理的通风系统。

机械通风是依靠风机提供的动力使空气流动,达到室内通风换气以及控制污染物的通风除尘的目的,如图9.1至图9.5所示。根据通风系统作用范围的要求,可设置全面通风或局部通风。

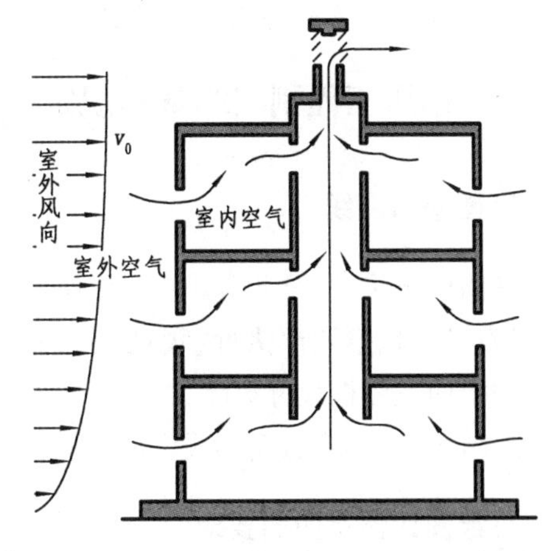

图9.6 热压和风压共同作用的自然通风系统

9.1.2 通风工程设计与制图

通风工程设计一般分为通风设计和除尘设计。根据以上所述又可分为自然通风设计和机械通风设计。自然通风设计一般由建筑专业设计,但是随着绿色建筑技术的发展,对于有组织的自然通风也已开始由本专业的设计人员来完成,在进行通风设计时根据节能原则,应尽量采用自然通风方式。对于民用建筑和公共建筑的通风一般只是进行通风换气,以保证室内具有良好的空气品质。当建筑同时设置空调系统时,则应考虑通风与空调系统结合成一个系统来进行通风空调设计。

工业建筑的通风设计主要是进行机械通风设计,应根据建筑内有害物质的浓度和分布情况,分别进行全面通风或局部通风设计。对于有集中固定的污染源时应首先考虑采用局部排风系统,用吸尘罩将有害物捕集后经管道送入空气净化处理设备中(也称除尘设备)进行过滤除尘,达到排除空气的污染物浓度低于国家允许的排放标准。

一个通风系统是由风管、送风口或吸尘罩、空气净化设备及循环风机组成的空气送、排风系统。通过正确的通风系统设计,完成对室内空气净化过滤处理过程,达到保护环境,满足室内的空气品质要求的健康、舒适的建筑环境。

通风工程制图就是在完成上述各种通风系统设计的过程中,清晰、完整地表达设计者的总体设计思路和意图。

掌握绘制标准规范的通风工程图纸的方法和手段,有利于通风工程的设计与实施,是建筑公用设备工程技术人员必备的重要技能之一。本章主要依据《暖通空调制图标准》(GB/T 50114—2010),介绍通风工程制图的基本规则与CAD制图方法。

9.2 通风工程制图标准、规范及图例

通风工程与集中式空调工程中风管图的绘制方法基本相同,绘图时必须严格遵守制图标准及规范,并且应注意通风与空调图纸绘制方法的不同与区别。

9.2.1 通风工程制图标准

目前国家根据采暖通风空调行业的特点,统一制定了《暖通空调制图标准》(GB/T 50114—2010)。该标准适用于建筑通风工程的新建、改建、扩建工程的各阶段设计图。

9.2.2 通风工程制图的基本规定

1)图幅与图线

在前面第7章、第8章中对于图幅与图线已作了详细介绍。目前,由于我国在制图标准中,采暖、通风、空调都执行《暖通空调制图标准》(GB/T 50114—2010),图幅按第3章表3.1所示的幅面及图框尺寸确定。

绘制通风管网及设备的线型选择也应符合《暖通空调制图标准》的规定,如第8章表8.1所示。

2)绘图比例及图面要求

在通风工程制图中,总平面图、单体平面图的比例宜与工程项目设计的主导专业一致,其余可按《暖通空调制图标准》中2.2.1条的规定,如第8章表8.2所示。

通风工程施工图中的风管与设备安装高度使用标高标注。用正三角形的下角横线表示某处高度的界限,三角形上面的横线注明该处的高度,与其他尺寸的标注不同的是,标高以“m”为单位。无特殊说明时的标高标注,常以建筑底层表示标高基准。有时还直接以绘制的平面层地坪高度为相对标高,风管、设备的高度,则可直接得到。

其他文字说明与尺寸标注,参见8.2节。

9.2.3 通风工程制图的常用图例

通风工程制图中涉及的图例宜按《暖通空调制图标准》(GB/T 50114—2010)选用,使用这些图例应注意与空调风管的协调与区分。

1)风管代号与表示方法

通风风管常采用表9.1所列图例标注。

表9.1 风管图例

序 号	名 称	图 例	附 注
1	一般风道、烟道		各风道烟道平面及截面图
2	砌筑风、烟道		
3	送风管转向	B向 A B A向 B向 A B A向	风管转向画法
4	回风管转向	B向 A B A向 B向 A B B向	
5	平、剖面图 单线风管断开		管道重叠画法
6	平、剖面图 双线风管断开		
7	异径风管		风 管
8	柔性风管		
9	矩形三通		三 通
10	圆形三通		
11	普通弯头		弯 头
12	带导流片弯头		

2）阀门、附件及设备图例

由于通风工程和空调工程中的风系统类似，所以阀门及附件图例宜按第 8 章表 8.10 选择，设备宜按第 8 章表 8.11 选择。

9.3 通风工程制图基本方法

9.3.1 通风工程制图的基本要求

一套完整的通风工程施工图应由文字和图纸两部分组成。文字部分包括：图纸目录、设计施工说明、主要设备材料表；图纸部分包括：平面图、剖面图、系统图、局部剖面图和大样图。对于通风工程施工图，如果平、剖面图能够完整清楚地表达出系统情况，可以不绘制系统图。风管应采用双线条绘制，系统图一般应采用三线绘制轴测图，特别复杂的系统可绘制单线系统轴测图，工艺流程图可采用单线条绘制。

图纸目录将全套图纸进行有序的编号，使阅图者能够一目了然的了解图纸概括内容，而且可以很容易找到要识读的图纸。图纸目录编写的顺序应按照从总体到局部、从平面图到局部剖面图的基本原则编写。首先是图纸目录、设计施工说明、主要设备材料表，然后是平面图（从底层依次向上排序，地下层可排在顶层之后）、剖面及立面图、系统图、局部剖面图和大样图等。另外，如有机房其平面与剖面图，可排在系统图的后面。

当图纸对图形描述有时不能简洁明确地表达时，必须对图形进行文字说明，该文字部分包括图纸上必要的文字部分和针对该图的必要说明，此外，还包括在设计施工说明中针对设计特点、设计方案、系统形式、主要设备选型等进行总体说明。为满足设计要求保证系统运行安全可靠而对施工安装的要求必须明确说明，包括施工安装技术要求、施工工艺要求、施工安全要求及施工竣工试运行等方面的要求均应详细说明。

设备与材料的选择应详细列于设备材料表中，包括系统中所选择的全部设备和主要管道材料。设备包括：通风机、配套的电动机、空气处理设备（空气过滤装置和除尘净化设备）等；管道材料包括：风管、送风口或吸尘罩、三通、弯头、阀门等。设备材料表是进行工程招投标、施工图预算和施工预算的重要依据，所以在设计时应认真仔细填写，是不可缺少的设计文件。

通风工程图纸绘制时，当各层平面的图形不同时，应分层绘制平面图，如果各层图形内容均相同，可仅绘制其中某一层。剖面图是不可缺少的，需要绘制两个以上的立面图；而且在局部不能表达清楚的地方，还应绘制局部剖面图或向视图，对于需要进行加工制作的零部件和管道附件等则应绘制加工图或大样图。

通风工程施工图设计步骤：

①设计依据：土建专业提供的建筑平、立面图；工艺设备专业提供的设备布置图及工艺生产要求等技术文件。

②通风工程平面图绘制：应根据土建、工艺专业提供的建筑和工艺设备图来绘制通风平面图，绘图比例应与建筑或工艺专业提供的平面图比例一致。

③通风工程剖面图及其他图形文件的绘制:当平面图不能完全反映通风系统具体形态和尺寸位置时,需要绘制剖面图。绘制的剖面图需要完整剖切并表示出通风管道与设备布置的全貌,这样才能反映清楚通风系统各部位的安装高度、位置、立体面的情况以及与建筑、设备的相互之间的关系与连接情况。

④其他设计文件的编制:包括文字部分的设计文件和标准图、复用图的套用等。

总之,在通风工程图纸绘制时,必须按国家现行的制图标准绘图,还应注意图简意赅,既翔实又简单明了。图形空间以及立体思维的综合能力需要在设计与施工实践中不断凝练与提高。

9.3.2 通风工程平面图绘制

设计平面图可以说是一套设计文件的核心。通过平面图可以清楚地描述出通风系统的平面布置情况,过滤或净化除尘设备布置情况,风管平面布置情况,以及室内送排风的气流组织情况。另外还必须明确地描述清楚与建筑平面之间的关系。

图 9.7(a)为除尘系统平面图。该系统有 3 个吸尘罩,分别是对 1 500 mm×3 000 mm 振动筛和胶带运输机受料点产生的粉尘进行除尘控制,收集到的粉尘由管道送至除尘器进行净化处理后再由风管排至大气中。

平面图设计步骤:

1)绘制建筑平面图

依据建筑专业提供的建筑图和工艺设备专业提供的有关工艺图,绘制建筑与工艺设备平面图。如果有上述两个专业提供的 CAD 图形文件,则应将两套图进行编辑修改合并为一张图,并将不需要的图形信息删除,将相关信息保留。

建筑与设备工艺平面图应绘制出建筑的轮廓、轴线等与通风平面图相关的图形内容,在建筑平面图中应将工艺设备的轮廓、尺寸位置绘制详细,从而使通风系统的管道和风口能与建筑及设备的相互关系和连接情况表示清楚。设备中心线与建筑定位线之间应标注定位尺寸,而且建筑与设备的线条都应采用细线绘制,如果采用粗线绘图会形成喧宾夺主的情况,而使通风系统图形不突出而表达不清楚。

2)通风工程平面图绘制

通风工程平面图主要绘制出设备与风管的布置,尺寸位置以及与建筑、设备的相关位置尺寸,绘图的基本要求如下:

①风管应采用 0.5~0.7 mm 粗实线、双线条绘制,要使通风管道线条突出于建筑、设备的轮廓线。

②风管、设备与建筑轴线或工艺设备的中心线或有关部位之间应详细标注定位尺寸。

③风管截面尺寸标注:一般建筑通风管道均采用 0.8~1.5 mm 镀锌钢板或其他塑料材料制作的矩形风管,所以采用“宽×高”标注,宽表示从平面看到的风管尺寸,高为从剖(立)面看到的风管尺寸。对于除尘管道一般采用 3~6 mm 厚钢板卷焊制作的圆形管道,管道截面用“d”或“ϕ”标注,表示为管道内径,选用的管道厚度在文字说明中加以表示。

④风管中的管件,如三通、变径管、弯头等在平面图中均应按比例绘制,弯头的曲率半径应进行标注。

⑤通风系统的过滤装置、风管上的各种构件均应全部绘制出,并应注明安装位置和定位尺寸。

⑥送风口、回风口的尺寸位置、类型及数量应明确表示,与建筑物的相对位置及关系均应表示清楚。

⑦除尘系统的除尘器及相关设备应标注出设备中心线,绘制设备外形轮廓及尺寸,除尘器出口排出管及风帽的连接位置、尺寸应标注,对各个吸尘罩应进行编号并应标注清楚与相关设备连接的尺寸位置。

3)通风工程平面图的有关说明

与平面图相关的一些标注及文字表述等都可随图加以说明,如送风口的型号、尺寸相同时,可以不必在图中对每个送风口都进行标注,仅进行文字说明即可;当各支管截面尺寸一样时,同样可不在图面上进行标注,仅在说明中说明管径大小即可。类似情况均可同样处理,从而使得图面既简单明确又可简化绘图的图面标注。

总之,应把设备及管道按比例地绘制在平面图中,并将相关的图形定位、尺寸大小、平面位置以及管径尺寸在平面图中标注清楚。

9.3.3 通风工程剖面图绘制

通风工程图不仅要绘制平面图,而且需要绘制剖面图或立面图,因为仅用平面图难以表达清楚系统需要表示出的全部内容。特别是除尘系统吸尘点多、立管多、管道复杂,一般要绘制正立面和侧立面两个或多个方向的剖视图,才能将通风系统的安装尺寸和位置以及系统形式与立体空间位置表示完整。图 9.7(b)所示为除尘系统剖面图。

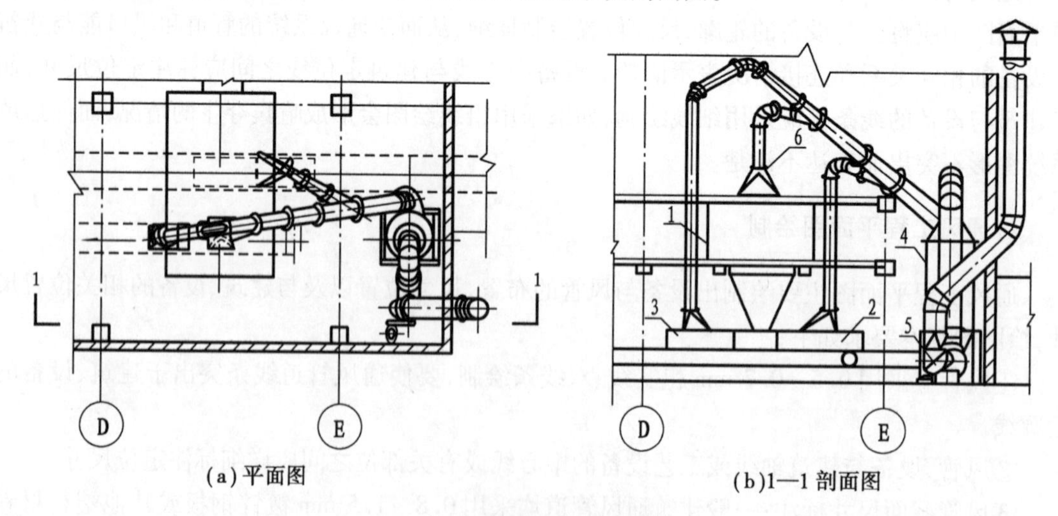

图 9.7 除尘系统平面图和剖面图

1—振动筛大容积密闭罩;2,3—胶带运输机密闭罩;4—除尘器;5—通风机;6—天圆地方吸尘罩剖面图中所表述的内容必须与平面图一致,剖视方向要与剖切符号一致。剖切时只需要对管道和设备相关部分进行剖切,并能清晰地表达出立面空间位置以及与工艺设备连接的方式和尺寸位置,对于剖切线剖到的建筑结构及工艺设备均应采用细实线绘制出,并应绘出相关的建筑轴线编号。图中相关的高度尺寸位置应明确标注,如地面、楼地面、吸尘罩口、风机与除尘器进出口、排风帽标高等。

9.3.4　通风工程轴测图绘制

通风工程由平面图和剖面图能表达清楚系统全部内容,满足施工安装要求时,可以不绘制系统轴测图。但是,当系统非常复杂,平、剖面图难以建立完整的空间图形概念时,可补充绘制系统轴测图,如图9.8所示。

轴测图的绘制方法在前面一些章节中已有论述,其基本绘图标准及要求是一致的。通风系统轴测图一般采用单线条绘制,也可采用双线条绘制,双线条绘制虽然增强了立体感,但图形绘制将复杂得多。

通风系统轴测图按斜等轴测投影绘制,且必须按比例绘制,应标注出管道安装高度、吸尘罩口、风机与除尘器进出口、排风帽等标高,通风管的管径尺寸应逐个标注清楚。三通支管的角度和特殊弯头的角度应明确标注。

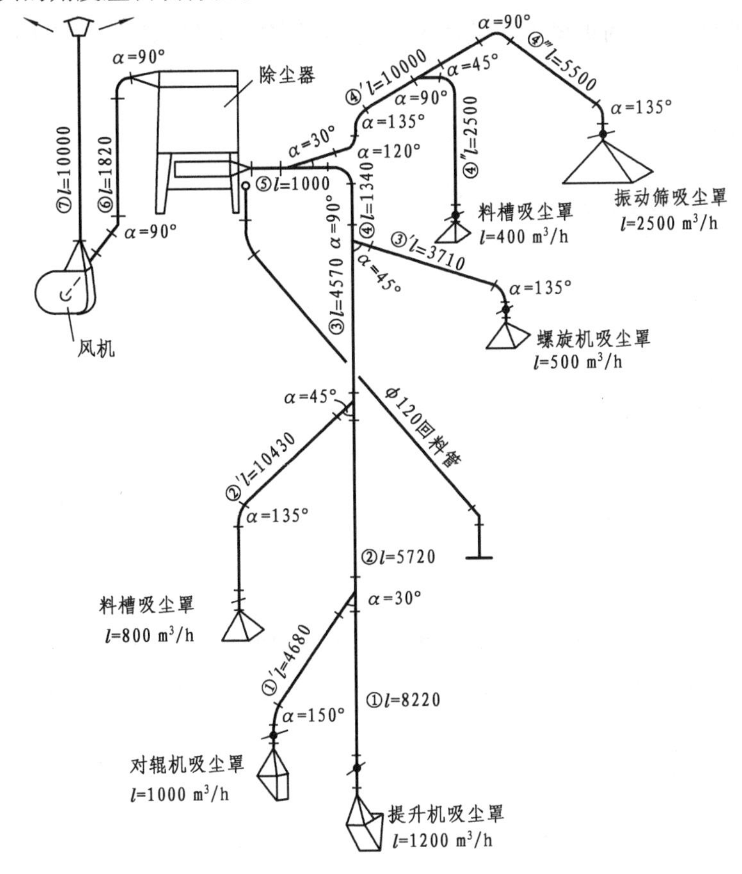

图9.8　除尘管道系统轴测图(单位:mm)

轴测图的主要特点就是空间立体感强,在识图中可以迅速建立空间图形全貌,提高识图效率。在设计中,可作为水力计算、设计确定管径的基本图形文件。图 9.8 为单线条轴测图,图中标出的各支管长度是作为水力计算用的,不作为水力计算的轴测图,一般不必标出。通过水力计算后便可在图上标注出风管管径和各个管件尺寸。

9.3.5 通风工程安装详图

通风工程管道有许多管道附件,如天圆地方管、各种三通管、变径管、矩形弯管等均应绘制加工制作详图,对一些特殊的风阀也需要绘制加工详图。而对于某些由于比例较小,在平、剖面图上难以表达清楚的地方,应绘制安装详图。另外,应充分利用标准图集中已有的制作安装图例,不必再绘制详图,主要进行复用即可。

9.4 工程举例

1)工程概况

本工程*为某钢铁厂高炉槽下除尘系统,分为两个除尘系统,共有 20 个吸尘点,除尘器选择脉动反吹扁布袋除尘器。

2)部分图纸[①]

本工程部分图纸包括(见本章插页):

- 设计施工说明
- 除尘系统平面图
- 剖面图
- 局部剖面图
- 管件制作加工图等

小　结

本章简要介绍了通风工程的基本概念和系统形式,侧重介绍了通风工程制图设计的基本方法和步骤,平面图、剖面图的绘制特点及基本要求。最后附以工程实例介绍了通风工程的制图。

① 本章“工程举例”中的示意图见本章后插页。

10

建筑给水排水工程制图

10.1 概　述

建筑给水排水工程是指建筑内部给水排水系统的规划、设计、施工、管理诸环节的实施。根据建筑给水排水系统功能特点及施工和维护的差异,建筑给水排水工程划分为以下系统:室内给水系统、室内排水系统、室内热水系统、饮用水供应系统、消防给水系统、雨水排水系统、居住小区给水系统、居住小区排水系统、居住小区中水系统等。在建筑给水排水工程设计中应按不同系统分别绘图。

1)室内给水系统

室内给水系统是指向民用住宅供给人们饮用、盥洗、洗涤、沐浴、烹饪等生活用水系统,以及向公共建筑供应化验、试验、小型设备冷却、小规模原料和产品的洗涤、餐饮等用水系统。

过去将生产设备冷却、原料和产品的洗涤等用水系统划分为生产给水系统。目前,随着生产规模和水平的提高及环境保护工作的加强,一定规模的生产用水都应纳入工业水处理工程范畴,这些设施专业化程度很高,不宜在建筑给水排水工程中简单阐述。而对于用水量小、可进入中水回用系统的非生活用水则纳入室内给水系统中。工程中需要单独处理的生产排水,则应自成体系,而且在工程设计中都应独立成图。

2)室内排水系统

室内排水系统是指将室内各用水点使用过的水收集起来,并及时地排至室外的管路系统。这里不含工业和其他污染废水的排放管路,由于被污染的废水应进行处理后方可排入水体,所以一般为独立的排水系统。

3)室内热水系统

室内热水系统是指通过热媒系统和热水供应系统向室内热水配水点供应达到一定水温的

热水给水系统。它需要室内给水系统向其补充新水,并向室内排水系统排放使用过的热废水。有时热水供应系统与室内热水采暖系统共用热源热媒,但热水供应系统是自成体系的。

4)饮水供应系统

饮水供应系统主要有开水供应系统和冷饮水供应系统两类。其中,饮水的来源往往与室内给水系统有关,由于其排水量很小,一般不需要接入有组织排水系统。

5)消防给水系统

建筑消防系统根据使用灭火剂的种类和灭火方式不同,分为:

(1)消火栓给水系统

消火栓给水系统包括室外消火栓和室内消火栓系统。

(2)自动喷水灭火系统

自动喷水灭火系统包括湿式自动喷水灭火系统、干式自动喷水灭火系统、预作用式喷水灭火系统和雨淋式喷水灭火系统等。

(3)其他使用非水灭火剂的固定灭火系统

该类系统如二氧化碳灭火系统、干粉灭火系统等。

用水来灭火的固定式灭火系统专指(1)、(2)类灭火系统,一般由给水排水工程专业技术人员设计,非水灭火剂的固定式灭火系统则需要具有专门资质的专业人员设计。

6)雨水排水系统

设置雨水排水系统的目的是有组织、有系统地将建筑屋面雨水和融化的雪水及时排除,避免造成四处溢流或屋面漏水形成水患。根据雨水管道的设置位置不同,分为外排水系统和内排水系统。“规范”要求雨、污分流,所以雨水排水系统不应与室内排水系统管道合并。

7)居住小区给水系统

居住小区给水系统是指向若干居住群组,并包括为小区内居民提供生活、娱乐、休息和服务的公共设施,如医院、邮局、储蓄所、影剧院、运动场馆、中小学、幼儿园、各类商店、饮食服务业、行政管理及其他设施供水的给水系统。

居住小区给水系统与室内给水系统的设计分界线为建筑室内给水入户管道至外墙轴线外 1 m 处。有时小区规模较大,为便于组织设计,可以将设计分界线放在楼前管道与居住小区管网的交接处,即在与建筑外墙轴线外 1 m 之间增加绘制楼前管道图。

8)居住小区排水系统

居住小区排水系统是指承接居住小区住宅和公共设施室内排水的管道系统。一般分为:生活污水排水系统和雨水排水系统。

一般与室内排水系统的设计分界线为建筑室内排水出户管接入的第一个检查井,检查中心距建筑外墙线为 3 m。检查井属于居住小区排水系统。

有时,也同给水系统一样插入楼前管,衔接建筑外墙轴线外 3 m 处的分界线与居住小区管网的交接处。交接处的检查井属于居住小区排水系统。

9)居住小区中水系统

中水系统是一个综合系统,是给水工程技术、排水工程技术及建筑环境工程技术的有机结合的系统工程。一般由污水提升系统、中水处理设施和中水回用系统组成。按中水系统服务范围可分为3类:建筑中水系统、居住小区中水系统和城镇中水系统。这里的居住小区中水系统包括建筑中水系统和居住小区中水系统。

居住小区中水系统是指民用建筑或居住小区内使用后的各种排水,如生活排水、冷却水及雨水等,收集后经过适当处理回用于建筑内部或居住小区内,作为杂用水的供水系统。杂用水主要用于冲洗溺便器、洗涤汽车、绿化和浇洒道路等。居住小区中水系统与居住小区排水系统管网的末端相连接,从而替代传统用水给水管道或双管配水管道系统。

上述各种系统在组成、管材、管件、用水设备、排水设备等方面是各不相同的,设计中要将它们分开处理并分别设计;同时,由于它们又同处于一个建筑空间内,彼此衔接,设计过程中应注意妥善安排其三维空间位置和它们的衔接关系。

10)建筑给水排水工程制图

建筑给水排水工程制图就是在完成上述各种系统设计的过程中,清晰、完整地表达设计者的总体设计思路和意图。

建筑给水排水工程制图同其他工程制图一样,经历了手工绘图设计,AutoCAD辅助绘图设计和给水排水工程专业软件提高效率的绘图设计的3个阶段。目前手工绘图已不再采用,广大设计人员均采用AutoCAD或专业软件绘图设计。

10.2 建筑给水排水工程制图标准、规范及图例

为了保证工程项目的顺利实施,在绘制建筑给排水工程图时,必须遵守国家现行的相关制图标准及规范。

1)建筑给水排水工程制图标准

建筑给水排水工程设计制图应依据《建筑给水排水制图标准》(GB/T 50106—2010)绘制。

2)建筑给水排水工程常用图例

各类管道、用水器具及设备、消火栓、喷洒头、雨水斗、阀门、附件、立管位置等应按图例以正投影法绘制在平面图上,且任何视图中的设备、消火栓、喷洒头等图例均用细实线绘制。

以下介绍的图例和管道代号是依据《建筑给水排水制图标准》(GB/T 50106—2010)编制的。

(1)管道及附件图例

由于建筑给水排水系统中的管道类型较多,所以给水排水工程专业的管道及附件图例需

要有统一的规定,见表 10.1。表中列出了 27 项管道图例,绘图时应注意选择。表 10.2 所示为管道附件图例,根据对应管道系统选择附件图例。

表 10.1　给水排水工程专业管道图例

序　号	名　称	图　例	备　注
1	生活给水管	—— J ——	
2	热水给水管	—— RJ ——	
3	热水回水管	—— RH ——	
4	中水给水管	—— ZJ ——	
5	循环冷却给水管	—— XJ ——	
6	循环冷却回水管	—— XH ——	
7	热媒给水管	—— RM ——	
8	热媒回水管	—— RMH ——	
9	蒸汽管	—— Z ——	
10	凝结水管	—— N ——	
11	废水管	—— F ——	可与中水源水管合用
12	压力废水管	—— YF ——	
13	通气管	—— T ——	
14	污水管	—— W ——	
15	压力污水管	—— YW ——	
16	雨水管	—— Y ——	
17	压力雨水管	—— YY ——	
18	虹吸雨水管	—— HY ——	
19	膨胀管	—— PZ ——	
20	保温管		也可用文字说明保温范围
21	伴热管		也可用文字说明保温范围
22	多孔管		
23	地沟管		
24	防护套管		
25	管道立管	XL-1 平面　XL-1 系统	X:管道类别 L:立管 1:编号

续表

序 号	名 称	图 例	备 注
26	空调凝结水管	 KN	
27	排水明沟	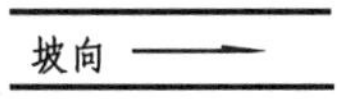 坡向	
28	排水暗沟	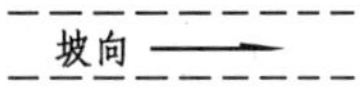 坡向	

注:1. 分区管道用加注角标方式表示;

2. 原有管线可用比同类型的新设管线细一级的线性表示,并加斜线,拆除管线则加叉线。

表 10.2 管道附件图例

序 号	名 称	图 例	备 注
1	套管伸缩器		
2	方形伸缩器		
3	刚性防水套管	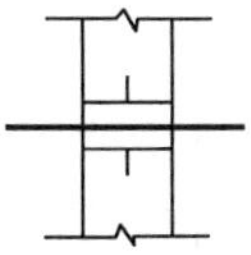	
4	柔性防水套管	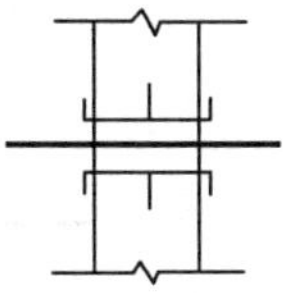	
5	波纹管		
6	可曲挠橡胶接头	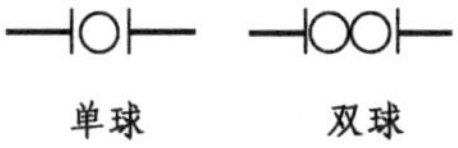 单球 双球	
7	管道固定支架		
8	立管检查口		
9	清扫口	 平面 系统	
10	通气帽	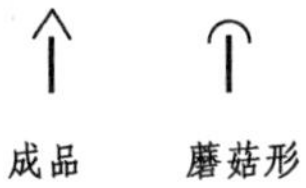 成品 蘑菇形	
11	雨水斗	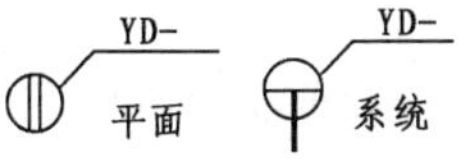 YD- 平面 YD- 系统	

续表

序　号	名　称	图　例	备　注
12	排水漏斗	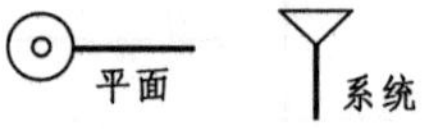 平面　系统	
13	圆形地漏		通用。如为无水封,地漏应加存水弯
14	方形地漏		
15	自动冲洗水箱		
16	挡墩	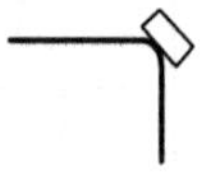	
17	减压孔板	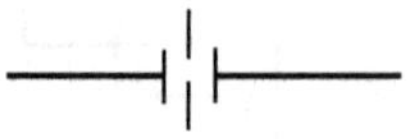	
18	Y 形除污器	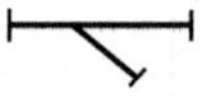	
19	毛发聚集器	 平面　系统	
20	倒流防止器		
21	吸气阀		
22	真空破坏器		
23	防虫网罩		
24	金属软管		

(2)管道连接图例

建筑给水排水工程中的管道连接形式不同,见表 10.3,绘图时应按图例表示出管道连接方式。

表 10.3 管道连接图例

序 号	名 称	图 例	备 注
1	法兰连接	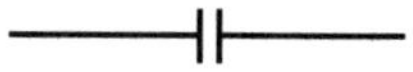	
2	承插连接	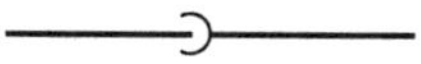	
3	活接头	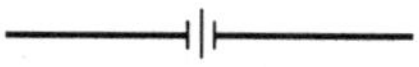	
4	管堵		
5	法兰堵盖		
6	盲板		
7	弯折管	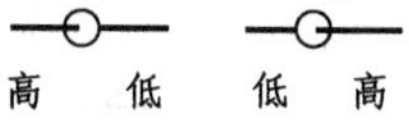 高 低 低 高	
8	管道丁字上接	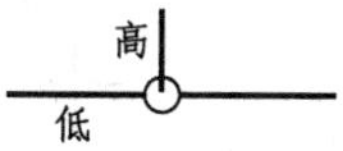 高 低	
9	管道丁字下接	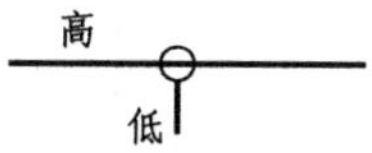 高 低	
10	管道交叉	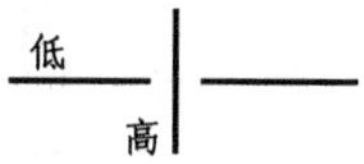 低 高	

(3)管件及阀门图例

管件图例如表 10.4 所示,各种阀门图例如表 10.5 所示。

表 10.4 各种管件图例

序 号	名 称	图 例	备 注
1	偏心异径管	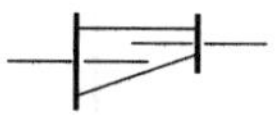	
2	异径管		
3	乙字管		
4	喇叭口	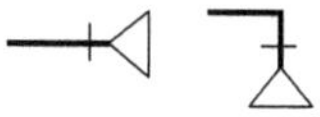	
5	转动接头	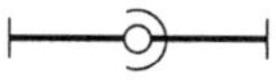	

续表

序号	名称	图例	备注
6	S 形存水弯		
7	P 形存水弯		
8	90°弯头		
9	正三通		
10	TY 通	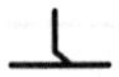	
11	斜三通		
12	正四通		
13	斜四通	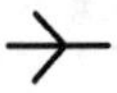	
14	浴盆排水件	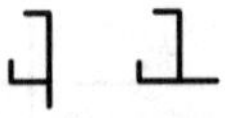	

表 10.5　各种阀门图例

序号	名称	图例	备注
1	闸阀		
2	角阀	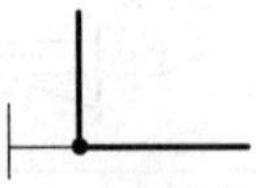	
3	三通阀		
4	四通阀	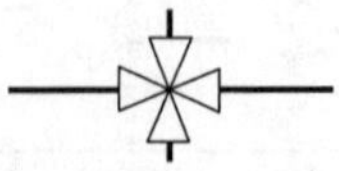	
5	截止阀		

续表

序　号	名　称	图　例	备　注
6	蝶阀	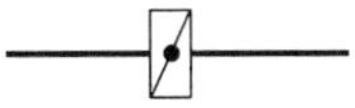	
7	电动闸阀	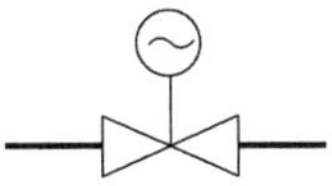	
8	液动闸阀	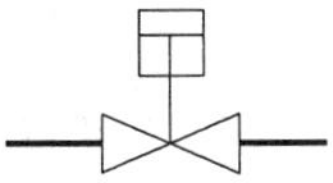	
9	气动闸阀	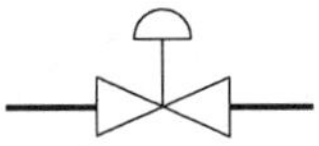	
10	电动蝶阀	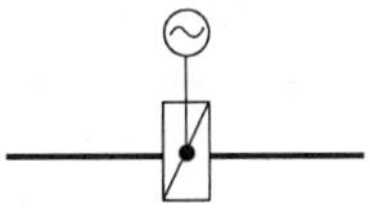	
11	液动蝶阀	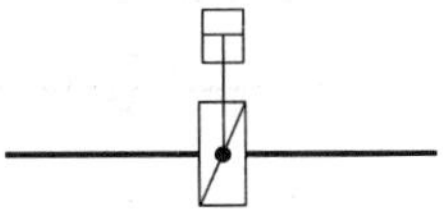	
12	气动蝶阀	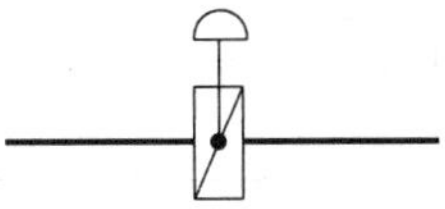	
13	减压阀	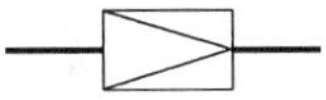	左侧为高压端
14	旋塞阀	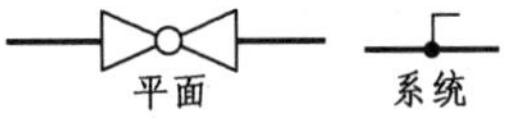 平面　系统	
15	底阀	 平面　系统	
16	球阀		
17	隔膜阀		

续表

序　号	名　称	图　例	备　注
18	气开隔膜阀		
19	气闭隔膜阀		
20	电动隔膜阀		
21	温度调节阀		
22	压力调节阀		
23	电磁阀	M	
24	止回阀		
25	消声止回阀		
26	持压阀	C	
27	泄压阀		
28	弹簧安全阀		左为通用
29	平衡锤安全阀		

续表

序　号	名　称	图　例	备　注
30	自动排气阀	 平面　系统	
31	浮球阀	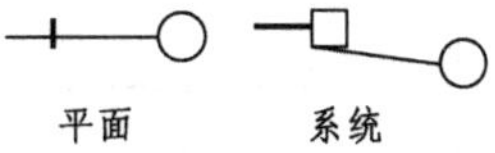 平面　系统	
32	水力液位控制阀	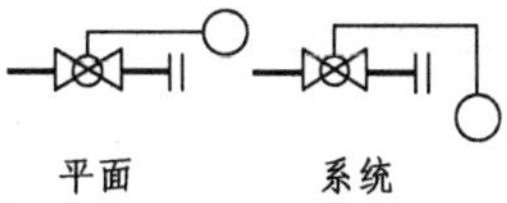 平面　系统	
33	延时自闭冲洗阀		
34	感应式冲洗阀		
35	吸水喇叭口	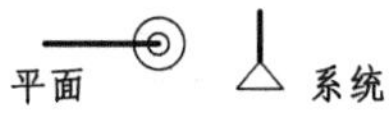 平面　系统	
36	疏水器		

(4)给水配件与卫生器具图例

给水配件图例,见表10.6;卫生器具图例,见表10.7。

表10.6　给水配件图例

序　号	名　称	图　例	备　注
1	水嘴	 平面　系统	
2	皮带水嘴	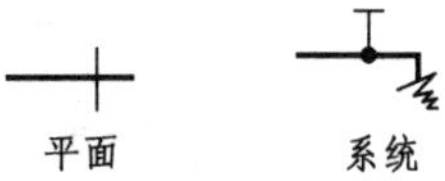 平面　系统	
3	洒水(栓)水嘴	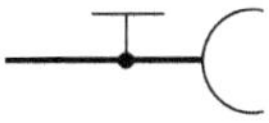	
4	化验水嘴	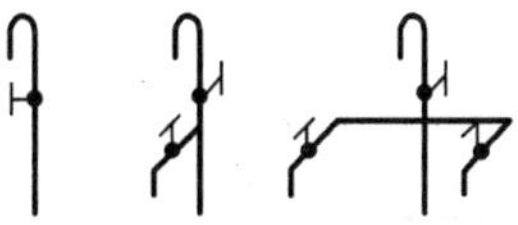	

续表

序　号	名　称	图　例	备　注
5	肘式水嘴	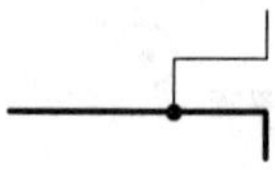	
6	脚踏开关水嘴	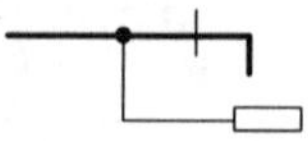	
7	混合水嘴		
8	旋转水嘴	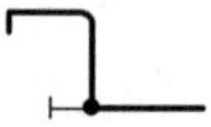	
9	浴盆带喷头 混合水嘴		
10	蹲便器脚踏开关	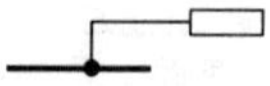	

表 10.7　卫生器具图例

序　号	名　称	图　例	备　注
1	立式洗脸盆		
2	台式洗脸盆	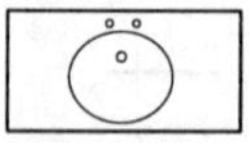	
3	挂式洗脸盆		
4	浴盆	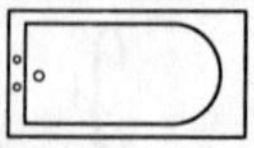	

续表

序号	名称	图例	备注
5	化验盆、洗涤盆		
6	厨房洗涤盆	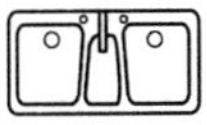	不锈钢制品
7	带沥水板洗涤盆	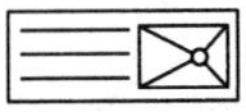	
8	盥洗槽	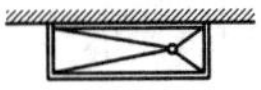	
9	污水池		
10	妇女卫生盆	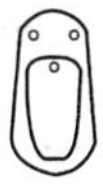	
11	立式小便器		
12	壁挂式小便器		
13	蹲式大便器	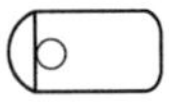	
14	坐式大便器	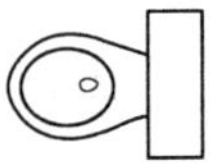	

续表

序　号	名　称	图　例	备　注
15	小便槽	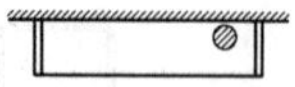	
16	淋浴喷头		

(5)消防管道及设施图例

消防给水系统中的消火栓给水管和自动喷淋给水管应用不同的图示表示，其消防设施也有不同的图例，见表 10.8。

表 10.8　消防设施图例

序　号	名　称	图　例	备　注
1	消火栓给水管	—— XH ——	
2	自动喷水灭火给水管	—— ZP ——	
3	淋雨灭火给水管	—— YL ——	
4	水幕灭火给水管	—— SM ——	
5	水炮灭火给水管	—— SP ——	
6	室外消火栓		
7	室内消火栓(单口)	 平面　系统	白色为开启面
8	室内消火栓(双口)	 平面　系统	
9	水泵接合器	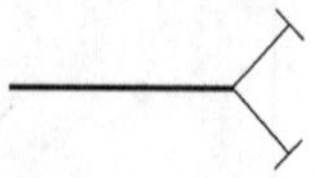	
10	自动喷洒头(开式)	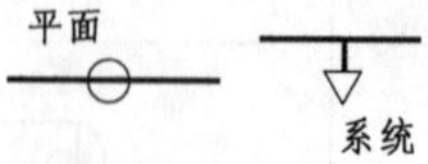 平面　系统	
11	自动喷洒头(闭式)	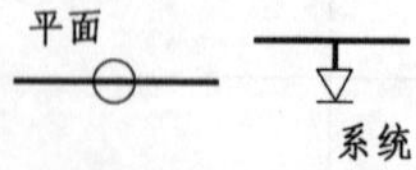 平面　系统	下喷
12	自动喷洒头(闭式)	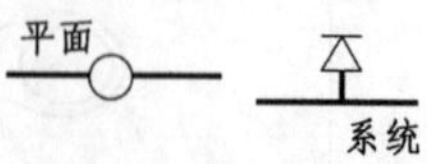 平面　系统	上喷

续表

序　号	名　称	图　例	备　注
13	自动喷洒头(闭式)	平面　系统	上下喷
14	侧墙式自动喷洒头	平面　系统	
15	水喷雾喷头	平面　系统	
16	直立型水幕喷头	平面　系统	
17	下垂型水幕喷头	平面　系统	
18	干式报警阀	平面　系统	
19	湿式报警阀	平面　系统	
20	预作用报警阀	平面　系统	
21	雨淋器	平面　系统	
22	信号闸阀		
23	信号蝶阀		
24	消防炮	平面　系统	
25	水流指示器		
26	水力警铃		

续表

序 号	名 称	图 例	备 注
27	末端试水装置	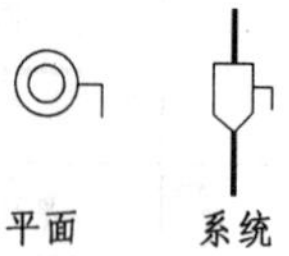 平面 系统	
28	手提式灭火器		
29	推车式灭火器	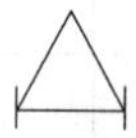	

注:1. 分区管道用加注角标方式表示;

2. 建筑灭火器的设计图例可按现行国家标准《建筑灭火器配置设计规范》GB 50140 的规定确定。

(6)设备图例

对于建筑给水排水系统设备的相关图例,见表 10.9。

表 10.9 给水排水设备图例

序 号	名 称	图 例	备 注
1	卧式水泵	 或 平面 系统	
2	立式水泵	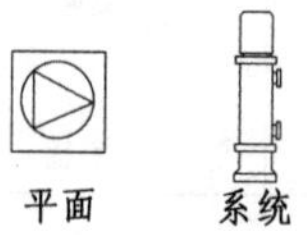 平面 系统	
3	潜水泵	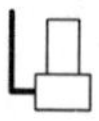	
4	定量泵		
5	管道泵	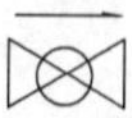	
6	卧式容积热交换器	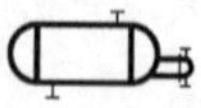	
7	立式容积热交换器		

续表

序 号	名 称	图 例	备 注
8	快速管式热交换器	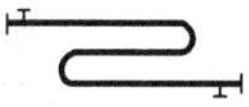	
9	板式热交换器	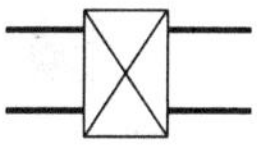	
10	开水器	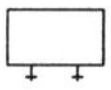	
11	喷射器	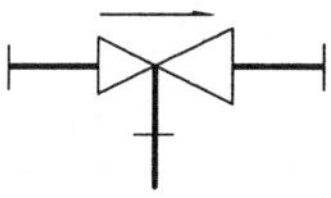	小三角为进水端
12	除垢器		
13	水锤消除器	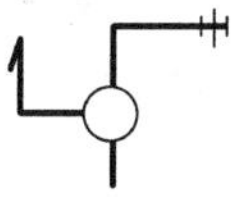	
14	搅拌器	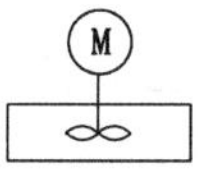 M	
15	紫外线消毒器	 ZWX	

(7)其他图例

建筑给水排水系统中还有一些其他图例,如小型给水排水构筑物图例,见表10.10;仪表图例,见表10.11。

表10.10 小型给水排水构筑物图例

序 号	名 称	图 例	备 注
1	矩形化粪池	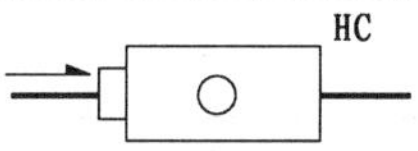 HC	HC为化粪池
2	隔油池	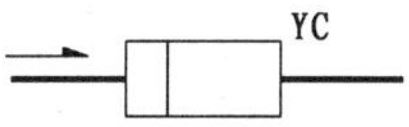 YC	YC为隔油池代号
3	沉淀池	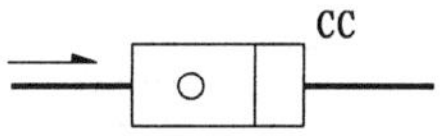 CC	CC为沉淀池代号
4	降温池	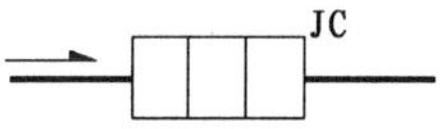 JC	JC为降温池代号
5	中和池	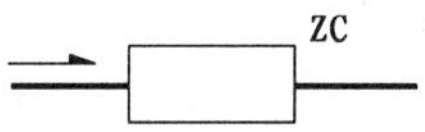 ZC	ZC为中和池代号

续表

序　号	名　称	图　例	备　注
6	雨水口(单箅)		
7	雨水口(双箅)		
8	阀门井 及检查井	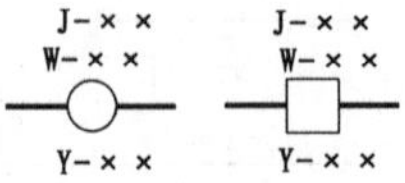 J-×× W-×× Y-××　J-×× W-×× Y-××	以代号区别管道
9	水封井		
10	跌水井		
11	水表井		

表 10.11　仪表图例

序　号	名　称	图　例	备　注
1	温度计		
2	压力表		
3	自动记录压力表		
4	压力控制器		
5	水表		
6	自动记录流量计	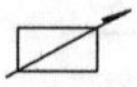	
7	转子流量计	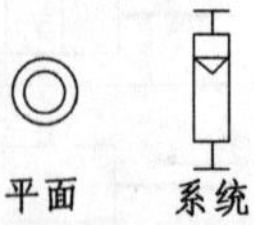 平面　系统	

续表

序 号	名 称	图 例	备 注
8	真空表		
9	温度传感器	T	
10	压力传感器	P	
11	pH 值传感器	pH	
12	酸传感器	H	
13	碱传感器	Na	
14	余氯传感器	Cl	

3)建筑给水排水工程制图的基本规定

(1)管道代号、线型和线宽

①管路代号的规定。建筑给水排水管道是用来输送水流介质的,在《建筑给水排水制图标准》(GB/T 50106—2010)中对管道代号已作了明确规定,如表 10.1 所示。根据工程需要和设计习惯,可增加其他的代号,但需满足上述“标准”所规定的原则。

管道代号可用线内、线外、引出 3 种基本方法表示,如图 10.1 所示。这些方法根据管线长短、密集程度等因素,在一张图内可以混合使用。

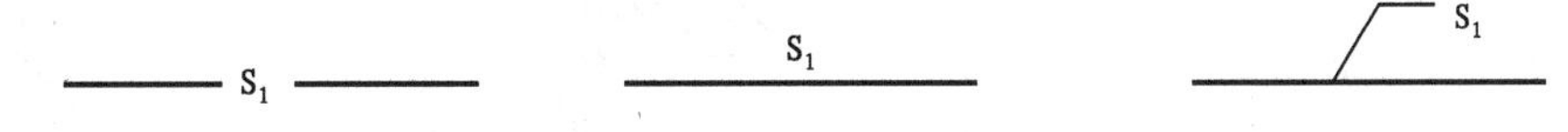

图 10.1 管道代号标注方式

管道代号在管线上标柱的一般原则是:管道起止端、长管段中间应加管道代号;一张图内只有一种管道时可不标注;标注的密集程度以识图时不会产生疑问为准,不宜过密,导致识图信息冗余。

②管路的线型。工程图中,一般给水管道用粗实线表示;排水管道用粗虚线表示。具体可参考《建筑给水排水制图标准》中的表 2.12。

③管路线宽。给水管和排水管可采用《建筑给水排水制图标准》规定的 0.7 mm 或 1.0 mm 线宽。

目前设计单位均采用大型喷墨绘图仪,可对施工单位发放复印图。这种图纸上的图线和文字的分辨率远高于传统蓝图。所以,《建筑给水排水制图标准》中规定的线宽可以采用下限，如管道线宽可以采用 0.35 mm 或 0.5 mm。同类文字也可以对应减小 1 号，如传统尺寸数字用 3.5 mm 字高，而新图可使用 2.5 mm 字高，AutoCAD 中默认尺寸数字 1.8 mm 字高。另外，同样内容的图纸幅面也可下靠一档，如晒蓝图用 A1 图，可改用 A2。但是在图中表达的信息较多时，仍应按传统要求绘制。

(2)管道标注

平面图中的给水管道一般标注以下主要参数：管径与管道代号、平面相对尺寸、特殊部位标高、管道附近地坪标高等。

①管径与管道代号。管径单位为 mm，不同材质的管道标注不同几何特征的直径，具体表达方式如下：

a. 水煤气输送钢管（镀锌或非镀锌）、铸铁管等管材，管径宜以公称直径 *DN* 表示（如 *DN*15、*DN*50 等）。

b. 无缝钢管、焊接钢管（直缝或螺旋缝）、铜管、不锈钢管等管材，管径宜以外径 *D* × 壁厚表示（如 *D*108 ×4，*D*159 ×4.5 等）。

c. 塑料管材，新产品种类较多，管径表达方法不一，宜按产品标准的方法表示。

d. 钢筋混凝土（或混凝土）管、陶土管、耐酸陶瓷管、缸瓦管等管材，管径宜以内径 *d* 表示（如 *d*230、*d*380 等）。

e. 当设计均用公称直径 *DN* 表示管径时，应有公称直径 *DN* 与相应产品规格对照表。

图纸中管径画法既可类似于管道代号一样单独标注，也可与管道代号联合标注，如图 10.2 所示。

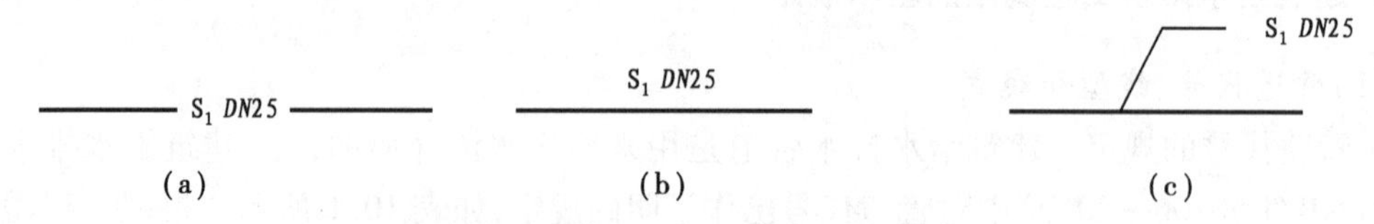

图 10.2　管道代号与管径联合标注方式

②平面尺寸与标高。管道、卫生设备的平面尺寸标注，除遵循制图标准的一般规定外，还有一些专业习惯。

a. 当多条管道在竖向重叠时，可按照第 5 章 5.1、5.2 节的方法处理，对于小管径单线图，为了保持管道线路的系统性，可不采用分层断线方式，而是在平面上错开一个最小可辨别距离（≥相邻线条宽度），连续绘制，如图 10.3 所示。

b. 对于引入管和排出管应注明与建筑轴线的定位尺寸、穿建筑外墙标高、防水套管的形式。

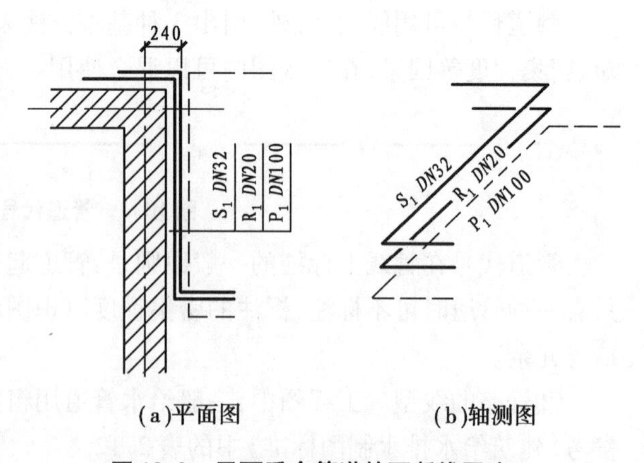

图 10.3　平面重合管道的不断线画法

10.3 建筑给水排水工程制图与 CAD

建筑给水排水工程施工图应包括:室内给排水施工图、室内热水供应施工图、饮水供应施工图、室内消防给水系统施工图、雨排水系统施工图。

在 AutoCAD 中应用“layer”命令,打开层管理器对话框,分别建立建筑图层、给水管道图层和排水管道图层等图层,同时对应设置好颜色、线型和线宽,可参见 6.4 节和 6.12 节的相关内容。

在绘制具体管道时,可以把“对象特性”中的“颜色”“线型”“线宽”特性全部调到“bylayer”。然后从“图层特性管理器”中调整到当前绘图层,分别在“给水管”“排水管”等对应层上绘制相应的管线,如图 10.4 所示。这种绘图方法有利于各专业之间的设计协作、图纸打印、图形特性修改和旧图纸复用等。

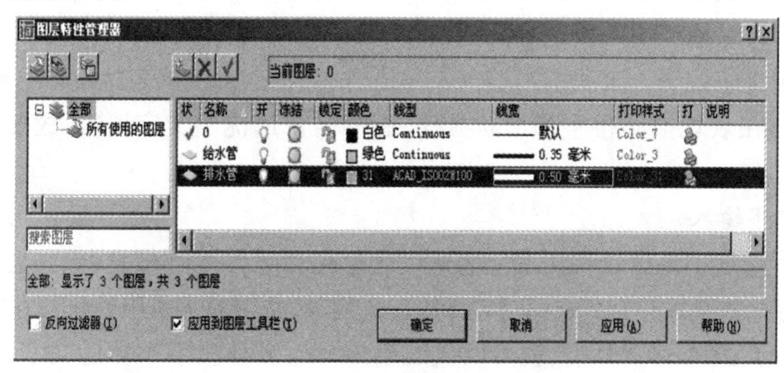

图 10.4　颜色、线型、线宽设置

建筑给水排水工程图纸的主要内容包括:图纸目录、设计施工说明、主要设备及材料表、平面图、立面图、剖面图、系统图、详图。通过这些图纸完整地表达管线设备的空间位置、型号、规格、材质、衔接关系、连接关系、施工要求、工程质量及维护管理要求。

1)图纸目录

对单项工程每张图纸的名称和图号依次进行规范化汇总形成的列表,即为该套图的图纸目录。对一项工程按各套图纸名称和图号依次进行规范化汇总形成的列表,即为该项工程图的总图纸目录。图纸目录的作用不仅便于查阅有关图纸,更重要的作用在于限定图纸资料内容的范围和完整性,目录内的图纸名称和编号必须与其图纸一一对应。

2)设计施工说明

对图纸中必须交代的有关技术问题,不方便用图样表达,改用文字的形式进行表述,即为设计施工说明。例如设计的依据、高程系以及室内外高程差、尺寸单位、管道防腐保温的做法、非常规施工的要求、施工中应注意的事项、特殊维护操作要求、验收标准和规范等,均应在设计施工说明中加以明确。

(1)设计施工说明的基本撰写原则

①条理清楚,一事一条。在一个条款内只允许说明一个问题,对于一个复杂的问题可以按不同方面或先后次序,逐条加以说明。但不可将几个问题混在一条里说明,文字数量不受行数限制。尤其不能将几个问题压缩在一条,或将一个问题分解为几点问题论述。这些也适用于施工安装中的设计变更通知单和工程联系单中的文字说明。

②先重后轻,突出重点。一般要求将需要重点强调的问题放在前面的条款里说,次要问题放在后面的条款里说。

③尊重专业习惯。先说明高程和尺寸单位,例如:a. 本图采用相对标高,室内 ±0.000 m 相当于吴淞绝对高程 17.156 m;b. 本图尺寸单位除标高用"m"计外,其他全部以"mm"计。其次写特殊要求,然后再写验收标准和规范,最后是管道代号和图例。

④统一要求单独成图。对于适用于本套图纸的设计说明,应集中在"设计施工说明"这张图内统一撰写,设计施工说明图纸应紧跟在图纸目录后进行编号。针对其他具体图纸内容需要编写的设计施工说明,应写在相关图纸内,其中如有适用于某几张图纸的内容,应采用专门条款去说明这些设计施工说明所适用的图纸编号。

⑤尽量少用文字说明。工程图纸这门工程语言,其特点是准确表达设计思想,不能产生歧义和多重理解。在表现空间位置和形状方面,图形语言远优于文字语言,故要尽量用图形表征,少用说明表达。

(2)CAD 文字输入

尽管在工程图纸中要尽量少用文字表达设计思想和具体工程信息,但必要的文字说明则是对图形表达方式的很好补充。在编写设计施工说明时,文字输入采用的几种方法参见 6.8 节。

自从有了中文版 AutoCAD 后,就可以在图形内写入多种汉字字体的文字,大大增加了图面的美观感,一改过去 Hztxt 体汉字的单调形象。但是很多绘图人员热衷于在同一张图采用多种汉字字体,结果导致图形更新显示速度明显变慢。一般初学者所绘图形并不复杂,图形对象简单、量少,则对图形视窗的 zoom,regen,pan 等浏览命令执行频率低,且计算机的运算速度也较快,还感觉不到图形浏览速度对设计工作的影响。一旦绘制比较复杂的大、中型工程图纸,并进行多专业合作设计时,浏览过程会很不流畅。解决这一问题的方法有:

①从绘新图开始,避免采用宋、楷等汉字字体。作为给水排水工程专业图纸,主体是图形对象,而非文字。文字越少越简洁,才能准确地表达设计思想和内容。

②在利用其他专业图纸时,尤其是利用建筑专业的建筑图,不可避免地含有汉字字体文字。这样,可先将图中的字体统一,并将与本专业无关的文字删除。

3)平面图

(1)平面图的定义

用假想水平面沿建筑物窗台,或本层最高给水管和设备以上的适当位置水平剖切,并向下投影而得到的剖视图,即为建筑的本层给水排水平面图。平面图的剖切投影范围是从本层假想平面至下一层假想平面(即投影不重复)。当出现上、下层给水排水管道交叉时,应保持管道的系统性,尽量把本层的上、下水管道绘制在同一层平面图上,不受剖切面的限制。安装在下层空间或埋设在地面下而为本层使用的管道,也可绘制于本层平面图上。如有地下层,应将排出管、引入管、汇集横干管绘制于地下层内。

从底层窗台以上适当位置水平剖切并向下投影至室外地面就是一层平面图;从二层窗台以上适当位置水平剖切并向下投影至一层假想平面,就是二层平面图,以此类推,当房屋若干层平面式样完全相同时,可以只画出一个标准层平面图。

(2)常用平面图

常用的给水排水系统平面图有:底层平面图、二层平面图、标准层平面图、顶层平面图、屋顶平面图,以及卫生间、厨房等用水部位局部平面图。在这些平面图中,不仅应反映出管道、器具及设施的布置,还反映出房屋的平面形状,各种房间的平面布置位置,门、窗的平面位置,梁、柱、板等构件的平面位置,有关尺寸,定位轴线的平面布置等内容。

由于给水排水系统平面图主要表现给水管道、专业设备与建筑实体(墙、柱、门、窗)、相关专业实体的平面几何尺度,以及管道与管道、管道与设备之间的连接、交叉关系,所以要处理好以上几个方面的问题。

(3)建筑图的绘制方法

建筑物轮廓线、轴线号、房间名称、绘图比例等均应与建筑专业一致,并用细实线绘制。在实际工程设计中可直接利用建筑专业的CAD建筑图。

在实际工程设计中,建筑图的绘制有3种方法,可根据具体条件适时选择其一,下面分别论述。

①根据建筑资料图或专业需要自行利用AutoCAD绘制。

在一些公用设施(如公共浴室、泵站)设计过程中,一般先由本专业根据需要向建筑、结构等专业提出设计资料,其中包括平面资料图,这时还没有建筑平面图可供复制,只有从轴线开始绘制。可用AutoCAD的基本命令绘制(效率很低);也可用Autolisp编制专用程序绘制建筑平面图;一般专业软件都配有建筑图绘制功能菜单。

②将建筑平面图作为块(block)插入(insert)本图。

使用块方式时,一般要先对复制来的CAD建筑图进行预处理,如删除原建筑图中立柱、墙体内的实体(solid)或填充(hatch),删除无关的建筑详图和复杂的局部图样,删除无关的建筑尺寸标注,利用将所有线条和文字修改(change)的"建筑图层",并使用统一颜色(bylayer),使建筑线条简洁明快,使之能衬托本专业的图例,然后将建筑平面图作为外部块(wblock)插入本图。

尽管一些资料中介绍了不同线型采用不同颜色,但是在实际工程设计中,为了突出显示本专业及相关专业管线,对建筑图中线条的颜色不宜多样化,以免图面五光十色,分不清主次,因此在插入前要进行删除。例如,建筑专业突出显示的柱、梁、墙是该专业强调的设计内容,而不是给水排水专业设计关注的重点。

另外,对于原图还要使用purge命令,因为这些建筑图在多次复用过程会产生大量"图形垃圾",如"标注样式、表格样式、打印样式、多线样式、块、图层、文字样式、线型和形",影响图形处理速度。例如,某图在键入purge命令后,弹出如图10.5所示的"清理"对话框,点开"块"子项目后可以看出,原图中尚有"_ARCHTICK""A $C59003A27" 等6个多余块,在"标注样式""图层""文字样式"子项下还有待清理目标,选择"全部清理(A)"后,即可自动清除全部冗余目标。

③将建筑平面图作为外部参照插入本图。

使用外部参照方式时，要尽量避免本专业线条的线型、颜色、图层名称等相关设置与建筑图相同。在完成本专业设计后，应将外部参照转换成块，经过预处理后，按块方式插入本图。

另外，在 ±0.000 标高层（低层）的平面图上，应在右上方绘制指北针。

平面图中管道图例及相关标注应按前述要求绘制。

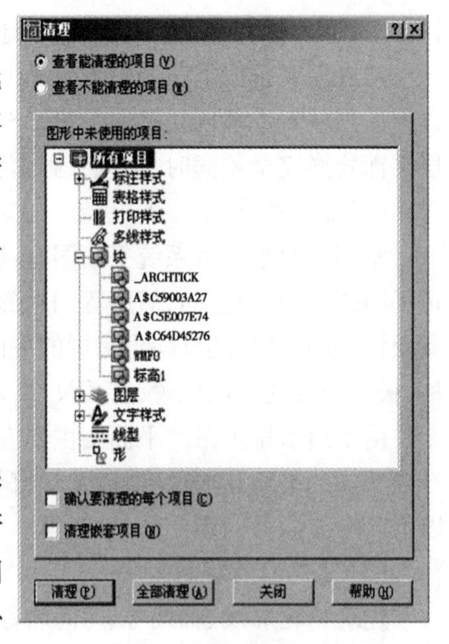

图 10.5　图形垃圾的清除

4）总平面图

沿建筑群的顶部向下水平投影而得到的水平投影图，称为总平面图。总平面图用于表明新建房屋地基所在范围的总体布置情况，比如地形、地貌、地物、朝向、间距、道路、管线布置、绿化等。建筑规划总平面图是室外给水排水管线和附属构筑物的定位依据，在此基础上绘制外部给水排水系统平面图。

无论埋地或架空管道，均应按照管道代号及图例中的线型绘制管线，而不按照画法几何中的透视关系区分虚实线。

给水工程外部平面图中，除管线外就是室外消火栓、阀门及阀门井、水表与水表井。一般情况下，外部给水工程管线较简单，可以仅用总平面图和局部大样图表达给水工程的全部信息，不再绘制系统轴测图、剖面图等其他视图。

室外给水管道所要表达的工程信息包括：管线的系统连接关系、管材、管径、埋深（标高）、变径位置等，表达方式与室内平面图相同。

室外消火栓、阀门及阀门井、水表与水表井要表达的工程信息内容包括：平面位置、标高、型号规格、井大小及施工标准图号等。总平面图中用图例所代表的室外消火栓、阀门及阀门井、水表与水表井，是不反映其实际大小。其平面位置一般用坐标方式标注，坐标值可以推算，也可以直接定位。

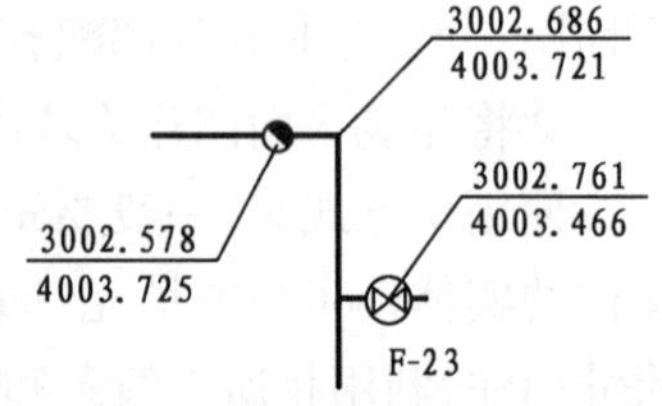

图 10.6　坐标值自动索取与标注结果平面图

根据所编程序，并执行其操作过程可以完成坐标标注，标注结果如图 10.6 所示。

5）剖、立面图

建筑给水工程一般不绘制外部立面图，只在一些复杂的泵站、设备间才绘制内立面图。由于管线的系统性决定了内立面图与剖面图难以区分，故一并归入剖面图。

建筑给水工程剖面图用于一些复杂的泵站、设备间，表达各种管道之间、管道与设备之间、管道与建筑实体之间的空间关系。此时轴测图难以表示清楚，借助剖面图，能够准确地表达彼此之间的二维尺度。

剖面图一般先绘制设备、构筑物的轮廓线，这些轮廓线都采用细实线。然后再绘制管道、阀门及附件。是绘制单线管还是双线管,要根据管线复杂程度、管径大小等因素确定,采用双线绘制时,先绘制管道中心线,再沿着管道中心线,描绘出确定管径的双线管道,绘制的双线管道,如图 10.7 所示。

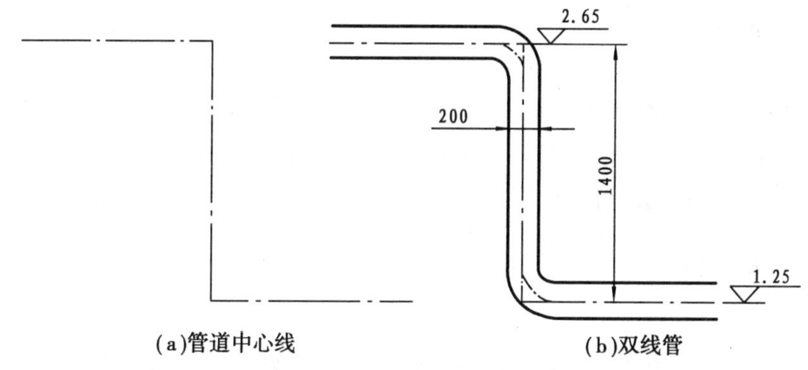

(a)管道中心线　　(b)双线管

图 10.7　双线管描绘图

剖面图中要清楚地表示出设备、构筑物、管道、阀门及附件位置、形式和相互关系。这就要求剖面图中的实体轮廓线必须按实际尺寸绘制。如遇到设备移动或改变大小,要通过 move、stretch、scale 等命令先修改实体轮廓,再改变尺寸界限,让 AutoCAD 自动调整尺寸数字,否则难以发挥计算机辅助设计的优势。

剖面图中要同时注明管径、标高、设备及构筑物有关定位尺寸。线性定位尺寸中,水平尺寸一般从一侧轴线开始,依次向另一侧标注;竖向尺寸一般从地面开始,由下向上依次标注。个别需要突出强调的相互关系的尺寸,可单独标注。竖向尺寸既可用线性方式标注,也可用标高方式标注。用线性方式标注时,对于与相邻图纸中管线相接的设计分界位置处,必须加注标高。利用辅助标注标高的 Autolisp 程序,可进行标高绘制,其效果如图 10.7 所示。

6)系统轴测图

管道轴测图,俗称管道系统图,由于采用轴测投影原理绘制,所以具有较强的立体感,便于读者很快建立起管道的空间关系概念,弄清楚管道的上下、前后、左右三维介质的流向。

(1)轴测图适用场合

轴测图主要适用于需要直观反映管道系统关系、空间关系的场合,如:

①卫生间放大图应绘制管道轴测图。

②仅绘平面图而不绘其他视图和流程图的工程,必须绘制管路系统图。

③管线复杂的泵站和设备间。

④一般民用建筑的给水、排水和消防管路均应绘制轴测图,这是建筑工程的管道施工图中不可缺少的一项内容。

(2)轴测图绘制基本要求

轴测图绘制应按以下基本要求:

①轴测图宜按 45°正面斜轴测投影法绘制。

②管道布图方向应与平面图一致,并按比例绘制。局部管道按比例不易表示清楚时,该处可不按比例绘制。

③正面斜轴测投影管线重叠较多时,可将部分分支管路引出来另行绘制。

④楼地面线、管道上的阀门和附件应予以表示,管径、立管编号应与平面图一致。

⑤管道应注明管径和标高(也可标注距楼地面尺寸),接出或接入管道上的设备、器具宜编号或标注文字表示。

⑥重力流管道宜按坡度方向绘制。

⑦当在一张图纸内仅绘制排水管道系统图时,一般也采用连续实线绘制,因为实线图的立体感好于虚线,且图中没有其他管线需要区分,则不必用虚线表示。

管道轴测图的绘制方法,可参见第 5.4 节。

7)详图及标准图(集)

(1)详图

详图也称大样图,即用于表示某一位置的管道及器具附件等详细做法的大样图。它可通过将其直接放大绘制,也可通过先剖切,再投影放大的方法来绘制。因此大样图有放大和剖切放大两种绘制方式。施工图中,凡是需要详细表达的部位,均可通过绘制详图来解决。详图不是新的视图类型,而是局部的、放大的、图例更少的平面图、剖视图或轴测图。

需要绘制详图的场合:

①无标准设计图可供选用的设备、器具安装图及非标准设备制造图,宜绘制详图。

②穿越梁、板、基础时的特殊做法,宜绘制详图。

③管道交叉多的墙角、管廊,应增绘剖面详图。

④非常规设备、管道支、吊架制作图,应绘详图。

⑤不同材质管道之间的连接方式,宜绘制详图。

⑥卫生间、厨房等给水、排水管道集中的场合,应绘详图。

(2)标准图

它是常见设备、构筑物和附属构筑物及管道安装详图。标准图(集上)汇集了一些常用的标准做法,供设计制图时选用,供施工安装时查阅。标准图(集)是设计标准化的产物,能够极大地降低设计工作量,提高设计速度,提高工程质量,减少工程缺陷,减少工程分歧的重要技术措施。现行的标准图分为全国统一用标准图、省市区域协作用标准图、各省用标准图和设计院自用标准图。这些标准图从适用范围上逐渐减小。给水排水工程专业全国通用的标准图为《给水排水标准图集》(合订本),分 S1,S2,…,S8,共 8 集。设计图纸中,对于能够套用标准图的场合,要尽量套用标准图。对于套用标准图的地方,要标注出相关标准图号、页码及附加的套用注意事项的文字说明。在进行工程设计制图和施工过程中,通常需要频繁使用标准图。

目前,已经发行标准图集的电子版,极大地方便了上机查阅和套用。

10.4 建筑给水排水设计软件简介

为了降低设计人员的设计劳动强度,减少重复设计和制图工作量,避免常见计算中的错误,提高设计效率,缩短设计周期,在通用计算机辅助设计软件的平台上,二次开发使用适合给水排水专业设计的软件是必要的。近20多年来,国内建筑设计软件业主要基于AutoCAD平台,进行二次开发,并已经形成以PKPM系列软件为龙头的一批国产软件,如TWT天正、鸿业、浩辰、理正给水排水设计软件,较好地推进了我国建筑设计事业的高速发展。软件本身的功能,也在用户的反复使用中得到进一步改善。

1)软件使用的基本条件

专业设计软件并不是万能的,要很好地使用给水排水专业设计软件,一般应具备以下3个方面的条件:

①有较为扎实的专业理论知识基础。

②掌握日常设计工作的方法和过程。

③掌握手工绘图技能,并能基本熟练地在AutoCAD平台上进行给水排水专业工程设计。

2)设计软件使用的主要工作流程

目前,国内常见软件在设计使用中,基本能够符合国内设计习惯,主要设计使用工作流程,如图10.8所示。

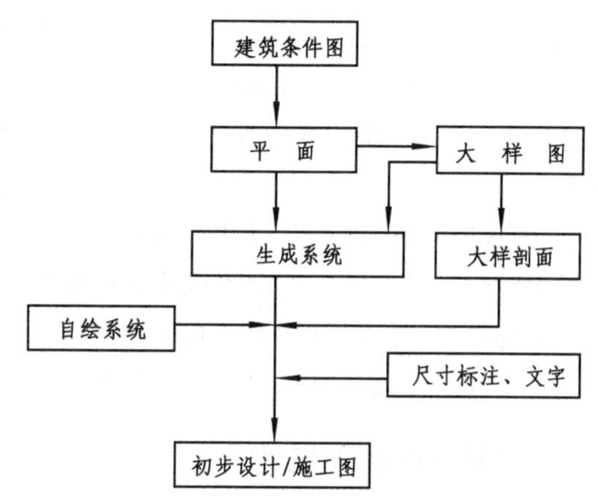

图10.8　给水排水设计软件主要工作流程

3)PKPM给排水设计软件

中国建筑科学研究院建筑工程软件研究所发行的给排水设计软件有“建筑给水排水设计软件(WPM)”“室外给排水设计软件(WNET)”两个软件包,与其他建筑类设计软件包共同构成代表国内综合性能最强的国产建筑类设计软件。该院是我国最早开始自主开发建筑业设计软件国产化设计软件的单位。

(1)建筑给水排水设计软件(WPM)

①能够完成给水排水工程的初步设计和施工图设计,包括给水、排水、中水、雨水、热水、冷却水、蒸汽、凝结水、消火栓系统以及自动喷洒灭火系统。

②设有完善的给水排水图库,可以很方便地插入给水、排水设备,卫生器具以及各种水池、井等。还可在管道上方便地插入阀门和附件等。

③具有多种计算功能。程序自动从图形中提取计算所需的原始数据,进行给水、排水、热水循环系统、消火栓系统和自动喷洒灭火系统的水力计算。另外,还提供了独立计算功能,如建筑物生活用水量估算,高层、低层建筑物消火栓用水量估算,消火栓喷水压力计算等。

④具有全自动的管径标注功能。

⑤自动统计、绘制和填写设备及主要材料表。

⑥具有详图设计功能,能自动产生大样图。

⑦平面布置过程中可随时查看系统图,及时发现平面图上难以察觉的问题,方便复杂管路设计。

⑧可按需要生成平面施工图、各系统的系统图、任意角度的轴测图、各种详图等,并对视图

上的交叉管道作消隐处理。自动生成图纸目录、图例和国家标准图目录。

(2)室外给水排水设计软件(WNET)

WNET 的功能包括室外给排水设计的全过程。该软件设计内容包括:室外给水、雨水、污水、室外冷冻水、凝结水、消防水系统以及室外蒸汽系统。其中主要功能有:

①自动设计功能。WNET 可自动连接水管支管、自动生成文本存档文件、自动生成断面图,自动标注管径、管长、坡度,自动消除遮挡线、自动生成设备材料表、统计图例等。

②水力计算功能。在布置完井和管道后,程序自动从图形中提取计算所需的原始数据,进行水力计算。计算包括:自动汇总流量,环状给水管网系统平差计算,枝状给水管网水力计算,雨水系统、污水系统的水力计算。计算结果会自动返回到图形中,能生成详细的计算书和计算草图。

③自动生成断面图。设计人只要沿着要画断面图的管线选择相应的点,程序就会自动绘制指定管线的断面图。断面图包括管道管线和标注信息表,表格内容包括:自然地面标高、规划地面标高、桩号、设计管道中心标高、管径、坡度等。

④自动统计设备材料,自动绘制、填写设备材料表,自动生成施工图目录,自动统计图例。

4)天正给排水设计软件

天正给排水设计软件 TWTⅡ2.3 是由北京天正工程软件有限公司开发的国产软件,最新 TWT 7.0 以 AutoCAD 2002—2006 为平台,是一个符合工程师设计习惯的软件。绘制平面图时,记录下管线的参数,但不影响设计的连贯性。这些参数为系统图的生成和材料统计,奠定了坚实的基础。引入工具集概念,使得图形的修改更方便、更简捷。平面图直接生成系统图时,采用多视窗技术,使整个过程一目了然。

5)鸿业给排水设计软件

鸿业给排水设计软件共有"建筑给排水设计软件(Gps-jz)""鸿业室外给排水设计软件(Gps-sw)""鸿业供水管线设计软件(HYwaterCAD)"3 个软件包。它是由北京鸿业同行科技有限公司开发的国产软件,共有平面设计、消防平面、系统绘制、计算模块、表类、施工图、标注及工具 7 个主要方面的功能。

(1)平面设计

平面设计包括各种管线绘制,用户可以方便地自己添加管线的类型,并设定管线的管材,开放的管材库允许用户自己扩充管材,快捷实用的管线编辑,可以随时按照特定条件过滤管线,并编辑管线属性;立管布置和重合管线编辑及多管线布置组合使设计人员能够快速绘制平面排表;平面复制功能可以使用户快速准确地由一层平面生成其他层平面。

器具布置功能提供了器具的安装详图,设计人无须查阅标准图集,直接从器具安装详图中选择不同类型的器具和安装方式;器具与管线自动连接,并能实现排水器具与管线的斜向连接;器具属性可通过器具编辑查询和修改;快速布置给排水阀件,阀件布置的高级界面可以添加自定义阀件及组合阀件,并实时预览添加的阀件内容。

(2)消防平面

消防平面包括消火栓、喷头、消防器材布置;自动连接就近接消火栓与消防立管,自动连接消防立管与消防干管等功能;提供常用形式的喷头布置方式,并实现喷头与管线的自动连接和修改喷头属性;喷头定义提供识别其他软件喷头及用户绘制的喷头的接口;喷头及消火栓阴影可实时查看喷头及消火栓保护半径。

(3)系统绘制

系统绘制包括通过选择平面自动生成系统图、自动绘制立管系统图、绘制水箱大样图、参数化绘制原理图等。系统图编辑工具提供对生成的系统图添加管线阀件及附件,自动搜索系统管线分支并实现伸缩和移动,以达到图面美观。

(4)计算模块

计算模块包括给水管道水力计算,自动喷洒灭火系统水力计算,排水系统水力计算等以及给水、排水、消防水的单管计算,气压罐计算,贮水池计算,屋顶水箱计算,化粪池计算等。系统计算可以从图面直接提取计算数据,也可以用户输入数据进行计算,计算完成后可以将结果自动赋回图面并进行标注。单管计算提供灵活的计算方式,逐段计算。计算结果可以输出到 Word 和 Excel。消防喷淋系统提供根据管线控制的喷头数自动确定管径并标注。

(5)表类模块

表类模块包括材料表定制和自动统计材料表及自动图例表等。能够统计图面材料,并按照用户材料表的样式进行输出,能根据用户的选择自动出图例表,用户也可选择图例并添加到当前图例表绘制图例。

(6)施工图模块

该模块能够自动对管线和图块实现加粗,自动实现遮挡断线。

(7)标注及工具

标注及工具包括进出户管标注、管径标注和标高标注等,可以方便快捷地标注图面元素,专业工具和通用工具用于提高用户工作效率。

鸿业给水排水设计软件的主要工作流程与天正给水排水软件接近,符合设计人员常规设计的工作流程。

10.5 工程举例与 CAD 绘图应用

1)工程概况

本工程为南方某城镇住宅小区一栋 3 个单元 6 层住宅楼,3 个单元户型相同,每个单元由两套建筑平面结构对称的户型组成,建筑面积为 2 289.6 m^2,共有 36 户。

2)用水指标

每户按 3 人计算,每人最高日用水量定额为 240 L/(人·d),共计 25.9 m^3/d。时变化系数 2.5,最大时用水量 25.9 m^3/d。平均时用水量 2.7 m^3/h。

3)设计依据

民用建筑工程主要设计依据如下:

《建筑给水排水设计规范》(GB 50015—2010);
《全国民用建筑工程设计技术措施——给水排水》(2009);
《建筑给排水及采暖工程施工质量验收规范》(GB 50242—2002);
《建筑设备施工安装通用图集》(91SB);
《建筑给水排水制图标准》(GB/T 50106—2010);
《给水排水标准图集》(合订本 2015)。

4)制图过程

本图是在 AutoCAD 平台上直接绘制的,基本过程为:

①复制建筑平面图,并删除图中不必要的线条、尺寸、文字,在所有建筑图中的图层名称前加“JZ”,颜色改为黑色。

②确定绘图比例。平面图一般为 1∶200,1∶150,1∶100;大样图一般为 1∶50,1∶30,1∶20,1∶10,1∶5;轴测图一般为 1∶150,1∶100,1∶50。制图前基本确定好绘图比例,有利于使用前面的适用程序,进行尺寸样式设置,确定文字高度,确定合适的管道线宽等。

③建立给水排水专业图层。用图层管理器新建“给水管道”“排水管道”“JP 尺寸”“JP 文字”等图层;也可直接插入已有图形(含有相关图层的图)。

④绘制底层平面图和大样图。这两张图要交替绘制,反复调整。由于目前微机硬件和 AutoCAD 性能的提高,可以在一个图形文件内绘制一个工程中的所有图纸。

⑤绘制好各层平面图和大样图后,再绘制给水管道轴测图和排水管道轴测图。

⑥核对修改各视图之间的不统一处。

⑦随时添加适用于部分图纸的文字说明。

⑧编写专业设计施工说明。

⑨统计设备材料并绘制设备材料表。

⑩汇总图纸目录。

5)部分图纸

本工程主要图纸如下:

①底层给排水平面图,如图 10.9 所示。

②厨、卫给排水大样图,如图 10.10 和图 10.11 所示。

③给水管道轴测图,如图 10.12 所示。

④PL2 排水管道轴测图,如图 10.13 所示。

⑤PL1 排水管道轴测图,如图 10.14 所示。

⑥JL1 给水管道轴测图,如图 10.15 和图 10.16 所示。

6)工程图纸中冗余信息的清理

随着 AutoCAD 及专业设计等绘图软件中“阵列”“复制”“镜像”等功能的增强,打印、绘图和复印设备的升级,工程图纸中的冗余信息越来越多,不仅增加了图纸发行过程中的直接成本,也给施工过程中的识图、设计修改、档案管理等后续工作带来不便。

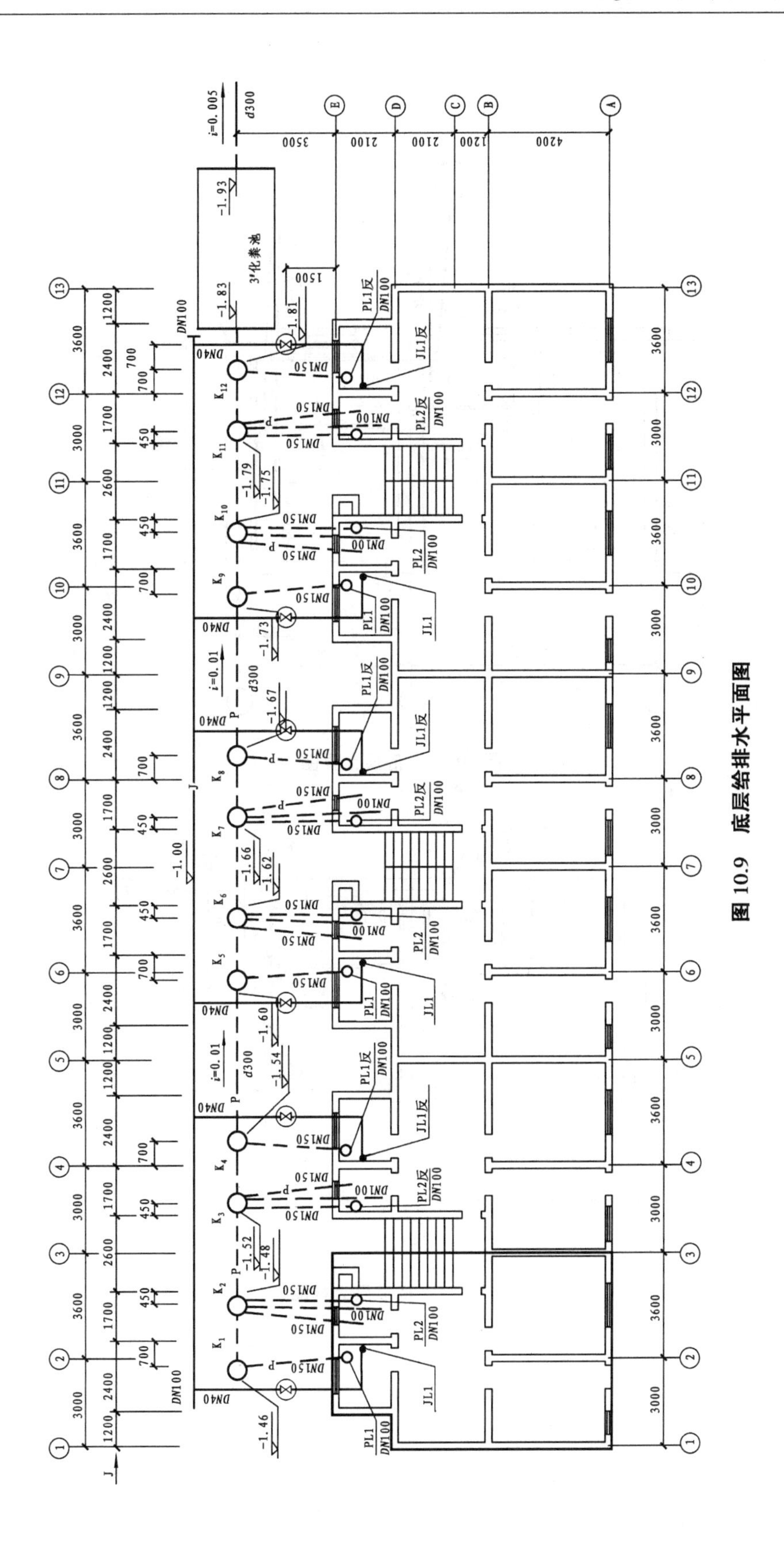

图 10.9 底层给排水平面图

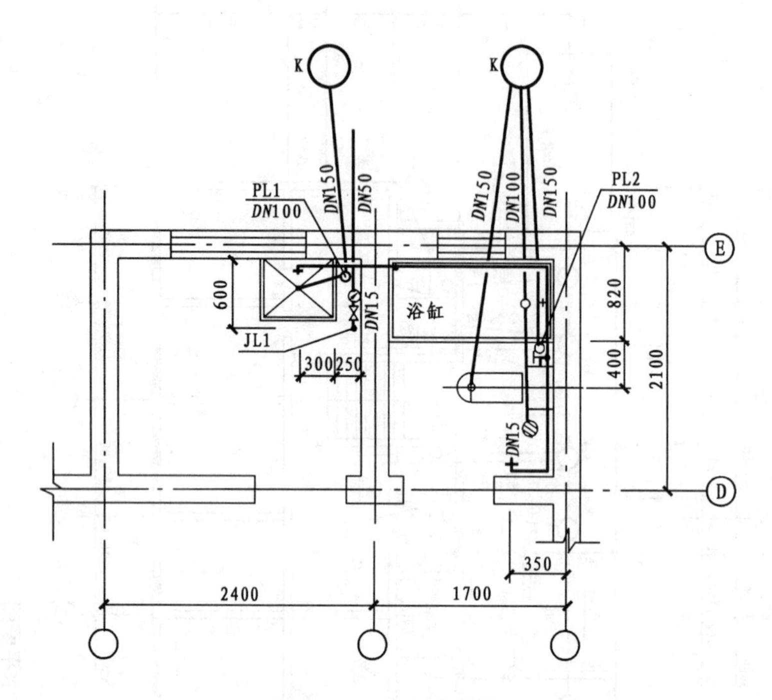

图 10.10　底层大样图

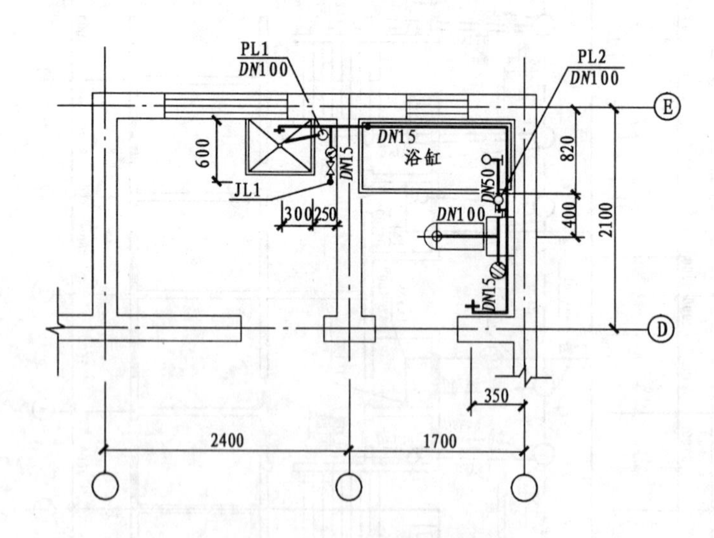

图 10.11　标准层大样图

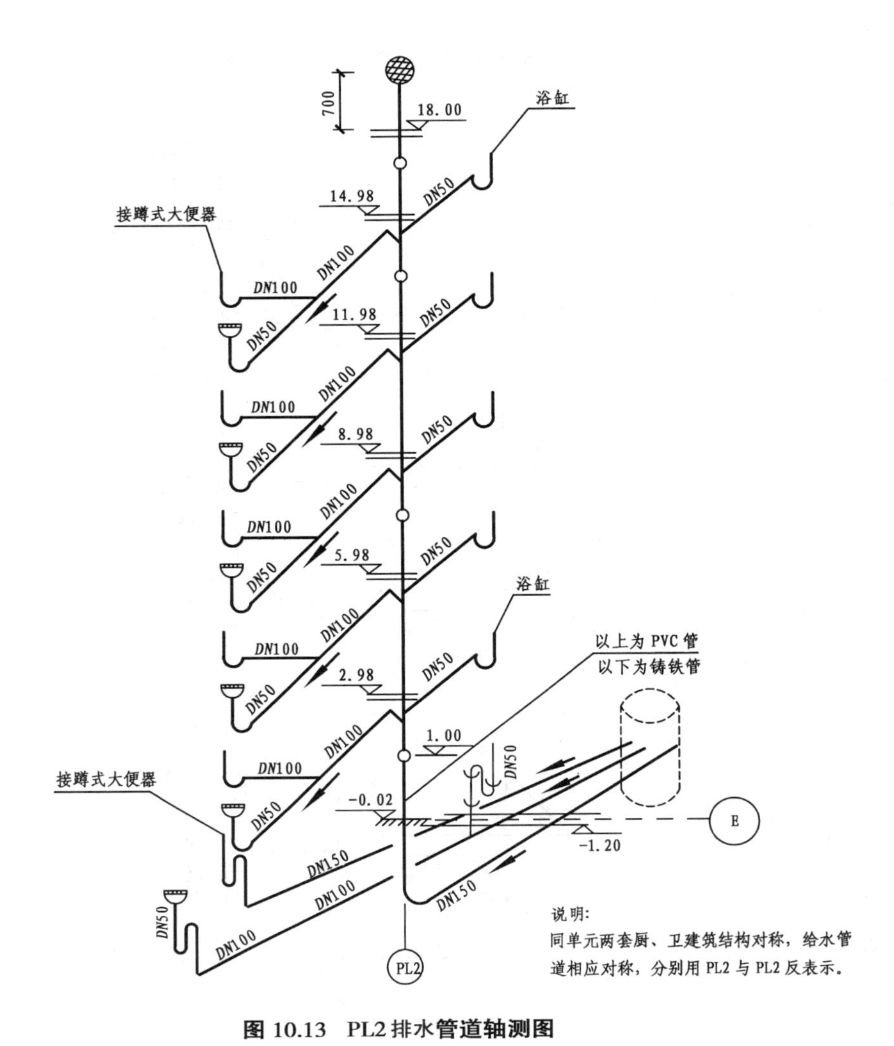

图 10.13 PL2 排水管道轴测图

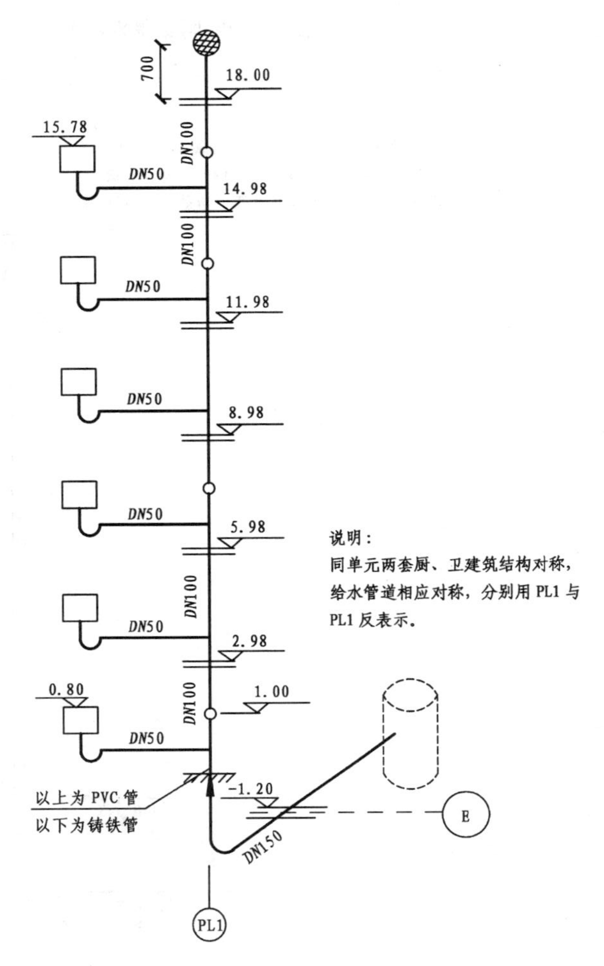

图 10.14 PL1 排水管道轴测图

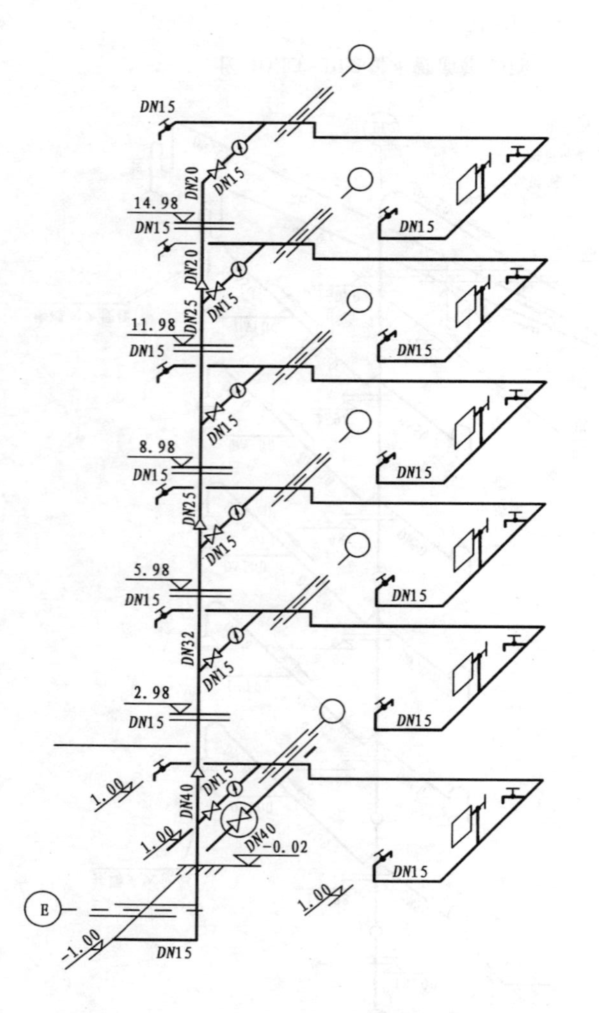

图 10.15　JL1 给水管道轴测图

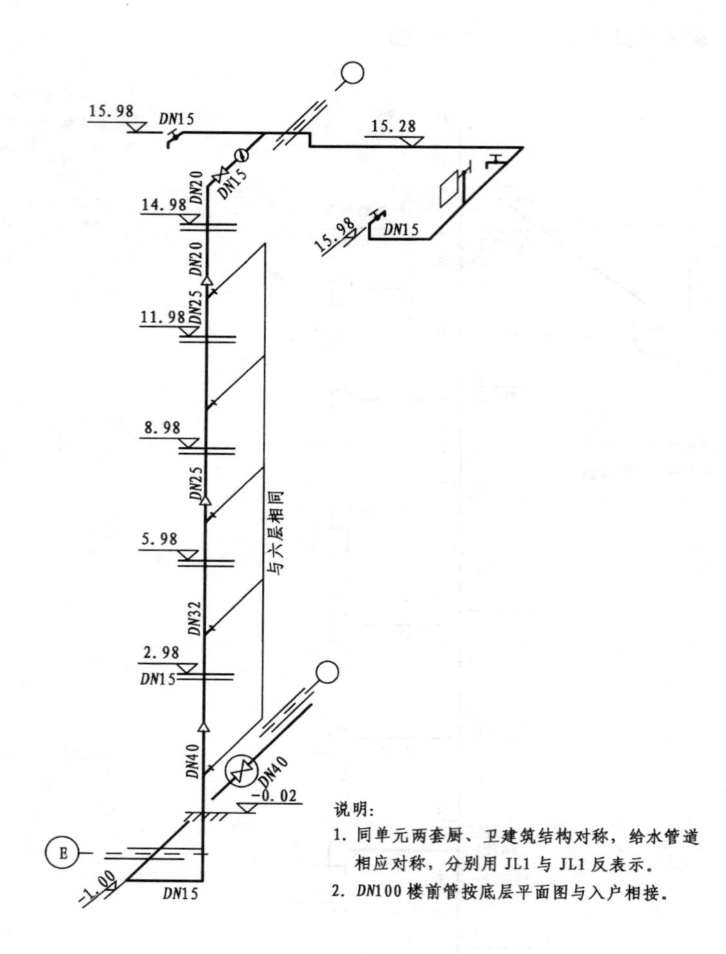

说明:

1. 同单元两套厨、卫建筑结构对称，给水管道相应对称，分别用 JL1 与 JL1 反表示。
2. DN100 楼前管按底层平面图与入户相接。

图 10.16　JL1 给水管道轴测图（最简图）

如前面的“给水管道轴测图”绘出了整栋楼的全部管道轴测图。由于这些厨房和卫生间只有一个基本型和一个对称型,完全可以用基本型管道轴测图,加两条文字说明来表达全部设计思想,如图10.15所示。

再考虑1～6层的配水管道相同,还可进一步删除1～5层配水管,附加说明“与六层相同”。既简洁又完整地表达了全部给水管道施工信息,大大减小了图纸幅面,施工人员只要花几分钟就可读懂该图。否则,施工人员必须看完全部图纸才能确认设计内容。一旦出现修改,也给设计者自己带来极大不便,如图10.16所示。

小　结

本章侧重介绍了建筑给水排水专业设计过程中,采用计算机辅助设计绘图中的一些特点。在前几章的基础上,重点讨论了给水排水专业管道设计制图中常见问题的解决方法,如规范文字的输入方法、双线管的描绘、排水管参数表格化表达、冗余信息的剔除等问题的解决方案。介绍了国内常见的给水排水设计软件的主要功能和使用要求。最后,附以工程实例,介绍了给水排水工程绘图的步骤及特点。

11

建筑电气工程制图

现代化建筑工程设计,是一个多专业多工种互相协调、密切配合、交叉作业、联合设计的群体组合。随着社会的进步,高科技的发展,建筑物越来越多地要求功能齐全,向着大型、高层、自动化、智能化的方向发展。现代建筑与电气化、自动化具有相互依存,相互促进的关系,一幢现代化建筑或智能建筑必须配备完善的建筑电气设备,并具有自动化的功能及设施。

建筑电气的设计不仅要求电气专业设计人员具备电气专业知识及专业设计资质,同时还应具备一定的建筑、结构、给排水、暖通等其他专业的技术知识,才能做好建筑电气工程设计。另外,设计人员还应具有建筑电气工程制图和应用CAD软件绘图的技能。本章主要介绍建筑电气的制图原则和方法,并列出工程实例以供参考。

11.1 概　述

11.1.1 建筑电气的基本内容

建筑电气是以电能、电气设备和电气技术为手段,创造、维持并改善建筑内部空间的声、光、电、热环境,以及通信和管理环境,使建筑物更能充分地发挥其特点及功能。

目前,智能建筑融合了计算机及网络技术、现代建筑技术、自动化控制技术、现代通信技术等多领域的高新技术,使得建筑电气迅速发展,内涵越来越丰富。

建筑电气设计分为民用、工业两大类,其本身包含的内容又分为强电和弱电系统。强电系统的内容包括:供配电系统、变配电所、配电线路、电力、照明、防雷、接地等。弱电系统涉及的内容随着科学技术的发展而发展,特别是智能建筑设计中包括了建筑自动化,因此,供配电、通风空调、给排水、照明、火灾报警控制系统、保安监控、电梯等系统的监视与控制;通信系统网络化及综合布线、通信、计算机站房及系统网络设备选择及布置;办公自动化系统等均属于弱电系统。

1)建筑的供配电系统

将高压或低压电源送入建筑物中称为供电,一般的建筑采用380/220 V低压供电,高层建筑常采用10 kV,甚至是35 kV供电。将送入建筑物中的电能再经配电装置分配给各个用电设备称为配电。而选用相应的电气设备(导线、开关等)将电源与用电设备联系在一起即组成建筑供配电系统,或者说供配电系统即为接受电源输入的电能,经检测、计量、变压后向用户和用电设备分配电能的系统,如图11.1和图11.2所示。

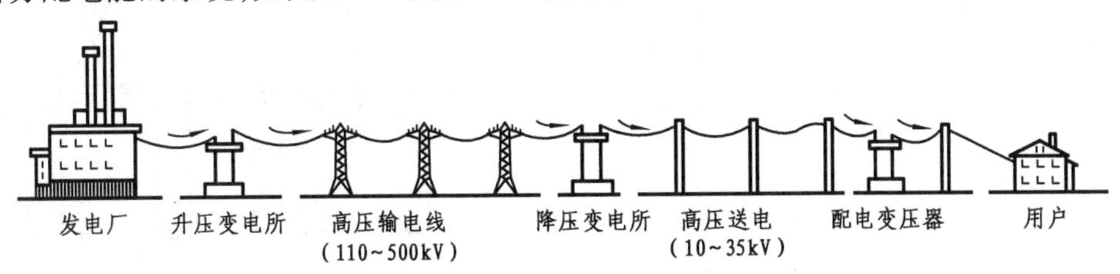

图11.1　电力输送示意图

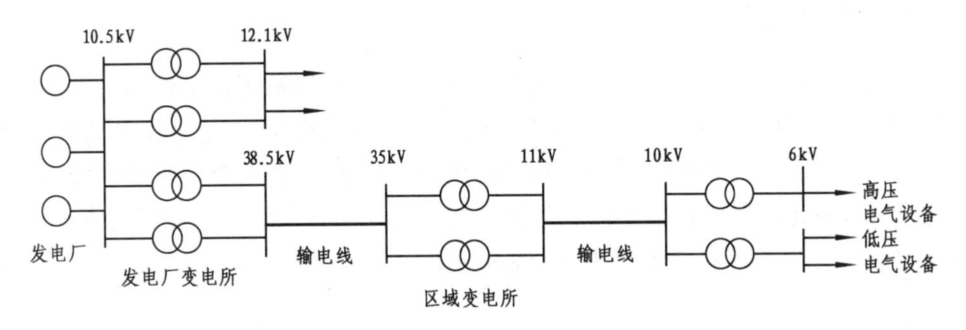

图11.2　电力系统示意图

2)建筑电气照明系统

应用将电能转换为光能的电光源而进行的采光人工照明,以保证人们在建筑物内正常的从事生产和生活,并满足其他特殊需要的照明设施称为建筑电气照明系统。

通常将建筑电气照明系统分为电气系统和照明系统两部分。电气系统是特指电能的产生、输送、分配、控制和消耗使用的系统,主要由电源(市政供给的交流电源,或自备发电机及蓄电池组等)、导线、控制和保护设备以及用电设备(各种照明灯具)所组成。对于照明系统则特指光能的产生、传播、分配和消耗吸收的系统,主要由光源、控照器(俗称灯罩)、室内空间、建筑内表面、建筑形状和工作面等组成。

在建筑电气照明系统设计中,首先要通过对照明光学部分设计,然后才能进行电气设计,即照明供电设计。电气设计必须满足照明设计的要求,而照明设计又必须与建筑设计紧密配合。

建筑设计的平面、立面、剖面图,以及该建筑内生产、生活用电工艺要求,都是电气照明设计的基础资料。照明平面图(见图11.3)和配电系统图(见图11.4)均是照明供电设计包括的主要内容。

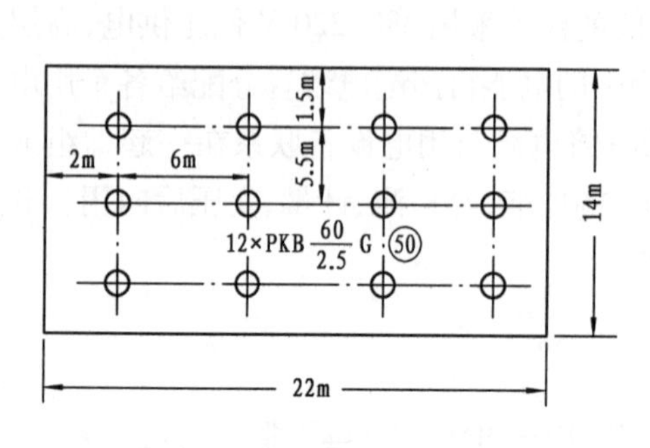

图 11.3 电气照明平面图

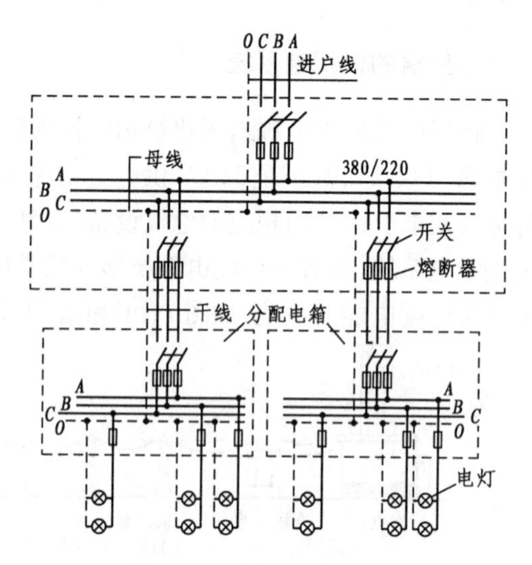

图 11.4 电气照明系统图

3)建筑电气动力系统

在空调、通风、供水、排水、热水供应、电梯运输等系统中,维持正常工作的各种机械设备,如各类空调机组、通风机、循环水泵、给水泵、排水泵、电梯机组等,全部是靠电动机拖动运行的。这些将电能转换为机械能的电动机,带动着机械设备运转,为整个建筑提供舒适、方便的生产、生活条件,为此而设置的各种系统,统称为建筑电气动力系统。建筑电气动力系统实质上就是向电动机配电,以及对电动机进行控制的系统。

4)建筑弱电系统

应用将电能转换为讯号能的电子设备(如放大器等),保证讯号准确接收、传输和显示,以满足人们对各种信息的需要和保持相互联系的各种系统,统称为建筑弱电系统。例如,有线电视系统、建筑通信网络系统、建筑广播系统、消防火灾自动报警系统等均属于此类系统。

(1)有线电视系统

有线电视系统的设计现已成为住宅建筑、公共建筑弱电系统中必不可少的工程内容,随着科技的发展,人们生活水平的提高,不仅要求接收电视台发送的节目,还要求接收卫星电视节目和自办节目,利用电视进行电话会议、远程教育等信息交流。传输电缆已由同轴电缆发展到光缆。通过同轴电缆、光缆或其组合来传输、分配和交换声音和图像信号的系统称为有线电视系统。

有线电视系统一般由前端设备、传输和分配 3 大部分组成。前端部分包括信号源部分、信号处理部分和信号放大合成输出部分输出部分。信号源部分又包括接收天线、天线放大器、卫星接收天线、微波接收天线及自办节目用的放像机、影视转换机等;信号处理部分包括频道变换器、频道处理器和调制器等;信号放大合成输出部分包括信号放大器、混合器、分配器以及集中供电电源等。传输系统由同轴电缆、光缆和微波多路分配,以及它们之间的组合部分和其他相应的无源器件(如分配器、分支器和用户终端等)组成。

建筑物内部设计有线电视系统时,主要选择的设备有:放大器、分配器、分支器、用户终端接线盒、传输线路等，而前端设备则由专业公司设计。放大器是将信号放大并保持一定电平输出的器件，按放大器在系统中使用的位置可分为前端和线路两类，如前端放大器和频道放大器，线路放大器包括干线放大器、分配放大器、分支放大器、线路延长放大器等。有线电视系统输出电平设计值应满足(70 ±5)dB。

目前，建筑物内的电视传输线路多数已使用同轴电缆，同轴电缆是由内、外两层相互绝缘的金属线组成，内部为实心铜导线，外层为金属网，如图 11.5 所示。在共用天线电视系统(CATV)中，各国规定均采用特性阻抗为 75 Ω 的同轴电缆作为传输线路。

分配器是用来分配电视信号并保持线路匹配的装置。它能将一路输入信号均等地分成几路输出，它还起着阻抗匹配作用，即各输出线的阻抗为 75 Ω。分配器按输出路数的多少可分为二分配器、三分配器、四分配器、六分配器等。

分支器是从干线或支线上取一小部分信号传送给电视机的部件。它的作用是以较小的插入损耗而从传输干线或分配线上分出部分信号并经衰减后送入各用户。它由一个主输入端、一个主输出端和若干个分支输出端构成，根据分支器的分支输出端的个数可分为一分支器、二分支器、三分支器、四分支器、六分支器等，如图 11.6 所示。

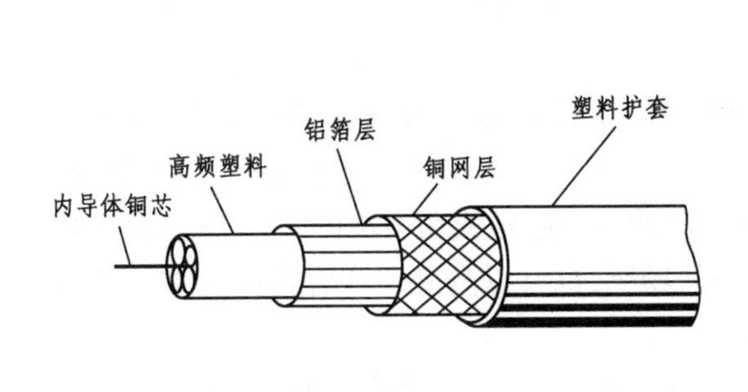

图 11.5　同轴电缆

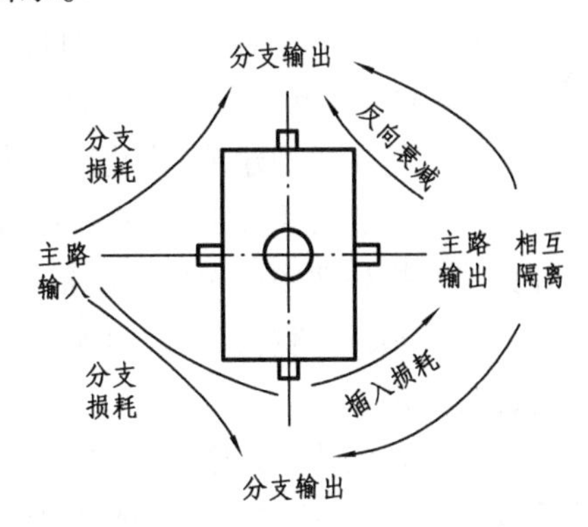

图 11.6　分支器的构成

用户接线盒，也称用户终端，它是电视分配系统与用户电视机相连的部件，包括面板、接线盒，如果与用户电视机相连，必须配一段用户线和插座。用户接线盒的面板有单孔(TV)和双孔(TV,FM)两种，盒底的尺寸是一致的 86 盒，如图 11.7 所示。

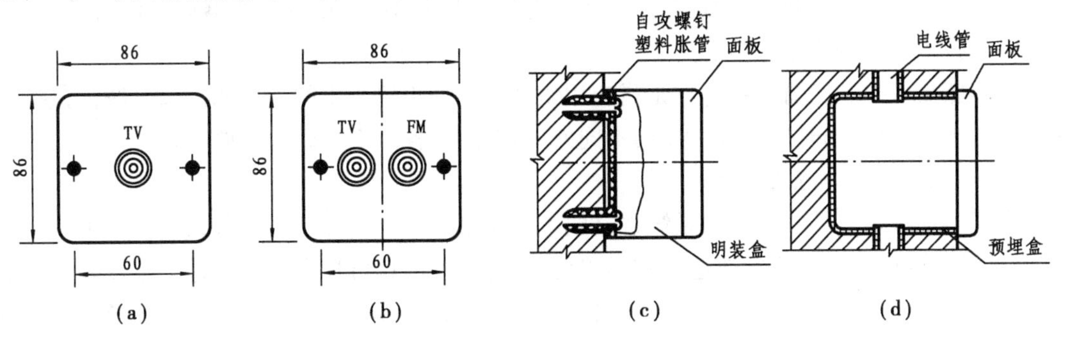

图 11.7　用户接线盒的安装方法

(2)建筑通信网络系统

通信系统是指把信息从一地传到另一地,传递信息所需的一切设备技术系统。通信网络系统是建筑楼宇内的语音、数据、图像传输的基础,同时与外部通信网络相连(如公用电话网、综合业务数字网、计算机互联网、数据通信网及卫星通信网等),确保信息的畅通。

目前,我国的建筑通信系统采用两种方法:一种是常规形式,即由室外经电话电缆引进楼内,通过楼内电话线箱或配线架,引出至各用户端;另一种是采用综合布线系统。综合布线系统(GCS)是开放式星型拓扑结构,能支持电话、数据、图文、图像等多媒体业务的需要。通常大型建筑或智能建筑均采用综合布线系统,它使建筑物或建筑群内部的语音和数据设备与外部通信网络相连接。综合布线系统在实际应用中,多用于电话系统和计算机网络系统,它包括建筑物到外部网络、电话局线路上的连线点与工作区的语音或数据终端之间的所有电缆,以及相关的布线部件。

综合布线系统主要由 6 部分组成:工作区、配线子系统、干线子系统、设备间、管理、建筑群子系统。通过综合布线系统使各个系统采用统一的线缆材料和统一的 RJ45 接口,线缆主要进户或主干线缆采用光缆或大对数电话线缆,水平楼层配线电缆通常采用 4 对 8 芯双绞线,双绞线采用 5、6 类 UTP 非屏蔽双绞线,对传输系统要求高时,采用 STP 全屏蔽电缆或光缆。

(3)建筑广播系统

广播系统是在大型建筑、公共建筑内部为满足广播通知、播放音乐等需要设置的系统。

广播系统一般由播音室、线路和放音设备 3 部分组成。播音室中一般设置收音、拾音、录音、话筒、扩音机和功率放大机等设备;广播线路在建筑内暗敷或在吊顶内明敷;放音设备采用扬声器,可以安装在商场、走道、门厅、餐厅等公共场所,也可以是分布在客房内有多功能床头柜控制的收音机。

音响广播系统的形式通常有:公共区域的公共音响,宾馆内的客房音响,演出大厅内独立设置的音响,专用会议室和多功能厅音响;用于消防广播的事故紧急广播等。

系统的类型主要有:

①集中播放、分路广播系统。即用同一台扩音机,做单讯道分多路同时广播相同的内容。这是传统的广播系统。

②利用 CATV 系统传输的高频调制式广播系统。它是指在 CATV 系统的前端室,将音频信号调制射频信号,经同轴电缆送至用户多功能床头控制柜,经频道解调器后被收音机接收。这是一种技术先进的广播系统。

③多路集散控制广播系统。它是指应用集散控制理论研制出的先进的广播系统。该类系统可以在 12 个区域同时播放 8 ~ 12 种不同的内容,满足各个不相同的播放需要。

(4)消防火灾自动报警系统

火灾自动报警及其联动控制系统也是弱电系统中的一个重要组成部分,近 20 年来发展很快,在建筑设计中已应用非常普遍。它是以传感器技术、计算机技术和电子通信技术等为基础的现代化消防自动化工程。该系统既能对火灾发生进行早期探测和自动报警,又能根据火灾位置及时输出联动控制信号,启动相应的消防设施进行灭火。

火灾报警控制系统由火灾测探、报警和联动控制 3 部分组成。

火灾测探部分主要是探测器,即由自动报警探测器和手动报警按钮组成。自动报警探测器将火灾发生初期所产生的烟、热、光转变成电信号,然后送入报警系统。自动火灾探测器分为5种类型:感烟式、感温式、感光式、可燃气体探测器和复合式火灾探测器。

火灾报警控制器是火灾自动报警系统中,能够为火灾探测器供电、接收、处理及传递探测点的故障、火警电信号,发出声、光报警信号,同时显示和记录火灾发生的部位和时间,并向联动控制器发出联动通信信号的报警控制装置,是整个火灾自动报警控制系统的核心和指挥中心。图11.8为控制中心系统示意图。

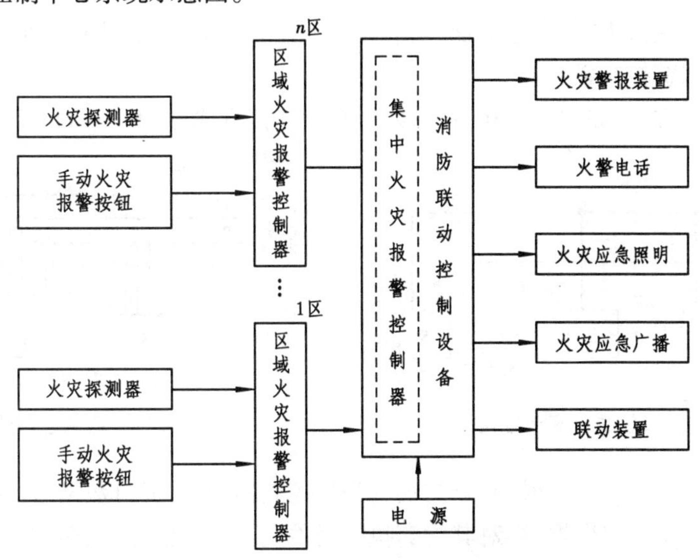

图11.8 控制中心系统示意图

消防控制系统的控制装置有:火灾报警控制器;自动喷水灭火系统的控制装置;室内消火栓系统的控制装置;防烟排烟系统及空调通风系统的控制装置;常开防火门、防火卷帘门控制装置;电梯回降控制装置;火灾应急广播的控制装置;火灾警报装置;火灾应急照明与疏散指示标志的控制装置等。消防控制设备应根据建筑形式、工程规模、管理体系、功能要求及规范要求来综合确定其控制装置的选取(部分或全部选取)。

消防控制设备的控制方式:单体建筑一般集中控制,即在消防控制室集中接受和显示报警信号,控制有关消防设备和设施,并接收和显示其反馈信号;大型建筑群可采用分散与集中相结合的形式进行控制,能集中控制的应尽量采用消防控制室集中控制,不宜集中控制而采用分散控制方式时,应将其操作信号反馈到消防控制室。

火灾自动报警系统主要分为多线制和总线制。所谓多线制是指探测器和控制器之间传输线的线数。多线制在20世纪80年代及90年代初期火灾报警技术中采用较多,其特点是一个探测器(或若干探测器为一组)构成一个回路,与火灾报警控制器相连接,如图11.9所示。图中多线制连接方式表示为$n+4$线制。

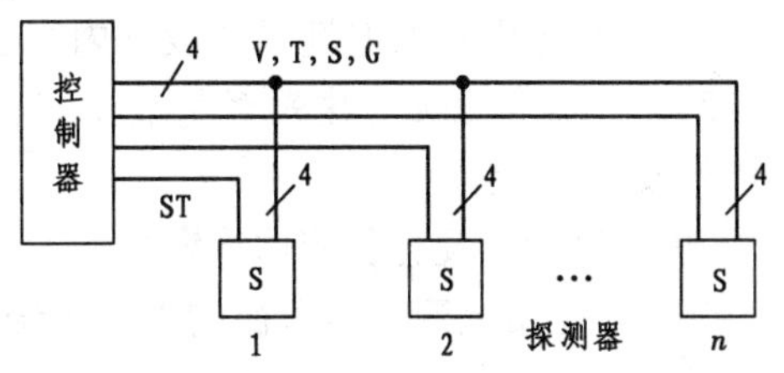

图11.9 多线制连接方式

早期的多线制有$n+4$线制,n为探测器数,4指公用线为电源线(+24 V)、地线、信号线和自诊断线,另外每个探测器设一根信号线。由于配线数量多,线路故障多,造成的费用高,因此已经逐步淘汰。

随后发展起来的是 $n+1$ 线制,即一条是公用地线,另一条则担负供电、选择信息与自检的功能,这种 $n+1$ 线制仍然是多线制,同样存在着多线制的缺陷。

总线制分为二总线制和四总线制,即采用 2 条或 4 条导线构成总线回路,所有的探测器与之并联,每只探测器有一个编码电路,报警控制器采用串行通信方式访问每只探测器,总线制用线量比多线制大大减少,具有造价低、安装调试使用方便的特点。因此,在大、中型工程中多采用总线制火灾报警控制系统。

二总线制连接方式,如图 11.10 所示;四总线制连接方式,如图 11.11 所示。

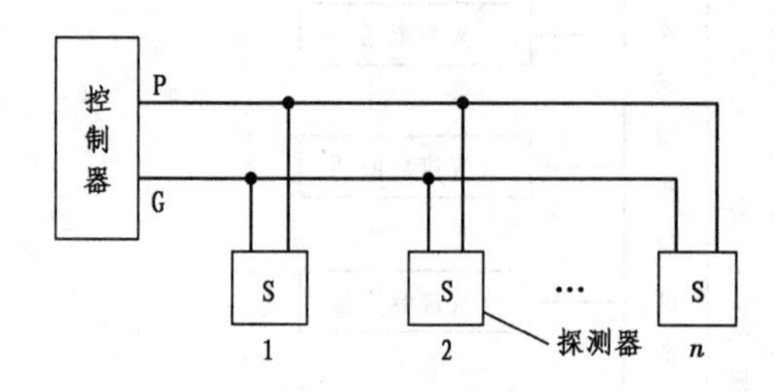

图 11.10　二总线制连接方式

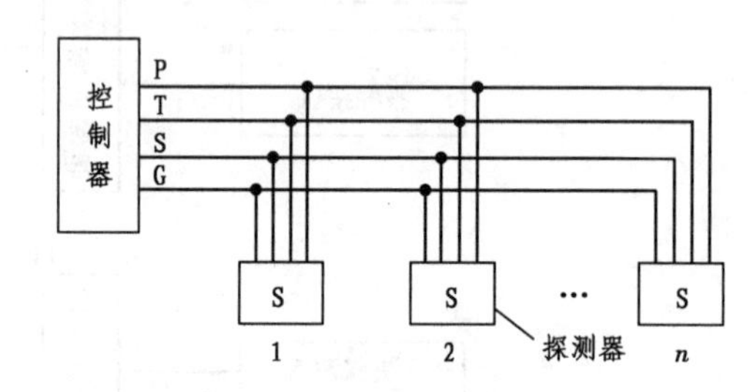

图 11.11　四总线制连接方式

总之,消防联动控制是联动控制器与火灾报警控制器配合,通过数据通信接收并处理来自火灾报警控制器的报警点数据,再对其配套执行器件发出控制信号,从而实现对各类消防设备的控制。

11.1.2　建筑电气分阶段设计内容

大型工程的建筑电气设计一般分为 3 个设计阶段,即方案设计、初步设计和施工图设计。对于中、小型或比较简单的建筑电气设计可简化,只作方案设计或初步设计,然后直接进入施工图设计。各阶段设计包括的主要内容分述如下:

1)方案设计内容

在方案设计阶段主要以建筑电气设计说明为主或附方案设计的总平面图。根据建筑工程设计文件编制深度的规定,设计说明包括的内容主要如下:

(1)设计范围

对本工程拟设置的电气系统设计内容予以说明,即设计内容概况。

(2)本工程拟设置的建筑电气系统

(3)变、配电系统

①负荷级别以及总负荷估算容量。

②电源,城市电网提供电源的电压等级、回路数及容量。

③拟设置的变、配电站数量,容量和位置。

④确定自备应急电源的形式、电压等级、容量。

(4)其他建筑电气系统对城市公用事业需求的有关内容

(5)建筑电气节能措施

一般参数计算和总图绘制是根据建筑专业提供的建筑物类别、建筑总平面图;单位工程建筑幢数、层数、总高度、用途、类型;建筑物总面积、绝对标高点、相对标高点、位置和方向等各项技术参数,并依据国家现行的建筑电气工程设计标准、规范、安装定额等,再按规范规定的“W/m^2”(每平方米建筑面积用电瓦数),匡算出用电总功率。确定高压用电户或低压用电户电源引入方向和电缆走向及电源回路数,变配电所位置,考虑应急电源或应急柴油发电机组的配备。最后,按每平方米造价匡算电气工程概算。

2)初步设计内容

建筑电气专业初步设计文件主要包括:设计说明书、设计图纸、主要电气设备表、计算书。初步设计是方案设计的深化。建筑专业给出建筑平面、立面、剖面图,各单位工程中各个分项工程已基本确定,配电系统业已形成,设备组合初步确定,高压用电户或低压用电户基本确认。因此,在建筑平面图上要初步确定电气设备位置和数量,并按照本地区现行概算定额,计算出总体电气工程或单位电气工程的概算。

(1)设计说明书

设计说明书的内容主要有:设计依据;设计范围;变、配、发电系统;照明系统;电气节能和环保;防雷;接地及安全措施;火灾自动报警系统;安全技术防范系统;有线电视和卫星电视接收系统;广播、扩声与会议系统;呼应信号及信息显示系统;建筑设备监控系统;计算机网络系统;通信网络系统;综合布线系统;智能化系统集成;其他建筑电气系统。

(2)设计图纸

设计图纸内容主要有:电气总平面图;变、配电系统;配电系统;照明系统;火灾自动报警系统;通信网络系统;防雷系统;接地系统;其他系统。

(3)主要电气设备表

注明设备名称、型号、规格、单位、数量。

(4)计算书

计算书主要包括:用电设备负荷计算;变压器选型计算;电缆选型计算;系统短路电流计算;防雷类别的选取或计算,避雷针保护范围计算;照度值和照明功率密度值计算。以上各系统计算结果应标示在设计说明或相应图纸中。

3)施工图设计内容

建筑电气专业施工图设计文件应包括:图纸目录、设计施工说明、主要设备表、设计图纸、计算书。在上述3个不同设计阶段中,施工图设计是最全面、复杂、细致的设计过程,施工图设计图纸将指导未来施工的全过程。

图纸目录应先列新绘制图纸,后列标准图或重复使用图。

设计施工说明包括:工程设计概况,各系统的施工安装要求和注意事项,设备订货要求,防雷及接地保护等其他系统有关要求,以及工程中选用的标准图图集编号、页号等。

施工图纸设计文件主要包括:

(1)设计施工说明、补充图例符号、主要设备表

可将这些部分组成首页,当内容较多时,可分设专页。

(2)电气总平面图

当仅有单体设计时,可不作此项设计。

(3)变、配电所

①高、低压配电系统图(一次线路图)。

②变、配电设备的安装平面、剖面图。

③继电保护及信号原理图。

④竖向配电系统图。

⑤相应图纸说明,图纸中表达不清楚的内容,可随图作相应说明。

(4)配电、照明

①配电箱系统图。要求标注配电箱编号、型号,进线回路编号;标注各开关(或熔断器)型号、规格、整定值;配出回路编号、导线型号规格等。

②配电平面图。应包括建筑门窗、墙体、轴线、主要尺寸、工艺设备编号及容量;布置配电箱、控制箱,并标明编号、型号及规格;绘制线路始、终位置(包括控制线路),标注回路规格、编号、敷设方式,图纸应有比例。

③照明平面图。应包括建筑门、窗、墙体、轴线等主要尺寸;标注房间名称;绘制配电箱;对灯具、开关、插座、线路的平面布置;标注配电箱编号、干线、分支线回路编号、相别、型号、规格以及敷设方式等。

④图中表达不清楚的,可随图作相应地说明。

(5)火灾自动报警系统设计图

①火灾自动报警及消防联动控制系统图、设计施工说明、报警及联动控制要求。

②平面图应包括设备及器件布点、连线,线路型号、规格及敷设要求。

③电气火灾报警系统,应绘制系统图,各监测点名称、位置等。

(6)建筑设备监控系统及系统集成设计图

①监控系统方框图,绘制 DDC 站。

②随图说明相关建筑设备监控、监测要求、点数、DDC 站位置。

③对承包方提供的深化设计图纸审查其内容。

(7)其他系统

其他系统主要是指弱电系统(包括综合布线系统、电话、计算机网络等),有线电视系统,安全防范系统等。各项系统的选择应根据规范要求或使用方需要来确定。其中主要设计内容包括:

①各系统的平面图、系统框图。

②说明各设备定位安装、线路型号规格及敷设方式。

③配合承包方了解相应系统的情况及要求,审查承包方提供的深化设计图纸。

④设备表:标注主要设备名称、型号、规格、单位、数量。

⑤计算书:供内部使用及归档。

(8)防雷、接地及安全

绘制建筑物顶层平面图,应包括有:轴线号、尺寸、标高;标注接闪器、接闪带、引下线位置,注明材料型号规格等。设计内容应包括:

①绘制接地平面图(可与防雷顶层平面重合)。应绘制接地线、接地极、测试点、断接卡等

的平面位置、标明材料型号、规格、相对尺寸及利用的标准图编号。

②当利用建筑物(或构筑物)钢筋混凝土内的钢筋作为防雷接闪器、引下线、接地装置时,应标注联结点,接地电阻测试点,预埋件位置及敷设方式,注明所涉及的标准图编号、页次。

③随图说明。包括:防雷类别和采用的防雷措施(包括防侧击雷、防雷击电磁脉冲、防高位引入);接地装置形式,接地极的材料要求、敷设要求、接地电阻值要求;当利用桩基、基础内钢筋作接地极时,应采取的措施。

④除防雷接地外的其他电气系统的工作或安全接地的要求(如电源接地形式、直流接地、局部等电位、总等电位接地等)。如果采用共用接地装置,应在接地平面图中叙述清楚,交代不清楚的应绘制相应图纸。

(9)室外管网工程

室外电气工程平面图主要包括:强、弱电管网平面图。图中应清楚地表达出线路的布置、走向;电缆线径、保护管径等。

在建筑电气工程设计中,应根据实际情况进行上述各项系统的设计。

11.2 建筑电气工程制图标准、规范及相关图例

11.2.1 建筑电气工程制图标准

为了统一建筑电气专业制图规则,保证制图质量,提高制图和识图效率,做到图纸清晰简明,符合设计施工及存档的要求,设计时主要依据以下标准、规范及国家标准图集:

①《房屋建筑制图统一标准》(GB/T 50001—2010)。

②《总图制图标准》(GB/T 50103—2010)。

③《电气技术用文件的编制 第1部分一般要求》(GB/T 6988.1—2008)。

④《电气工程CAD制图规则》(GB/T 18135—2008)。

⑤建设部颁布的《建筑工程设计文件编制深度规定》(2008年版)。

⑥国家建筑标准设计图集《建筑电气工程技术常用图形和文字符号》(00DX001)。

⑦国家建筑标准设计图集《工程建筑标准强制性条文及应用示例》(04DX002)。

11.2.2 建筑电气工程制图的基本规定

1)图幅

建筑电气专业施工图纸幅面应符合《房屋建筑统一制图标准》(GB/T 50001—2010)规定的格式。标准幅面的代号为:A0,A1,A2,A3,A4。幅面及图框尺寸,可参见表11.1。

2)图纸线宽

图线的线宽 b 应根据图纸的种类、比例和复杂程度,按《房屋建筑统一制图标准》及《电气技术用文件的编制》中的规定选用。常用线型及线宽,见表11.2。

表 11.1　图纸幅面及图框尺寸

序　号	图纸幅面	图框尺寸/mm	备　注
1	A0	841×1189	宜与建筑专业图一致
2	A1	594×841	
3	A2	420×594	
4	A3	297×420	
5	A4	210×297	

表 11.2　常用线型及线宽

序　号	名　称	线　型	线　宽	一般应用
1	粗实线	————	b	常用线,如方框线、母线、电缆
2	粗虚线	— — — —	b	隐含线,如母线、电缆
3	中粗实线	————	$0.5b$ $0.75b$	基本线、常用线,如导线、设备轮廓线
4	中粗虚线	— — — —	$0.5b$ $0.75b$	隐含线,如导线
5	细实线	————	$0.25b$	基本线、常用线,如控制线、信号线、建筑轮廓线、各种标注线
6	细虚线	- - - - -	$0.25b$	辅助线、屏蔽线、隐含线,如控制线、信号线、轮廓线
7	细点划线	—·—·—·—	$0.25b$	分界线,结构、功能、单元相同的围框线
8	长短划线	—— — —— —	$0.25b$	分界线,结构、功能、单元相同的围框线
9	双点划线	—··—··—	$0.25b$	辅助围框线
10	折断线	——\/——	$0.5b$ $0.25b$	断开界线
11	波浪线	～～～～	$0.5b$ $0.25b$	断开界线

3)图纸的比例

建筑电气专业施工图设计时的图纸比例,一般与建筑专业一致,当有特殊要求或设计大样图时可单独设置图纸比例,常用图纸比例,见表 11.3。

表 11.3 常用比例

序号	名称	比例	备注
1	总平面图、规划图	1∶5 000,1∶2 000,1∶1 000,1∶500,1∶300	宜与总图专业一致
2	电气竖井,设备间,变配电室平、剖面图	1∶100,1∶50,1∶30	
3	建筑电气平面图	1∶200,1∶150,1∶100,1∶50	宜与建筑专业一致
4	详图、大样图	1∶50,1∶20,1∶10,1∶5,1∶2,1∶1,2∶1,5∶1,10∶1,20∶1	

4)图例

根据国家建筑标准设计图集《建筑电气工程设计常用图形和文字符号》的规定,表 11.4 所示为建筑电气常用图形符号及说明。

表 11.4 图形符号

序号	符号	说明	英文说明
1	~	交流	Alternating current
2	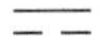	直流	Direct current
3	N	中性(中性线)	Neutral
4	M	中间线	Mid-wire
5		接地	Earth
6		连线、连接、连线组(导线、电缆、电线、传输通路)	Conductor Connection Group of conductors
7	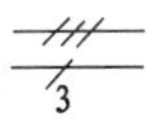 3	三根导线	Three connections
8	G	发电机	Generator
9	M	电动机	Motor
10		双绕组变压器	Transformer with two windings
11		整流器	Rectifier
12		原电池或蓄电池组	Battery of primary or secondary cells
13		隔离开关	Disconnector (isolator)

续表

序　号	符　号	说　明	英文说明
14		负合开关(负荷隔离开关)	Switch-disconnector (on-load isolating switch)
15		断路器	Circuit breaker
16		熔断式负合开关	Fuse switch disconnector
17		接触器	Contactor
18		静态开关一般符号	static switch, general symbol
19		避雷器	Surge diverter Lighting arrester
20		开关的一般符号	This symbol may also used as the general symbol for a switch
21		中间断开的双向转换触点	Change-over contact with off-position in the centre
22		手动操作开关一般符号	Manually operated switch
23	V	电压表	Voltmeter
24	A	电流表	Current ammeter
25	wh	电度表	Watt-hour meter
26		电力配电箱	Power distribution board
27		照明配电箱	Lighting distribution board
28		多种电源配电箱	Multiple power source of distribution board
29		事故照明配电箱	Emergency lighting distribution board
30		一般按钮	Push button, general symbol
31		组合开关箱	Switch group board
32		吊式电风扇	Ceiling fan
33		轴流风扇	Axial fan
34		灯,一般符号	Lamb, general symbol
35		电源插座一般符号	Socket outlet (power), general symbol
36		带保护接地电源插座	Socket outlet (power) with protective contact
37		单极开关,一般符号	Single pole switch, general symbol

续表

序　号	符　号	说　明	英文说明
38		双控单极开关	Tow-way single pole switch
39		单极限时开关	Period limiting switch, single pole
40		荧光灯,一般符号	Fluorescent lamp, general symbol
41		二管荧光灯	Luminaries with two fluorescent tubes
42		三管荧光灯	Luminaries with three fluorescent tubes
43		投光灯,一般符号	Projector, general symbol
44		聚光灯	Spot light
45		泛光灯	Flood light
46		自带电源的事故照明灯	Self-contained emergency lighting luminaire
47		应急疏散指示灯	Emergency exit indicating luminaire
48		落地交接箱	Floor cross connection box
49		壁龛交接箱	builting cross connection box
50		电信插座一般符号 TP-Telephone 电话 TV-Television 电视	Socket outlet(telecommunications) general symbol
51		信息插座 TO-Telecommunications Outlets 单孔信息插座 2TO-Telecommunications Outlets 双孔信息插座	Telecommunication outlet
52		火灾报警控制器	Fire alarm control unit
53		感温探测器	Heat detector
54		感烟探测器	Smoke detector
55		感光探测器	Flame detector
56		气体火灾探测器	Gas detector
57	CT	缆式线性定温探测器	Cable line-type fixed temperature detector

续表

序号	符号	说明	英文说明
58		手动火灾报警按钮	Manual station
59		消火栓起泵按钮	Pump station button in hydrant
60		水流指示器	Flow switch
61	P	压力开关	Pressure switch
62		报警阀	Alarm valve
63		火灾报警电话机	Speaker phone
64		火灾电话插孔	Jack for two-way telephone
65		火警电铃	Alarm bell
66		警报发声器	Alarm sounder
67		火灾警报扬声器	Fire alarm loudspeaker
68		消火栓	Hydrant
69		电视摄像机	Television camera
70		放大器,一般符号	Amplifier, general symbol
71		二分配器	Splitter, two-way
72		三分配器	Splitter, three-way
73		四分配器	Splitter, four-way
74		用户二分支器	Subscriber's tap-off, two-way
75		用户四分支器	Subscriber's tap-off, four-way
76		匹配终端	Matched termination
77		扬声器	Loudspeaker
78	F	电话线或电话线路	Telephone line or circuit

续表

序　号	符　号	说　明	英文说明
79	T	数据传输线路	Transmission of date line
80	V	视频通路(电视)	Telecommunication-line, video channel(television)
81	R	射频线路	Telecommunication-line, radio frequency
82	GCS	综合布线系统线路	GCS line
83	B	广播线路	Broadcast line

5)文字符号解释

①RC——穿水煤气管敷设(Run in water-gas steel conduit)。

②SC——穿焊接钢管敷设(Run in welded steel conduit)。

③MT——穿电线管敷设(Run in electrical metallic tubing)。

④PC——穿硬塑料管敷设(Run in rigid PVC conduit)。

⑤FPC——穿阻燃半硬聚氯乙烯管敷设(Run in flame retardant semi-flexible PVC conduit)。

⑥CT——电缆桥敷设(Installed in metallic raceway)。

⑦MR——金属线槽敷设(Installed in metallic raceway)。

⑧PR——塑料线槽敷设(Installed in PVC raceway)。

⑨DB——直接埋设(Direct burying)。

⑩TC——电缆沟敷设(Installed in cable trough)。

⑪WS——沿墙面敷设(On wall surface)。

⑫WC——暗敷设在墙里(Concealed in wall)。

⑬SCE——吊顶内敷设(Recessed in ceiling)。

⑭CE——沿天棚或顶板面敷设(Along ceiling or slab surface)。

⑮F——地板或地面下敷设(In floor or ground)。

6)管道敷设代号

根据电气线路敷设方法的不同,其标注见表11.5。当导线敷设部位不同时,其标注见表11.6。

表11.5　线路敷设方法的标注

序　号	字母代号	管道敷设名称	序　号	字母代号	管道敷设名称
1	RC	穿水煤气管敷设	3	MT	穿电线管敷设
2	SC	穿焊接钢管敷设	4	PC	穿硬塑料管敷设

续表

序　号	字母代号	管道敷设名称	序　号	字母代号	管道敷设名称
5	FPC	穿阻燃半硬聚氯乙烯管敷设	12	WS	沿墙面敷设
6	CT	电缆桥敷设	13	WC	暗敷设在墙里
7	MR	金属线槽敷设	14	SCE	吊顶内敷设
8	CP	穿金属软管敷设	15	CE	沿天棚或顶板面敷设
9	PR	塑料线槽敷设	16	FC	地板或地面下敷设
10	DB	直埋敷设	17	CE	混凝土排管敷设
11	TC	电缆沟敷设			

表 11.6　导线敷设部位的标注

序　号	名　称	字母代号	序　号	名　称	字母代号
1	暗敷在梁内	BC	6	暗敷设在屋面或顶板内	CC
2	沿柱或跨柱敷设	AC	7	吊顶内敷设	SCE
3	沿墙面敷设	WS	8	地板或地面下敷设	FC
4	暗敷在墙内	WC			

7）灯具标注

灯具安装方法不同的标注代号，见表 11.7。

表 11.7　灯具安装方法的标注

序　号	名　称	字母代号	序　号	名　称	字母代号
1	线吊式、自在器线吊式	SW	7	吊顶内安装	CR
2	链吊式	CS	8	墙壁内安装	WR
3	管吊式	DS	9	支架上安装	S
4	壁装式	W	10	柱上安装	CL
5	吸顶式	C	11	座装	HM
6	嵌入式	R			

8）电缆标注

同轴电缆型号的标注通常为 4 部分，表 11.8 为同轴电缆型号的符号含义。如SYY-75-5型电缆，表示同轴射频电缆，用聚乙烯绝缘同时作为护套，特性阻抗为 75 Ω，芯线绝缘外径为 5 mm，CATV 系统中常用的有 SYV 型、SDVC 型和 SYKV 型同轴电缆。如同轴电缆支线和分支线多采用 SYV-75-9 型，用户配线多采用 SYV-75-5 型。

表 11.8 同轴电缆型号符号含义

电缆分类代号		绝缘材料代号		护套材料代号		派生特性	
符号	意义	符号	意义	符号	意义	符号	意义
S	同轴射频电缆	Y	聚乙烯	V	聚氯乙烯	P	屏蔽
SE	对称射频电缆	W	稳定聚乙烯	Y	聚乙烯	Z	综合
SJ	强力射频电缆	F	氟塑料	F	氟塑料		
SG	高压射频电缆	X	橡 皮	B	玻璃丝编织浸硅有机漆		
SZ	延迟射频电缆	I	聚乙烯空气绝缘	H	橡 皮		
ST	特性射频电缆	D	稳定聚乙烯空气绝缘	M	棉纱编织		
SS	电视电缆						

11.3 建筑电气工程制图的基本方法

建筑电气工程施工图包括:强电工程施工图、弱电工程施工图和室外管网工程施工图。上述 3 类工程中,管线布线图的绘图方法是建筑电气工程制图必须掌握的重点内容。

1)管线布线图的绘制方法

管线布线图包括动力、照明工程图,可分为:平面图、系统图、配电箱安装接线图等。其中,照明、动力平面图的绘制方法如下:

(1)一般绘制步骤

①画房屋平面图。照明、动力工程施工平面图要在建筑平面轮廓图的基础上进行绘制,如图 11.12 所示。首先用细线条绘出建筑平面轮廓图,在平面轮廓图上还应标注轴线、尺寸、比例、楼面高度、房间用途等。因平面图主要突出的是电气工程,所以对电气部分要采用中粗或粗线条绘制,以便于电气专业图形及线形的清晰明显,方便图纸会审,编制工程预算和指导施工。

②布置设备。根据工程的使用要求、规范的照度要求,在平面图的相应位置上,按照国家标准图形符号画出全部的灯具、开关、插座、配电箱及其他用电设备。在配电箱旁边应标出其编号和机型,必要时还应标注其进、出线。在照明灯具旁应用文字符号标出灯具的数量、型号、灯泡(管)功率、安装高度、安装方式等。

③绘制线路。在图纸上先绘制各种用电器具、设备和配电箱(柜)的图形后,再绘制线路。在绘制线路前,应按照室内配线的敷设方式,规划出较为理想的线路布局。绘制线路时应用中粗或粗的单线条。绘制出干线、支线的位置和走向,连接好配电箱至各灯具、插座及所有用电设备和器具,并构成回路,且将开关至灯具的连线一并绘出。当灯具的开关集中控制时,连接开关的线路应敷设至最近且较为合理的灯具位置处。然后在单线条上画出细斜线用来表示出

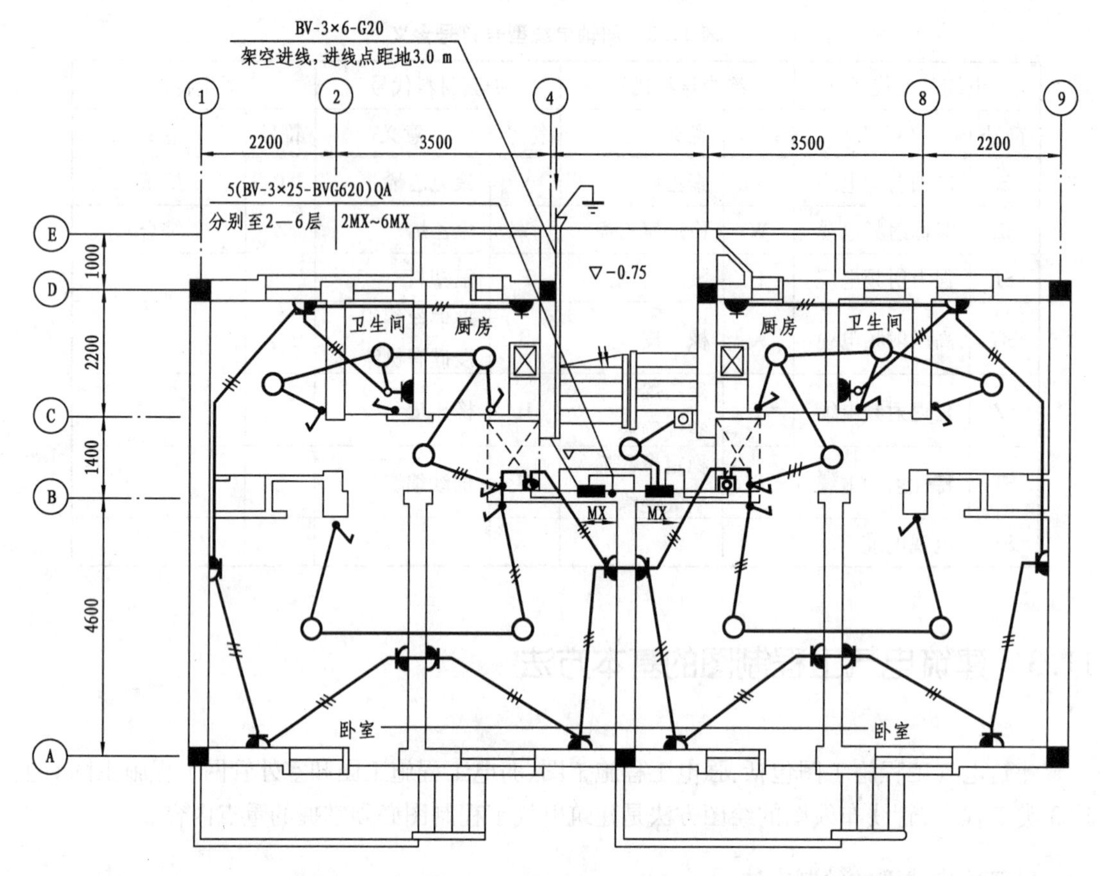

图 11.12　照明系统平面图

线路的导线根数或用阿拉伯数字表示（一般 2.5 mm^2 的导线直接表示根数）。其他线路也应在其上或下侧，用文字符号标注出干、支线编号，导线型号及根数，截面，敷设方式等。当导线采用穿管敷设时，还要标明穿管的品种和管径。

④除总说明外，还可在平面图上撰写必要的文字说明。

(2)图面标注

①线路的文字标注。照明及动力线路在平面图上均用图线表示，而且只要走向相同，无论导线根数的多少，都可用一条图线表示，同时在图线上打上短斜线或标出数字，用以说明导线的根数。另外，在图线旁标注必要的文字或符号，用以说明线路的用途、导线型号、规格、根数、线路敷设方式及敷设部位等。这种标注方式通常称为直接标注，其标注的基本格式为：

$$a-b(c\times d)e-f$$

式中　a——线路编号或线路用途的符号；

b——导线型号；

c——导线根数；

d——导线截面，mm^2；

e——保护管的型号及管径，mm；

f——线路敷设方式和敷设部位。

如 WP1-BV(3×50+2×25)RC50-FC，表示 1 号电力线路，导线型号为 BV 铜芯聚氯乙烯绝缘电线,共有 5 根导线,其中 3 根截面为 50 mm^2,2 根截面为 25 mm^2,沿地面暗敷设,穿水煤气钢管。又如 BX-3 ×4SC20-WC,表示有 3 根截面为 4 mm^2 的铜芯橡皮绝缘导线,穿直径为 20 mm的焊接钢管沿墙暗敷设。当线路用途明确时,不标注线路的用途也是允许的。线路安装方法的标注及灯具安装方法的标注,按表 11.5—表 11.7 的安装方法的代号标注。

有时为了减少图面的标注量,提高图面的清晰度,可以将从配电箱配往各用电设备的管线不直接标注在平面图上,而是提供一个用电设备导线、管径选择表,表 11.9 为用电设备导线及穿管管径选择表,在施工安装时,根据平面图上提供设备的功率大小,可直接在表上找出相应的导线截面和穿保护管管径。

表 11.9 用电设备导线及穿管管径选择表

电动机容量/kW	铜芯导线截面/mm^2	BV 型 4 根导线		
		允许截流量	电线管管径/mm	焊接钢管管径/mm
5.5	4	24	25	20
7.5	6	31	32	25
11	10	43	40	32

②用电设备的文字标注。用电设备均应采用国家标准规定的图形符号表示,并在图形符号旁边用文字标注说明其性能和特点,如编号、规格、安装高度等,其标注格式为:

$$\frac{a}{b}$$

式中 a——设备编号;

b——额定功率,kW。

如水泵$\frac{1}{55}$,表示 1 号用电设备,电机容量为 55 kW。

③动力、照明配电设备的文字标注。动力和照明配电箱应采用国家规定的图形符号绘制,并应在图形符号旁注文字标注,其文字标准格式一般为 $a\frac{b}{c}$或 a-b-c,当需要标注引入线的规格时则标注为:

$$a\frac{b\text{-}c}{d(e\times f)\text{-}g}$$

式中 a——设备编号;

b——设备型号;

c——设备功率,kW;

d——导线型号;

e——导线根数;

f——导线截面,mm^2;

g——导线敷设方式及敷设部位。

如:A2 $\frac{\text{XL-20}}{45.6}$,则表示 2 号动力配电箱,其型号为 XL-20,功率为 45.6 kW。电气设备的标注按

表 11.10 的规定进行标注。

表 11.10　电气设备的标注

序号	标注方式	说　明	示　例	备　注
1	$\frac{a}{b}$	用电设备： a——设备编号或设备位号； b——额定功率(kW 或 kVA)	$\frac{\text{P01B}}{\text{37 kW}}$ 热媒泵的位号为 P01B 容量为 37 kW	
2	－a＋b/c	平面图电气箱(柜、屏)标注： a——设备参照代号； b——设备安装位置的参照代号； c——设备型号	AP1＋1 B6/XL21-15 动力配电箱参照代号 AP1，位置代号＋1. B6 即安装位置在一层 B、6 轴线型号，XL21-15 设备型号	
3	a b/c d	照明、控制变压器标注： a——设备参照代号； b/c——一次电压/二次电压； d——额定容量	TL1 220/36 V　500 VA 照明变压器 TL1 变比 220/36 V 容量为 500 VA	
4	$\text{a-b}\frac{c \times d \times L}{e}f$	照明灯具标注： a——灯数； b——型号或编号(无则省略)； c——每盏照明灯具的灯泡数； d——灯泡安装容量； e——灯泡安装高度，m； “—”表示吸顶安装； f——安装方式； L——光源种类	$\text{5-BYS80}\frac{2 \times 40 \times \text{FL}}{3.5}\text{CS}$ 5 盏 BYS 80 型灯具，灯管为两根 40 W 荧光灯管，灯具链吊安装，安装高度距地 3.5 m	
5	a	平面图电气箱(柜、屏)标注： a——设备参照代号	AP1 动力配电箱 AP1	
6	ab-c(d×e＋f×g)i-j h	线路的标注： a——线缆编号； b——型号(不需要可省略)； c——线缆根数； d——电缆线芯数； e——线芯截面，mm^2； f——PE、N 线芯数； g——线芯截面，mm^2； i——线缆敷设方式； j——线缆敷设部位； h——线缆敷设安装高度，m； 上述字母无内容则省略该部分	WP 201-YJV-0.6/1 kV-2(3×150＋2×70)SC80-WS 3.5； 电缆号为 WP201，电缆型号、规格为 YJV-0.6/1 kV-2(3×150＋2×70) 两根电缆并联连接； 敷设方式为穿 SC80 焊接钢管沿墙明敷设； 线缆敷设高度距地 3.5 m	

续表

序号	标注方式	说　明	示　例	备　注
7	$\frac{a\times b}{c}$	电缆桥架的标注: a——电缆桥架宽度,mm; b——电缆桥架高度,mm; c——电缆桥架安装高度,m	$\frac{600\times150}{3.5}$ 桥架高度 150 mm; 电缆桥架宽度为 600 mm; 安装距地面 3.5 m	
8	a-b-c-d e-f	电缆与其他设施交叉点标注: a——保护管根数; b——保护管直径,mm; c——保护管长度,m; d——地面标高,m; e——保护管埋设深度,m; f——交叉点坐标	6-*DN*100-1.1 m-0.3 m -1m-A=174.235; B=243.621 电缆与设施交叉,交叉点坐标为 A=174.235;B=243.621,埋设6根长1.1米SC100焊接钢管,钢管埋设深度为 -1 m(地面标高为 -0.3 m)	
9	a-b(c×2×d)e-f	电话线路的标注: a——电话线缆编号; b——型号(不需要时可以省略); c——导线对数; d——线缆截面; e——敷设方式和管径,mm; f——敷设部位	W1-HPW(25×2×0.5)MR-WS WI 为电话电缆号;电话电缆的型号、规格为 HPVV(25×2×0.5);电话电缆敷设方式为用金属线槽敷设;电话电缆沿墙面敷设	
10	$\frac{a\times b}{c}d$	电话分线盒、交接箱的标注: a——编号; b——型号(不需要时可以省略); c——线序; d——用户数	$\frac{\#3\times NF\text{-}3\text{-}10}{1\sim12}6$ #3 电话分线盒的型号规格为 NF-3-10,用户数为6户,接线线序为1~12	未考虑设计用户数时的标注方法
11	$\frac{a}{b}c$	断路器整定值的标注: a——脱扣器额定电流; b——脱扣整定电流值; c——短延时整定时间(瞬断不标注)	$\frac{500\ A}{500\ A\times3}0.2\ s$ 断路器脱扣额定电流为 500 A,动作整定值为 500 A×3,短延时整定值为 0.2 s	
12	L1 L2 L3	交流系统电源第一相; 交流系统电源第二相; 交流系统电源第三相		
13	N	中性线		
14	PE	保护线		
15	PEN	保护和中性共用线		

④照明灯具的文字标注。照明灯具的种类繁多,图形符号各异,其文字标注方式一般均为 $a\text{-}b\,\dfrac{c\times d\times l}{e}f$,当灯具安装方式为吸顶安装时,则标注为:

$$a\text{-}b\,\frac{c\times d\times l}{e}$$

式中 a——灯具的数量;

b——灯具的型号或编号;

c——每盏照明灯具的灯泡数;

d——每个灯具的容量,W;

e——灯具安装高度,m;

f——灯具安装方式;

l——灯源的种类(通常省略不标)。

灯具的安装方式主要有:吸顶安装、嵌入式安装、吸壁安装及吊装,而吊装又分为线吊、链吊及管吊。常用光源的种类有:白炽灯(IN)、荧光灯(FL)、汞灯(Hg)、钠灯(Na)、碘灯(I)、氙灯(Xe)、氖灯(Ne)等。照明灯具安装方式的文字代号,可参见表 11.7。

如:$16\,\dfrac{2\times 36\times \mathrm{FL}}{2.8}\mathrm{C}$,式中表示有 16 盏灯,每盏灯有两个 36 W 灯管,安装高度为 2.8 m,采用链吊方式安装。

2)系统图的绘制方法

动力、照明系统图采用图形符号、文字符号绘制,是表示建筑物内部动力、照明系统或分系统的基本组成及相互关系的一种简图,具有电气系统图的基本特点。主要集中反映动力、照明的安装容量、计算容量、计算电流、配电方式、导线或电缆的型号、规格、数量、敷设方式及穿管管径、开关及熔断器的规格型号等。它与变电所主接线图同属一类型的图纸,只是动力、照明系统图比变电所主接线图表示的更为详细。

配电箱系统图的绘制:应标明配电箱编号、型号、进线回路编号;标注各开关或熔断器的型号、规格、电流整定值;配出回路编号、导线型号规格,对于单相负荷应标明相别,对于有控制要求的回路应提供控制原理图;对于重要负荷供电回路宜标明用户名称。图 11.13 所示为动力配电箱系统图;图 11.14 所示为电力控制箱系统图;图 11.15 所示为照明配电箱系统图。上述配电箱系统图可供制图时参考。在实际工程设计绘图时还应标明开关型号。

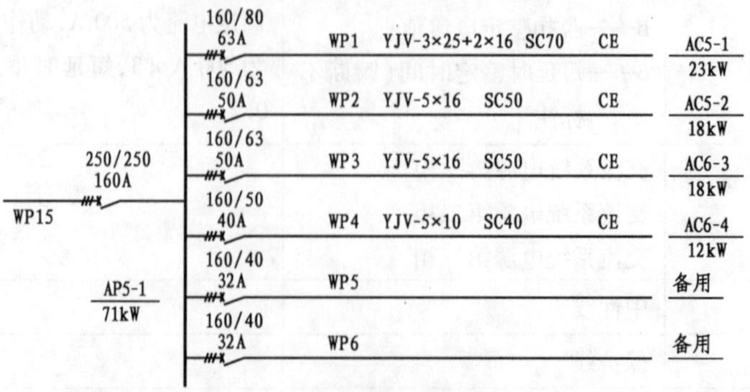

图 11.13 动力配电箱系统图

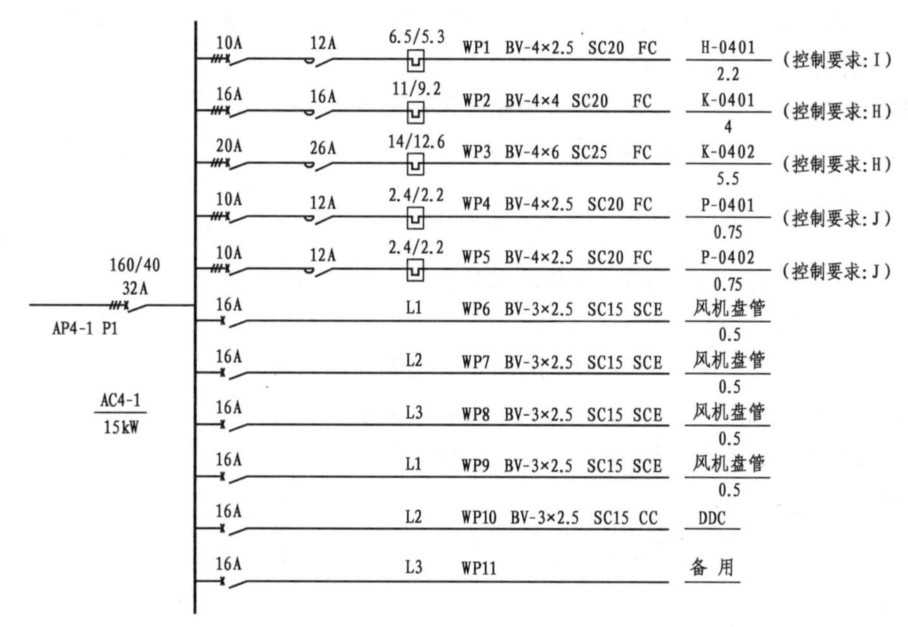

图 11.14 电力控制箱系统图

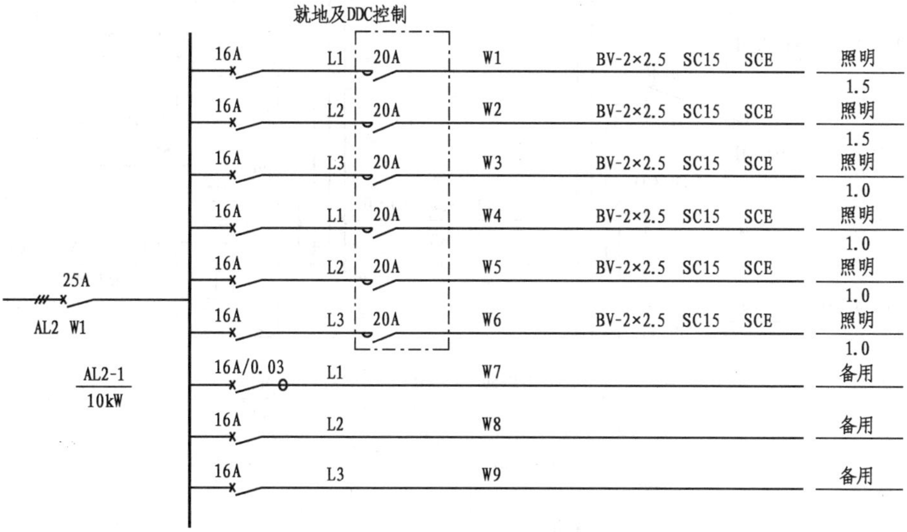

图 11.15 照明配电箱系统图

竖向配电箱系统图,变电所高压配电系统图、低压配电系统图,见本章第 6 节工程举例中的图示。

3) 建筑弱电工程图的绘制

(1) 建筑物内电话通信系统图

电话通信系统图是由电话交换设备、传输系统和用户终端设备构成的平面图和系统图。

电话交换设备是接通电话用户之间通信线路的专用设备。电话传输系统分为有线传输和无线传输。有线传输的线缆主要有电话线、电缆线、双绞线、光纤等。建筑物内电话系统及弱电系统主要采用有线传输方式,而无线传输主要采用无线电波、微波中继、卫星通信等。有线传播系统应绘制平面图和系统图。

有线传输按传输信息工作方式又分为模拟传输和数字传输两种方式。

用户终端设备原指电话机,随着通信技术迅速发展,目前扩展为传真机、计算机终端等,绘图时应将各种设备用图例绘出。建筑物内电话系统通常是通过总配线架和市话网连接,应根据建筑功能,按建筑每层所设电话门数及布局来绘图布线,应详细绘出从分线箱到电话机的布线图。自总配线架分别组成几路大对数或多芯数的电缆线路,应以放射式引向每层的分接线箱的方式绘制线路图,由总配线架与分接箱一次连接,如图 11.16 左侧所示。另外可由总配线架引出一路大对数电缆,进入一层交接箱,再由一层箱引出几路具有满足要求的电缆,分别供上面几层分接箱,如图 11.16 右侧所示,图中应将上述用户末端、分接箱、总配线架与线路之间的连接方式、布线线路绘制详细,必要时增加标注说明。

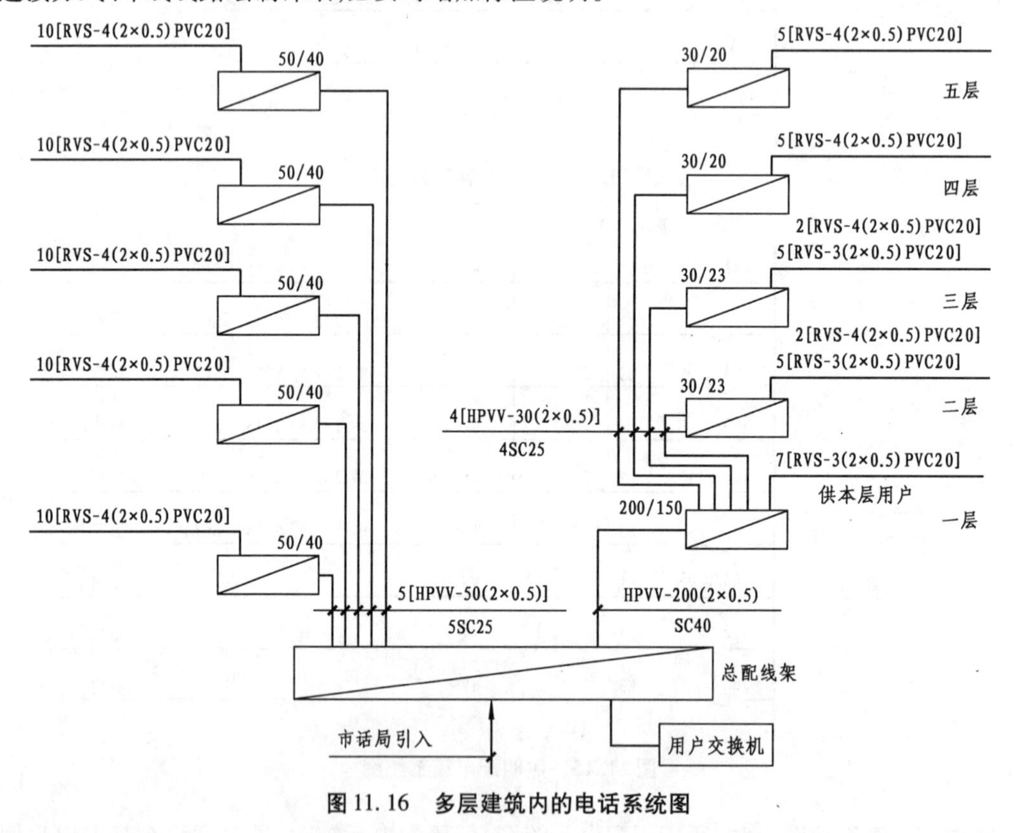

图 11.16　多层建筑内的电话系统图

(2)数字通信系统图

建筑物内数字通信系统图是指主机房、计算机房或综合布线机房总配线至用户终端的线路连接图。

目前,采用的综合布线方式是将电话系统和计算机网络系统结合采用综合布线。选用统一 RJ45 接线模块作为终端设备,当总配线架引出的干线距离不超过 100 m 时,可用 5 类或 6 类双绞线(常用非屏蔽双绞线——UTP)。高层建筑或大型建筑,总配线架引出若干多模光纤或双绞线送入每层交接箱,在每层交接箱中设有交接模块,由层交接箱接终端接线盒模块,水平传输距离不得超过 100 m。接线系统图如图 11.17 所示。

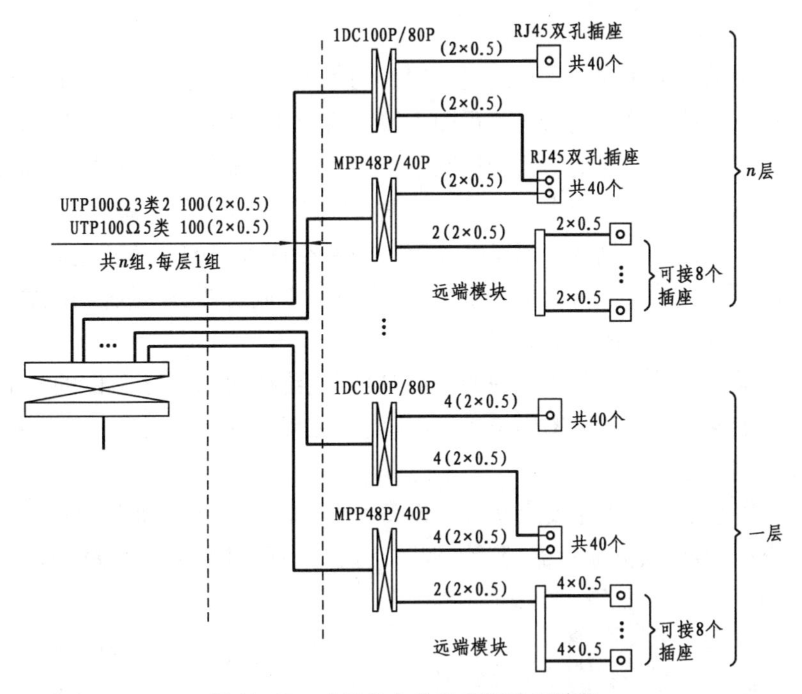

图 11.17 建筑物内的数字通信系统图

(3)有线电视系统图

有线电视系统是以多台电视接收机共用一套由电视天线、放大器、混合器、频道转换器等专用器件和电视电缆组成的完整的电视信号接收及传输分配系统。该系统即为城市有线电视系统。图 11.18 为有线电视系统图。

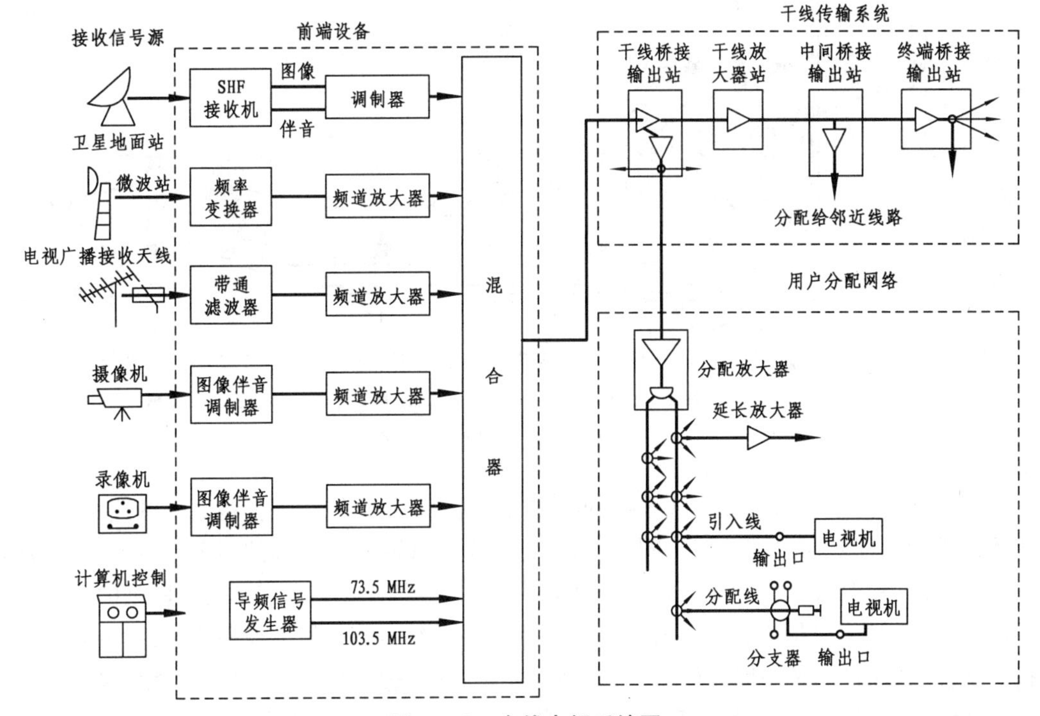

图 11.18 有线电视系统图

(4)火灾自动报警控制系统工程图

火灾自动报警系统已成为现代建筑电气工程的重要组成部分，也是建筑电气工程图的重要内容之一。火灾自动报警控制系统工程图主要内容是平面图、系统图和相关设备的控制电路图等。由于火灾自动报警与消防联动控制系统，在设计过程中关系到建筑专业的防火分区，给排水专业的消防泵、喷淋泵、消火栓系统的控制及联动，还与暖通空调专业有关联，主要有正压送风、机械排风系统的风机启停，当发生火灾时切断空调系统的非消防电源，根据需要关闭或开启阀门等。因此设计火灾自动报警系统时，要与各专业协调，满足各功能要求，在弱电专业系统设计中属于难度较大的一部分内容。

熟悉火灾自动报警系统工程图常用的图形符号是绘制和识读该工程图的基础。设计时绘制工程图应采用国家标准规定的图形符号《建筑电气工程设计常用图形和符号》等，参见本章第 2 节图形和文字符号。

火灾自动报警系统平面图主要反映报警设备及联动设备的平面布置、线路的敷设等。平面图中表示火灾探测器、火灾显示器、警铃、消防广播、非消防电源箱、水流指示器、送风、排烟、消火栓按钮等的平面位置，如图 11.19 所示。

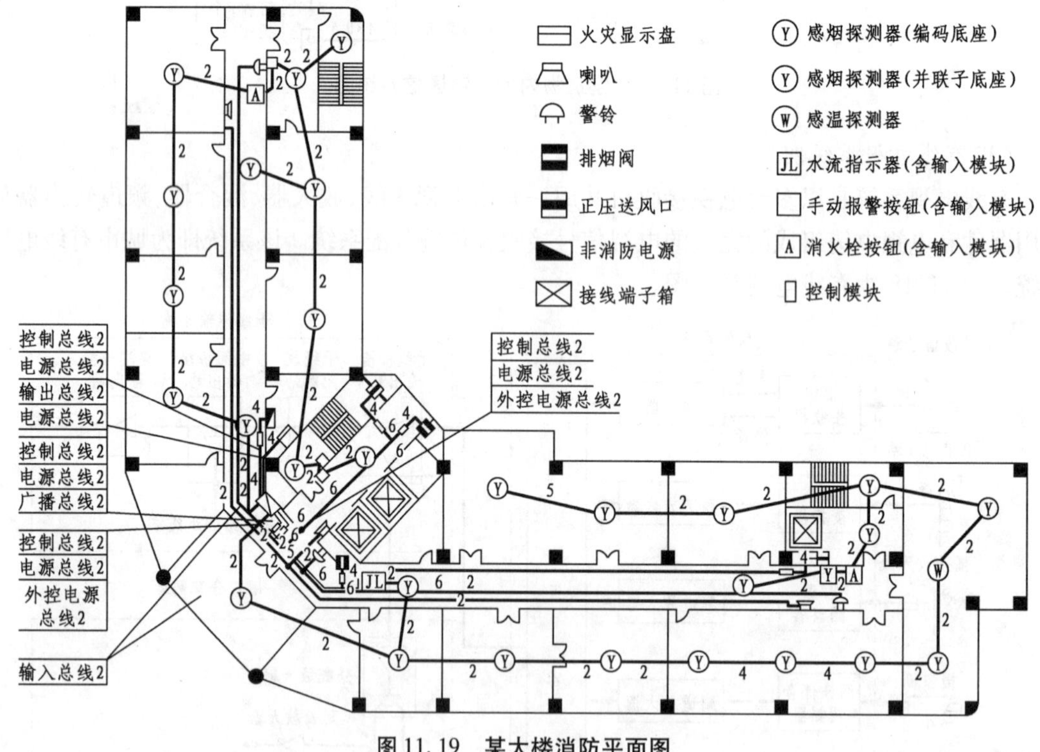

图 11.19　某大楼消防平面图

火灾自动报警系统图主要反映系统的组成和功能，以及系统中各设备之间的连接关系等。系统的组成随被保护对象的分级不同，建筑物的类型、功能不同，所选的报警设备不同，基本形式也有所不同，一般有 3 种形式，即：区域报警系统，是一种简单的报警系统，其保护对象一般是规模较小，对联动控制功能要求简单，或没有联动功能的场所；集中报警系统，是一种较复杂的报警系统，其保护对象一般规模较大，联动功能要求较复杂；控制中心报警系统，是一种复杂的报警系统，其保护对象一般规模大，联动功能要求复杂。图 11.20 为某大楼控制中心系统的火灾报警及联动控制系统图。

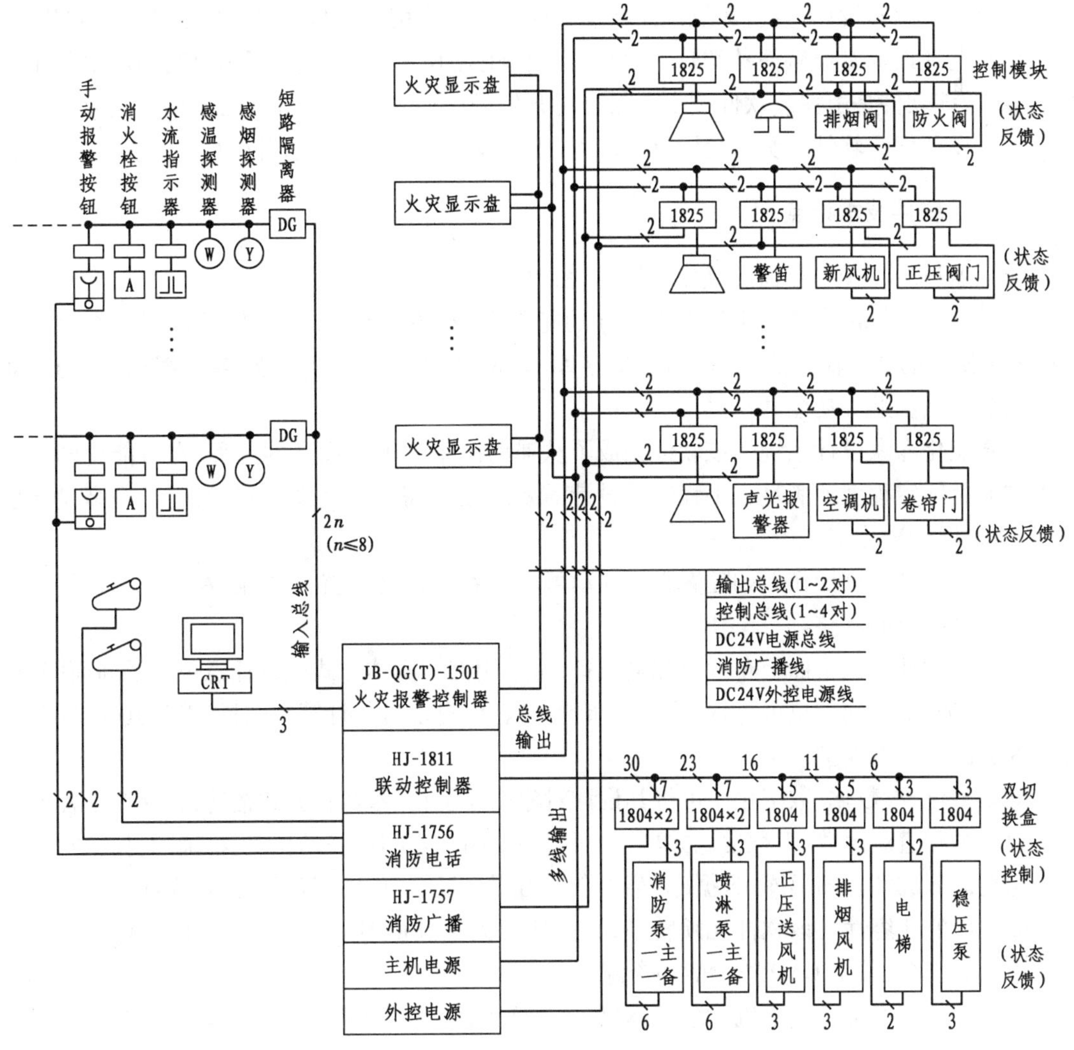

图 11.20 火灾报警及联动控制系统图

11.4 建筑电气绘图软件简介

1)软件简介

建筑电气工程制图是伴随着计算机技术的发展而不断发展的。20 世纪 90 年代中期,全国开始普及应用计算机软件进行绘图。初期主要使用 AutoCAD 基本功能性软件进行建筑电气工程制图,当时由于缺少专业软件,使用起来很不方便,绘图速度比较慢。21 世纪以来,我国的工程制图软件技术迅速发展,仅从建筑电气设计软件来看,曾经使用过的有:PKPM、天正电气、博超 EES 等专业化设计软件。这些软件都是基于 AutoCAD 软件的基础上,根据电气专业特点及需求而开发出来的,是针对性很强的专业设计应用软件。经过十几年开发研制与应用,这些软件的功能已经从辅助制图发展到辅助设计,推动了建筑电气设计行业的快速发展,提高了设计质量和设计速度,建筑设计专业软件的广泛应用是高科技时代发展的必然趋势。

建筑电气设计专业软件种类较多,由于篇幅有限,本节重点介绍一种软件:EES 电气工程设计软件,该软件是由博超软件技术有限公司开发的。EES 曾经获得过国家第二届和第六届全国工程设计优秀软件银奖。全国有许多大、中型设计院正在使用这种软件。

2) *EES* 软件技术特点

①全 Windows 操作界面。操作简便,出图效率高。

②共享 Windows 资源。由于 Windows 功能强大,资源丰富,在应用软件过程中充分利用 Windows 便捷的文字输入法,大量的字型字库,多窗口多任务混合作业,各种图档、文档可兼容,直接拷贝、粘贴等功能。

③智能化专家设计系统。该软件完成了从辅助制图到辅助设计的过程,在智能化辅助设计的层面上一定程度地满足了工程师的设计需要。在提高设计速度的同时,明显提高设计质量,促进设计标准化。

④动态设计模糊操作。如随着光标移动可动态看到设备布置效果,随着参数调整就能动态看到计算结果的调整。

⑤三维设计。在平面上布置变配电设备,可采用剖切实体方式生成任意位置的断面图,连桥架、电缆沟、电气辅件也可显现。另外,布置避雷针,自动进行计算,同时可看到其保护范围、保护断面图及三维保护效果。

⑥模型化、参数化、数字化。可将其设计对象以模型化、参数化方式描述,存储于工程数据库。设计过程直观简捷,工程信息共享,从而实现了图纸之间的联动,实现精确的材料统计。

⑦全面开放性。图形库、数据库、菜单全可由用户根据自己的需要随意扩充和修改。

⑧突出的兼容性。该软件无须转换,直接使用天正、PKPM、ABD、AutoCAD 等软件提供的建筑平面图,完全共享 CAD 的功能和资源。

⑨最佳的网络组合。单机网络一体化,可灵活设定,满足各种网络配置。

3) *EES* 软件主要设计内容

本软件是能够完成电气工程常规全过程设计的综合性智能辅助设计系统。主要设计内容包括:

①主接线系统设计。按照电压等级灵活组合主接线典型方案,回路、元件混合编辑,可插入、删除、替换回路,自动处理,自动进行设备标注,自动生成设备表。

②高、低压供配电系统设计。可提供若干定型配电柜方案,表达方式灵活多样,自动生成设备表,可提供电缆导线表。

③高压系统短路电流计算及设备选型校验。

④户外变电所平面、断面布置及总图。

⑤户内变电所典型设计,自动生成变配电室平面及断面图。

⑥三维防雷系统设计。

⑦接地系统计算及绘图。

⑧动力、照明及弱电平面设计。

⑨照明系统设计。

⑩多种弱电系统设计。

⑪电气控制主回路及二次回路设计。

⑫配电箱的盘面设计。

⑬继电保护整定计算。

另外,该软件内存资料齐全,可提供的内容有:

①电气控制、高压二次标准接线图库。

②电气设计规范、手册查询系统。

③专业数据库、图形库扩充系统等。

博超电气工程软件,强电设计功能较强,已得到设计工程师的广泛认可。建筑电气弱电工程内容的设计,还在不断地开发和完善。

建筑电气工程设计软件的开发和应用具有实用价值,同时有着广泛前景。它推动了建筑设计行业计算机软件科技应用的发展,提高工作效率、保证设计质量,使得建筑电气工程设计更加标准化、规范化。

11.5 工程举例

结合前面几节讲述的内容,本节主要列举建筑电气工程设计实例,通过设计图纸了解工程设计的表达方式,平面图与系统图之间的关系,设计中的图符、管线的表示方法等。下面介绍一幢办公楼的电气施工图,其中选择了本套施工图中的主要强、弱电平面图及系统图,另外附有某个住宅小区电气室外工程图,供读者参考。

1)变配电室及立管图

①高压配电系统图,如图11.21所示。

②低压配电系统图,如图11.22所示。

③变配电室设备布置平、剖面图,如图11.23所示。

④竖向配电系统图,如图11.24所示。

2)照明、动力平面图

①照明平面图,如图11.25所示。

②插座平面图,如图11.26所示。

③电力平面图,如图11.27所示。

④防雷平面图,如图11.28所示。

⑤接地平面图,如图11.29所示。

		AH1	AH2	AH3	AH4	AH5	AH6	AH7	AH8	AH9	AH10
一次结线图		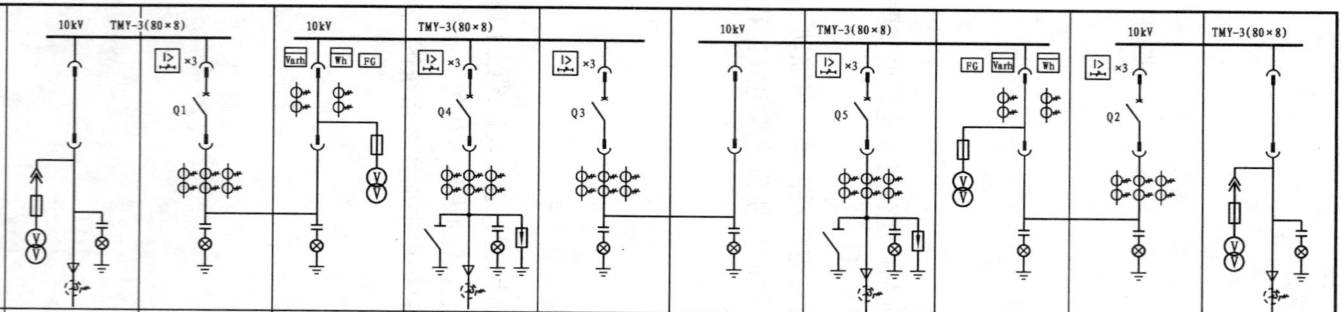 10kV TMY-3(80×8)	Q1	10kV Varh Wh FG	TMY-3(80×8) Q4	Q3	10kV	TMY-3(80×8) Q5	FG Varh Wh	10kV Q2	TMY-3(80×8)
高压开关柜编号		AH1	AH2	AH3	AH4	AH5	AH6	AH7	AH8	AH9	AH10
高压开关柜型号		□□□□	□□□□	□□□□	□□□□	□□□□	□□□□	□□□□	□□□□	□□□□	□□□□
高压开关柜二次原理图号		电施-11	电施-12	电施-14	电施-15	电施-16	电施-17	电施-15	电施-14	电施-13	电施-11
高压开关柜调度号											
回路编号及用途		WH1 1#进线隔离	进线	计量	WH3 T1变压器	母联	母联	WH4 T2变压器	计量	进线	WH2 2#进线隔离
柜内主要元件	真空断路器 ▱ 630A 25kA		1		1	1		1		1	
	高压熔断器 XRNP-12kV 1A	3		3					3		3
	电压互感器 JDZ-10,10/0.1kV,0.5级	2									2
	电压互感器 JDZ-10,10/0.1kV,0.2级			2					2		
	电流互感器 LZZBJ10-10,0.5级		3(150/5)		3(75/5)	3(75/5)		3(75/5)		3(150/5)	
	电流互感器 LZJC-10,0.25级			2(150/5)					2(150/5)		
	电流表 42L6-A		0~150A		0~75A	0~75A		0~75A		0~150A	
	接地开关 JN110 | 25kA				1			1			
	带电显示器 GSN1-10/T	1	1	1	1	1	1	1	1	1	1
	电动操作机构		1		1	1		1		1	
	避雷器 HY5WZ2-12.7/32.4				3			3			
	计量表计			多功能表					多功能表		
	零序电流互感器 KLH-0 100/5	1			1			1			1
	指示灯 AD11 25/41-8GE DC220V	红绿各一	红绿各一	红绿各一	红绿各一	红绿各一	红绿各一	红绿各一	红绿各一	红绿各一	红绿各一
	隔离插头 630A	3									3
母线及引下线		TMY-3(80×8)									
变压器容量/(k·VA)					1000			1000			
计算电流/A		115			58			58			115
电缆规格		由供电部门确定			YJY-8.7/15kV,3×150mm²			YJY-8.7/15kV,3×150mm²			由供电部门确定
柜宽×柜深×柜高/(mm×mm×mm)		800×1500×2200	800×1500×2200	800×1500×2200	800×1500×2200	800×1500×2200	800×1500×2200	800×1500×2200	800×1500×2200	800×1500×2200	800×1500×2200
备注		手车与Q1联锁防止带负荷拉车	与Q2、Q3联锁防止合环，手车与Q1联锁防止带电拉车	手车与Q1联锁防止带电拉车	手车与Q4联锁防止带电拉车	手动联络并与Q1、Q2联锁防止合环，手车与Q3联锁防止带电拉车	手车与Q3联锁防止带电拉车	手车与Q5联锁防止带电拉车	手车与Q2联锁防止带电拉车	与Q1、Q3联锁防止合环，手车与Q2联锁防止带电拉车	手车与Q2联锁防止带负荷拉车

图 11.21 高压配电系统图

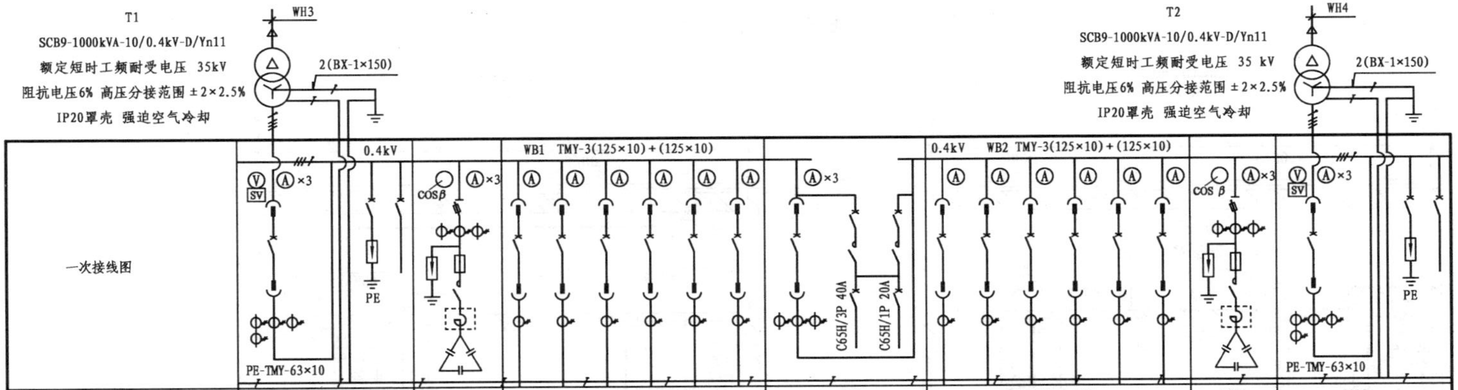

T1
SCB9-1000kVA-10/0.4kV-D/Yn11
额定短时工频耐受电压 35kV
阻抗电压6% 高压分接范围 ±2×2.5%
IP20罩壳 强迫空气冷却

WH3 2(BX-1×150)

T2
SCB9-1000kVA-10/0.4kV-D/Yn11
额定短时工频耐受电压 35 kV
阻抗电压6% 高压分接范围 ±2×2.5%
IP20罩壳 强迫空气冷却

WH4 2(BX-1×150)

0.4kV WB1 TMY-3(125×10)+(125×10)
0.4kV WB2 TMY-3(125×10)+(125×10)
PE-TMY-63×10 PE
C65H/3P 40A C65H/1P 20A

一次接线图																							
低压开关柜编号	AA1			AA2	AA3(AA4~7)						AA8			AA9(AA10~14)						AA15	AA16		
低压开关柜型号 GHD	-11			-91	-47						-13			-47						-91	-11		
回路编号					WLM1	WLM2	WLM3	WLM4	WLM5	WLM6				WPM1	WPM2	WPM3	WPM4	WPM5	WPM6				
用途	进线	避雷器	变压器温控箱	电容补偿	出线	出线	出线	出线	出线	直流屏	联路	所用电	去高压柜	出线	出线	出线	出线	出线	直流屏	电容补偿	进线	避雷器	变压器温控箱
柜内主要元件 刀熔开关 QSA-630A				1																1			
低压断路器 MT25/3P 电动 ~220V	1										1										1		
低压断路器 NS250N/3P					1	1	1	1						1	1	1	1	1					
低压断路器 NS100H/3P		1	1						1	1		2							1			1	1
交流接触器 CJ20-63												2											
脱扣器额定值/A					250	250	250	250	100	63				250	250	250	250	100	63				
断路器整定值/A	Id1=2000A;Id2=8000A,0.4s;Id3=20000A	80	20		250	250	250	250	100	63	Id1=2000A;Id3=20000A			250	250	250	250	100	63		Id1=2000A;Id2=8000A,0.4s;Id3=20000A	80	20
电源保护器 PU65-400Res		4																				4	
电流互感器 LMK-0.5 2500/5A	4										3										4		
电流互感器 LMK-0.5 630/5A				3																3			
电流互感器 LMK-0.5 300/5A					1	1	1	1	100/5	100/5				1	1	1	1	100/5	100/5				
电流表 42L6-A	3(0~2500A)			3(0~630A)	0~300A	0~300A	0~300A	0~300A	0~100A	0~100A	3(0~2500A)			0~300A	0~300A	0~300A	0~300A	0~300A	0~100A	3(0~630A)	3(0~2500A)		
电压表 42L6-V 0~450V	1			1																1	1		
电压切换手把 LW2-5.5/F4-X	1																				1		
信号指示灯 AD1-30/111 ~220V	红绿各一										红绿各一										红绿各一		
按钮 LA19-11 500V 5A	红绿各一										红绿各一										红绿各一		
电容器 HCD×40+HKIB1.10				10																10			
低压断路器 RLBB-63/63A				10																10			
接触器 JKC1R-63				10																10			
热继电器 T63				10																10			
避雷器 FYS-0.22				3																3			
机构	电合电跳										电合电跳										电合电跳		
设备容量/kW	1000			300kVar	100	100	100	100	50					100	100	100	100	100		300kVar	1000		
计算电流/A	1519				152	152	152	152	76					152	152	152	152	152			1519		
导体型号规格 ZRYJV-1kV	CF2520G		5×4		4×150+1×70	4×150+1×70	4×150+1×70	4×150+1×70	4×150+1×70	4×35+1×16	CF2520G	5×16	3×4	4×150+1×70	4×150+1×70	4×150+1×70	4×150+1×70	4×150+1×70	4×35+1×16		CF2520G		5×4
用户名称			T1	•需要时增加	ALD1-1	AL1-1	AL1-2	AL2-1	AL2-2	AD1		ALE		APD1-1	AP1-1	AP1-2	AP2-1	AP2-2	AD1	•需要时增加			T2
柜宽×柜深×柜高 /(mm×mm×mm)	800×1000×2200			1000×1000×2200	600×1000×2200						800×1000×2200			600×1000×2200						1000×1000×2200	800×1000×2200		

图 11.22 低压配电系统图

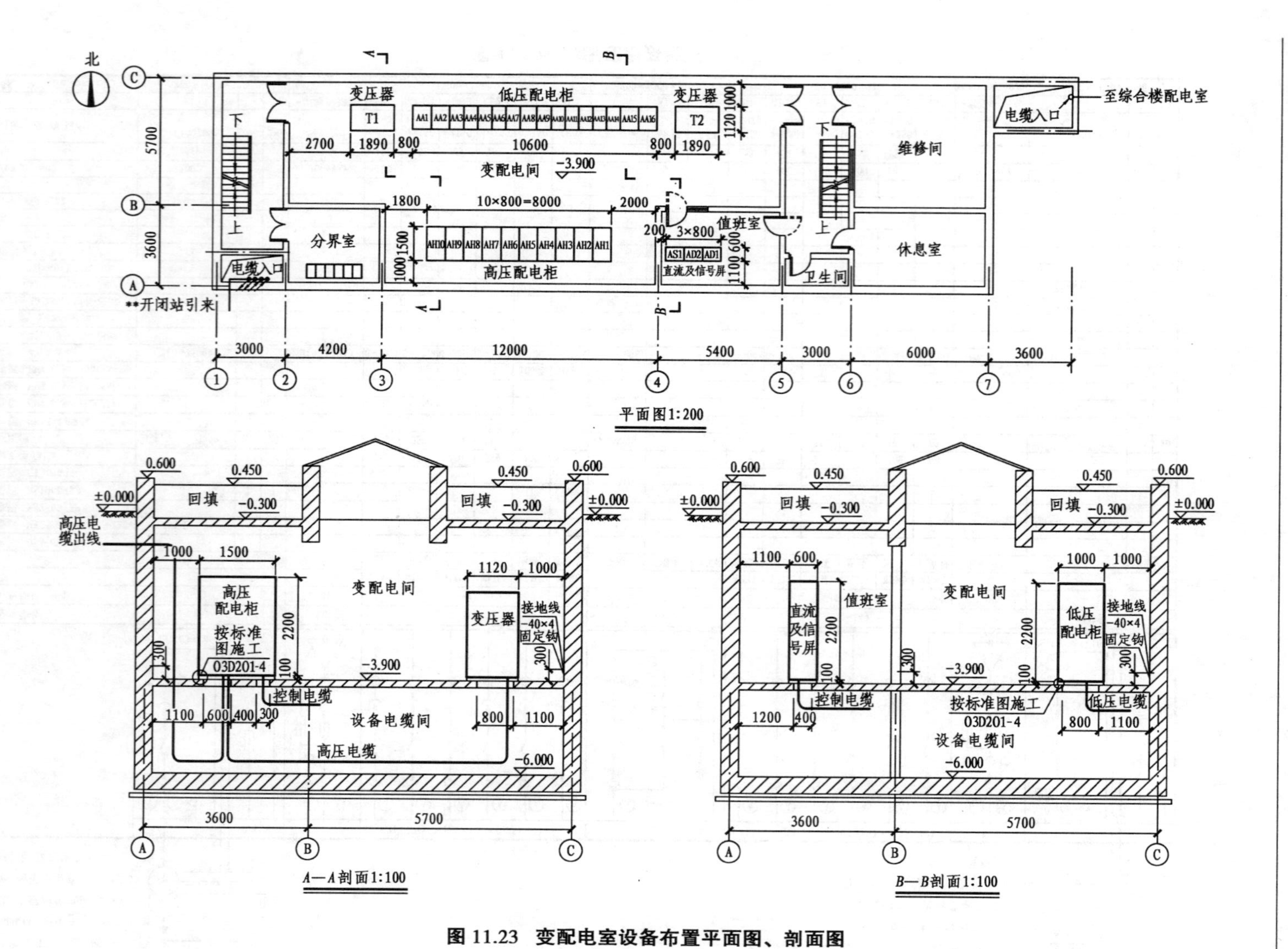

图 11.23 变配电室设备布置平面图、剖面图

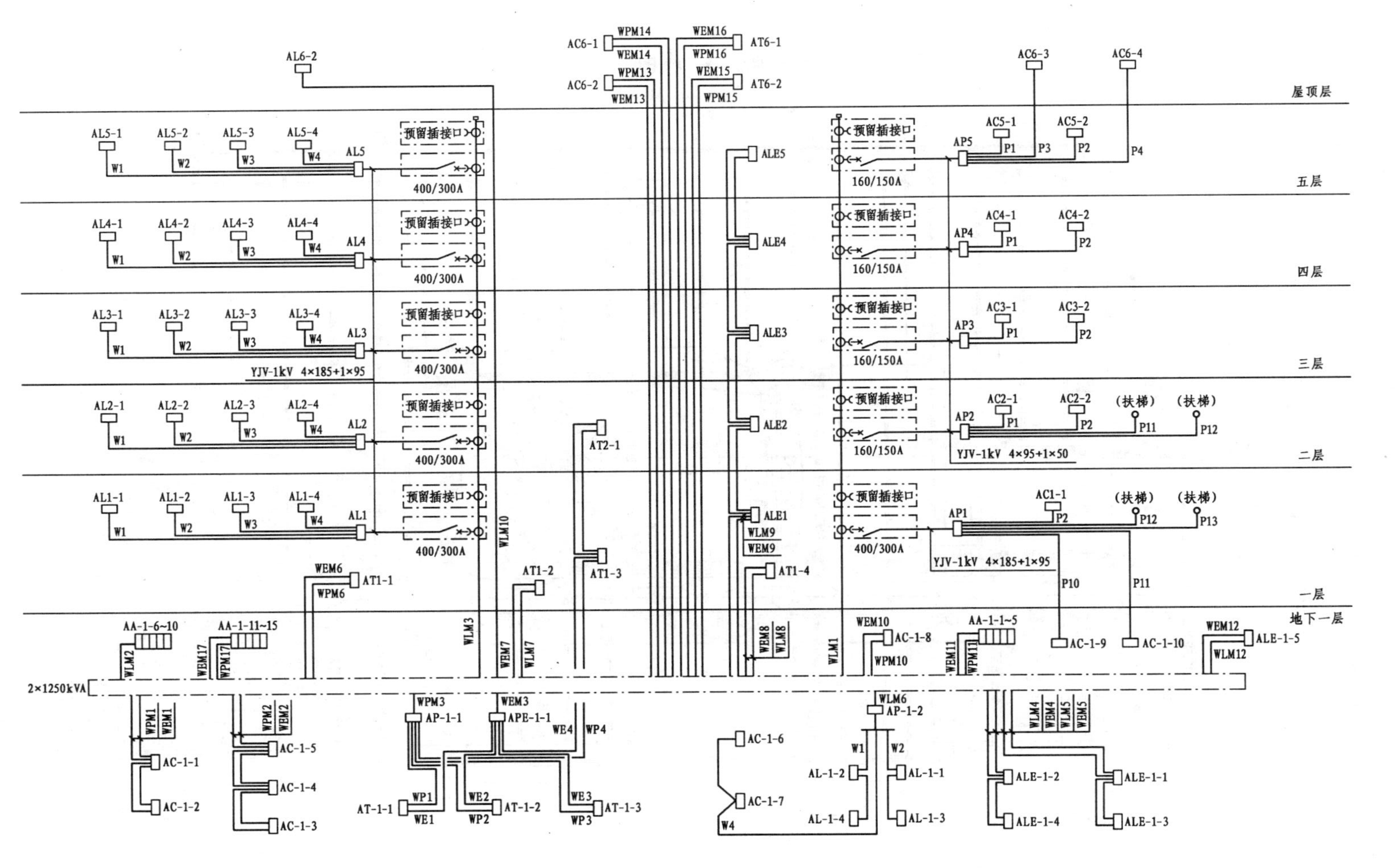

图 11.24 竖向配电系统图

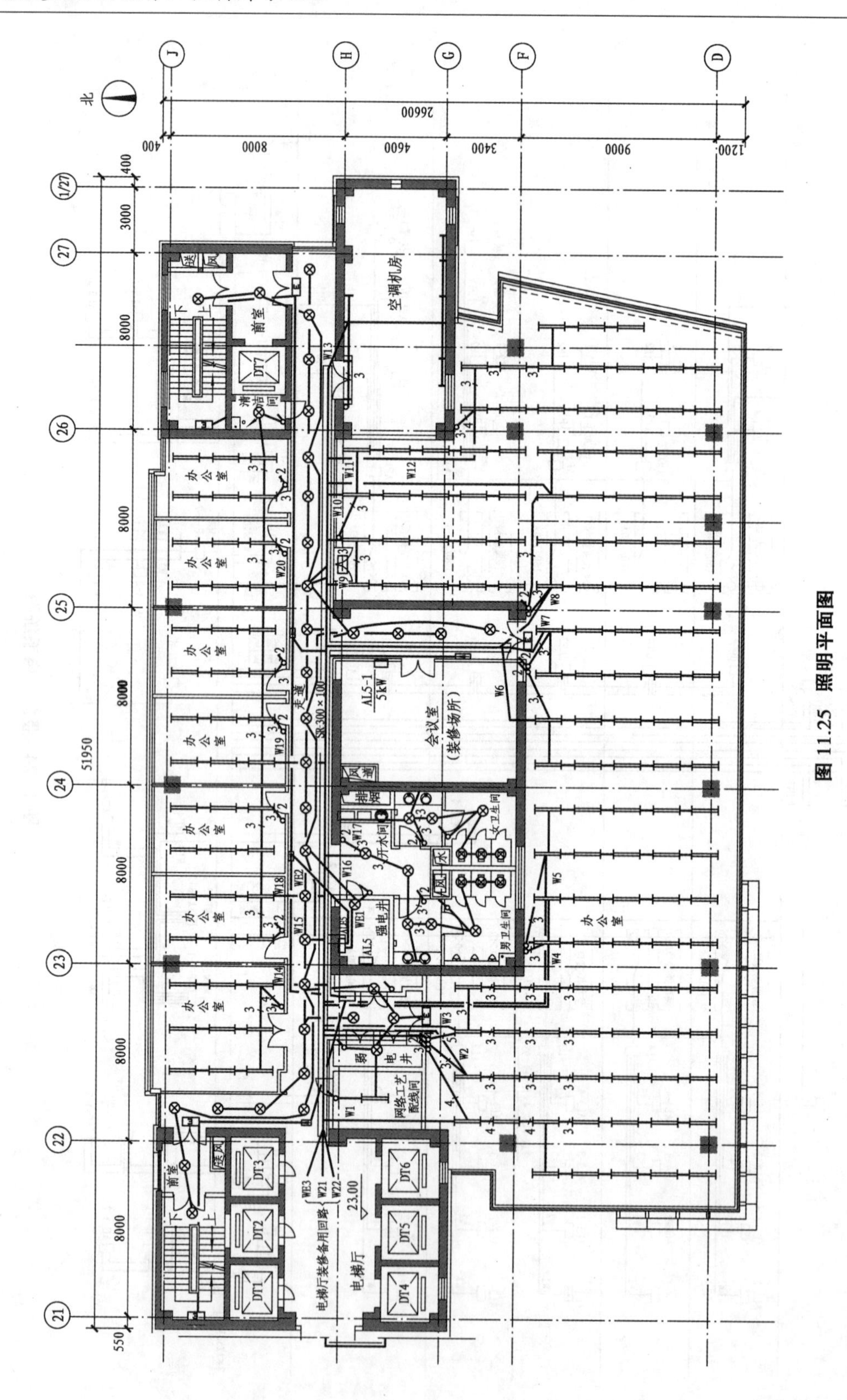

北
26600
400
8000
4600
3400
9000
1200
51950
空调机房
前室
DT7
清洁间
办公室
走道
SR-300×100
会议室
(装修场所)
AL5-1
5 kW
排烟
风道
开水间
女卫生间
男卫生间
强电井
AL5
弱电井
网络工艺配线间
电梯厅
23.00
电梯厅装修备用回路
DT1
DT2
DT3
DT4
DT5
DT6

图 11.25 照明平面图

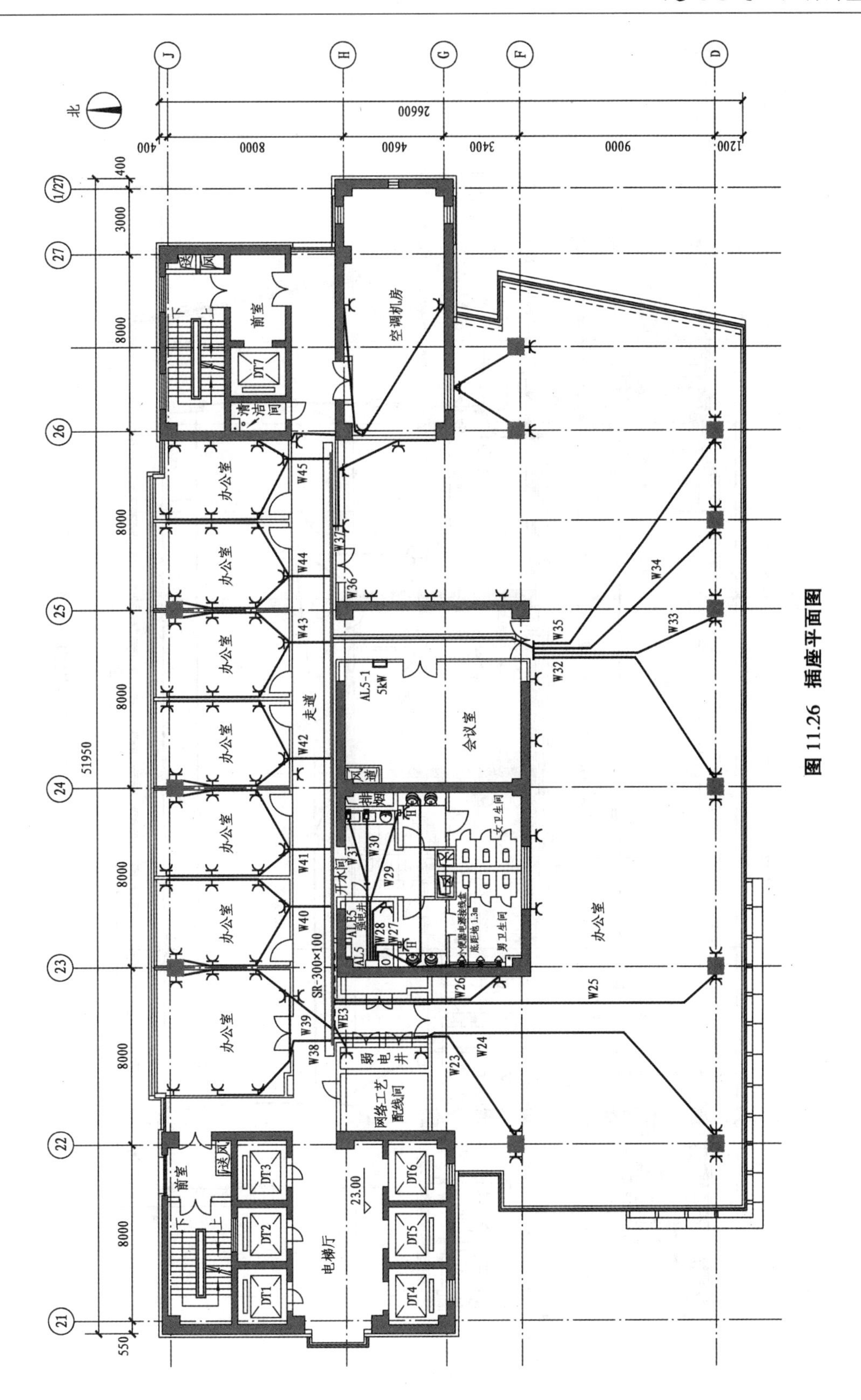
北
26600
400
8000
4600
3400
9000
1200
51950
空调机房
前室
清洁间
DT7
办公室
走道
会议室
AL5-1
5kW
女卫生间
男卫生间
开水间
强电井
弱电井
网络工艺配线间
电梯厅
DT1
DT2
DT3
DT4
DT5
DT6
23.00
SR-300×100
W23
W24
W25
W26
W27
W28
W29
W30
W31
W32
W33
W34
W35
W36
W37
W38
W39
W40
W41
W42
W43
W44
W45
WE3

图 11.26 插座平面图

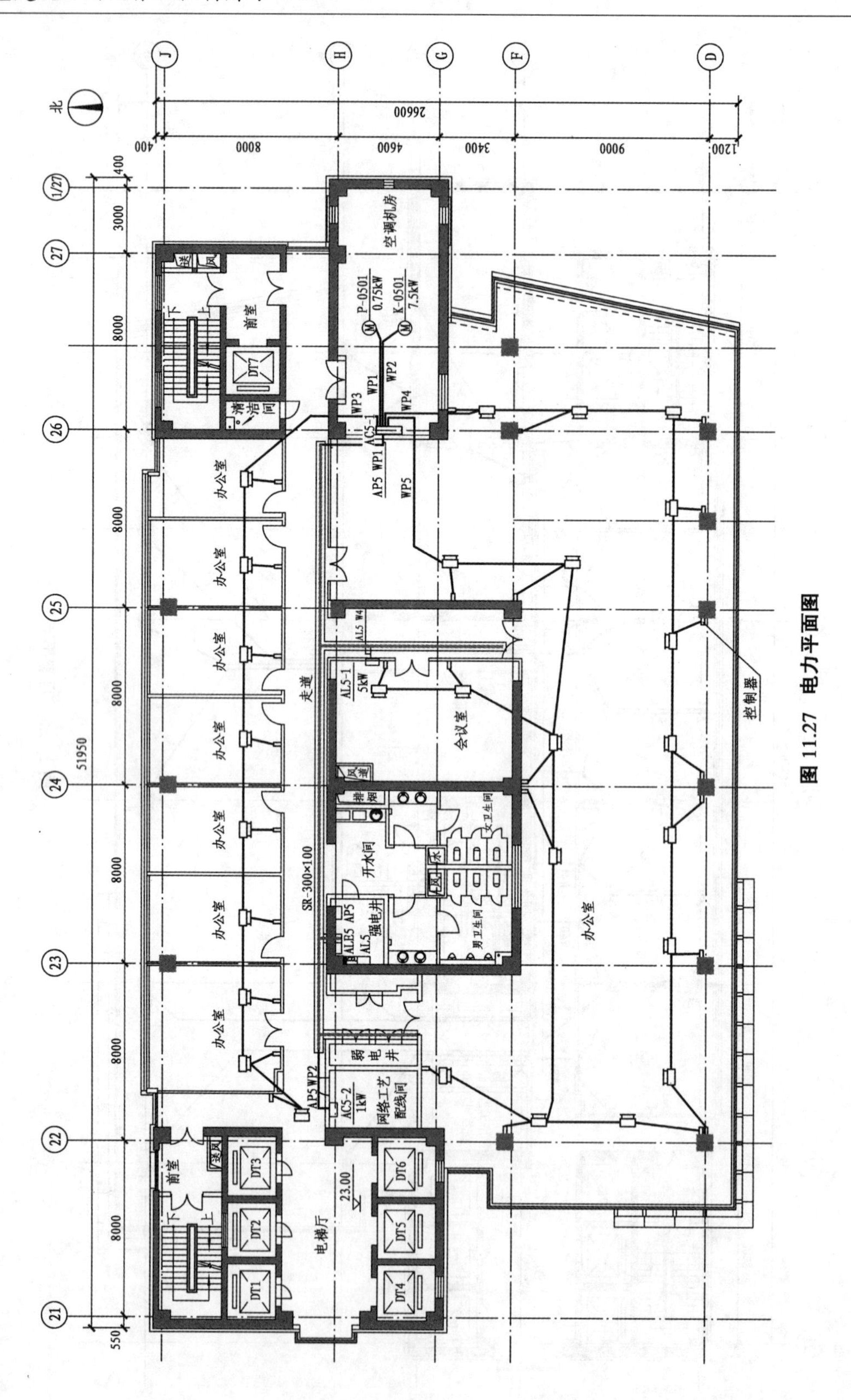
北
26600
400
8000
4600
3400
9000
1200
51950
空调机房
P-0501
0.75kW
K-0501
7.5kW
WP1
WP2
WP3
WP4
WP5
AC5-1
AP5 WP1
前室
办公室
走道
会议室
AL5-1
5kW
AL5 W4
开水间
男卫生间
女卫生间
强电井
弱电井
SR-300×100
AP5 WP2
AC5-2
1kW
网络工艺
配线间
电梯厅
23.00
DT1
DT2
DT3
DT4
DT5
DT6
DT7
控制器
图 11.27 电力平面图

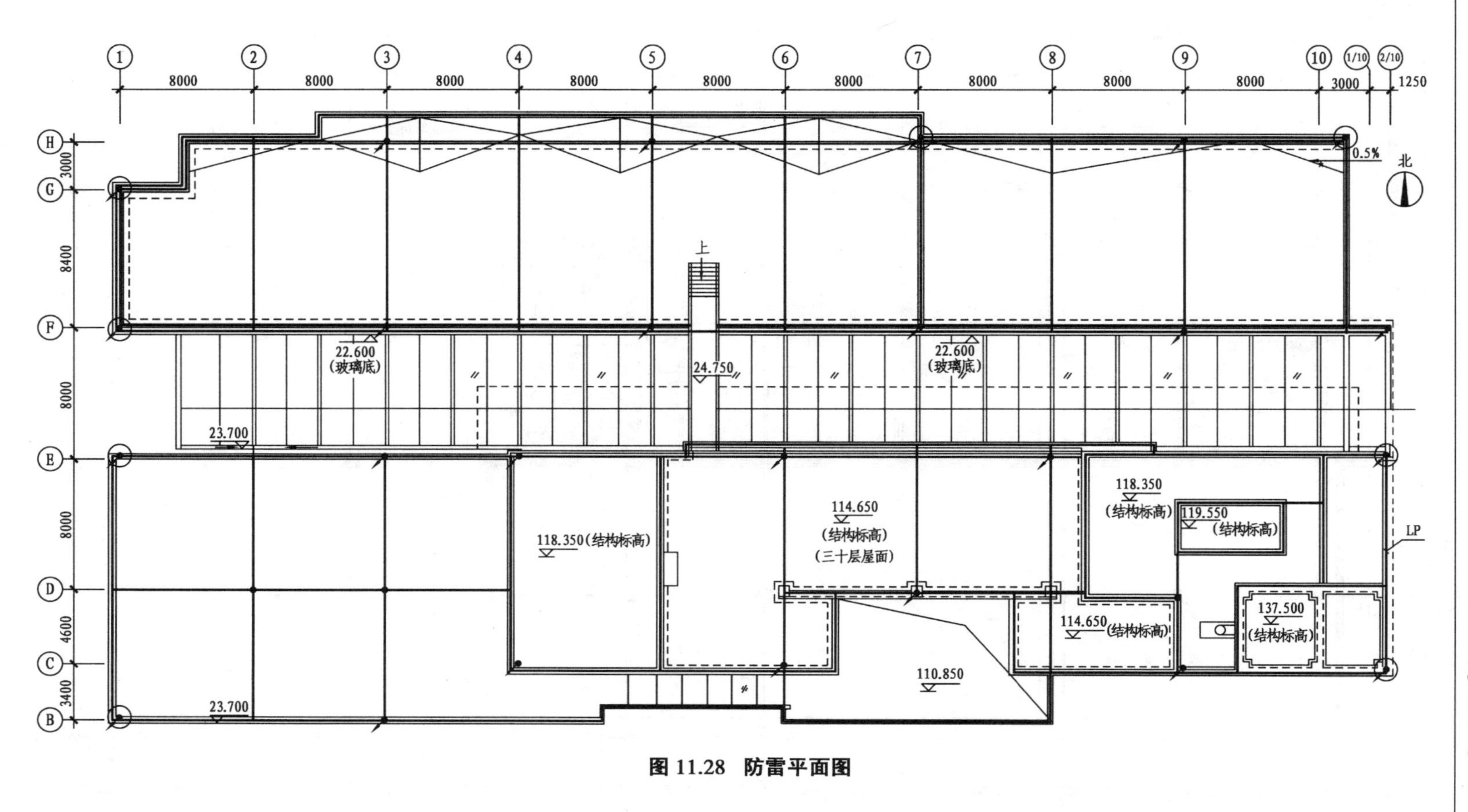

1
2
3
4
5
6
7
8
9
10
1/10
2/10
8000
3000
1250
H
G
F
E
D
C
B
8400
4600
3400
北
0.5%
上
22.600
(玻璃底)
24.750
22.600
(玻璃底)
23.700
118.350(结构标高)
114.650
(结构标高)
(三十层屋面)
118.350
(结构标高)
119.550
(结构标高)
LP
137.500
(结构标高)
114.650(结构标高)
110.850
23.700

图 11.28 防雷平面图

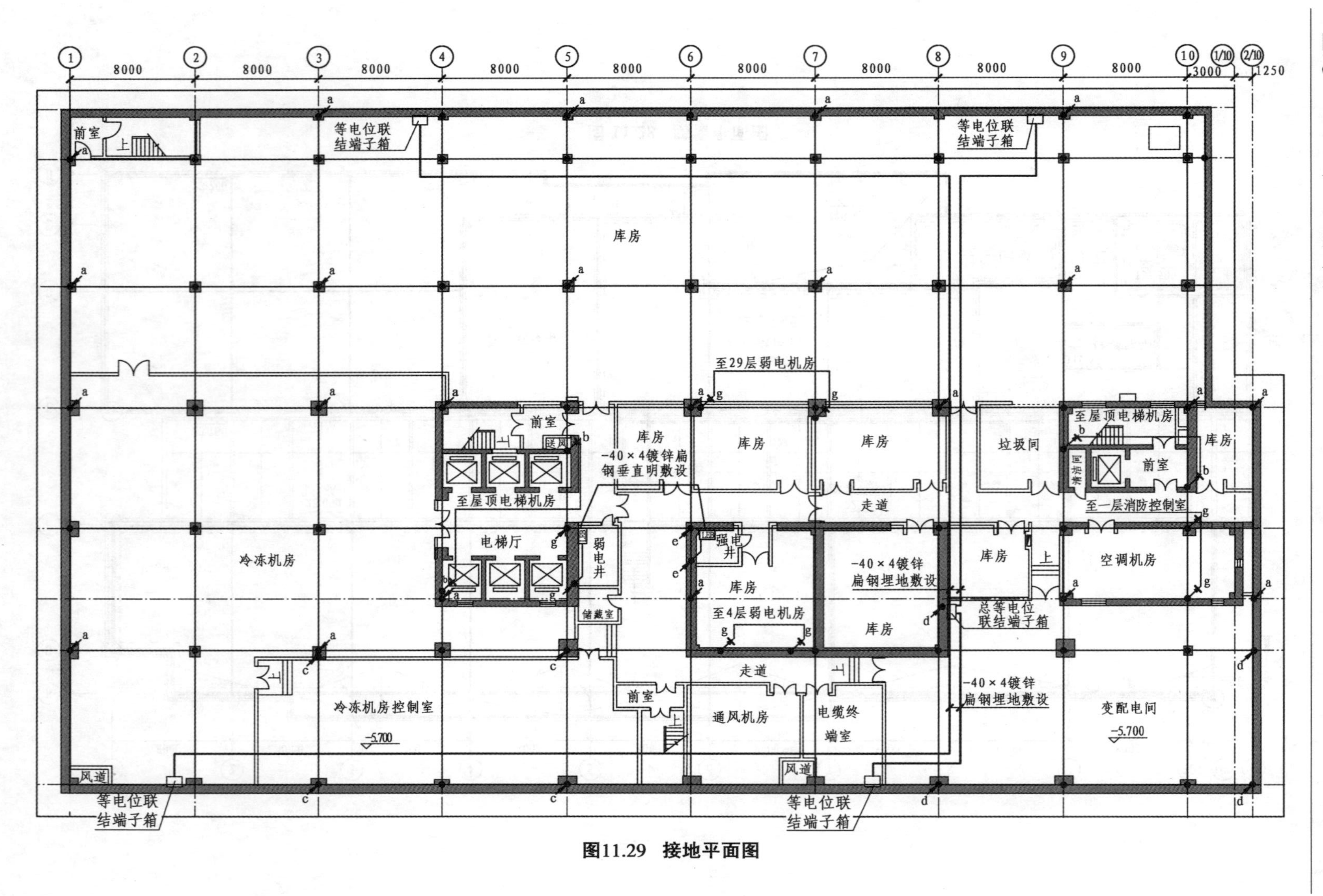

库房
前室
等电位联结端子箱
至29层弱电机房
至屋顶电梯机房
-40×4镀锌扁钢垂直明敷设
垃圾间
走道
至一层消防控制室
电梯厅
弱电井
强电井
冷冻机房
-40×4镀锌扁钢埋地敷设
空调机房
储藏室
至4层弱电机房
总等电位联结端子箱
冷冻机房控制室
通风机房
电缆终端室
变配电间
-5.700
风道

图11.29 接地平面图

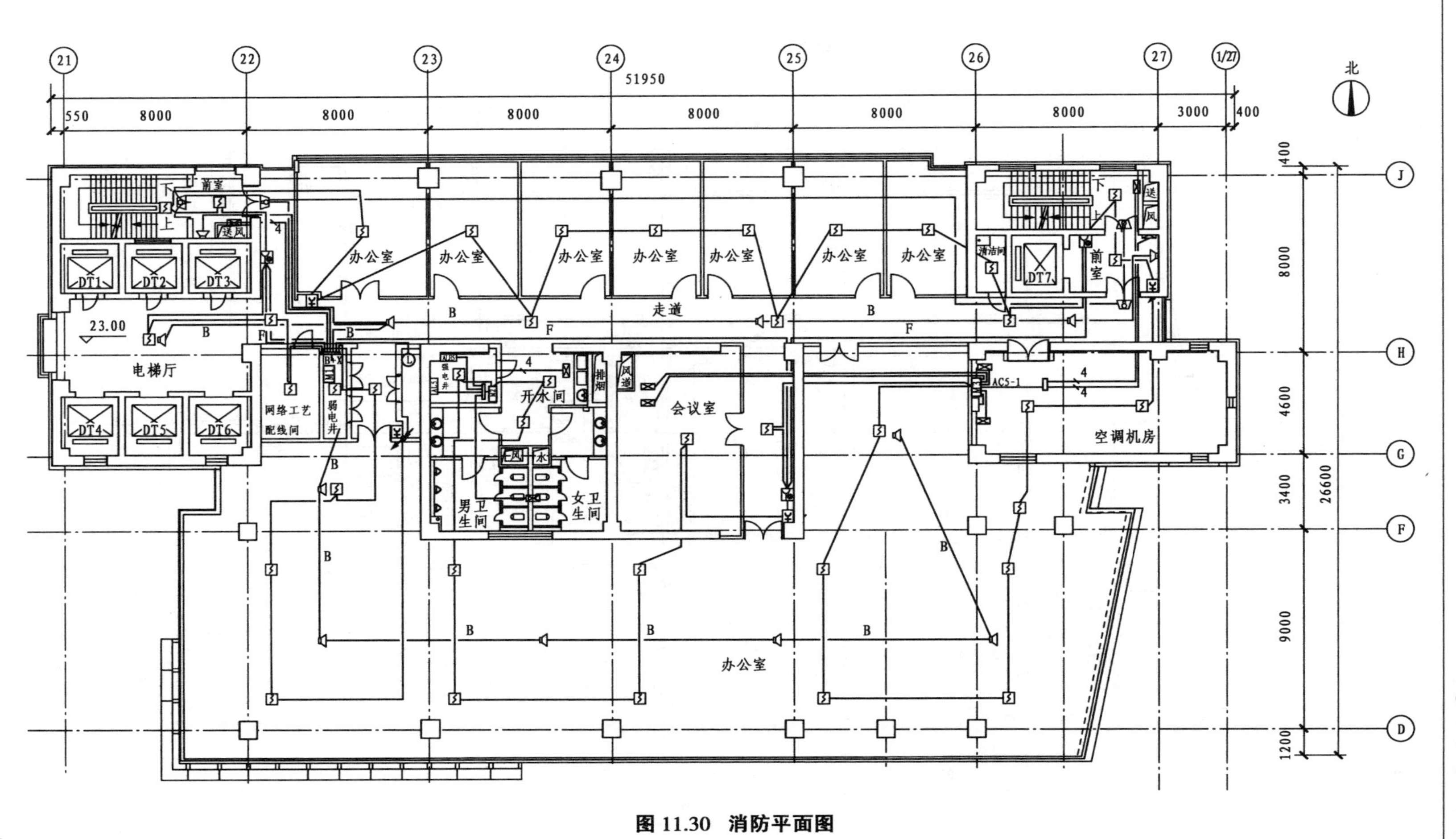
北
21
22
23
24
25
26
27
1/27
51950
550
8000
8000
8000
8000
8000
8000
3000
400
J
H
G
F
D
400
8000
4600
3400
9000
1200
26600
前室
送风
DT1
DT2
DT3
DT4
DT5
DT6
DT7
23.00
电梯厅
网络工艺配线间
弱电井
办公室
办公室
办公室
办公室
办公室
办公室
办公室
走道
开水间
排烟
风道
会议室
男卫生间
女卫生间
清洁间
前室
AC5-1
空调机房
办公室
B
F

图 11.30 消防平面图

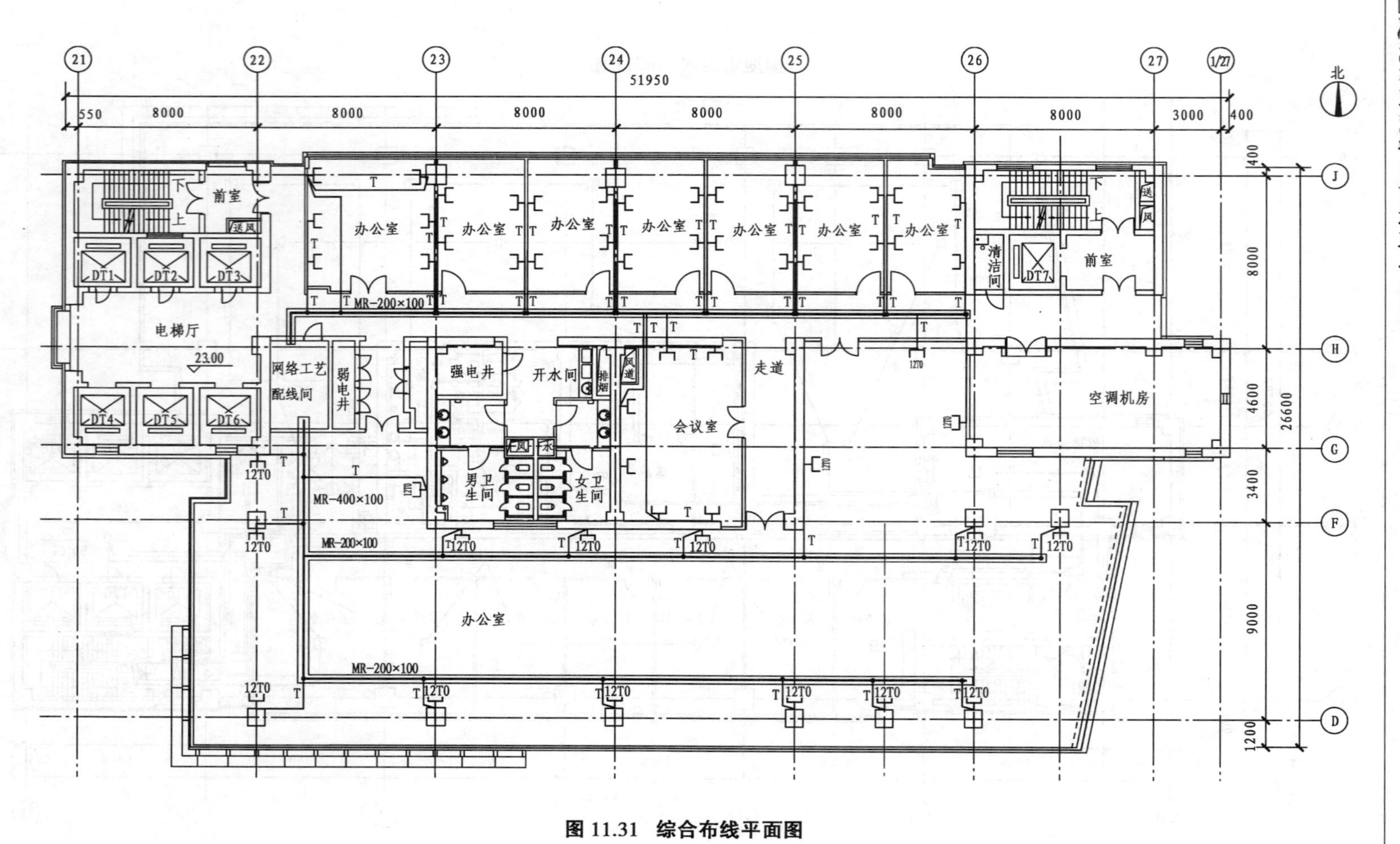

图 11.31 综合布线平面图

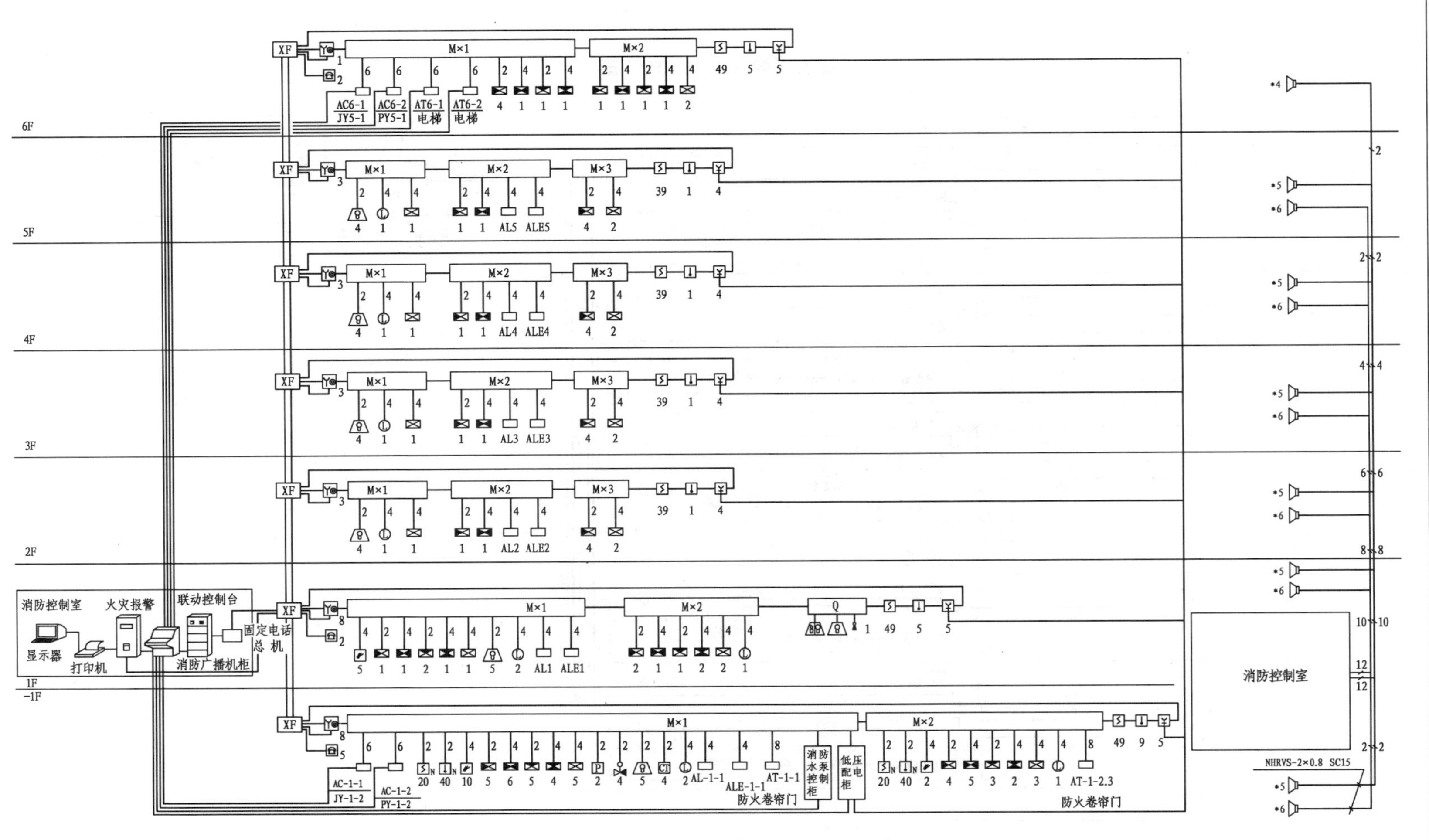

图 11.32 火灾自动报警及联动控制系统图

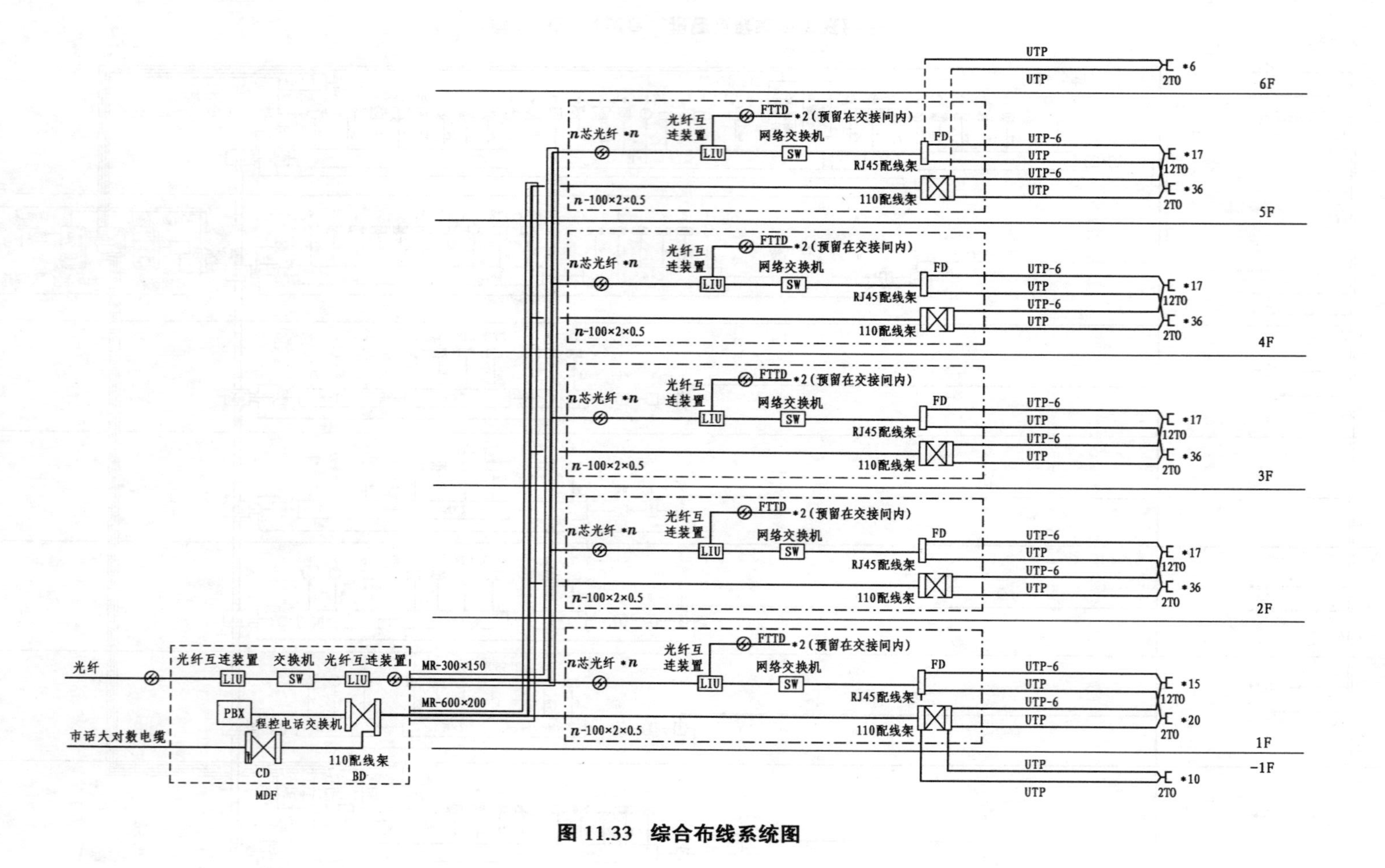

图 11.33 综合布线系统图

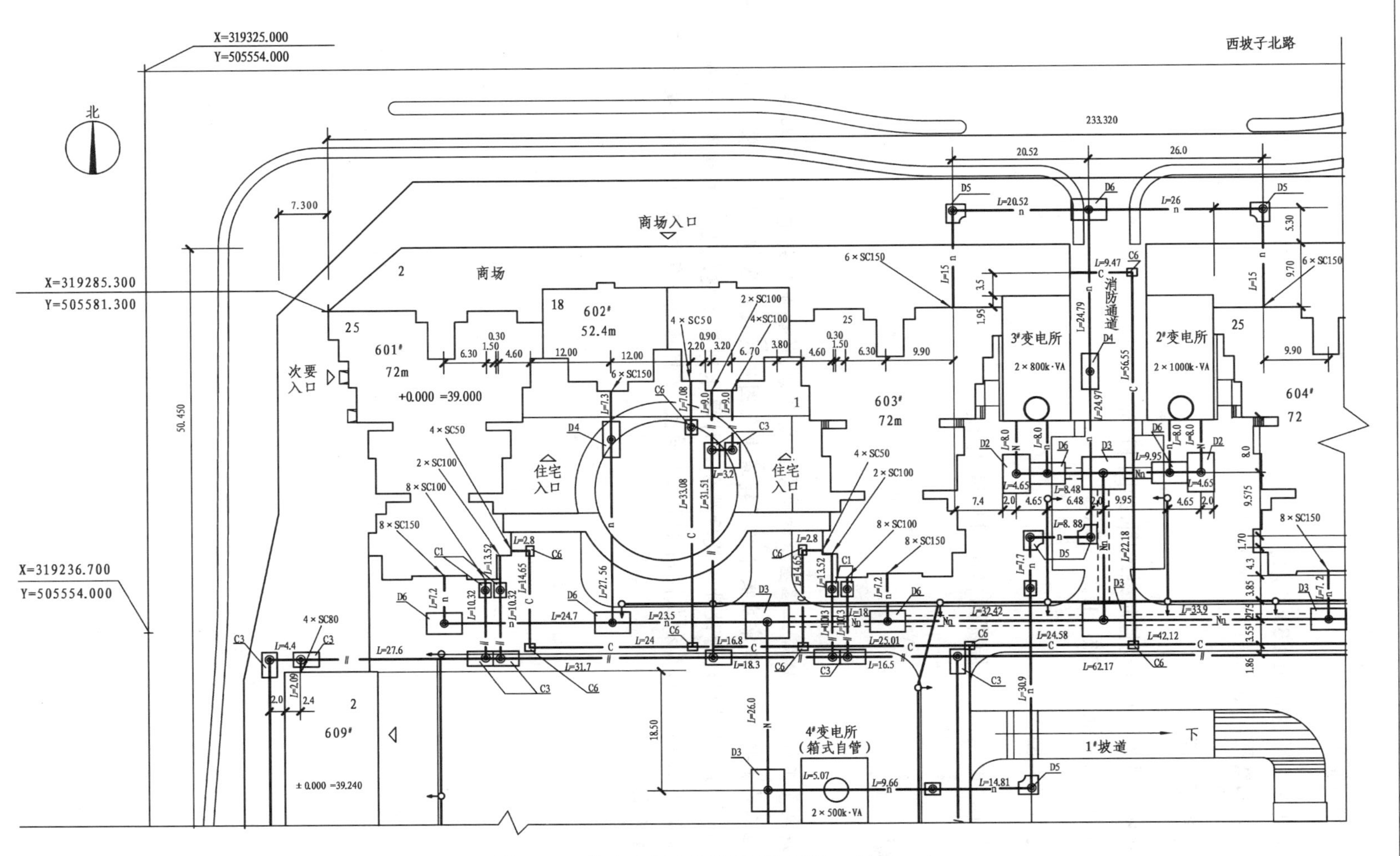

图 11.34　住宅小区电气总平面局部图（单位：m）

3）弱电平面图

①消防平面图，如图 11.30 所示。
②综合布线平面图，如图 11.31 所示。

4）弱电系统图

①火灾自动报警及联动控制系统图，如图 11.32 所示。
②综合布线系统图，如图 11.33 所示。

5）室外工程图

住宅小区电气总平面局部图，如图 11.34 所示。

小 结

建筑电气工程图，是建筑工程图纸的重要组成部分，是编制建筑电气预算和施工方案，用以指导施工的重要依据。本章主要介绍了建筑电气图纸的设计依据、设计内容、设计过程、设计方法，并应用专业软件进行设计。最后结合设计要求列举了建筑电气工程设计实例。本章内容对于建筑电气技术人员和在校相关专业大学生，掌握建筑电气图纸的设计过程，具有一定指导意义和帮助。

12

基于 BIM 建筑信息模型的设计软件

12.1 BIM 建筑信息模型

12.1.1 BIM 建筑信息模型的特点

目前,BIM 建筑信息模型已获得广泛的共识,如 Autodesk 公司的 Revit 系列软件、Bentley 公司的 Bentley Architecture 等建筑设计软件系统都在不同程度上应用了 BIM 建筑信息模型技术,并在不同的层次上支持建筑工程全生命周期的集成应用。在建筑工程项目中,相对于采用传统的 CAD 设计软件,BIM 建筑信息模型具有更大的应用优势。本节将以 Autodesk Revit 建筑信息模型平台为例,阐述 BIM 与传统 CAD 软件之间的异同之处以及 BIM 的应用特点。

1)支持设计者以更自然的设计交互模式工作

采用 Revit 进行建筑设计是一个创建与实际建筑相对应的数字化建筑模型的过程,即创建数字化建筑模型类似于挑选及添加不同的建筑构件,如墙体、门窗、屋顶、楼梯等构件搭建建筑本身的过程。使用者与计算机的交互,采用的是虚拟建造的应用模式,其相对于传统的基于图形的计算机制图系统则更为形象、直观和生动。

2)建筑工程数据与构建模型高度集成

BIM 采用的构建三维建筑模型的方式在很大程度上提升了设计功能和效果,在目前的建筑工程中,使用的是二维平面图纸。而在 BIM 模型中,建筑构件在不同视图中,可根据其不同的模式显示方式来表达模型本身需要定义的内容。设计者可以定义该建筑及各构件在不同的视图方式下表现物体形体,其所表现的属性是可以被访问及调整修改的。例如,门的开启方向的开关,可通过平面视图中的控制开关图标来调整门的开启方向,且该构件的三维模型也会随之作出相应的自动调整。在 BIM 模型中,建筑工程数据与构件模型是高度集成的,二维平面图纸仅为 BIM 建筑信息模型的一个基本功能。

3)单一参数化的建筑模型,使工程设计项目的修改达到高度智能及自动化

"参数化"是指模型的所有图元之间的关系,这些关系由该软件自动创建,也可由设计者在项目开发期间创建,即实现 BIM 软件提供的协调和变更管理功能。参数化模型是 BIM 的核心,参数化模型将设计模型(几何形状数据)与行为模型(变更管理数据)有效地集成为一个统一的整体,使得项目文件成为一个集成的数据库,所有的设计、施工、管理的内容都是参数化和互相关联的。这与传统的基于图形的 CAD 系统相比,BIM 系统产生的是"协调性的、系统性的、内部一致的可运算及互动的建筑信息"。BIM 采用的参数化模型工具,使参数化模型固有的双向联系性和修改的即时性及其全面传递变更的特性带来了高质量、协调一致、可靠的模型成果。另外,参数化模型与尺寸标注是双向关联的,所以对各个对象(建筑构件、管道部件等)之间的关系所做的任何修改都会立刻通过参数化修改引擎在整个设计系统以及各专业设计模型中反映出来,从而大大地提高了设计质量和设计效率,以及各专业的协调统一性,最大限度地减少了图纸出错的可能性。

下面介绍一些图元关系的示例:

①建筑的门轴一侧门外框到垂直隔墙的距离固定。如果移动该隔墙,门与隔墙的这种关系仍保持不变。

②建筑楼板或屋顶的边与外墙有关,因此当移动外墙时,楼板或屋顶仍保持与墙之间的连接,其中,参数是一种关联或连接。

③在一个给定建筑立面上,各窗或壁柱之间的间距相等。如果修改了建筑立面的长度,这种等距关系仍保持不变,相应改变的参数不是数值,而是比例特性。

4)支持建设工程文档创建、发布、管理等全部过程的应用

BIM 建筑信息模型能够有效地在建筑设计、施工到使用管理全生命期内提供高度集成化,因而面向不同阶段及应用的工程数据模型正是 BIM 的目标。如果把工程数据在不同阶段的应用过程作为信息流,则该信息涉及创建、发布、管理该信息的 3 个基本过程。Autodesk Revit 被认为是信息创建工具,与传统的 CAD 系统产生的以二维图档为主的工程信息不同,Revit 创建的是可用建筑信息的 BIM 模型,一旦该信息被创建,可将其发布为 DWF 格式文档。DWF 是一种面向 Web 的矢量图形文件格式,并且支持三维图形格式、支持用户批注及签名,这就为工程文档电子化提供了必要的技术支持。另外,作为面向于用户进行协同设计的 Busszaw 则为整个工程文档的发布及管理提供了有效的技术手段。

5)Revit 软件的面向对象特征

Revit 软件在实现和应用方面具有软件工程中的面向对象技术的特点。"面向对象"(Object Oriented)的概念和应用已超越了程序设计和软件开发,扩展到很宽的范围。如数据库系统、交互式界面、应用结构、应用平台、分布式系统、网络管理结构、CAD 技术、人工智能等领域。"面向对象"是种方法学(paradigm),它自然地模拟了人类认识客观事物的方式,建立起比较完整的、易于人们理解的软件系统。另外,"面向对象"方法的基本原则及出发点是尽可能模拟人类习惯的思维方式,使用现实物体的概念思考问题,从而自然地解决问题,强调模拟现实物体的概念而非抽象的思考问题,也就是将描述的对象空间与实现解法的解空间在结构上达成一致。

对于CAD系统是一个“基于对象”(object-based)的系统,虽然可以从多个方面去理解,但其含义存在如下区别:

①“基于对象”的系统是采用面向对象的计算机语言开发的。

②CAD系统的绘制图形数据库,其存储图元的数据是以对象形式存储管理的。

③对于用户,每个绘制的图元是以对象的形式被显示及操作的。

上述3点本质上没有必然的联系,采用非面向对象的语言可以开发出具有后两种特征的软件系统,但是上述3个方面都是面向3种不同内容和不同抽象层次的。

然而“面向对象”技术的核心是“对象”(object)和“类”(class)。“对象”是指现实事物中的实体或现象,是系统构成的单位。一个对象由一组属性和对这组属性进行操作的一组服务(操作序列)组成。属性是一些数据项,用来描述对象的静态特征;服务是一个操作序列,用来描述对象的动态特征(行为)。“类”是具有部分相同属性和服务的一组对象的集合,是这些对象的统一抽象描述,其内部也包括相同属性和方法两个主要部分。“类”是“对象”的共性抽象,“对象”则是“类”的实例。

基于几何对象的设计方法,是反映了从计算机出发的观点,用户在对象空间工作;而Revit建筑信息模型的方法,用户以更接近自然的方式进行工作,是在对象的解空间工作。例如,在AutoCAD中绘制建筑图,用户是使用直线工具用来绘制墙体时,直线只有被解读为墙体时才表示为墙线,解图为管道时则表示为管线,在本质上和纸质绘图并无区别。而使用Revit时,用户操作的则是墙体、窗户、管道、公用设施等具体的建筑构件或管道构件等构件物体。

因此“面向对象”的方法具有针对程序开发的特点,而Revit的实现和操作即具有相同的特性:

①Revit认同客观事物是由各种对象组成,而复杂的对象又可由比较简单的对象以某种方式组合而成。

②所有的对象可划分为各种对象类,每个对象类都定义了一组数据和操作方法。数据用于表示对象的静态特性,是对象的状态信息,方法则是施加于该对象的操作。这种数据与操作分离的模式是一种对象封装机制。在Revit中存在着大量的符合此类概念的内容,其中所有对象,如建筑构件、水暖电等部件、标高、视图、符号等对象都是基于族的。族实际上是创建各种构件及对象的模板,也可理解成类(class),每个对象都具有类型属性和实例属性,用户可以创建不同的族以创建不同的构件对象,族也可由不同的族复合而成。

③其中“类”具有一定的继承性,可从某个类派生出不同的子类,具有继承的关系,父类与子类构成具有层次结构的系统。Revit的具体族(类,Class)虽然不是严格的继承关系,但Family中具有不同的Type类型,用户可通过扩充族的类型以实现构件的扩充及重复使用机制。

④对象彼此之间通过消息互相联系。在这里,对象之间互相的联系不是被动地等待外部对其实施操作,而是本身即是进行处理的主体,对象之间是通过消息来执行操作的。

对象之间通过消息的互相联系具有多重的含义,在不同的对象之间建立起相关的联系并非简单组合;通过消息传递请求对象执行其操作,并非直接由外界操作对象的私有数据,构成所谓的“黑盒”系统,从而大大地降低使用的复杂性;类的创建者和使用者均可有效地分离和重用。

Revit 的构件即具有类似的特性,BIM 支持构件“重用”。以 Autodesk Revit 为例,Revit 的构件总是基于族的,Revit 的族定义与“面向对象”的机制十分相似,族类似于构件定义的一个模板,实际构件即为某个族类型对象,使用者可通过族参数定义多种族类型,从而达到与构件重用的目的。

族的机制在操作的层面上实现了“定义”与“使用”构件过程的分离,一般,定义一个多参数、多类型的族比单纯创建一个三维模型更具复杂性,族的内部可能封装了复杂的操作机制,但是使用族却是非常简单的,用户只是简单的采用“拖放”的形式将构件放置到模型中即可。例如,一个玻璃幕墙构件,支撑结构可能非常复杂,但对于具体的设计使用人员,无论哪种类型,其操作都只是调整幕墙的网格,将幕墙的嵌板匹配为不同的类型。

在实际工作中,资深的建筑师可以提出具体的设计要求,而下游的设计人员可以在“实现”的层次上设计实现构件,有效地把一个复杂的项目分割为多个简单逻辑单元,从而以“自上而下”的模式有效地控制建筑工程设计项目的完成。

另外,Revit 的构件对象之间可建立不同类型的联系,例如,墙体可以和屋顶建立连接的对象关系,当调整屋顶标高时,墙体也会自动改变;窗户是基于墙的构件,窗户只有在墙体存在时才能被放置在项目中,因此窗户构件被放置在墙体上时,窗洞就自动开出来,当墙体移动时,窗户则跟随墙体一起移动,当窗户修改或删除时,墙上对应的窗洞口同样自动变化。当需要查看窗户的面积及体积属性时,其亦是随着窗户的变化而自动变化的参数属性。

以上所述是 Revit 软件及构件的类似“面向对象”的特点,而非直接的对应于软件工程中的面向对象设计及实现,从而更好地描述了 Revit 建筑信息模型的概念及应用。

从实现的角度建筑信息模型(BIM)可以理解是从 CAD(computer aided design)发展为 Object-CAD,再到 Building Information Modeling,从而更接近于自然思考模式的结果。

6) Revit 平台的集成及协同特性

在实际的设计施工实践中,多专业的协同工作具有重要的意义。在以 CAD 技术为基础的设计平台上,各专业之间的协调大多数情况下仅仅是交换或共享部分图形文件数据,很难实现真正意义上的协同工作。比如,建筑师绘制建筑图,包括墙体、柱子等的布置,结构工程师再根据建筑图纸重新创建结构计算模型,建筑师提供的图纸仅为建筑构件的位置参考,没有给结构设计及计算软件提供更多的相关信息,设计效率较低,并且还会增加出错的机会。

要实现多专业的集成协调设计,必须要解决软件平台及数据共享的问题,用户创建的信息模型是要面向不同的专业,包含了多种专业应用的工程建设信息。另外,对于应用平台,不同人员的操作平台要能够共同识别建筑构件的统一模型,并进行不同类型的操作,且数据协调共享。由于建筑设计过程本身也是一个设计体系,是多专业协调、调整修改、重新协调修改的不断迭代的过程,对于多专业的集成应用则具有更大的优势。

Revit 平台目前集成了 Revit Architecture、Revit MEP 及 Revit Structure 等多个平台应用,将建筑、结构、系统(给排水、暖通空调、机械、电气、燃气)等多专业集成在统一的 Revit 平台上。

不同专业的工程设计人员在不同的设计平台上创建的构件模型在不同软件中均可以被完整地识别应用，而且自 Revit 2013 版本起，软件将上述应用集成在统一的应用环境中。Revit 不仅支持横向和不同专业之间的集成，而且对于设计的纵向，从方案设计、深化设计、施工图设计、图纸交付等环节都有着不同层次的操作方法，并应用于设计人员的具体工作流程设计中。

另外，Revit 支持协同工作。Revit 可通过“工作集”的划分将设计工作划分为多个实现单元，不同建筑师或及其他专业设计师可以“并行”的工作；同时，多个用户可通过构件共享的机制针对某个“工作集”进行并发操作。在 AutoCAD 中，大多数情况是通过外部引用的方式来支持多人的“协同”，外部引用需要依靠设计者划分静态的“工作集”，这项工作对于大多数建筑师来说是困难的；而对于 Revit 来说，工作集的划分是建立在构件级别上以一种非常自然的方式划分的，“工作集”的管理是自动的，这对于建筑师来说，技术的障碍要小得多。

7)建立在 BIM 模型上的建筑性能分析

建筑在建成之前往往要对建筑物的结构安全、热工性能、声环境、光环境等建筑性能进行必要的分析模拟以准确的评估及优化设计，而这些工作主要是通过不同的软件应用系统进行的，由于传统的 CAD 技术，大都是基于几何数据模型，不同的应用系统之间主要通过 IGES，DXF 等图形信息交换标准进行数据交换，所能传递和共享的也只是工程的几何数据。因此，在实际应用中，往往还要根据不同的分析软件的要求分别建立不同的模型，对同一个建筑来说，针对不同的应用，必须对其进行多次描述(建筑师绘制图纸，其他设计师分析建立计算模型)。在优化和调整建筑设计中，一旦作出调整，必须重新建立环境分析模型，对于建筑设计而言，整个工作是耗时而且是高成本的。

BIM 在很大程度上作了全面改进，BIM 建筑信息模型是一个集成的、富含可用建筑信息的构件模型，大量设计工作的应用被直接建立在 BIM 模型本身上，无须再做许多额外的工作。

Revit 针对建筑性能分析的多个方面直接应用在 BIM 模型本身。如 Revit 支持 gbXML 标准，而 gbXML 标准是专为绿色建筑设计与评估而定义的一种 XML 应用，gbXML 结构中描述和定义了建筑的空间和维护结构等要素，可以被 GeoPraxis 的 Green Building Studio 在线服务所使用。这样，一旦在设计过程中建立了 BIM 模型，就可将其导出并通过网络提交到在线服务站点，建筑师则可通过其反馈的能耗及负荷数据来修改建筑结构设计。

BIM 高度集成的数据模型为不同的专业使用提供了一致的数据应用接口，使得设计中的不同专业可以在一致性的界面和平台上工作，最大限度地提高了模型的使用效率。

12.1.2 建筑信息模型概述

1)计算机建模

模型既为原型(研究对象)的替代物，在建筑工程领域常常按照几何相似的原则参照原型制作实体模型。模型所反映的客观物体越接近越能详尽表达原型附带的信息，则模型的应用水平就越高。

早在 20 世纪 70 年代，人们就已实现用三维线框图去表现所设计的建筑物，其三维模型限于计算机的软、硬件水平还过于简化，仅能满足几何形状和尺寸相似的要求，信息量很小。但随着计算机技术的快速发展,逐渐出现了诸如 3DStudio MAX,VIZ, FormZ 这类专门用于建筑三维建模和渲染的软件,所生成的具有照片效果的建筑效果图是一种三维建筑模型,是表现建筑物表面形态的模型,没有包含附属在建筑物上的其他大量信息,只能用来表现建筑设计的体量、造型、立面和外部空间,缺乏支持工程项目造价、建筑安装施工等后续支撑能力。因此,在计算机辅助建筑设计中,解决上述问题的方法是进行信息化建模,这方面的研究先驱——美国的查理斯·伊斯曼(Charles M. Eastman)教授在 20 世纪 70 年代开展了研究工作,并提出 BIM 模型的诠释如下:

①应用计算机进行设计是在空间中安排三维元素的集合,这些元素包括梁、柱、楼板、门、窗等。

②计算机提供一个单一的集成数据库用作视觉分析及量化分析,任何量化分析都可直接与之结合。

③设计必须包含相互作用且具有明确定义的元素,并可从相同描述的元素中获得平面图、剖面图、轴测图或透视图等;对设计作出任何改变,在图形上的更新必须一致,所有的图形都取之于相同的元素,达到一致性地作出信息资料的更新。

20 世纪 90 年代,蓬勃发展的面向对象方法被引入建筑设计软件的开发中,出现了 ADT (Autodesk Architectural Desktop)、天正建筑等用面向对象方法进行二次开发的建筑设计软件。这些软件把建筑上的各种构件(墙、柱、梁、门、窗、设备等)定义为不同的对象,把与建筑设计有关的数据和操作封装在建筑对象中,在建筑对象上保存了更多的设计信息元素。但是, ADT、天正等建筑软件是以 AutoCAD 计算机绘图软件平台开发的,缺乏能够支持建设工程全局的数据库,无法确保储存高质量、可靠、集成和完全协调的信息,更无法支持建设工程全生命周期的管理。

随着项目建设中信息量的不断增加;如果各个阶段的信息不能很好地衔接,会使后续工作效率降低,如概预算、施工等阶段无法从信息流的上游获取在设计阶段已经输入的电子信息,仍需人工读图才能应用计算机软件进行概预算、组织施工安装等工作,信息在这里明显出现不能连续应用的丢失现象,使得信息量的增长在不同阶段的衔接处出现了断点,出现了信息回流(backflow)、信息采集缺乏连贯性,各个阶段采集的信息形成许多“信息孤岛”。信息回流和信息孤岛都直接影响建设工程效率。

2)建筑信息模型概念

随着信息建模研究的不断深入,已逐渐建立起名称各异的信息化建筑模型,如企业工程模型(Enterprise Engineering Modeling, EEM)、工程信息模型(Engineering Information Modeling, EIM)等。在 21 世纪初,Autodesk 公司首次提出建筑信息模型(Building Information Modeling, BIM)的概念,并得到学术界和软件开发商的认同。不同的软件开发商在应用这项技术时,虽然着重点各有差异,但归纳建筑信息模型的概念可描述为:

建筑信息模型,是以三维数字技术为基础,通过在传统的三维几何模型基础上,集成建设工程项目各个相关信息而构建的面向建筑工程全生命周期的工程信息模型,是对工程项目信息的详尽数字化表达。建筑信息模型又是一种应用于设计、建造、管理的数字化方法,支持建筑工程的集成管理环境,使建筑工程在其整个建设过程中显著地提高效率并大大减少就各个环节的出错风险。

BIM 应用数字技术，解决了建筑工程信息建模过程中的数据描述及数据集成的问题。BIM 建模过程不仅在设计阶段，也覆盖了建筑工阶段向施工阶段、管理阶段的发展，后续更多的信息将不断添加到建筑模型中，信息充分达到数字化及相互关联。这为建筑工程全过程中实施数字化设计、数字化建造、数字化管理创造了必要的条件。

BIM 建筑信息模型能够连接起建设项目生命周期不同阶段的数据、过程和资源，并建立建设项目的单一数据源，从而解决分布的、异构的数据信息之间的一致性和全局共享，支持建设项目生命周期中动态的工程信息创建、管理和共享，实现建设项目的全生命周期管理。

基于建筑信息模型的建筑设计软件系统使计算机辅助建筑设计发生了本质上的变化，主要体现在以下 3 个方面：

①在三维空间中建立起单一的、数字化的建筑信息模型，所有信息均出自于该模型，设计信息以数字形式保存在数据库中，便于更新与共享。模型是由数字化的墙、门、窗等三维数字化构件实体组成，构件实体具有几何信息、物理信息、功能信息、材料信息等，这些信息均保存在数据库中。

②在设计数据之间创建实时的、一致性的关联。这表明了源于同一个数字化建筑模型的所有设计图纸、图表均相互关联，各数字化构件实体之间可以实现关联显示、智能互动。对模型数据库中数据所做的任何更改都能在其他关联处及时反映出来，提高了建设项目的工作实效和质量。

③支持多种方式的数据表达与信息传输。BIM 提供的信息共享环境既支持以平面图、立面图、剖面图的传统二维方式显示以及图表表达，还支持三维方式显示以及动画方式显示；为模型（包括模型所附带的信息）通过网络进行传输，BIM 软件还特别支持 XML（Extensible Markup Language，可扩展标记语言）。

BIM 软件进行建筑设计与原来应用的绘图软件设计有很大的区别，BIM 建模工具不再提供几何绘图工具，操作的对象不再是点、线、圆这些简单的几何对象，而是墙体、门、窗、梁、柱、管道、设施等构件；在屏幕上建立和修改的不是没有关联关系的点和线，而是由一个个建筑构件组成的建筑物体。整个设计过程就是不断确定和修改各种建筑构件的参数，全面采用参数化设计方式的过程。

BIM 软件立足于采用数据关联的技术上进行三维建模，建立起的模型就是设计的成果。至于需要显示各种平、立、剖二维图纸以及三维效果图、三维动画等都可根据模型随意生成，这就为设计的可视化程度提供了方便，而且这样生成的各种图纸都是相互关联的，同时这种关联互动是实时的，在任何视图上对设计作出的任何更改，都可以马上在其他视图上关联的地方反映出来。这就从根本上避免了不同视图之间出现的不一致现象。

在建筑信息模型中，将建筑工程所有基本构件数据都存放在统一的数据库中。虽然不同软件的数据库结构有所不同，但构件的有关数据一般都可分成两类，即基本数据和附属数据。基本数据是模型中构件本身特征和属性的描述，以“门”构件为例，基本数据包括几何数据（门框和门扇的几何尺寸、位置坐标等）、物理数据（质量、传热系数、隔声系数、防火等级等）、构造数据（组成材料、开启方式、功能分类等）；附属数据包括经济数据（价格、安装人工费等）、技术数据（技术标准、施工说明、类型编号等）和其他数据（制造商、供货周期等）。用户可根据需要增加必要的数据项用以描述模型中的构件。模型中包含了详细的信息,为进行各种分析(空间分析、体量分析、效果图分析、结构分析、传热分析等)提供了条件。

建筑信息模型的结构是一个包含有数据模型和行为模型的复合结构,数据模型与几何图形及数据有关,行为模型则与管理行为以及图元间的关联有关。建筑信息模型为建筑工程全生命周期的管理提供了有力的支持。

建筑信息模型支持XML实现在建筑设计过程及整个建筑工程生命周期中的计算机支持协同工作(Computer Supported Cooperative Work,CSCW),使身处异地的设计人员能够通过网络在同一个建筑模型上展开协同设计。在整个建筑工程的建设过程中,参与工程的不同角色如土建施工工程师、监理工程师、机电安装工程师、材料供应商等都可通过网络在以建筑信息模型为支撑的协同工作平台上进行各种协调与沟通,使信息能及时地传达到有关方面,各种信息得到有效的管理与应用,保证工程高效、顺利地进行。

3)建筑数字技术设计思路的演变

建筑设计方案是在建筑师的不断思考和表达的过程中逐渐生成的,建筑方案的构思设计分为概念设计和方案发展两个阶段。

在概念设计阶段,建筑师通过绘图、建模等媒体操作过程,将头脑中思考的内容转移、外化为一种媒体对象,即概念设计草图或模型,建筑师的设计思维与表达主要表现为一种较强的开放性、跳跃性和探索特征,希望尽量尝试多种可能的方案设计,以便于从这些变化的形式中不断获取更多有价值的经验、线索,进行优选。为此,建筑师需要借助于方便、快捷的三维建模工具以支持该阶段建筑师的这种开放、跳跃和探索性的思维。

方案发展阶段是在概念设计基础上的延续。这个阶段的前期和中期,建筑师的设计思维与表达在探索中渐趋明确,对建筑空间、功能、建筑造型与整体环境等问题的深度思考和比较。在后期,则侧重于以图纸或多媒体演示的方式及表现。在方案发展阶段有3种数字化设计方法和策略,即以三维模型为核心的策略;以建筑信息模型为核心的策略;从三维模型到建筑信息模型的策略。发展到最终都将会采用以建筑信息模型为核心的策略。

(1)面向三维模型的概念设计

以建筑数字技术建立的三维模型主要应用3ds Max,FormZ,Piranesi这类专门用于建筑三维建模和渲染的软件,以表达设计的体量、造型、立面和外部空间。这仅仅是建筑物的一个表面模型,没有建筑物内部空间的划分。

随着像SketchUp等这类快速三维建模软件的相继推出,在计算机上直接创建建筑概念设计模型已经变成了一件非常简单容易的事情。计算机三维模型能为建筑师进行各种可能的尝试以提供最大的便利,它能帮助建筑师快速地将设想概念化、形象化。建筑师在概念设计研究中,不仅可以通过三维概念模型来研究建筑的空间、形式、功能等设计要素,而且也可涉及建筑的材料、表面的质感及色彩、建筑光影的模拟等研究。因此,这种面向计算机三维模型的建筑构思设计方法,都是传统的手绘草图方法无法比拟的。SketchUp界面简洁,命令极少,操作如同徒手铅笔绘图和制作实物模型那般自由等特点,非常适合于建筑师进行方案阶段的构思与设计表达。

大多数三维CAD设计工具,基本上都提供了任意视点、动态视点的观察,以及日照阴影模拟功能,这种功能帮助建筑师对他所做的各种尝试性设计迅速作出评估和判断。SketchUp允许用户设定模型所在的地理位置、太阳方位角、日期和时间参数,并自动生成阴影。通过使用时间滑标,用户还可动态地观察日照阴影在全天中的移动轨迹。不仅如此,SketchUp通过与Google Earth的整合,使建筑师现在获得了一种能将概念设计模型快速地放置于Google Earth所提供的"现场"环境中进行检验和模拟的便利方法。SketchUp的这项功能对于推敲和验证建筑设计造型以及空间特征都是很有帮助的。

这两年才初露头角的bonzai3d也是一种快速三维建模软件,它的最大特点是在NURBS曲面建模方面有其独到之处。与SketchUp类似的是,bonzai3d也可把它建立的概念模型放置到Google Earth中,也可生成三维的剖切视图。它与SketchUp的最大区别在于它是实体建模软件,而SketchUp则是以面为基础。

(2)以三维模型为核心的设计

这种策略使用的软件主要包括SketchUp,3ds Max,3ds Max Design,AutoCAD等,也包括以AutoCAD为平台开发的建筑设计软件TArch(天正)、AutoCAD Architecture等。上述软件都各有其优势,可根据它们的特点分阶段应用。

①SkechUp。其特色表现在侧重于方案生成的快捷性。SketchUp模型只涉及空间几何数据和纹理、色彩信息,在技术方面的约束较少,建筑师能较自由地围绕建筑空间、造型、材料及色彩、环境配置等这些最关心的主体进行研究和探索。当概念设计也采用SketchUp方法时,在方案发展阶段采用相同的工具可以更好地保持建筑师设计思维与表达的连贯性。另外,SketchUp还有多种方便灵活的观察方式,如剖视、透明观察、任意视点及漫游等,能对方案设计阶段中的建筑师创新设计思维形成有力的帮助和支持。这些特点与建筑师传统思维与表达习惯很接近。

SketchUp虽然能较好地支持方案阶段建筑师的创作过程,但从方案设计后续阶段的衔接与支持性来看却具其局限性:SketchUp在产生符合现代规范中所要求的方案设计二维图纸文件的能力并不强,需要通过AutoCAD补充绘制;SketchUp模型实体所记录的信息较单纯(只包括空间几何、纹理、色彩信息),因此它无法提供方案设计审批所要求的有关技术经济指标、投资估算等方面的统计数据,这些都只能依靠手工来补充完成。

②AutoCAD。包括以AutoCAD为平台的TArch(天正)、AutoCAD Architecture等软件。一直以来,AutoCAD主要应用在设计方案二维图纸文件的绘制上,特别是TArch,AutoCAD Architecture等建筑专业性的CAD软件,不仅能方便地绘制出符合专业规范要求的图纸,而且也能生成一定量的方案审批所需统计数据,也可作为SketchUp的补充。

③3ds Max,3ds Max Design。其特点主要体现对建筑方案设计所产生的视觉效果的逼真性表现方面,适合于建筑方案设计后期建筑效果图或动画的制作。

(3)以建筑信息模型为核心的设计

以BIM为核心的方法策略,适用于各类建筑设计项目,而对于建筑规模较大或复杂程度较高的设计项目,应以该策略为首选。基于BIM技术的软件有ArchiCAD,Bentley Architecture,Revit Architecture,Digital Project等。这种方法策略具有下述优点:

①设计就是建立信息化的三维模型。基于BIM技术的建筑设计软件系统所建立的三维模型包括空间几何、材料、构造、造价等全信息的虚拟建筑构件数据,模型是信息化的,所有构

件的有关数据都存放在统一的数据库中,且数据是互相关联的,实现了信息的集成。其设计成果所包含的信息能对后续设计过程乃至建筑工程全生命周期形成强有力的支持。建筑师使用这些构件创造建筑空间或形体时,与建造经济、技术等有关的因素自然而然地被一并考虑在内。

②建筑信息模型中的数据是互相关联的。所有的设计图纸、表格都由模型直接生成。因此,各种图纸文档仅仅作为设计的副产品而已。这样,建筑师画施工图的时间大大缩短,从而有更多的时间专注于他的核心业务,即构思设计。由于生成的各种图纸都是来源于同一个建筑模型,因此所有的图纸和图表都是相互关联变化、智能联动的。在任何图纸上对设计作出的任何更改,就等同于对模型的修改,都可以在其他图纸和图表上反映出来。例如,在立面图上修改了门的宽度,相关的平面图、剖视图、门窗表上这个门的宽度就同步变更。这就从根本上避免了不同视图之间出现的不一致现象。因此,应用 BIM 最大的好处之一就是提高设计效率,保障设计质量。

③提供可视化的设计环境,以及功能强大的三维设计功能。一项设计方案的确定往往需要经过多个建筑师、多个不同专业的设计人员共同努力,也往往因为沟通不足会造成设计方案的不协调问题。应用 BIM 技术后,应用可视化设计手段即可通过碰撞检测发现上述的设计不协调问题,设计人员之间通过可视化方式很方便进行沟通和协商,对发现不协调的地方和错误进行改正。

BIM 所提供的可视化设计环境的观察方式方便灵活。例如,可生成任意高度、位置的平面、剖面视图,任意方位的里面和轴测图,任意视点的色彩或现况透视图等。这些都可形成对方案设计阶段建筑师设计思维的有力支持。在可视化的设计环境下,设计人员还可对所设计的建筑模型在设计的各个阶段通过可视化分析对造型、体量、视觉效果等进行推敲,比起以往要到设计后期才用 3ds Max 建立模型要方便得多。

④支持各种建筑性能分析。建筑信息模型中的数据库包含了用于建筑性能分析的各种数据,为分析计算提供了便利的条件,只要将模型中的数据输入结构分析、造价分析、日照分析、节能分析等分析软件中,很快就可以得到相关的结果。以前这些分析都是在设计方案确定后进行的,而现在在 BIM 的支持下,则可在方案的构思过程中进行。这些分析结果将对设计方案的最终确定产生积极影响。

以 BIM 为核心的方案发展策略的优点还不仅仅限于上述这些,还在协同设计、支持建筑工程全生命周期等方面有着出色的表现。

(4)从三维模型到建筑信息模型的设计

现在能用于建模的软件有很多,常用的有 SketchUp 和 bonzai3d,较传统的有 3ds Max 和 FormZ,较新的有 Rhinoceros 和 Maya。它们的共同特点是造型能力比较强、适合做概念设计。而目前基于 BIM 技术的建筑设计软件还在不断发展完善之中,概念设计能力还不如前者。因此,在建筑方案设计阶段,有些建筑师认为较合理的方法是将一般三维模型和建筑信息模型结合起来,以发挥二者的综合优势。例如,当采用 SketchUp 模型完成的方案设计主题空间形态、空间序列关系以及建筑造型等方面的内容已较明确时,作为对后续过程的支持,以及尽量减少不必要的技术性操作,可适时终止更深入的 SketchUp 模型设计,而将已有的 SketchUp 模型传入 ArchiCAD、Bentley Architecture 或 Revit Architecture 中进一步深化。

12.1.3　基于 BIM 思想的部分软件简介

数字技术的飞速发展使得优秀的数字化三维设计软件不断涌现，广泛应用于模具设计、建筑及装潢、加工工业、城市建设及规划、家具制造等行业，不同行业有不同的软件，可根据工作的需要进行选择。比较流行的三维软件（如 Rhino（Rhinoceros 犀牛），SketchUp，Maya，3ds Max，Microstation，Lightwave 3D，Cinema 4D，PRO-E 等）在各大行业都备受青睐。随着 BIM 思想的发展与深入，基于 BIM 思想的三维设计软件逐渐在市场中占据了重要的地位。

BIM 核心建模软件通常称为称为"BIM Authoring Software"。目前市场主流的核心建模软件包含了 Autodesk，Bentley，Nemetschek Graphisoft，Gery Technology Dassault 在内的四大软件商旗下的十余款 BIM 设计软件。常用的 BIM 建模软件如图 12.1 所示。

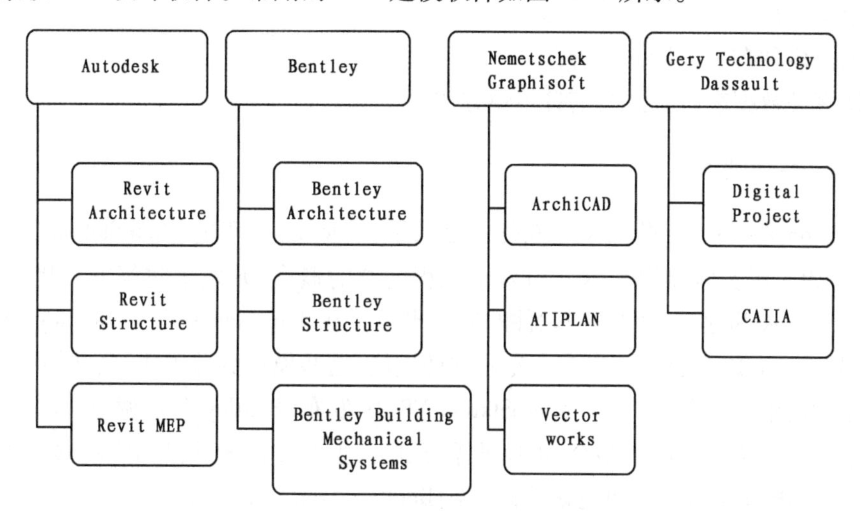

图 12.1　常用的 BIM 建模软件

根据图 12.1 所示，本节选取了在国内外具有一定市场影响及应用的部分 BIM 核心建模软件产品作一简介。

1）Autodesk-Revit **设计软件**

Autodesk Revit Architecture 的前身是美国 Revit Technology 公司开发的一个参数化的建筑设计软件 Revit。2002 年，Revit Technology 公司被 Autodesk 公司收购，Revit 成为 Autodesk 的系列产品之一。随着 Autodesk Revit 的不断发展，Autodesk 公司以 BLM-BIM 理论为指导开发工程软件，逐渐发展形成了从基本的建筑设计功能拓展到包括给排水、采暖、空调、电气设计在内的完整的、基于建筑信息模型的设计体系。这一体系包含了 Revit Architecture 建筑设计、Revit Structure 结构设计和 Revit MEP 水电暖通设计三大模块（见图 12.2），在该体系中各专业可以共享同一个建筑信息模型，从而实现不同专业信息的共享与交叉链接，为实现协同设计提供了一个良好的平台。

其中，Revit Architecture 建筑设计具有以下特点：

①以建筑构件为基本图元，构建完全集成化、信息化的建筑模型；

②参数化设计方法；

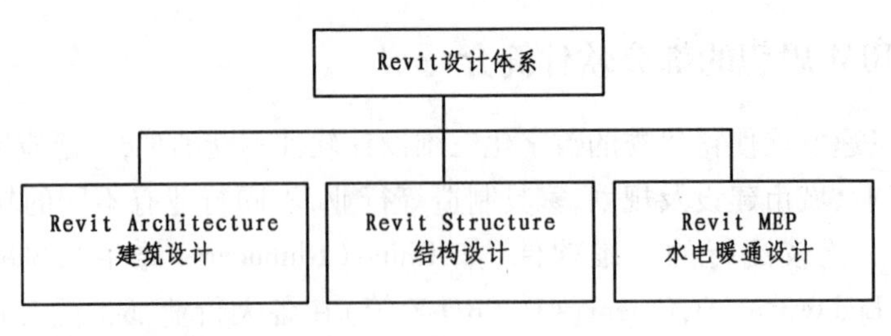

图 12.2　Revit 设计体系

③设计数据的关联变更、智能互动；
④基于同一个模型的协同设计；
⑤自定义族；
⑥可支持多种有关设计的分析；
⑦支持多种数据表达方式与信息传输方式。

2) Bentley 系列软件

MicroStation 是 Bentley 公司系列软件的公共平台，从 1998 年的 MicroStation/J 开始，Bentley 公司就开始应用实体建模技术并引入了工程配置的概念，开发了建筑工程扩展应用模块 TriForma，之后发展为建筑工程系列软件的应用平台。在 TriForma 平台上 Bentley 公司开发了 Bentley Architecture 以及建筑工程多个专业软件模块，这些模块涵盖了建筑、结构、设备、电气、管道多方面的需求。随着 2008 年 MicroStation V8i 的发布，Bentley 公司调整了其系列产品的体系和构架。为了进行产品的整合，加速数据互通互用，将中间模块的内容转移到相应的软件中，这样原来 TriForma 的一些功能就被转移到 Bentley Architecture 中。

随着建筑信息模型技术的深入发展，Bentley Architecture 已经成为 Bentley BIM 应用程序集成套件的一部分，可针对建筑的整个生命周期提供设计、工程管理、分析、施工与运营之间的无缝集成。该软件可在一个管理环境中为跨领域的团队在全球范围内提供支持，使之能够进行一体化建造，适用于规模庞大且极为复杂的建筑工程项目。

运行在 MicroStation 平台上的 Bentley Architecture 具有下述功能和特点：
①基于建筑信息模型的设计软件；
②简单易用，可创建几乎任何形式的设计；
③实时的可视化操作与表达；
④缩短施工文档的制作时间；
⑤与建筑工程、分析和设施管理等应用程序之间良好的互操作性。

此外，Bentley Architecture 在与管理环境集成、预测性能、数量和成本等方面都有很强的功能。

3) GraphiSoft-ArchiCAD

GraphiSoft 是全球建筑设计三维一体化软件解决方案的提供者，倡导虚拟建筑模型（3D-Virtual Building）设计理念，将此理念贯穿于产品设计的始终。ArchiCAD 是 GraphiSoft 公司的旗舰产品。基于全三维的模型设计，拥有强大的剖/立面、设计图档、参数计算等自动生成功能，以及便捷的方案演示和图形渲染，为建筑师提供了一个“所见即所得”的图形设计工具。ArchiCAD 内置的 PlotMaker 图档编辑软件使得出图过程与图档管理的自动化水平大大提高，而智能化的工具也保证了每个细微的修改在整个图册中相关图档的自动更新，大大节省了传统设计软件大量的绘图与图纸编辑时间，使建筑师能够有更多的时间和精力专注于设计本身，创造出更多的设计精品。

ArchiCAD 具有完善的团队协作功能，为多组织、多成员协同设计提供了高效的工具，创建的三维模型，通过 IFC 标准平台的信息交互，为后续的结构、暖通、施工等专业，以及建筑力学、物理分析等提供了强大的基础模型，为多专业协同设计提供了有效的保障。

ArchiCAD 除具有 BIM 软件的特征外还有以下的一些特点：

①设计早期介入节能分析；

②照片级的虚拟场景模拟；

③管网与建筑设计的协调；

④其他丰富的插件和支持软件；

⑤内建的参数化程序设计语言 GDL；

⑥协同工作；

⑦性能优化。

4) Dassault-Digital Project

1992 年，Dassault 公司选用 CATIA 机械设计制造软件作为整合从建筑设计到施工全过程的三维数字化工具，采用 CATIA 作为建筑形式深化、数据整合、协作的标准软件。开发出的 Digital Project 软件是建立在功能强大的 CATIA 软件基础之上，具有大规模数据管理能力，可进行建筑创作，多专业协同设计，施工管理，支持复杂的几何形式建模，并且具有强大的参数化和自动化功能。为复杂的建筑形式的建造和基础设施项目提供了解决方案。

Digital Project 具备强大的曲面和实体几何建模能力；能够进行准确的数字取样和检测，包括模型管理、三维批注和对造型进行实时逼真的可视化模拟。在参数化几何建模方面，Digital Project 的功能也非常强大，能根据各种参数和需求模式进行建模；可以设置各种不同约束的参数；可以基于建造进行参数化建模；可以在 API 接口之上进行开发。Digital Project 能够进行建筑构件功能化建模，能轻松查阅建筑构件属性。在项目管理上，Digital Project 能够简便地收集项目管理数据，并且建立标准数据集，生成数据表和 Excel 表；能够进行成本和数量提取，4D 模拟，并且具备与项目管理软件 Primavera 和 MS Project 的交互功能。Digital Project 在图纸生成上也具有很大的优势，能够从三维模型自动提取二维图纸，并且在团队协作中能够进行交互式图纸生成。Digital Project 模型能够很方便地转换为 DWG，DXF，IFC，CIS/2，SDNF，IGES，STEP 等格式，这使得它具有很好的兼容性。

12.1.4 建筑信息模型发展趋势

BIM 的发展趋势众说纷纭，但追根溯源，Chuck Eastman 等人在 2011 年出版的《BIM Handbook》第二版中以美国的 BIM 研究和实践为基础，对 BIM 发展的未来按过程趋势（Process

Trends)和技术趋势(Technology Trends)分类作了预测。

1)过程趋势

①业主要求使用 BIM 并且修改合同条款使 BIM 应用成为可能;
②新的技能和新的职责在不断产生;
③市场调研表明,在所有的调查对象中,深度使用 BIM 的用户比例增长在 10%以上;
④施工阶段的成功实施导致总承包商在全公司范围内使用;
⑤集成项目建设方法的利益正在受到广泛论证和深度实践;
⑥对标准的努力保持高涨;
⑦客户对绿色建筑的要求持续增长;
⑧BIM 和 4D CAD 软件已成为大型建设现场办公室的常规工具。

2)技术趋势

①使用 BIM 模型进行规范一致性和可施工性自动检查正在成为可能;
②主流 BIM 平台厂商正在增加功能、集成设计评定能力、提供更丰富的平台供大家使用;
③BIM 的厂商们正在日益扩展他们的范围,同时提供不同专业的专业软件;
④建筑产品制造商开始提供参数化 3D 产品目录;
⑤具有施工管理功能的 BIM 工具日益增多;
⑥BIM 正在促进日益复杂的建筑部件在工厂预制生产和全球化采购。

12.2 Autodesk Revit MEP 软件介绍

Revit 是 Autodesk 公司一套系列软件的名称。Autodesk Revit 作为一种应用程序提供,它结合了 Autodesk Revit Architecture,Autodesk Revit MEP,Autodesk Revit Structure 三大软件的功能。Revit 系列软件是专为建筑信息模型(BIM)构建的,可以帮助建筑设计师设计、建造和维护质量更好、能效更高的建筑。本节主要介绍的 Revit MEP 是水电暖通设计软件。

12.2.1 概述

Autodesk Revit MEP 是美国 Autodesk 公司的 Revit 系列产品之一,随着 Autodesk Revit 的不断发展,依托 Autodesk 公司以 BLM-BIM 理论为指导开发工程软件的思想,逐渐发展形成了包括建筑、结构、给排水、采暖、空调、电气设计在内的完整的、基于建筑信息模型的设计体系。这一体系包含了 Revit Architecture,Revit Structure 和 Revit MEP 三大模块,在该体系中各专业可以共享同一个建筑信息模型,从而实现不同专业信息的共享与交叉链接,为实现协同设计提供了一个良好的平台。

Revit MEP 软件是一款智能的设计和建模工具,可以创建面向建筑设备及管道工程的建筑信息模型。使用 Revit MEP 软件进行水暖电专业设计和建模,主要具有以下几点优势:

1) Revit MEP 能够按照工程师的思维模式进行工作,开展智能设计

借助对真实世界进行准确建模的软件,实现智能、直观的设计流程。Revit MEP 采用整体设计理念,从整座建筑物的角度来处理信息,将给排水、暖通和电气系统与建筑模型关联起来,为工程师提供更好的决策参考和建筑性能分析。借助它,工程师可以优化建筑水暖电系统的设计,进行更好地建筑性能分析,充分发挥 BIM 的竞争优势,促进可持续性设计。同时,利用 Revit 与建筑师和其他工程师协同,还可即时获得来自建筑信息模型的设计反馈。实现数据驱动设计所带来的巨大优势,轻松跟踪项目的实施范围、进度和工程量统计。

2) 借助参数化变更管理,提高协调一致

利用 Revit MEP 软件完成建筑信息模型,最大限度地提高基于 Revit 的建筑工程设计和制图的效率。它能最大限度地减少相关专业设计团队之间以及与建筑师和结构工程师之间的协作。通过实时的可视化功能,改善客户沟通并更快作出决策。通过使用由 Revit Architecture 软件或 Revit Structure 软件产品开发的建筑模型,实现协同合作。

3) 改善沟通,提升业绩

Revit MEP 还能创建逼真的建筑设备及管道系统示意图,改善与客户的设计意图的沟通。通过使用建筑信息模型,自动交换工程设计数据,从中受益。能及早发现错误,避免让错误进入现场并造成代价高昂的现场设计返工。借助全面的建筑设备及管道工程设计方案,最大限度地简化了应用软件管理。

12.2.2 基本术语

Revit 系列软件中用来标识对象的大多数术语都是业界通用的标准术语,对于多数工程师而言都是比较熟悉的。但是,还有一些术语对于 Revit 来讲是唯一的,了解这些术语对于了解相关软件非常重要。

1) 项目

在 Revit 中,项目是单个设计信息数据库—建筑信息模型。项目文件包含了建筑的所有设计信息(从几何图形到构造数据)。这些信息包括用于设计模型的构件、项目视图和设计图纸。通过使用单个项目文件,Revit 不仅可以令设计者轻松地修改设计,还可使修改反映在所有关联区域(平面视图、立面视图、剖面视图、明细表等)中,仅需跟踪一个文件,同样也方便了项目的管理。

2) 标高

标高是无限水平平面,用作屋顶、楼板和天花板等以层为主体的图元的参照。标高大多用于定义建筑内的垂直高度或楼层。设计中可为每个已知楼层或建筑的其他必需参照(如第二层、墙顶或基础底端)创建标高,标高必须设置于剖面或立面视图中。

3)图元

在创建项目时,可以向设计中添加 Revit 参数化建筑图元。在项目中,Revit 使用 3 种类型的图元,如图 12.3 所示。

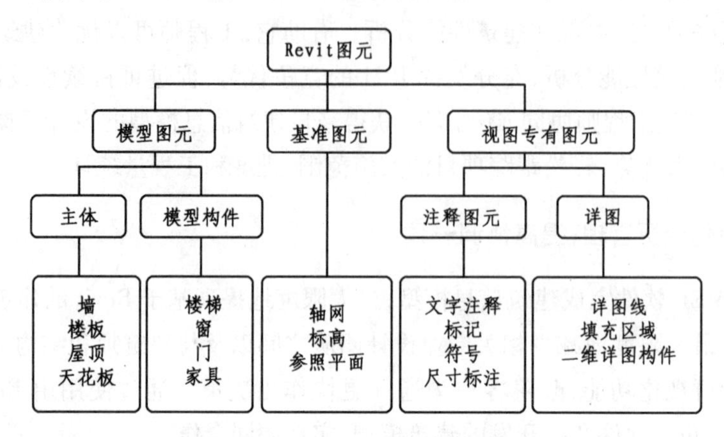

图 12.3 Revit 参数化建筑图元

(1)模型图元

表示建筑的实际三维几何图形。它们显示在模型的相关视图中。例如,Revit MEP 中的水槽、锅炉、风管、喷水装置和配电盘;Revit Architecture 中的门、窗、墙和屋顶;Revit Structure 中的结构墙、楼板坡道和屋顶等均是模型图元。

(2)基准图元

可帮助定义项目上下文。例如,轴网、标高和参照平面都是基准图元。

(3)视图专有图元

只显示在放置这些图元的视图中。它们可以帮助对模型进行描述或归档。例如,尺寸标注、标记和二维详图构件都是视图专有图元。

模型图元具有以下两种类型:

①主体(或主体图元)通常在构造场地在位构建。例如,墙、天花板和屋顶是主体。

②模型构件是建筑模型中其他所有类型的图元。例如,MEP 中的水槽、锅炉、风管、喷水装置和配电盘,Architecture 中的门、窗和橱柜,Structure 中的梁、结构柱和三维钢筋等均是模型构件。

视图专有图元具有以下两种类型:

①注释图元是对模型进行归档并在图纸上保持比例的二维构件。例如,尺寸标注、标记和注释记号都是注释图元。

②详图是在特定视图中提供有关建筑模型详细信息的二维项。示例包括详图线、填充区域和二维详图构件。

这些内容的实现提供了灵活性的设计方式。Revit 图元设计可以由使用者直接创建和修改,无须进行编程。在 Revit 中,在绘图时可以定义新的参数化图元,图元通常根据其在建筑中的上下文来确定自己的行为。上下文是由构件的绘制方式,以及该构件与其他构件之间建立的约束关系确定。通常,要建立这些关系无须执行任何操作,执行的设计操作和绘制方式已隐含了这些关系。在其他情况下，可以显示控制这些关系，例如，通过锁定尺寸标注或对齐两面墙。

在Revit中，放置在图纸中的每个图元都是某个族类型的一个实例。图元有两组用来控制其外观和行为的属性，即类型属性和实例属性。

①类型属性。同一组类型属性由一个族中的所有图元共用，而且特定族类型的所有实例的每个属性都具有相同的值。例如，属于“桌”族的所有图元都具有“宽度”属性，但是该属性的值，因族类型而异。修改类型属性的值会影响该族类型当前和将来的所有实例。

②实例属性。一组共用的实例属性还适用于属于特定族类型的所有图元，但是这些属性的值可能会因图元在建筑或项目中的位置而异。例如，窗的尺寸标注是类型属性，但其在标高处的高程则是实例属性。同样，梁的横剖面尺寸标注是类型属性，而梁的长度是实例属性。

修改实例属性的值将只影响选择集内的图元或者将要放置的图元。例如，如果你选择一个梁，并且在“属性”选项板上修改它的某个实例属性值，则只有该梁受到影响。如果你选择一个用于放置梁的工具，并且修改该梁的某个实例属性值，则新值将应用于用该工具放置的所有梁。

4)类别

类别是一组用于对建筑设计进行建模或记录的图元。例如，模型图元的类别包括机械设备和风道末端。注释图元类别包括标记和文字注释。

5)族

族是某一类别中图元的类。族根据参数(属性)集的共用、使用上的相同及图形表示的相似来对图元进行分组。一个族中不同图元的部分或全部属性可能有不同的值，但是属性的设置(其名称与含义)是相同的。例如，将照明设备视为一个族，虽然构成该族的灯具等会有不同的尺寸和材质，但它们却是在同一个族中。

Revit中包含有以下3种族：

(1)可载入族

可以载入项目中的族，根据族样板来创建，确定族的属性设置和族的图形化表示方法。

(2)系统族

系统族包括如风管、水管和电气导线等系统，它们不能作为单个文件载入或创建。Revit预定义了系统族的属性设置及图形表示，可以在项目内使用预定义类型生成属于此族的新类型。例如，当墙的属性及图形已在系统中被预定义，但仍可使用不同组合创建其他类型的墙，系统族可以在项目之间传递。

(3)内建族

内建族用于定义在项目的上下文中创建的自定义图元。如果项目不需要重用的独特几何图形或者项目需要的几何图形必须与其他项目几何图形保持关系，则需要创建内建图元。

由于内建图元在项目中的使用受到限制，因此每个内建族都只包含一种类型。可以在项目中创建多个内建族，并且可以将同一内建图元的多个副本放置在项目中。与系统和标准构件族不同的是不能通过复制内建族类型来创建多种类型。

6)类型

每一个族都可以拥有多个类型。类型可以是族的特定尺寸,例如,矩形变径管法兰角度为60°。类型也可以是样式,例如,尺寸标注的默认对齐样式或默认角度样式。

7)实例

实例是放置在项目中的实际项(单个图元),它们在建筑(模型实例)或图纸(注释实例)中都有特定的位置。

12.2.3 用户界面及基本工具

目前,Revit MEP 2013 的界面已有了较大的变化,达到更好的支持用户的工作方式。例如,功能区有 3 种显示设置,用户可以自由选择;还可以同时显示若干个项目视图,或者按照层次放置视图,且仅看到最上面的视图,如图 12.4 所示。

图 12.4 Revit MEP 2013 的界面

1)快速访问工具栏

单击快速访问工具栏后的下拉按钮▾,将弹出下拉菜单,可以控制快速访问工具栏中按钮的显示。若要向快速访问工具栏中添加功能区的按钮,在功能区的按钮上单击鼠标右键,在弹出的快捷菜单中选择"添加到快速访问工具栏"命令,功能区按钮将会添加到快速访问工具栏中默认命令右侧,如图 12.5 所示。

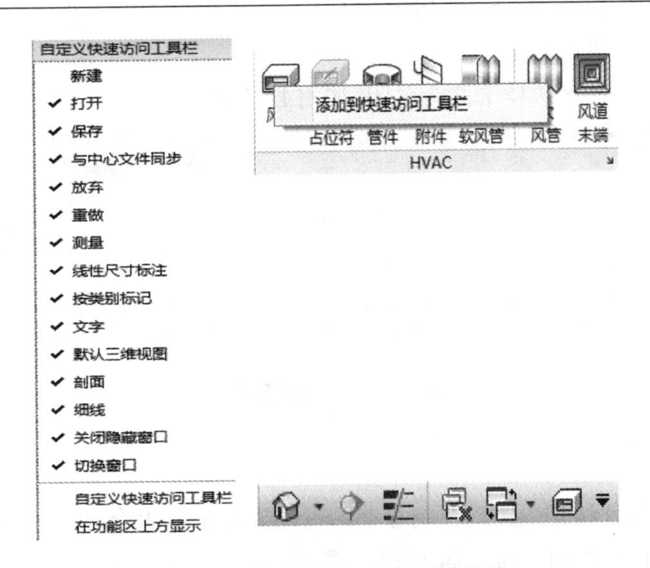

图12.5 快速访问工具栏下拉菜单

2)功能区3种类型的按钮

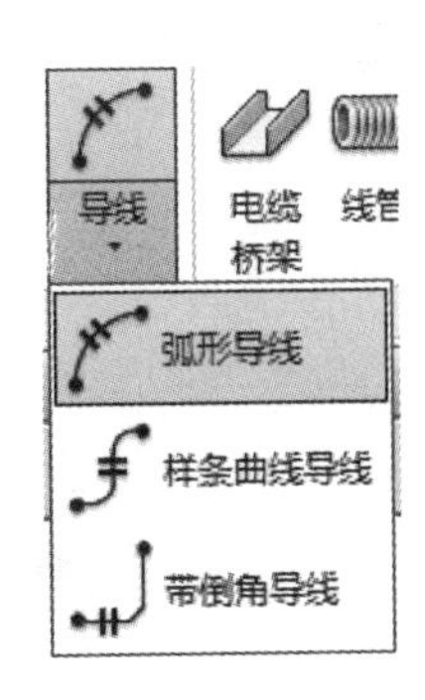

图12.6 工具选项按钮

①普通按钮:如风管按钮,单击可调用工具。

②下拉按钮:如机械按钮,单击小箭头用来显示相应设置的对话框。

③分割按钮:调用常用的工具或显示包含附加相关工具的菜单。

需要注意的是,如果看到按钮上有一条线将按钮分割为两个区域,通常单击上部(或左侧)可以访问最常用的工具。单击另一侧可显示相关工具的列表,如图12.6所示。

3)功能区选项卡

激活某些工具或者选择图元时,会自动增加并切换到一个“上下文功能区选项卡”,其中包含一组只与该工具或图元相关的上下文工具,如图12.7所示。

例如,单击“风管”工具时,将显示“修改|放置 风管”上下文选项卡,其中会显示以下10个选项面板:

①选择:包含“修改”工具。

②属性:包含“类型属性”和“图元属性”。

③剪切板:包含“从剪切板中粘贴”“剪切到剪贴板”“复制到剪贴板”和“匹配类型属性”。

④几何图形:包含绘制平面上几何图形的修改选项。

⑤修改:包含放置风管所必需的绘图工具。

⑥视图:包含在视图中隐藏、替换视图中的图形和线处理工具。

⑦测量:包含测量尺寸和标注工具。

⑧创建:包含创建零部件和创建组等选项。

⑨放置工具:包含对正和自动连接工具等选项。

⑩标记:在放置时进行标记。

退出该工具时,功能区选项卡即会关闭,如图 12.7 所示。

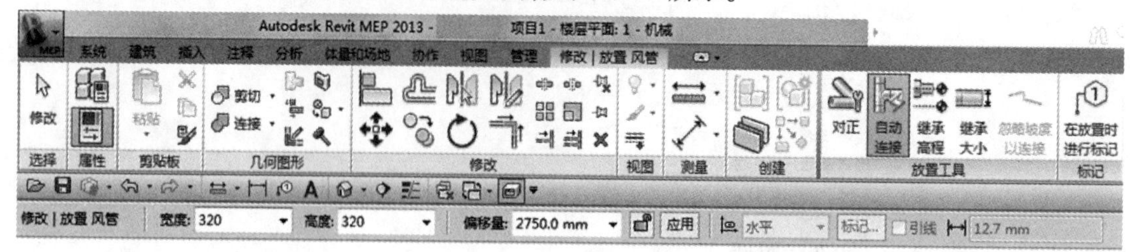

图 12.7　功能区选项卡

4)全导航控制盘

将查看对象控制盘和巡视建筑控制盘上的三维导航工具组合到一起,用户可以查看各个对象及围绕模型进行漫游和导航。如图 12.8 所示。

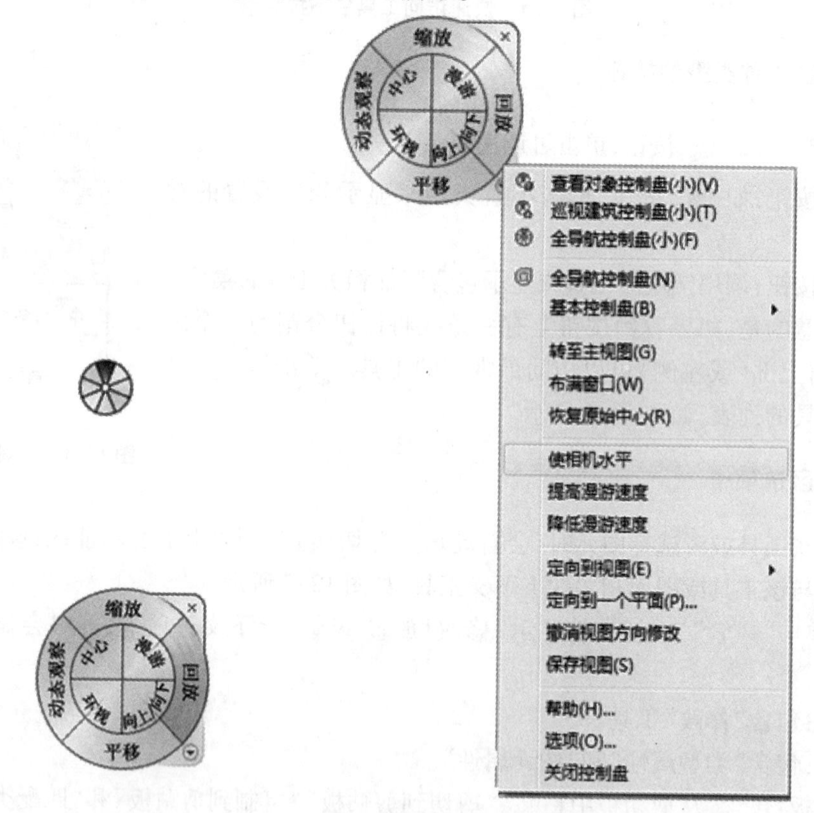

图 12.8　查看三维对象全导航控制盘

(1)切换到全导航控制盘

使用操作时,可通过单击“视图”选项卡“用户界面”面板中的“导航栏”命令,在绘图区域右侧会出现导航栏,单击导航栏上半部的分割按钮调用出“全导航控制盘”,也可在已有的控制盘上单击鼠标右键,在弹出的快捷菜单中选择“全导航控制盘”命令。

(2)切换到全导航控制盘(小)

在控制盘上单击鼠标右键,在弹出的快捷菜单中选择“全导航控制盘(小)”命令。

使用操作时,可通过全导航控制盘查看对象,也可通过按住鼠标中键进行平移,滚动鼠标滚轮进行放大和缩小,同时按住“Shift”键和鼠标中键对模型进行动态观察等快捷操作。

5)ViewCube

ViewCube 是一个三维导航工具,可指示模型的当前方向,并让你调整视点,如图 12.9 所示。

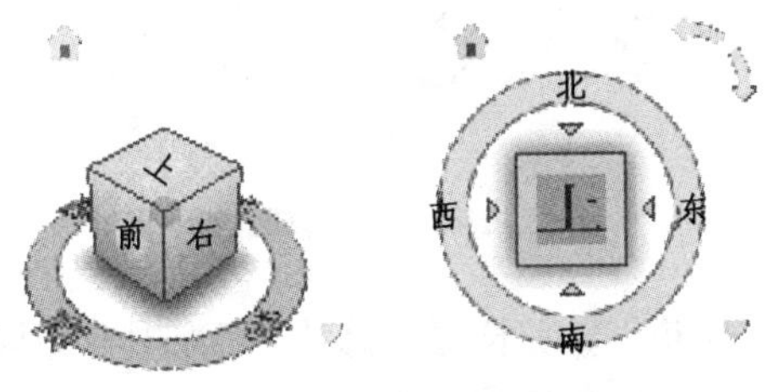

图 12.9　三维导航工具

主视图是随模型一同存储的特殊视图,无论视图处于什么方位,只要单击 ViewCube 左上角的小房屋图标,就可以方便地返回已知或熟悉的主视图,你可以将模型的任何视图定义为主视图。在 ViewCube 上单击鼠标右键,在弹出的快捷菜单中选择“将当前视图设定为主视图”命令。

6)视图控制栏

位于 Revit 窗口底部的状态栏上方,如图 12.10 所示。

1 : 100

图 12.10　视图控制栏

通过它可以快速访问影响绘图区域的功能,视图控制栏工具从左向右依次是:

①比例尺。

②详细程度:单击可选择粗略、中等和精细视图。

③视觉样式:单击可选择线框、隐藏线、着色、一致的颜色和真实 5 种模式以及图形显示选项和光线追踪。

④打开/关闭日光路径。

⑤打开/关闭阴影。

⑥显示/隐藏渲染对话框,仅当绘图区域显示三维视图时才可使用。

⑦打开/关闭裁剪视图。

⑧显示/隐藏裁剪区域。

⑨解锁/锁定三维视图,仅当绘图区域显示三维视图时才可使用。

⑩临时隐藏/隔离。

⑪显示隐藏的图元。

7）基本工具应用

(1)图元的编辑工具

图元编辑命令适用于整个绘图过程中，如对齐、移动、偏移、复制、镜像、旋转、修剪、拆分、阵列、缩放等编辑命令，如图 12.11 所示，下面主要通过管道的编辑来详细介绍。

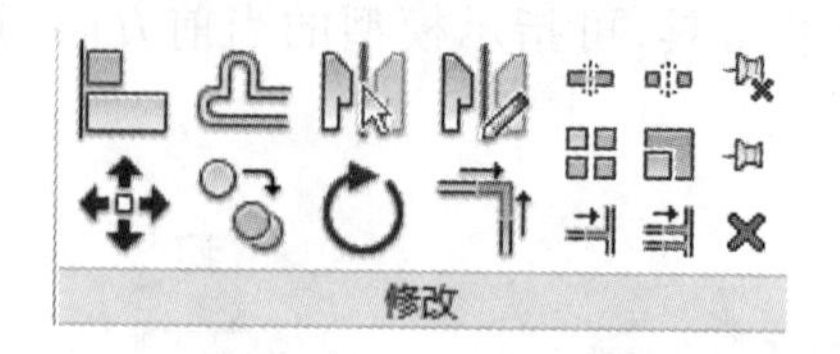

图 12.11　图元编辑工具

管道的编辑：单击“修改|管道”选项卡，在“修改”面板中各图标的编辑命令如下。

①对齐：将一个或多个图元与选定图元对齐。

②移动：用于将选定的图元移动到当前视图中指定的位置。单击“移动”按钮，选项栏如图 12.12 所示，其中约束选项：限制管道只能在水平和垂直方向移动；分开选项：选择分开，管道与其相关的构件不同时移动。

图 12.12　移动命令选项栏

③偏移：将选定的图元复制或移动到其长度的垂直方向上的指定距离处。

④复制：用于复制选定图元并将它们放置在当前视图指定的位置。在其选定栏中勾选“约束”复选框，限制管道只能在水平和垂直方向进行复制，勾选“多个”复选框，拾取复制的参考点和目标点，可连续复制多个管道到新的位置。

⑤旋转：拖曳“中心点”可改变旋转的中心位置。鼠标拾取旋转参照位置和目标位置，旋转管道。也可在选项栏设置旋转角度值后回车旋转管道。需要注意的是，当勾选“复制”复选框后，会在旋转的同时复制一个新的管道的副本，原管道保留在原位置。

⑥阵列：选择“阵列”在选项栏中进行相应设置，“成组并关联”的选项的使用，输入阵列的数量，选择“移动到”选项，在视图中拾取参考点和目标点位置，两者间距将作为第一个管道和第二个或最后一个管道的间距值，自动阵列管道，如图 12.13 所示。

修改 | 管道　激活尺寸标注　☑成组并关联　项目数: 2　移动到: ◉第二个 ○最后一个　□约束

图 12.13　阵列命令选项栏

⑦缩放：缩放工具适用于线、墙、图像、DWG 和 DXF 导入、参照平面及尺寸标注的位置。选择图元，单击“缩放”工具，在选项栏选择缩放方式：“图形方式”单击整道墙体的起点、终点，以此来作为缩放的参照距离，再单击图元新的起点、终点，确认缩放后的大小距离；“数值方式”直接缩放比例数值，回车确认即可。管道不可以缩放。

⑧镜像:包括“镜像-拾取轴”和“镜像-绘制轴”两个命令。在“修改”面板中单击“镜像-拾取轴”命令,可通过拾取现有的轴镜像图元;单击“镜像-绘制轴”命令,可根据需要绘制新的轴线来镜像图元。

⑨修剪:包括“修剪/延伸为角”“修剪/延伸单个图元”“修剪/延伸多个图元”命令。单击“修剪/延伸为角”命令,可点击两面不平行的管道,从而使管道延长相交形成角。单击“修剪/延伸单个图元”和“修剪/延伸多个图元”命令,先选择用作边界的参照,然后选择修剪的图元并单击要保留的图元部分。

(2)窗口管理工具

窗口管理工具包含切换窗口、关闭隐藏对象、复制、层叠、平铺和用户界面,如图12.14所示。

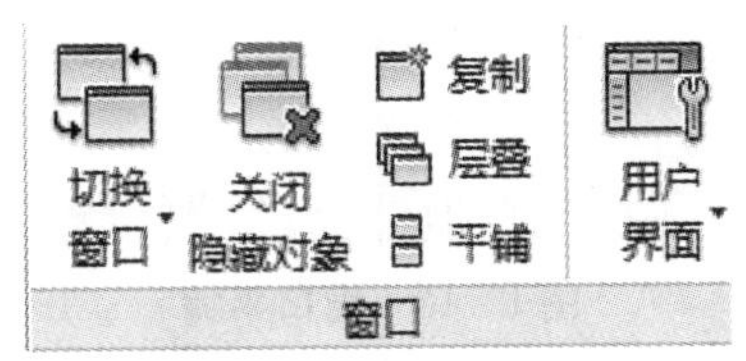

图12.14　选项栏

⑩切换窗口:绘图时打开多个窗口,通过“窗口”面板中的“切换窗口”选择绘图所需窗口;也可按“Ctrl + Tab”组合键进行切换。

⑪关闭隐藏对象:关闭没有在当前绘图区域上使用的窗口。

⑫复制:单击此按钮复制当前窗口。

⑬层叠:单击此按钮使当前打开的所有窗口层叠地出现在绘图区域,如图12.15所示。

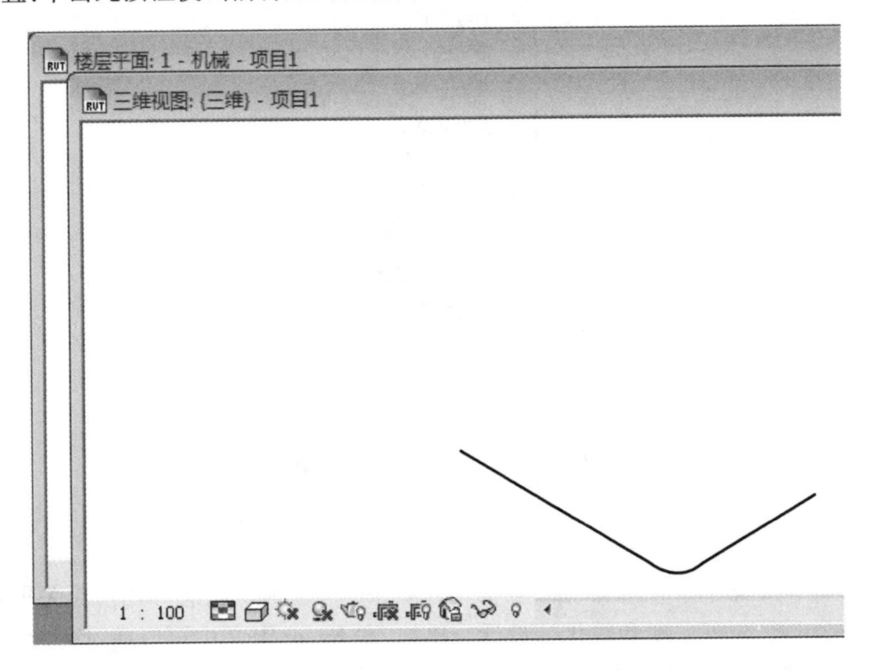

图12.15　窗口层叠

⑭平铺:单击此按钮使当前打开的所有窗口平铺在绘图区域,如图 12.16 所示。

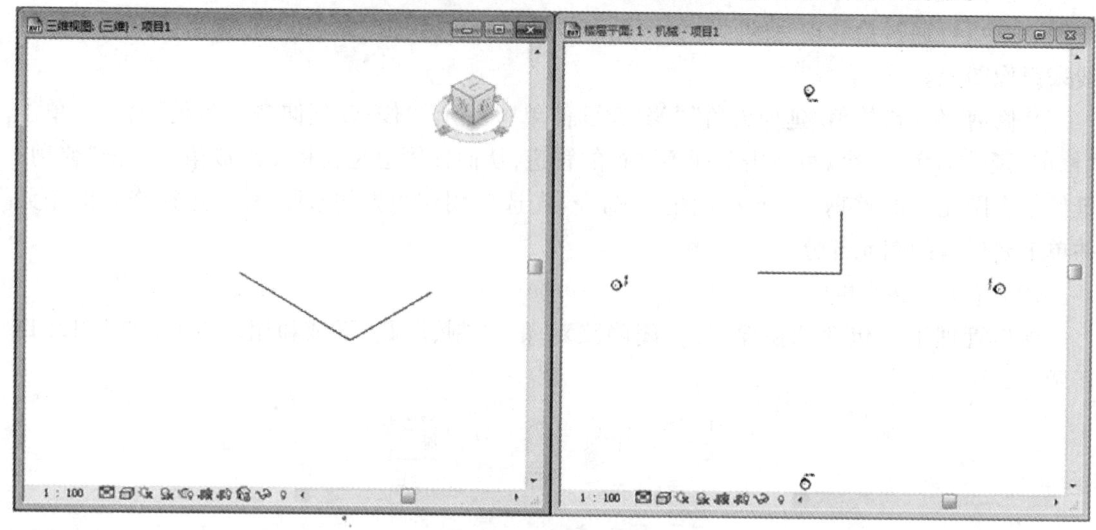

图 12.16　窗口平铺

⑮用户界面:单击此按钮,在弹出的下拉菜单中控制 ViewCube、导航栏、系统浏览器、项目浏览器、属性、状态栏和最近使用的文件等各按钮的显示与否,如图 12.17 所示。“浏览器组织”控制浏览器中的组织分类和显示种类。单击“快捷键”栏将显示软件操作的快捷键汇总。

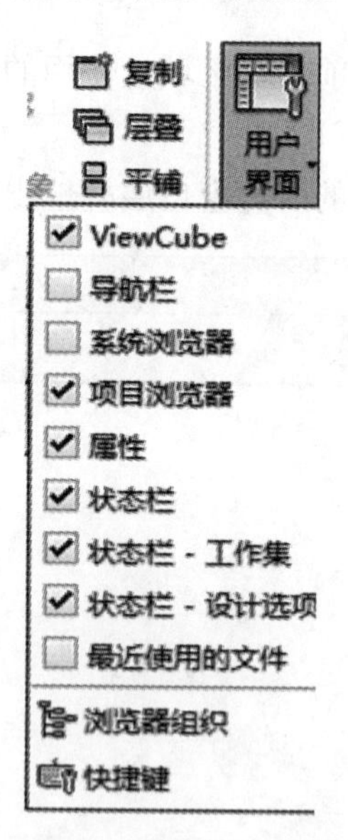

图 12.17　用户界面下拉菜单

12.2.4　族

族是 Revit MEP 软件中一个非常重要的构成要素。掌握族的概念和用法至关重要。正是因为族概念的引入,才可实现参数化的设计。比如,在 Revit MEP 中可以通过修改参数,从而实现修改管件族及设备族的宽度、高度等。也正是因为族的开放性和灵活性,使我们在设计时可以自由定制符合设计需求的注释符号和水暖电构件族等。从而满足了公用设备工程师和电气工程师应用Revit MEP软件的本地化标准定制的需求。

1)族的概念

所有添加到Revit MEP项目中的图元(从用于构成建筑模型的窗和门以及公用设备族、管件族、电气族到用于记录该模型的详图索引、装置、标记和详图构件)都是使用族创建的。

通过使用预定义的族和在Revit MEP中创建新族,可将标准图元和自定义图元添加到建筑模型中。通过族还可对用法和行为类似的图元进行级别的控制,以便轻松地修改设计和更高效地管理项目。

族是一个包含通用属性(称为参数)集和相关图形表示的图元组。属于一个族的不同图元的部分或全部参数可能有不同的值,但是参数(其名称与含义)的集合是相同的。族中的这些变体称为族类型或类型。

例如,风管管件族包含可用于创建不同管件(如三通、四通、弯头、变径)的族和族类型。尽管这些族具有不同的用途,但它们的用法却是相关的。族中的每一类型都具有相关的图形表示和一组相同的参数,称为族类型参数。

2)族的分类

系统族包含基本MEP图元,如风管、水管、电气设备及其他要在施工场地使用的图元。

标准构件族用于创建水暖电构件和一些注释图元的族。如三通、弯头和一些常规自定义的注释图元,如符号和标题栏等。它们具有高度可自定义的特征,可重复利用。

3)族编辑器

创建族时要仔细考虑几何图形以及族编辑器的设置对族的影响。不仅要了解专用于特定的机械、电气或卫浴构件的设置,还要了解构件之间的交互对整体设计的影响。

使用族编辑器时,可通过多种方法创建族,如修改现有构件和创建新构件,修改构件要比创建新构件容易。如果可以找到与所需族相似的构件,可以在族编辑器中将其打开,根据需要进行修改,然后将其载入项目中。如果正在创建的族与现有族非常相似,可以在现有族中创建多个类型,无须创建新族。

创建族的过程决定了几何参数的修改将如何调整部件。虽然修改现有族可能更容易一些,但不是在所有情况下创建一个含有各种类型的族就能解决问题,有时必须创建新族。

4)制作族的流程

①在制作族时,首先要选择族样板文件,由于在制作族时可能会用到不同的族样板文件,所以只有选择合适的族样板文件才能将做好的族正确运用到项目中。

②运用实心或空心的拉伸、融合、旋转、放样、放样融合绘制族。

③对画好的轮廓进行尺寸标注,对有需要的地方添加参数,方便以后可调参数的控制。

④在“族类型”对话框中通过公式将一些参数联系起来,对族起到一定的限制作用。

⑤设置族类别跟族参数。

⑥载入项目中测试。

族的具体制作及使用方法可参考相关的族编辑制作教程。

5)制作族过程中的注意事项

①选好族样板文件后隐藏参照标高,再进入立面的前视图将底参照平面锁定,这样能避免以后给轮廓添加参数时发生错误。

②添加参照平面时不要在一个平面内添加两个参照平面,这样会在参照平面锁定关系中出现限制条件。

③设置族类型时一定要选对类型,方便以后应用到项目中。

④给绘制好的族添加连接件,连接件分为管道连接件、风管连接件、电气连接件,添加好之后在连接件的"实例属性"对话框中将设置好的各项参数与之相对应。

6)族在项目中的应用

(1)风管管件族的应用

在项目绘制中,根据需要添加风管管件,但是有时需要修改一些参数让其符合项目中的需求,以"矩形 Y 形三通-弧形-法兰"为例讲解风管管件族在项目中的应用。

①载入族。当项目需要添加一些风管管件时,首先需要载入这个族到项目中,单击"系统"选项卡下"HVAC"面板中的"风管管件",在"修改|放置 风管管件"选项卡中单击"载入族"按钮。选择需要的管件族,将其载入项目中。此时,会自动切换到载入的族添加管件,如图 12.18 和图 12.19 所示。

载入族 内建模型 模式

图 12.18 "载入族"按钮

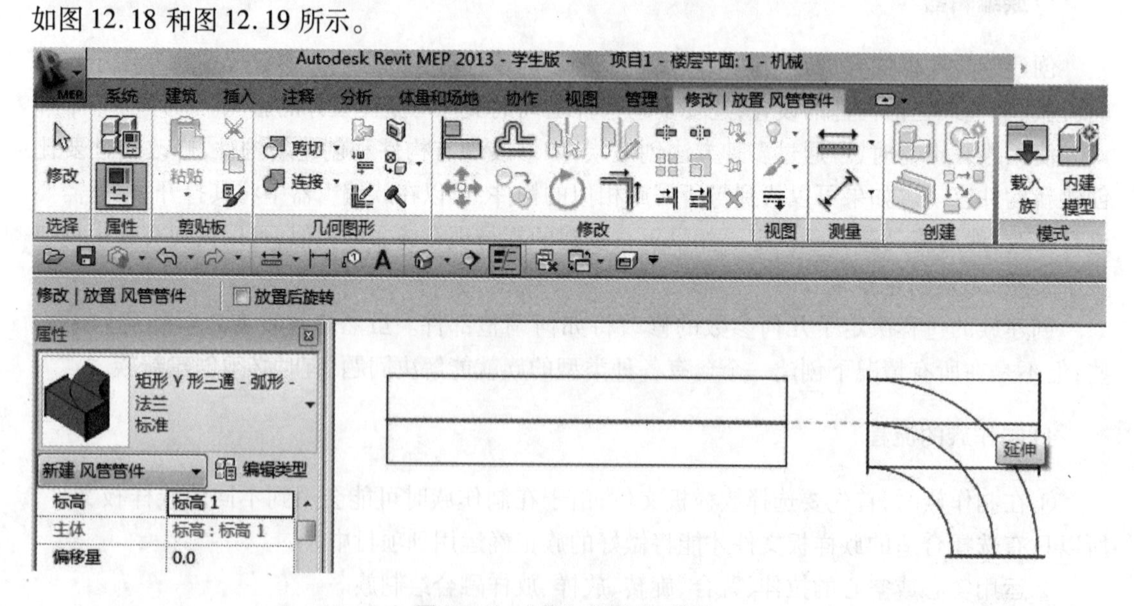

图 12.19 "载入族"添加管件

②修改三通。将三通接在主风管之后选择三通,在另外两个管口会出现蓝色和灰色的数字。蓝色的是可以修改的,灰色的是不能修改的,如图 12.20 所示图右侧数据为蓝色。

单击蓝色数字,它表示的是风管的“宽度×高度”,可以修改其宽度与高度值,如图12.21所示。

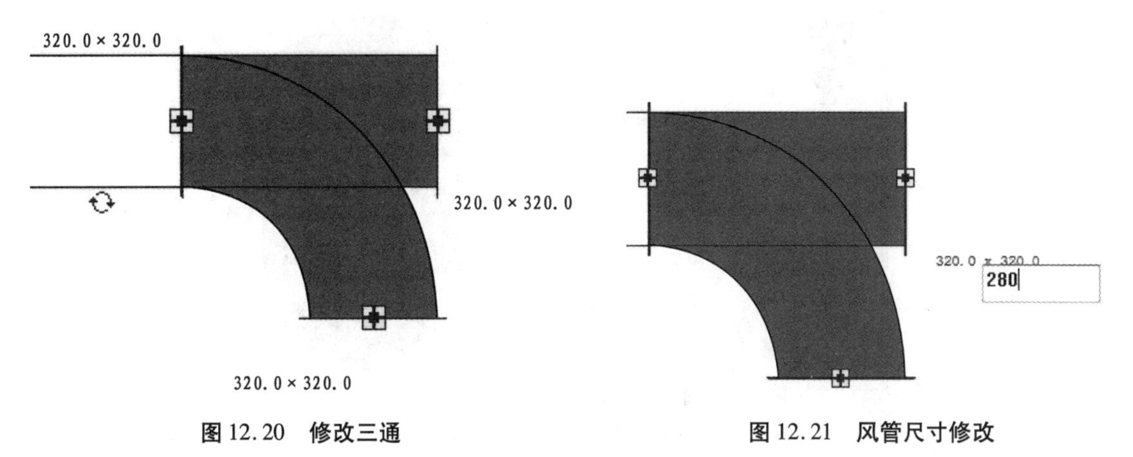

图12.20 修改三通　　　　图12.21 风管尺寸修改

③绘制风管。修改成适合的风管宽度以后绘制风管,但是在支管处会因工程的需要使它的弧度有差异,这样就需要修改族的“属性”。选择三通,单击“属性”按钮,修改“属性”对话框中的管件参数,修改成合适弧度之后绘制支管,完成添加三通的绘制,如图12.22所示。

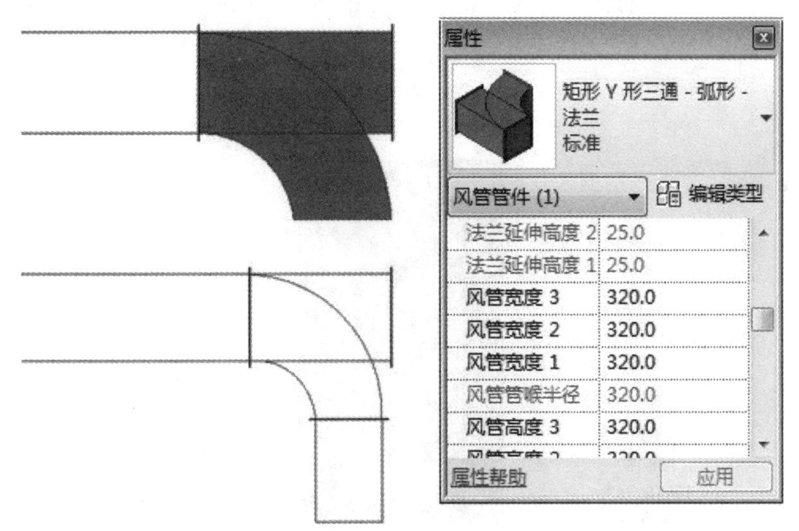

图12.22 绘制风管

(2)机械设备族的应用

在项目绘制中会有一些大型机械设备需要添加,下面以空调设备在项目中的应用为例了解机械设备族在项目中的应用。

①载入族。选择“系统”选项卡下“机械”面板中的“机械设备”,载入需要的空调设备族,并将空调设备放置在项目中合适的位置,如图12.23所示。

图 12.23　空调设备载入

②绘制风管。进入立面视图中，单击空调设备，使连接处的十字高亮显示，然后单击与高亮十字相对应的“创建风管”符号，创建风管，如图 12.24 所示。

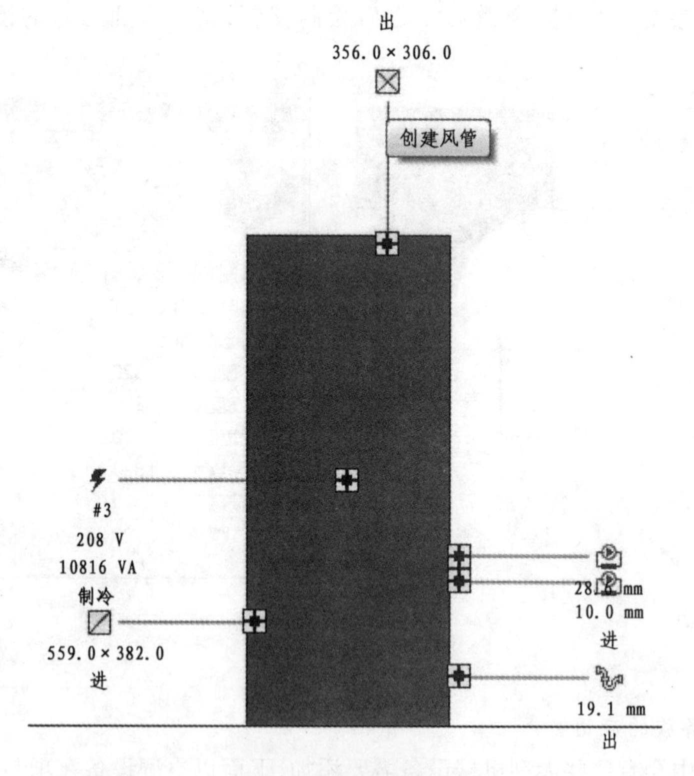

图 12.24　创建风管

③选择风口连接处绘制另外一个风管，效果如图 12.25 所示。

④绘制管道。进入能看到空调水管口侧面的立面视图中，单击空调机组使其十字连接处高亮显示，然后单击对应的“创建管道”符号，按项目需要绘制水管路径，如图 12.26 所示。

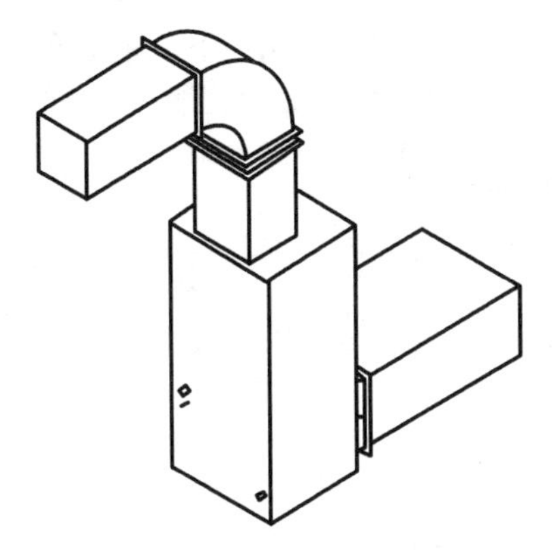

图 12.25 绘制与设备连接的风管

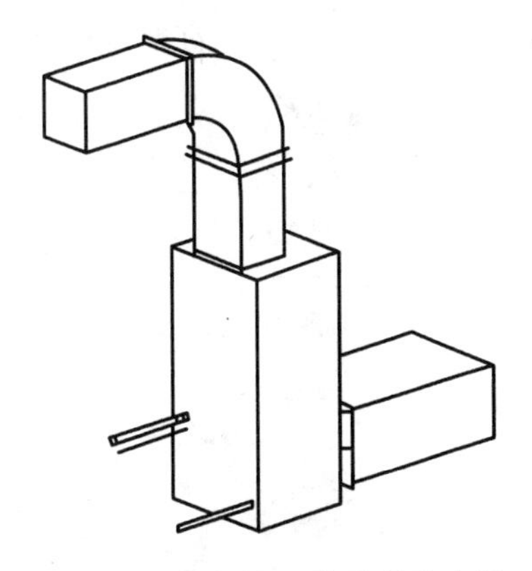

图 12.26 绘制与设备连接的水管

12.3 建筑结构模型的创建

给排水、暖通、电气系统与建筑物一起构成一个有机整体,其管线布置要与建筑物内部结构和空间分布相统一,为了更真实地表现出水暖电模型的准确性、合理性,创建与水暖电模型相应的建筑结构模型是有必要的。本章主要通过实际的案例操作,讲解使用 Revit Architecture 软件创建建筑结构模型的基本方法和步骤。

12.3.1 标高与轴网的创建

在创建建筑结构模型之前,需要确定模型主体之间的定位关系。其定位主要通过标高和轴网的建立来实现。下面是绘制项目案例需要的标高和轴网的方法。

1)新建项目

启动 Revit Architecture 2013 软件。软件中包含了建筑结构模型的设计选项,适合于建筑结构模型的搭建。单击软件左上角的"应用程序菜单"按钮,在弹出的菜单中选择"新建"→"项目"命令,在弹出的"新建项目"对话框中单击"确定"按钮,即可应用软件自带的样板文件。若项目中需要使用其他的样板文件,单击"浏览"按钮,在弹出的对话框中选择样板文件即可,如图 12.27 所示。

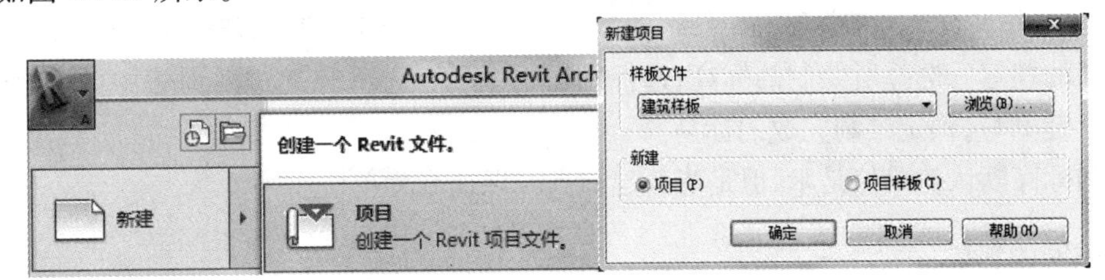

图 12.27 创建项目

打开文件后单击左上角的"应用程序菜单"按钮,在弹出的菜单中选择"另存为"→"项目"命令,如图 12.28 所示,将样板文件另存为项目文件,文件名为“某图书馆地下车库-建筑模型”。

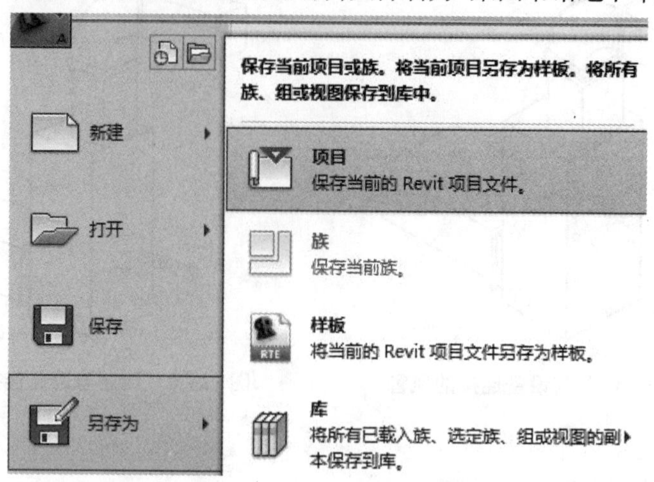

图 12.28　保存项目

2)标高的创建

进入立面视图。在项目浏览器中展开“立面(建筑立面)”选项,双击视图名称“东”(或单击鼠标右键,在弹出的快捷菜单中选择“打开”命令),如图 12.29 所示,进入东立面视图,系统默认设置了两个标高——标高 1 和标高 2。

创建标高。根据需要修改标高高度,选择需要修改高度的标高符号,单击标高符号旁表示高度的数字,如“标高 2”高度数值“4.000”,如图 12.30 所示。

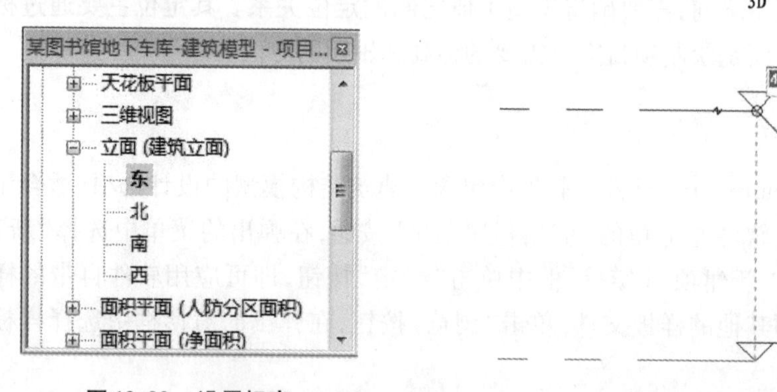

图 12.29　设置标高

图 12.30　标注标高

标高的锁定。选择所绘制的标高,选择“修改|标高”选项卡“修改”面板中的“锁定”(或使用快捷键 PN),锁定绘制完成的标高。

绘制标高默认的单位是米,但是当新建标高时以毫米为单位。

3)轴网的创建

(1)导入底图

轴网的创建方法之一是通过导入相关的 CAD 图,以 CAD 图原有轴网为依据来创建。在软件界面左侧的项目浏览器中,双击楼层平面下的“标高 1”,进入一层的平面视图。选择“插入”选项卡下“导入”面板中的“导入 CAD”后，弹出一个“导入 CAD 格式”对话框，选择对应的 DWG 文件导入。

具体设置如下：“图层”设为“可见”，“导入单位”设为“毫米”，“定位”设为“自动-原点到原点”，“放置于”设为“标高 1”，其他选项使用默认设置，单击“打开”按钮，如图 12.31 所示。

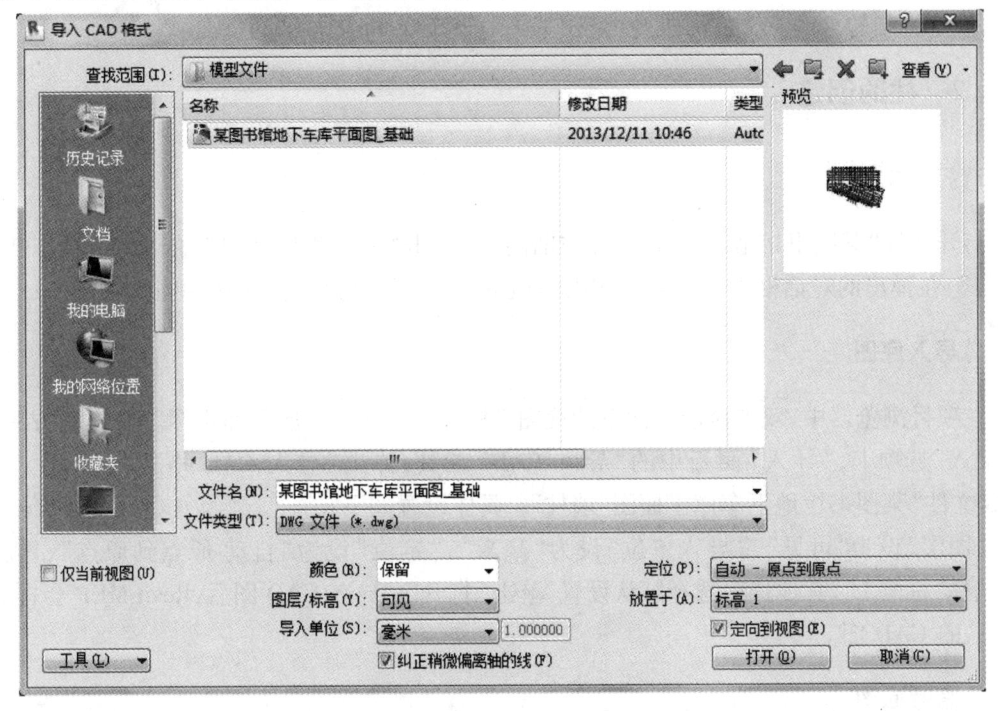

图 12.31　导入 CAD 图

导入 CAD 图以后，Revit MEP 会自动锁定导入的 CAD 图。

(2)创建轴网

选择“建筑”选项卡下“基准”面板中的“轴网”(或使用快捷键 GR)，选择“拾取线”命令，单击 CAD 图中各轴线，创建轴网，如图 12.32 所示。

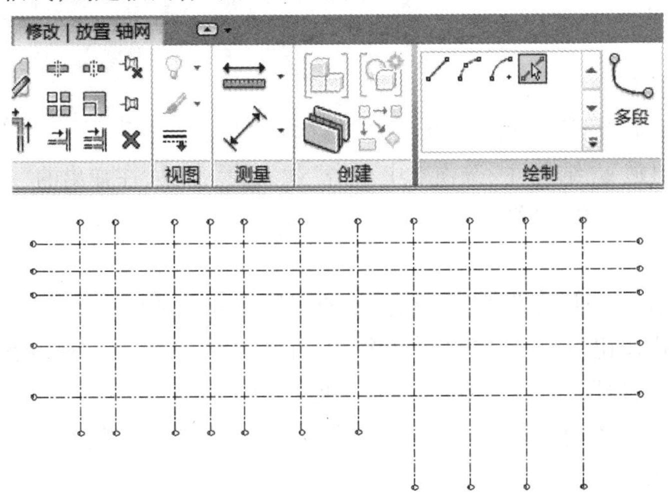

图 12.32　绘制轴线

创建轴网的另一种方法就是根据需要直接绘制。选择“建筑”选项卡下“基准”面板中的“轴网”,在指定平面绘制轴网。

(3)轴网的锁定

选择所绘制的轴网,单击“修改|轴网”选项卡“修改”面板中“锁定”工具(或使用快捷键PN),锁定绘制的轴网。文件另存为“某图书馆地下车库-标高与轴网”。

12.3.2 柱的创建

1)打开文件

打开文件“某图书馆地下车库-标高与轴网”。单击“应用程序菜单”,依次单击“打开”→“项目”,在弹出的对话框中,选择“某图书馆地下车库-标高与轴网”文件,单击“打开”。

2)导入底图

在项目浏览器中,双击楼层平面下的视图“标高1”,进入一层平面视图。同样的方法,单击“插入”选项卡,“导入”面板中的“导入 CAD”工具,弹出“导入 CAD 格式”对话框,导入DWG 文件“某图书馆地下车库平面图_墙柱”。具体设置如下:

“图层”设为“可见”,“导入单位”设为“毫米”,“定位”设为“自动-原点到原点”,“放置于”选择“标高1”,其他选项选择默认设置,单击“打开”。导入 CAD 图后,Revit MEP 会自动锁定导入的 CAD 图。

3)隐藏底图

选择导入的 DWG 文件“某图书馆地下车库平面图_基础”,在“修改|某图书馆地下车库平面图_基础”选项卡中,选择“视图”面板中“隐藏”工具下拉箭头中的“隐藏图元”选项,将导入的文件隐藏,如图12.33所示。

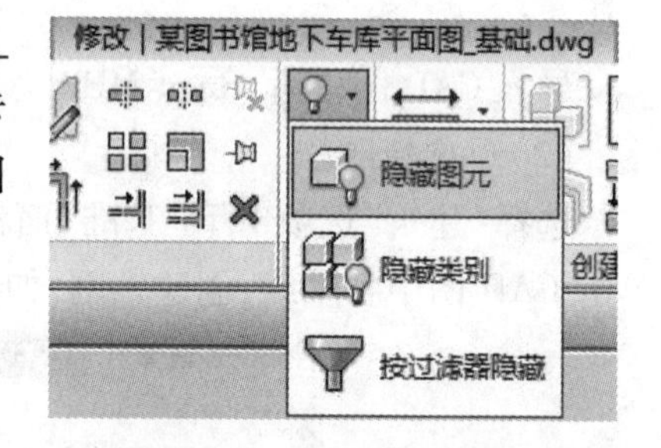

图12.33 隐藏导入的图元

4)新建结构柱

(1)载入结构柱族

单击“建筑”选项卡下“构建”面板中的“结构柱”工具,在打开的“修改|放置 结构柱”选项卡中单击“载入族”工具,在弹出的“载入族”对话框中,选择“混凝土-矩形-柱”,单击“打开”。

(2)新建结构柱类型

单击“混凝土-矩形-柱”的“属性”,在弹出的实例属性对话框中单击“编辑类型”,进入类型属性,单击“复制”按钮,在弹出的对话框中输入新建结构柱名称“600×600 mm”,单击“确定”。在类型属性中的“尺寸标注”栏中将 b, h 值均改为600,单击“确定”,完成结构柱的创建,如图12.34所示。使用同样的方法新建尺寸为“500×500 mm”的柱类型。

(3)绘制结构柱

在类型选择器中选择合适的结构柱类型,把鼠标移动到绘图区域,在底图中标记柱子的地方单击放置柱子,然后选择该结构柱,在“属性”中设置柱子的参数。使用相同的操作方法,完成所有结构柱的绘制,如图12.35所示。

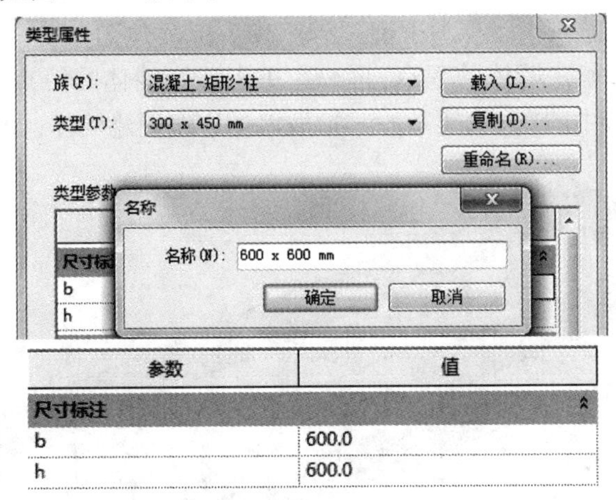

图12.34 结构柱的创建

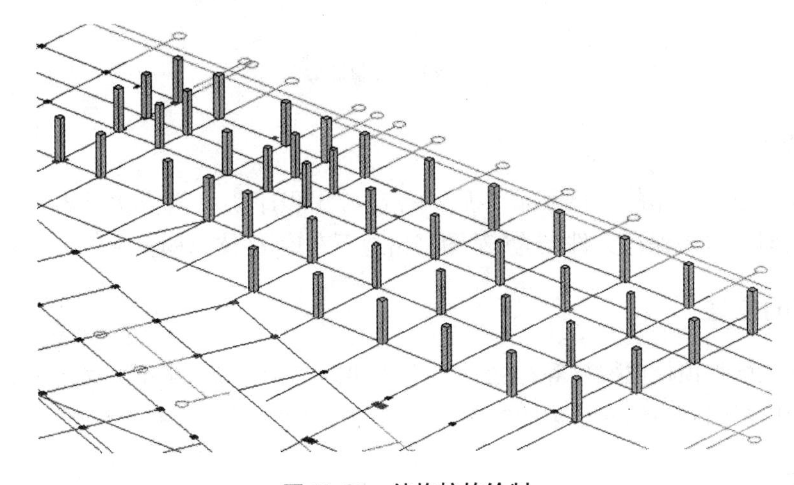

图12.35 结构柱的绘制

12.3.3 墙的创建

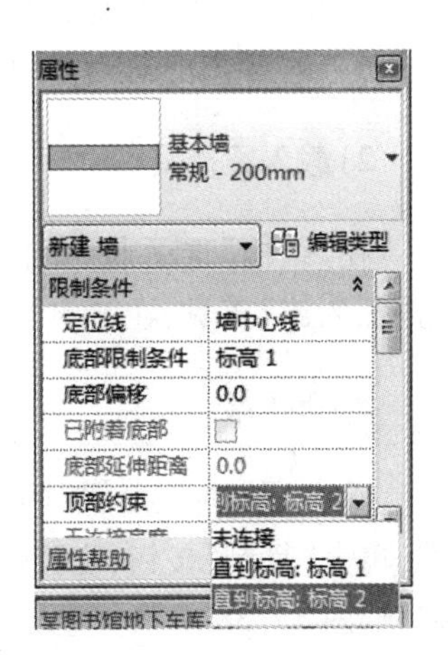

图12.36 设置墙体属性

1)选择墙体类型

单击“建筑”选项卡“构建”面板下的“墙”下拉按钮,可以看到,有“墙:建筑”“墙:结构”“面墙”“墙:饰条”“墙:分隔缝”5种类型选择。选择“墙:建筑”类型,在弹出的“修改|放置墙”选项卡中点击“属性”面板上的“类型属性”按钮,选择墙体类型。

2)设置墙体属性

选好墙体类型后,单击“属性”按钮,在属性中设置墙体的底部限制条件为“标高1”,顶部约束为“直到标高:标高2”,如图12.36所示。

3)绘制墙体

在弹出的“修改|放置 墙”选项卡中的“绘制”面板中选择“直线”命令,鼠标左键单击确定墙体的起点,再一次单击确定墙体的终点,沿顺时针方向绘制墙体。也可用“绘制”面板中的“拾取线”命令,拾取墙体边线创建墙体,如图 12.37 所示。

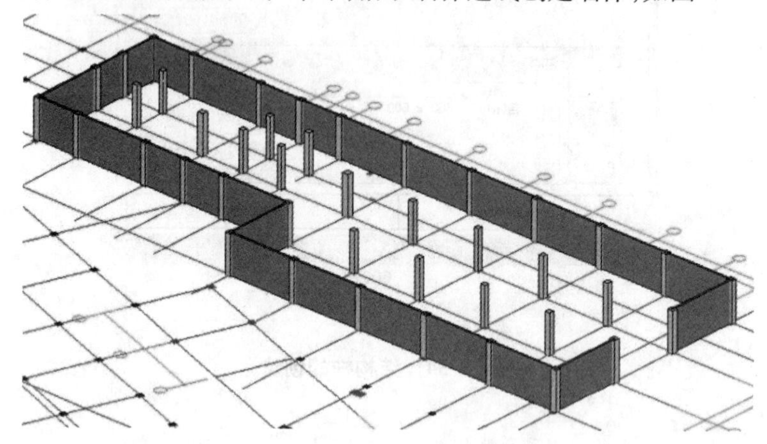

图 12.37　绘制墙体

4)保存文件

在绘制完成地下车库的柱网和墙体后,单击“应用程序菜单”,依次单击“另存为”→“项目”,在弹出的对话框中保存文件名为“某图书馆地下车库-柱体结构”。

12.3.4　梁的创建

梁有基础地梁和顶板框架梁等,梁的尺寸不尽相同,因此需要新建不同尺寸的梁来完成梁的绘制。下面以基础梁为例介绍梁的绘制方法,其他梁的绘制可参考此方法。

1)打开文件

打开“某图书馆地下车库-柱体结构”项目文件。单击“应用程序菜单”,依次单击“打开”→“项目”,在弹出的对话框中,选择文件,单击“打开”。

2)载入梁族

在“结构”选项卡下,单击“结构”面板中“梁”工具,在打开的“修改|放置 梁”选项卡中单击“载入族”工具,在弹出的对话框中选择 “预制-矩形梁”,单击“打开”,载入族文件。

3)新建梁

单击“预制-矩形梁”的“属性”,在弹出的实例属性对话框中单击“编辑类型”,进入类型属性,单击“复制”按钮,在弹出的对话框中输入新建结构柱名称“700×700 mm”,单击“确定”按钮,如图 12.38 所示。在类型属性中的“尺寸标注”栏中将 b,h 值均改为 700,单击“确定”按钮,完成梁的创建。使用同样的方法新建其他类型的梁。

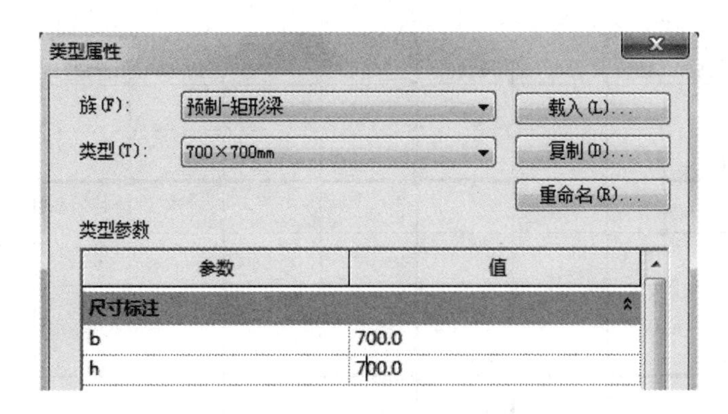

图 12.38 建立梁的属性

4)绘制梁

在梁绘制状态下,移动鼠标到绘图区域,依据底图中梁的位置,单击确定梁的起点,再一次单击确定梁的终点,绘制基础梁,如图12.39所示。顶板梁的绘制方法同基础梁,这里不再赘述。

另外,在"属性"框中设置的参照标高默认是以梁的顶部高度为标准的。

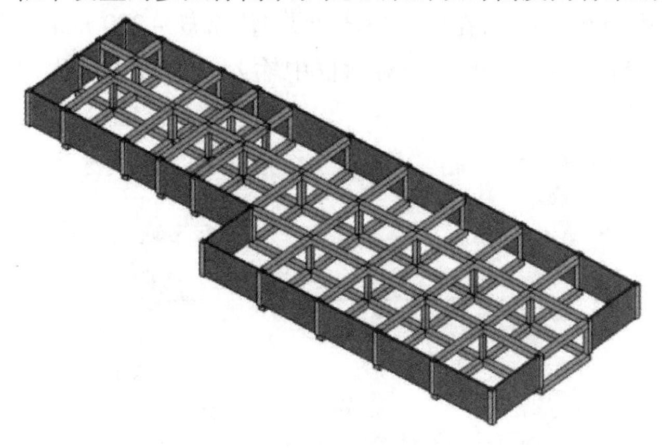

图 12.39 绘制梁

12.3.5 楼板的创建

楼板的创建包括了楼层底板和楼层顶板的创建,以楼层底板的创建为例介绍楼板创建的方法,楼层顶板的创建同楼层底板。

1)绘制楼板轮廓

在项目浏览器中双击"标高1",在"建筑"选项卡下,单击"构建"面板中的"楼板"工具。在"修改|创建楼层边界"选项卡下,"绘制"面板中,单击"拾取线"工具,拾取墙体边线作为楼板的边界,单击"修改"面板中的"修剪"工具,使楼板边界闭合,如图12.40所示。

注意,楼板边界一定要保证闭合才能完成创建。

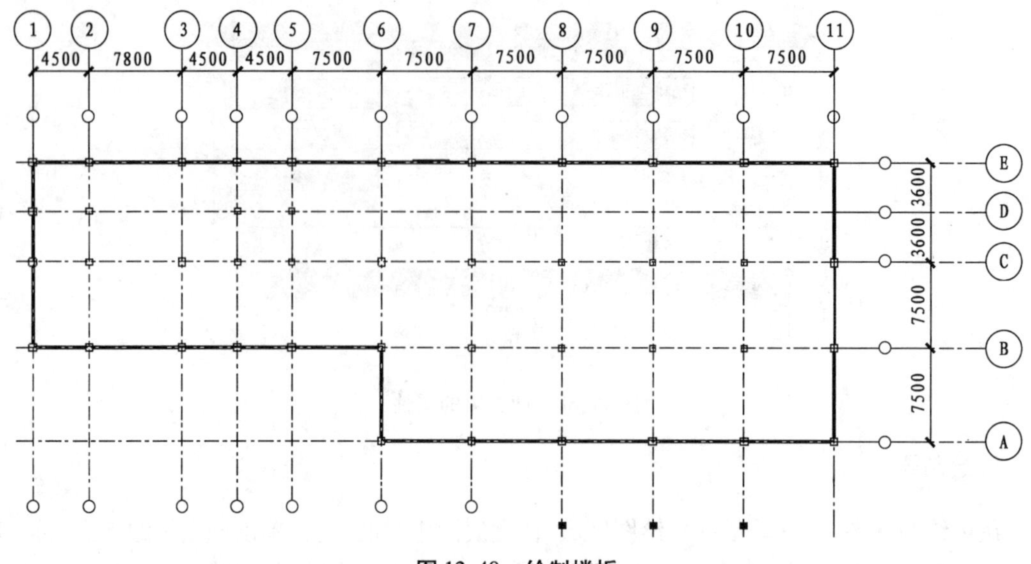

图 12.40　绘制楼板

2)新建楼板类型

单击"属性"面板"属性"工具,在属性中选择类型"常规 - 300 mm",单击"编辑类型",进入类型属性,单击"复制"按钮,在弹出的对话框中输入新建楼板名称"楼层底板",单击"确定",如图 12.41 所示。

图 12.41　创建楼板类型

3)编辑楼板属性

在类型属性对话框中单击结构栏中的"编辑"按钮,在弹出的对话框中,将结构层的厚度设为 200,单击"确定",如图 12.42 所示。

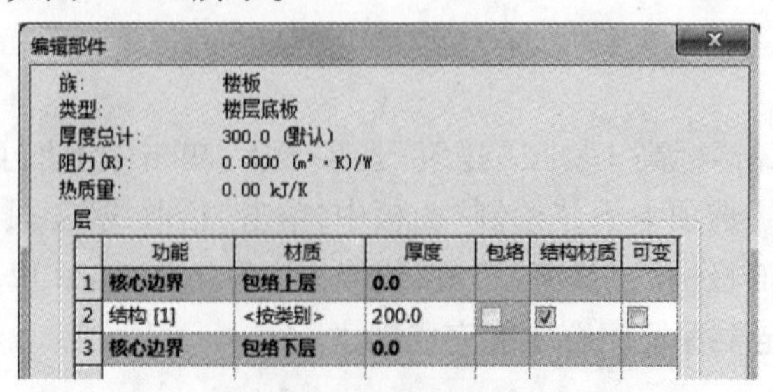

图 12.42　编辑楼板层厚度

在左侧属性栏中,设置底板标高为“标高 1”,自标高的高度偏移设为 0,单击“应用”。回到视图中,单击“模式”面板中的绿色勾“完成编辑模式”完成楼板轮廓编辑。

楼顶板的绘制可采用以下方法:选择绘制的楼层底板,在系统自动弹出的“修改|楼板”选项卡下,单击“剪切板”面板中的“复制到剪切板”工具,复制该楼板,然后再单击“粘贴”工具的下拉按钮,单击“与选定的标高对齐”,在弹出的选择标高对话框中,选择“标高 2”,单击“确定”,如图 12.43 所示。

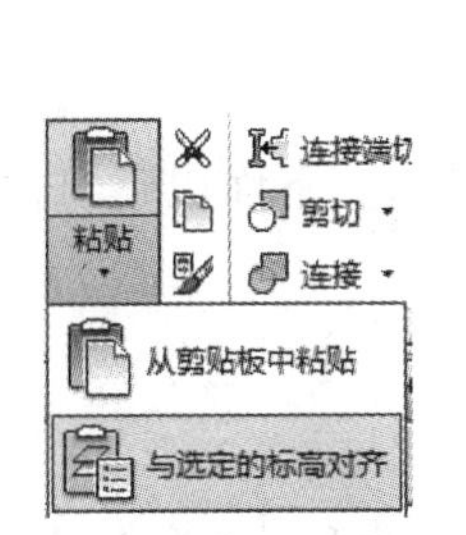

图 12.43　建立不同层高楼板

选择复制到标高 2 的楼板,在弹出的“修改|楼板”选项卡中,单击“模式”面板上的“编辑边界”按钮,编辑楼板边界,在左右拐角竖井处为竖井预留竖井洞口,如图 12.44 所示。

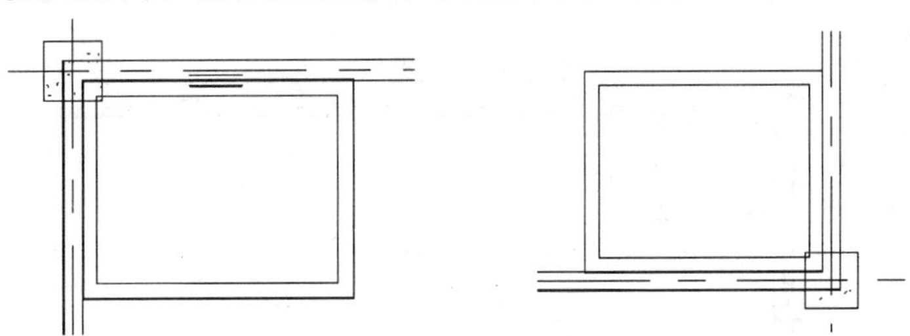

图 12.44　楼板管井等留洞

4)绘制通风竖井

双击楼层平面下“标高 1”,在“建筑”选项卡下“构建”面板中选择“墙:建筑”,在“属性”栏中选择“常规 -200 mm”,单击“编辑类型”,在弹出的“类型属性”对话框中,单击“复制”按钮,创建“常规 -150 mm”,然后修改墙厚度为 150 mm,完成墙体类型设置。在左侧的“属性”栏中,顶部约束设置为“未连接”,无连接高度设置为“8 000”。在洞口位置绘制竖井,竖井长度为 2 500,宽度为 2 000。分别为两个通风竖井添加顶板,可以在标高 1 平面绘制与洞口形状大小一致的楼板,再将其偏移值设置为 8 000 即可。最后在各通风竖井上添加百叶窗以供进风和排风,如图 12.45 所示。

至此完成整个建筑模型的搭建,如图 12.46 所示。单击“应用程序菜单”,依次单击“另存为”→“项目”,在弹出的对话框中保存文件名为“某图书馆地下车库-建筑模型”,保存文件。

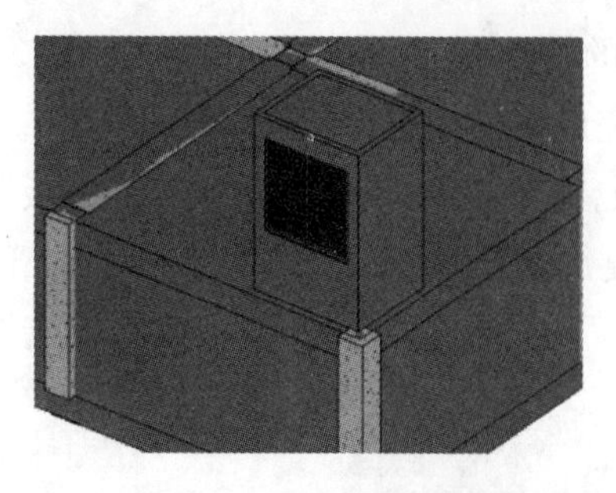

图 12.45　绘制通风竖井

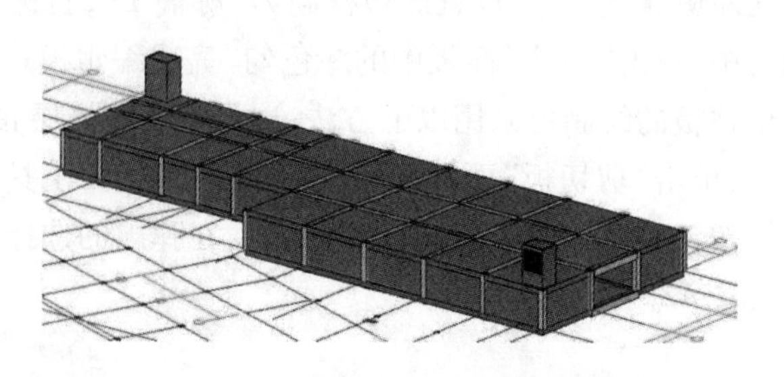

图 12.46　搭建完成的建筑模型图

12.3.6　二维图纸和表格的生成

模型搭建完成后,即可进行二维图纸和明细表的导出。下面以建筑模型的导出为例作一简单介绍。

1)平面图的导出

导出平面图之前需要对平面图进行尺寸标注。打开 Revit MEP 2013,进入一层平面视图,单击"注释"选项卡"尺寸标注"面板中的"线性"命令,进入尺寸标注状态。沿着轴网交点依次单击鼠标左键进行尺寸标注,如图 12.47 所示。

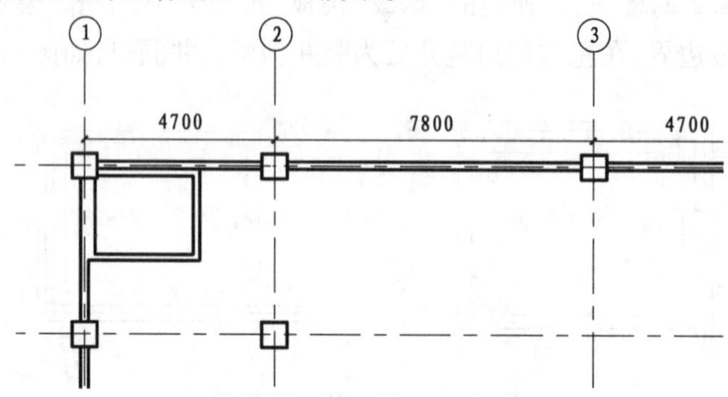

图 12.47　二维平面图尺寸标注

当某一侧尺寸标注都完成后,调整尺寸线与模型边界的距离,然后单击鼠标左键完成尺寸标注,如图 12.48 所示。

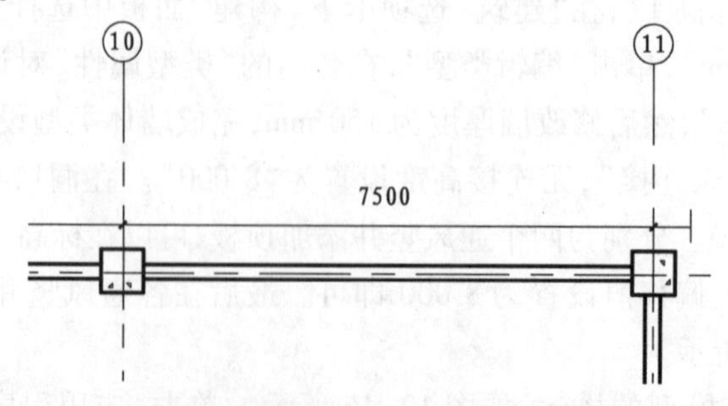

图 12.48　调整尺寸线与模型边界的距离

标注完成后,单击左上角"应用程序菜单"按钮,在下拉菜单中单击"导出",选择"CAD 格式"后的"DWG",即可导出当前视图的二维图纸,如图 12.49 所示。

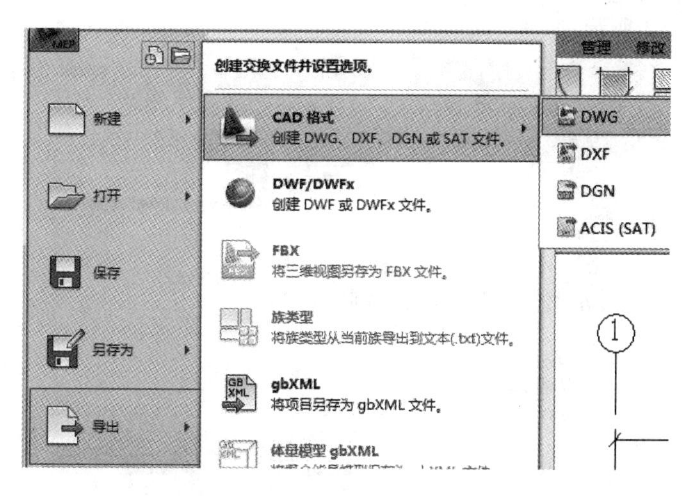

图 12.49　导出当前视图的 DWG 平面图

在弹出的"DWG 导出"对话框中进行设置,完成后单击"下一步",然后选择保存路径,单击"确定"即可导出当前视图的 DWG 平面图。

2)明细表的导出

明细表是 Revit MEP 软件的重要组成部分,通过订制明细表可以从创建的模型中获取项目应用中所需的各类项目信息。

单击"分析"选项卡下"报告和明细表"面板中的"明细表/数量"命令,选择要统计的构件类别,设置明细表名称和应用阶段,单击确定,如图 12.50 所示。

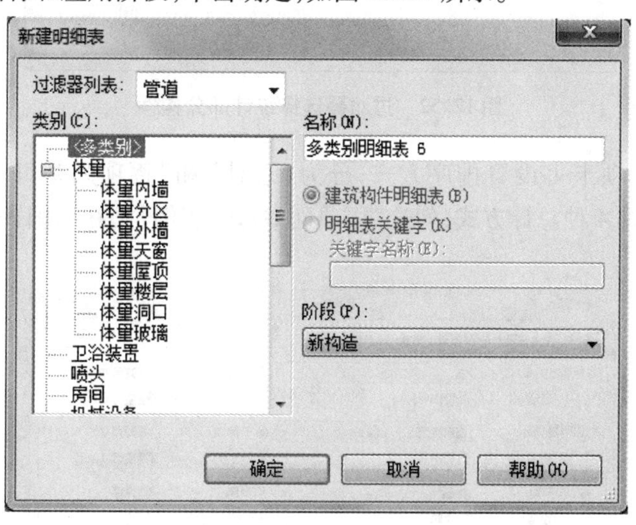

图 12.50　导出明细表

在弹出的"明细表属性"对话框的"字段"选项卡中,从"可用字段"中选择要统计的字段,单击"添加"按钮将需要统计的字段移动到"明细表字段"中。在"可用字段"的选择过程中按住"Ctrl"键可选择多个字段,也可通过"上移"与"下移"调整字段的顺序,如图 12.51 所示。

"过滤器"选项卡可以设置过滤器以统计其中的部分构件,不设置则统计全部构件,此处不予设置,如图 12.52 所示。

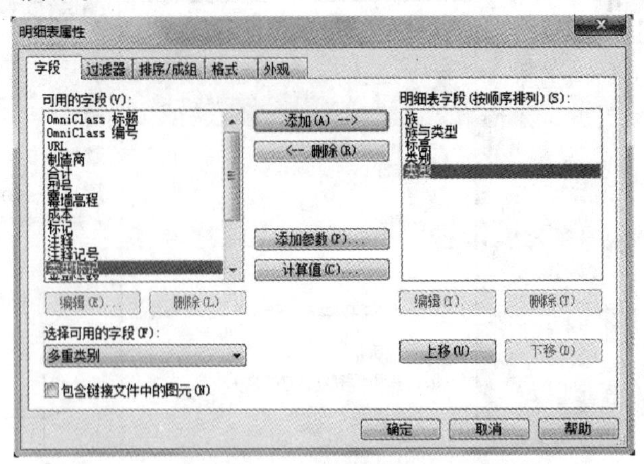

图 12.51　选用字段

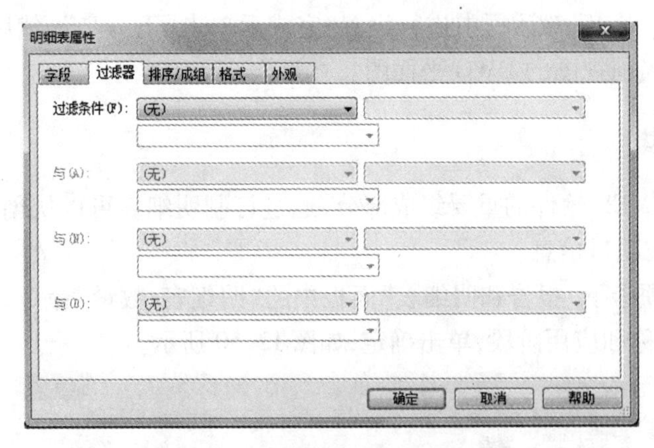

图 12.52　过滤器选择统计部分构件

"排序/成组"选项卡可设置排序方式,分为"总计"和"逐项列举每个实例"。勾选"总计",在下拉菜单中有 4 种总计方式,勾选"逐项列举每个实例"则在明细表中列出统计的每一项,如图 12.53 所示。

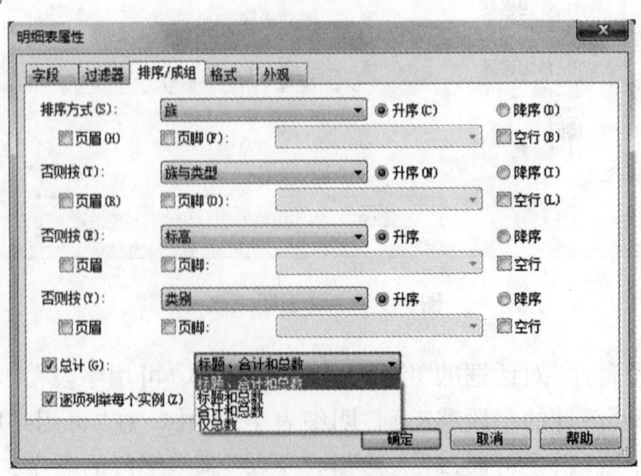

图 12.53　设置明细表排序方式

"格式"选项卡主要设置字段在表格中的标题、标题方向、对齐等，如图 12.54 所示。

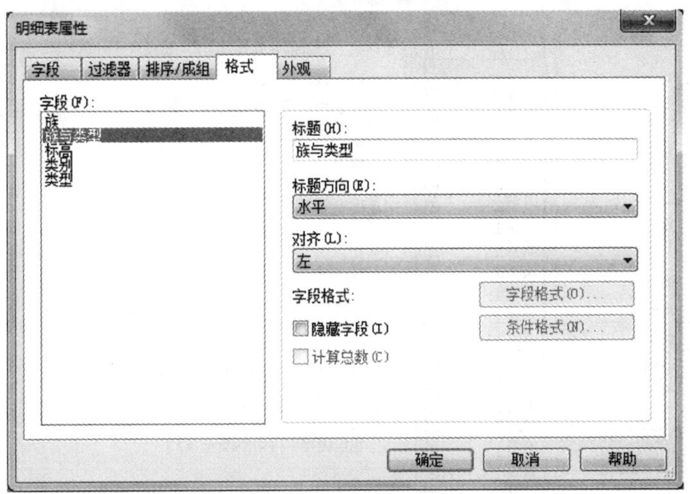

图 12.54　明细表格式选择

"外观"选项卡主要设置表格的线宽、标题和正文文字字体与大小，如图 12.55 所示。

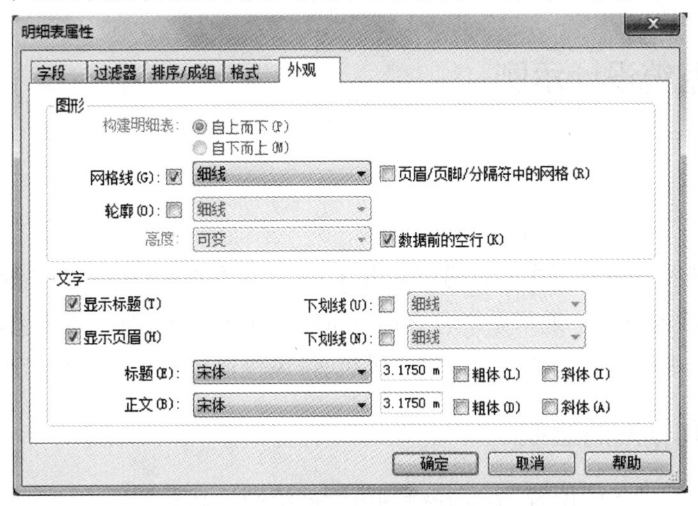

图 12.55　明细表标题字高等项选择

多类别明细表如图 12.56 所示，用类似的方法可以创建其他相关明细表。明细表的编辑可以在其实例属性框中"字段"后的编辑按钮进行编辑，如图 12.57 所示。

多类别明细表				
族	族与类型	标高	类别	类型
混凝土-	混凝土-	标高 1	结构柱	600 x 600
混凝土-	混凝土-	标高 1	结构柱	600 x 600
混凝土-	混凝土-	标高 1	结构柱	600 x 600
混凝土-	混凝土-	标高 1	结构柱	600 x 600
百叶窗1	百叶窗1:	标高 2	窗	2100 x 21
百叶窗1	百叶窗1:	标高 2	窗	2100 x 21
预制-矩	预制-矩		结构框架	700×700
预制-矩	预制-矩		结构框架	700×700
预制-矩	预制-矩		结构框架	700×700

图 12.56　多类别明细表

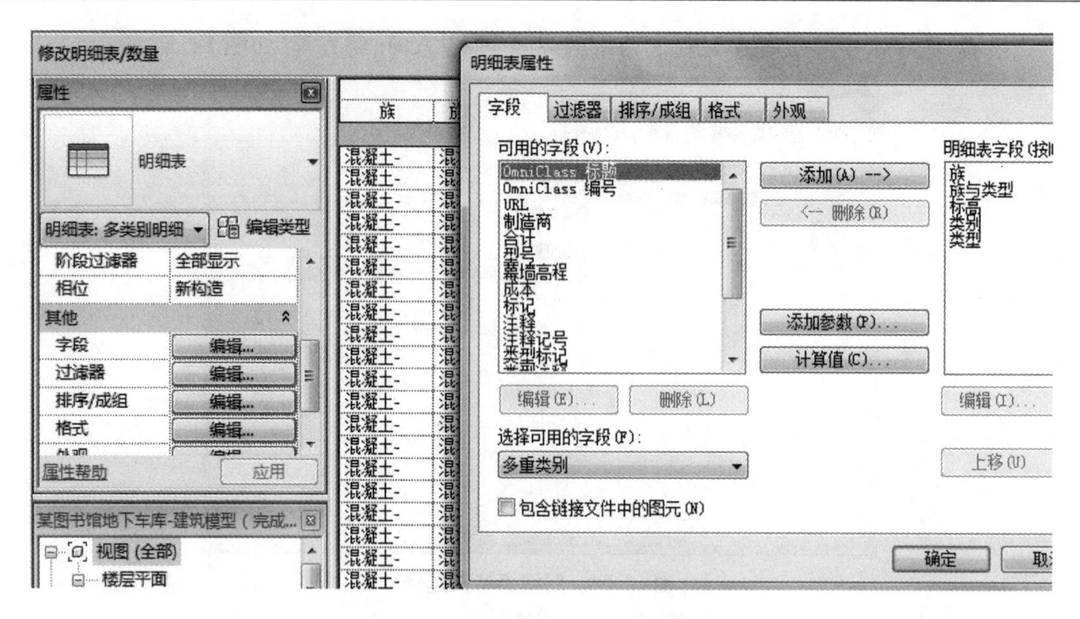

图 12.57　多类别明细表的编辑修改

12.4　通风系统设计示例

12.4.1　概述

本章通过“某图书馆地下车库暖通空调设计”来介绍在 Revit MEP 中建模的基本方法和设置通风系统各属性的方法。通风系统包含送风系统和排风系统，两个系统包含了送风管、排风管、送风机和排风机等部分。各风管通过送风机、排风机连接成完整的车库通风系统。

12.4.2　标高和轴网的绘制

为了确定风管、设备的位置，需要在绘制风管前绘制标高和轴网。标高和轴网的具体绘制方法同建筑模型搭建章节，这里不再赘述，创建完成后保存文件。

12.4.3　通风系统模型的创建

1）绘制风管

绘制风管之前可先将轴网隐藏，以方便绘制。打开文件，在项目浏览器中双击进入“楼层平面 1-机械”平面视图，单击“视图”选项卡下“图形”面板中的“可见性/图形”工具。在“可见性/图形替换”对话框中“注释类别”选项卡下，去掉选择“轴网”，然后单击确定，如图 12.58 所示。

（1）风管属性设置

单击“系统”选项卡下的“HVAC”面板中“风管”工具，或使用快捷键 DT，打开“放置 风管”选项卡，如图12.59所示。

图12.58　绘制风管前隐藏轴网

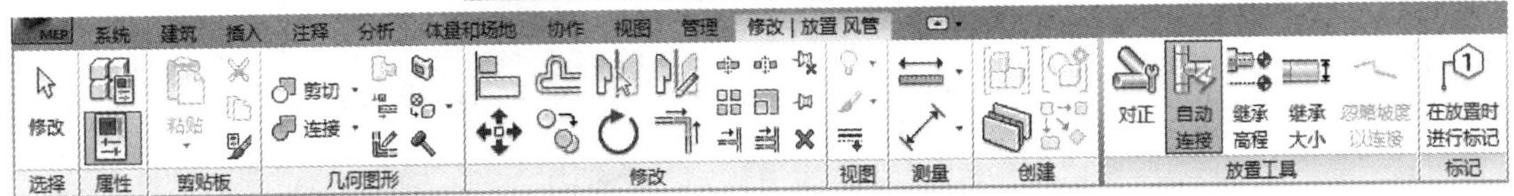

图12.59　风管绘制选项卡

单击“属性”工具，打开“属性”对话框，如图12.60所示。

在矩形风管“实例属性”对话框的类型选择器下拉列表中，有4种可供选择的管道类型，分别为：半径弯头/T形三通、半径弯头/接头、斜接弯头/T形三通和斜接弯头/接头（不同项目样板的分类名称不一样，但原理相同）。它们的区别主要在于弯头和支管的连接方式，其命名是以连接方式来区分的，半径弯头/斜接弯头表示弯头的连接方式，T形三通/接头表示支管的连接方式，如图12.61所示。

单击“编辑类型”工具，打开“类型属性”对话框，对布管系统配置进行编辑，如图12.62所示。

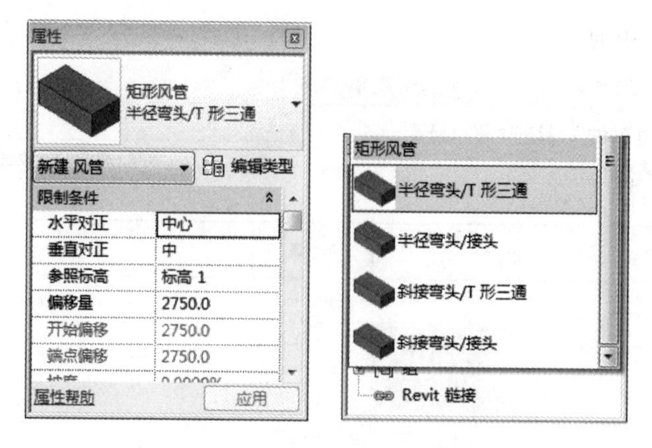

图 12.60　风管绘制属性对话框

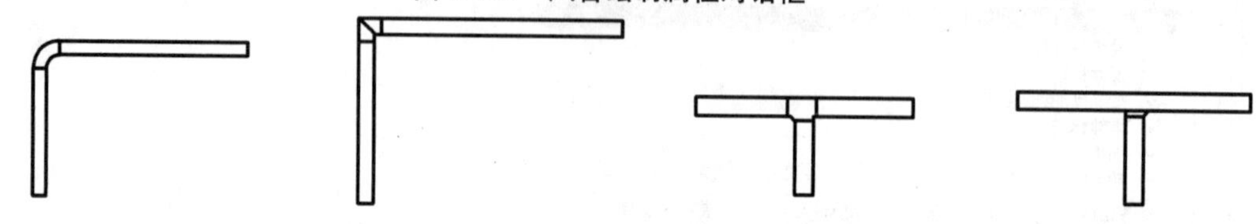

(a)“半径弯头”的弯头　(b)“斜接弯头”的弯头连接　(c)“T形三通”的支管连接　(d)“接头”的支管连接

图 12.61　管道选择类型

图 12.62　布管系统配置对话框

在布管系统配置对话框中,可以看到弯头、首选连接类型等构件的默认设置,各项的设置功能如下所述:

①弯头:设置风管方向改变时所用弯头的默认类型;

②首选连接类型:设置风管支管连接的默认方式;

③连接:设置风管接头的类型;

④四通:设置风管四通的默认类型;

⑤过渡件:设置风管变径的默认类型;

⑥多形状过渡件:设置不同轮廓风管间(如圆形和矩形)的默认连接方式;

⑦活接头:设置风管活接头的默认连接方式,它和T形三通是首选连接方式的下级选项。

这些选项设置了在管道的连接方式,绘制管道过程中不需要不断改变风管的设置,只需改变风管的类型即可,减少了绘制的麻烦。

单击“风管”工具,或输入快捷键DT,修改风管的尺寸值、标高值,绘制一段风管,然后输入变高程后的标高值;继续绘制风管,在变高程的地方就会自动生成一段风管的立管。立管的连接形式因弯头的不同而不同,如图12.63和图12.64所示是立管的两种形式。

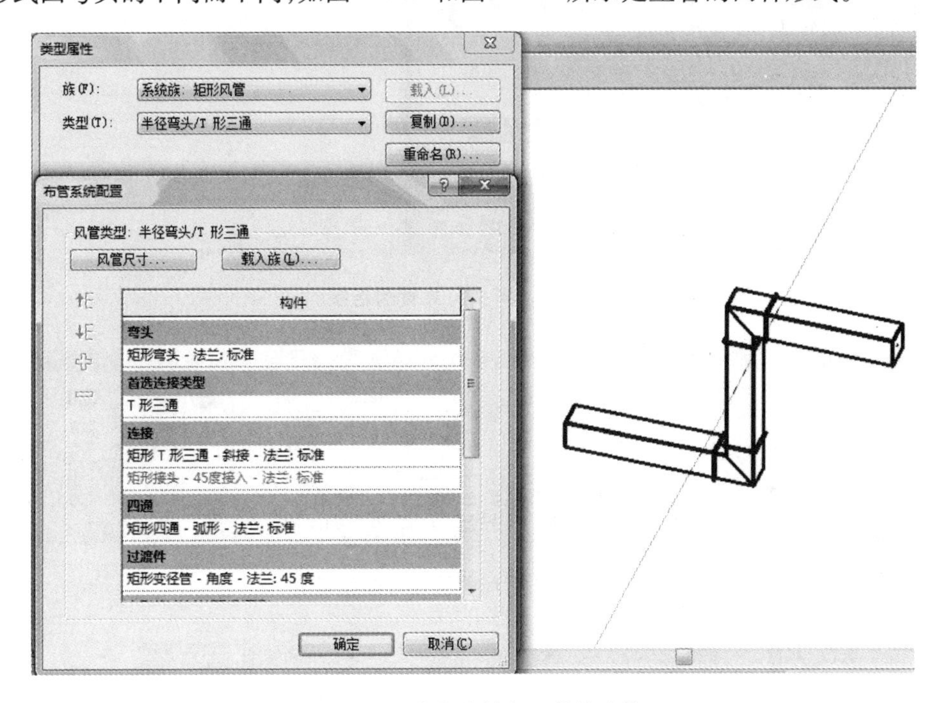

图12.63　直角弯管与立管的连接

(2)绘制风管

单击“系统”选项卡下“HVAC”面板中的“风管”按钮,在选项栏中设置风管的尺寸与偏移量,偏移量表示风管中心线距离相对标高的高度偏移量,如图12.65所示。

绘制如图12.66所示的一段风管,图中1 000×400为风管的尺寸,1 000表示风管的宽度,400表示风管垂直于纸面的高度,单位为毫米。风管的绘制需要两次单击,第一次单击确认风管的起点,第二次单击确认风管的终点。

绘制风管的三通、四通管件,具体步骤如下所述:

①先放置管件再绘制风管或先绘制一段风管然后添加管件,再调整管件的各个口的管径,再以管件一端为起点,继续绘制其他的风管。

②先绘制一段风管,然后绘制与之相垂直的另一段风管,使这两段风管的中心线相交,则自动生成三通或四通。这种方法比较常用。

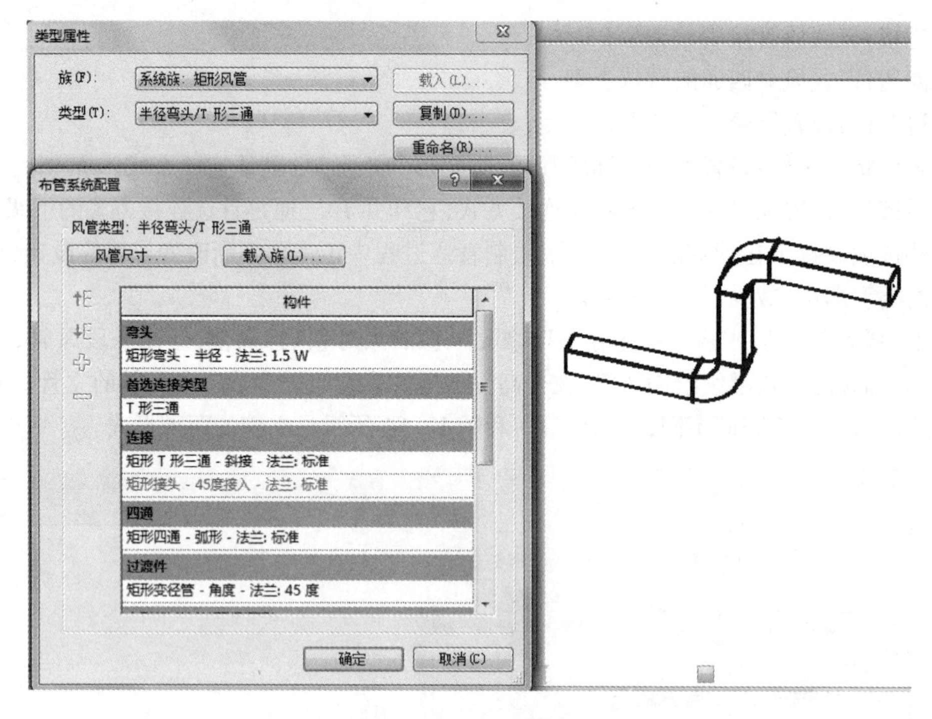

图 12.64　弯头与立管的连接

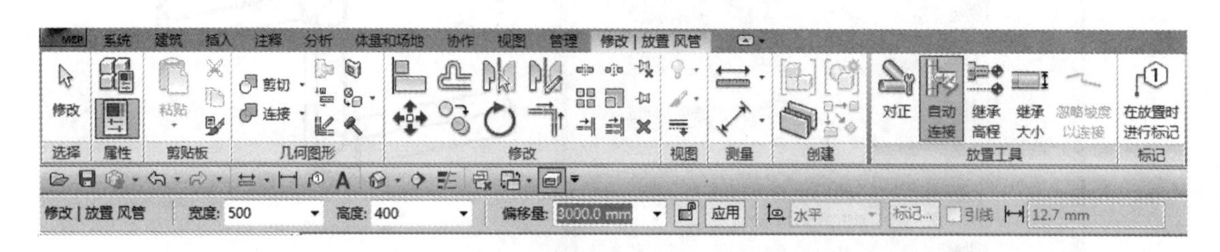

图 12.65　设置风管尺寸与位置高度

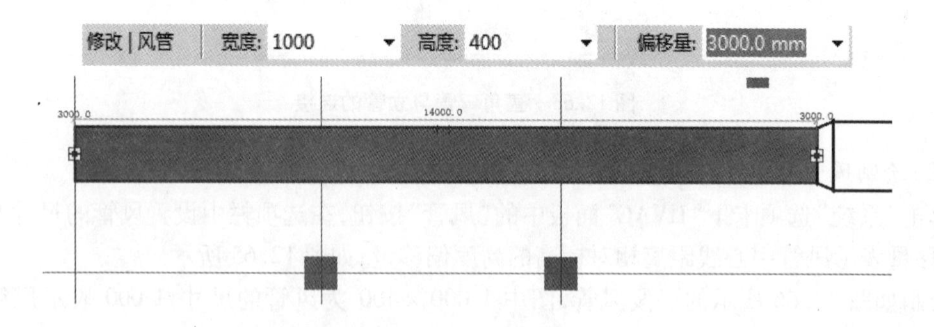

图 12.66　风管绘制

选择图 12.66 所示的主风管，将其向左侧拖曳，直到支风管的中心线高亮显示时停止拖曳，并放开鼠标，则风管将自动生成三通将两段风管连接起来，如图 12.67 所示，四通的绘制方法与三通相似。

(3)绘制相同标高的相交风管

先绘制一段风管，然后输入变高程后的标高值后，再继续绘制风管。绘制过程中，在风管有变高程的地方就会自动生成一段竖向风管,如图12.68所示。

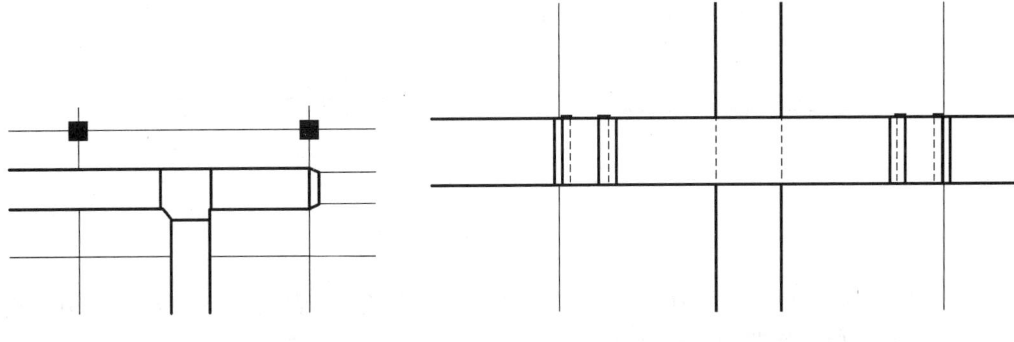

图12.67 风管三通的绘制

图12.68 绘制相交风管

例如,绘制输入高程变为3 400的风管,系统会自动在变高程处生成风管弯头。避让过往的横向风管后再还原高程为3 000的风管继续进行绘制,并且在变高程处会自动生成风管弯头,如图12.69所示。

(4)绘制转弯处风管连接

绘制纵向风管,再绘制横向风管,拖动两风管断点至相交处,系统自动在转弯处生成风管连接,如图12.70所示。

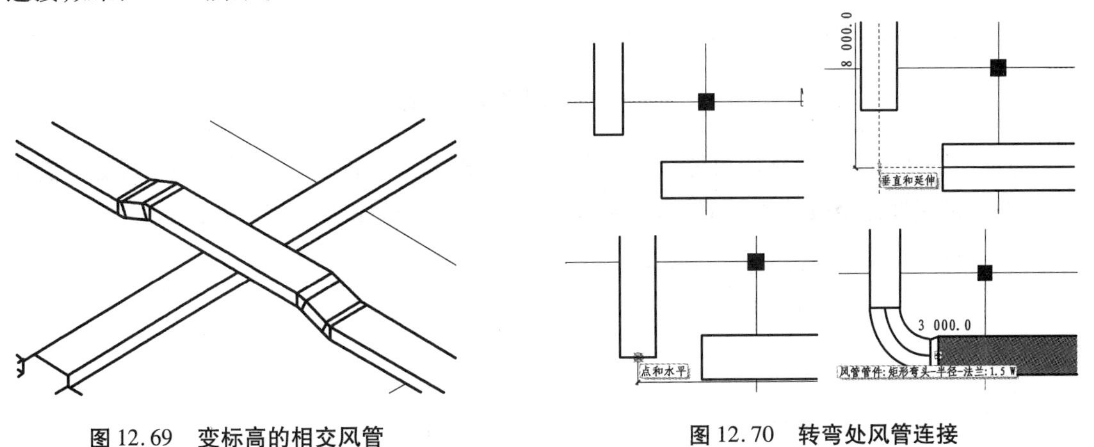

图12.69 变标高的相交风管

图12.70 转弯处风管连接

通过操作上述基本步骤绘制所有风管,如图12.71所示。

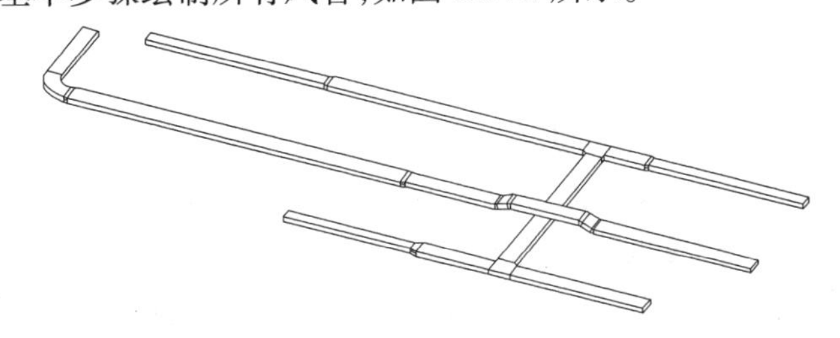

图12.71 风管连接生成图

2)添加风口

不同的通风系统使用不同的风口类型,绘图中送风系统使用的风口为双层百叶送风口;回风口为单层百叶回风口;新风口与室外排风口等与室外空气相接处的风口,由于在竖井洞口添加了百叶窗,因而末端无须添加百叶风口,如图 12.72 所示。

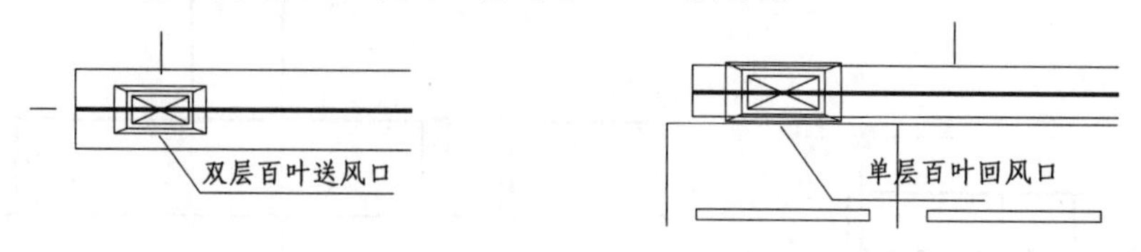

图 12.72　添加风口

单击“系统”选项卡下“HVAC”面板上的“风道末端”命令,自动弹出“放置 风道末端装置”选项卡。在类型选择器中选择所需的送风口和回风口,如果有其他的形式要求可以通过载入族文件获取。在相应位置单击添加,风口与风管会自动连接,如图 12.73 所示。

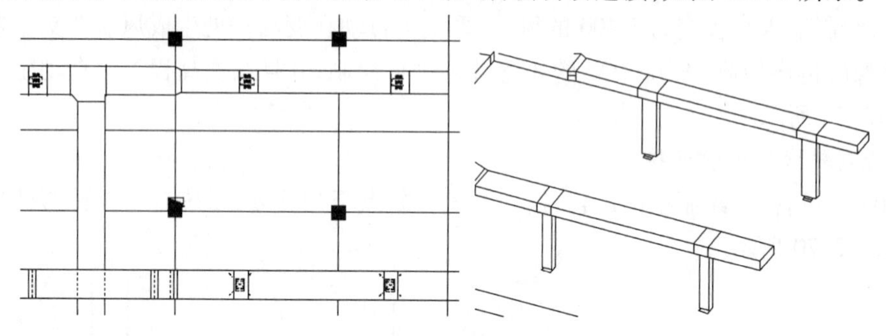

图 12.73　风管末端装置绘制

通过三维视图可以检查风口位置是否合适,如发现风口位置较低,需作出调整,此时选中风口,在实例属性栏修改其偏移值为 2 500,单击“确定”即可,如图 12.74 所示。

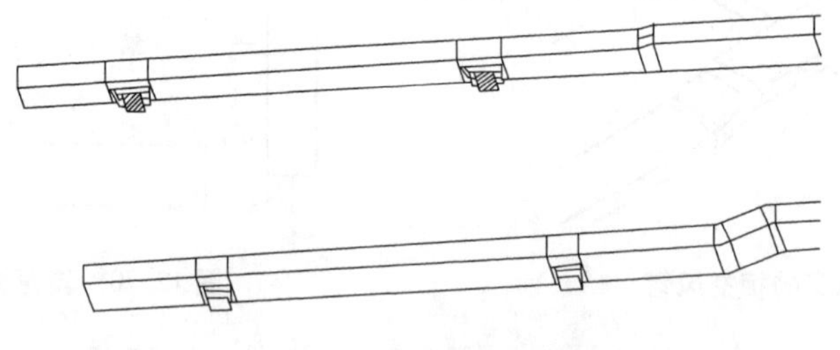

图 12.74　风口位置调整

3)添加风管管件

风管的管件包含了调节阀、防火阀、软连接等。

选择“系统”选项卡下“HVAC” 面板上的“风管附件”命令,自动弹出“放置风管附件”选项卡。在类型选择器中选择“调节阀”,在绘图区域中需要添加调节阀的风管合适的位置的中心线上单击鼠标左键,即可将调节阀添加到风管上,如图 12.75 所示。

如果类型选择器中没有所需要的调节阀类型,可从族库中载入项目中使用。

采用同样的步骤,可在项目中合适的位置添加防火阀。

添加软连接。选择“插入”选项卡下“从库中载入”面板中的“载入族”,选择软连接族文件,单击“打开”按钮,将软连接载入项目中。

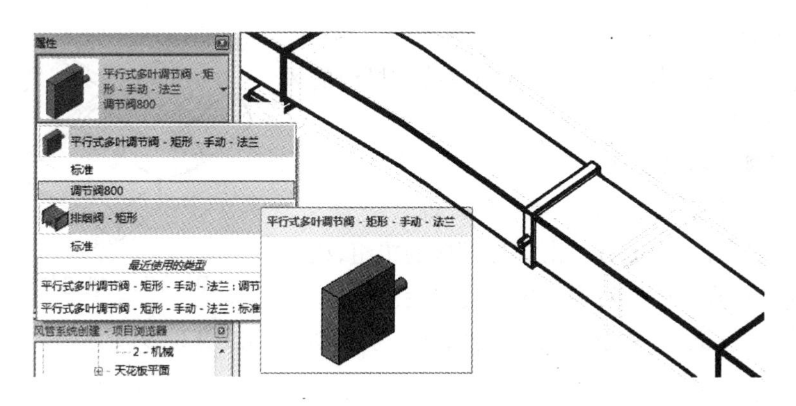

图 12.75　添加风管管件

添加阀门等风管附件时，应在风管绘制好后将附件插入指定的风管段上，不必分成小段来绘制或添加附件，这使得风管系统绘制简化便捷。

4）主要设备添加及连接

机组是暖通空调系统不可缺少的部分，绘制空调风系统时必然要与空调机组或相关设备进行连接。下面介绍风管与机组连接的绘制方法。

（1）连接风管到机组

①载入机组族。选择“插入”选项卡下“从库中载入”面板中的“载入族”，选择族文件单击“打开”按钮，将族载入项目中。

②放置机组。选择“系统”选项卡下的“机械”面板中的“机械设备”，在类型选择器中选择机组，然后在绘图区域机组所在合适位置单击放置机组。选中机组，在“实例属性”对话框中可以修改机组的偏移值以确定其相对标高，如图 12.76和图 12.77 所示。

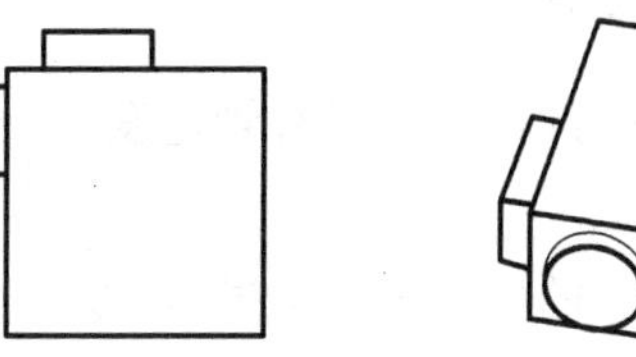

图 12.76　机组设备类型选择

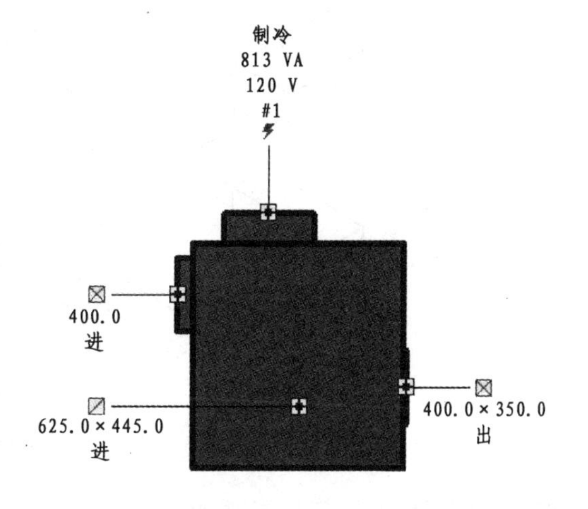

图 12.77　机组设备属性对话框

(2)绘制风管

选中机组,单击四周的小框,可以创建符合机组的风管尺寸,如图 12.78 所示。

(3)添加送风和排风机组

载入机组族文件,方法同载入风管族文件。

放置机组。在合适的地方单击添加相应的机组,机组的标高根据需要在实例属性对话框中进行设定。

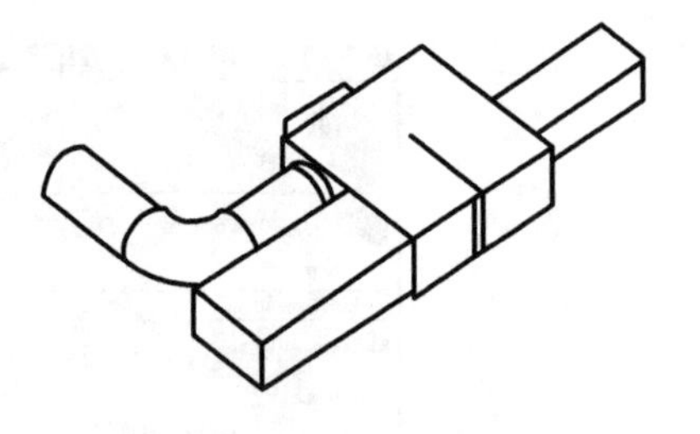

图 12.78 机组与风管的组合

绘制风管,连接机组,并添加相关附件,完成系统创建,如图 12.79 所示。

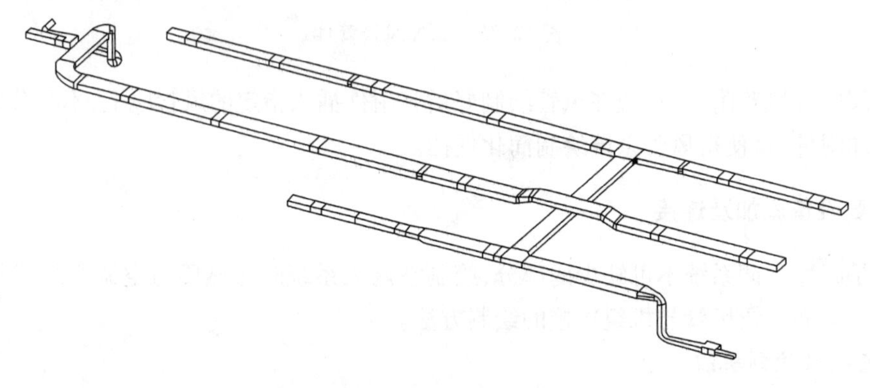

图 12.79 绘制风管与连接机组

5)系统碰撞检查

当绘制风管过程中发现有管道发生碰撞时,需要及时进行修改,以减少后续施工中出现的错误,提高效率。

当同一标高的风管发生碰撞时,按下述步骤进行修改。

①选择“修改”选项卡下“编辑”面板中的“拆分图元”命令,或键入快捷键 SL,在发生碰撞的风管两侧单击,如图 12.80 所示。

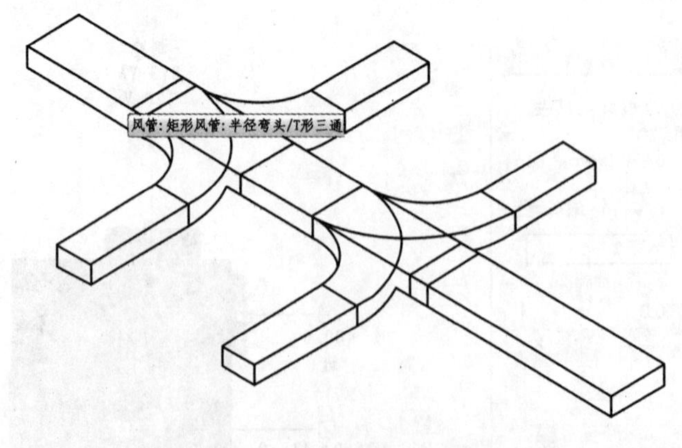

图 12.80 风管碰撞检查

②删除中间碰撞的风管和四通,将不调整标高的风管重新连接好,如图 12.81 所示。

③单击“风管”按钮或键入快捷键 PI,输入修改后的标高值,把鼠标移动到风管缺口处,出

现端点捕捉时单击,移动另一个风管缺口处出现捕捉时单击,可完成风管碰撞的修改,如图12.82所示。

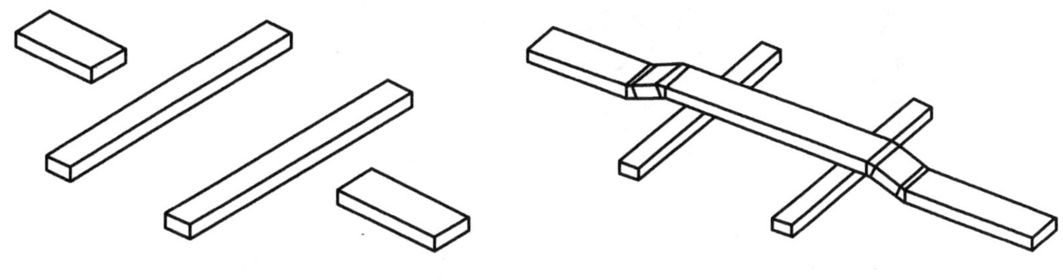

图12.81　删除碰撞风管　　　　图12.82　重新连接碰撞风管

6)颜色设置及渲染

一个完整的空调风系统包括不同的系统,各系统间为了方便区分,可在样板文件中设置不同系统的风管颜色。风管颜色的设置是为了在视觉上区分系统风管和各种附件,因此在每个需要区分系统的视图中分别设置。

按照前文所新建的系统,进入一层平面视图,单击"属性"对话框中的"可见性/图形替换",或者单击"视图"选项卡下"图形"面板中的"可见性/图形"命令,进入"可见性/图形替换"对话框(或者直接键入快捷键VG进入),单击"过滤器"选项卡,如图12.83所示。

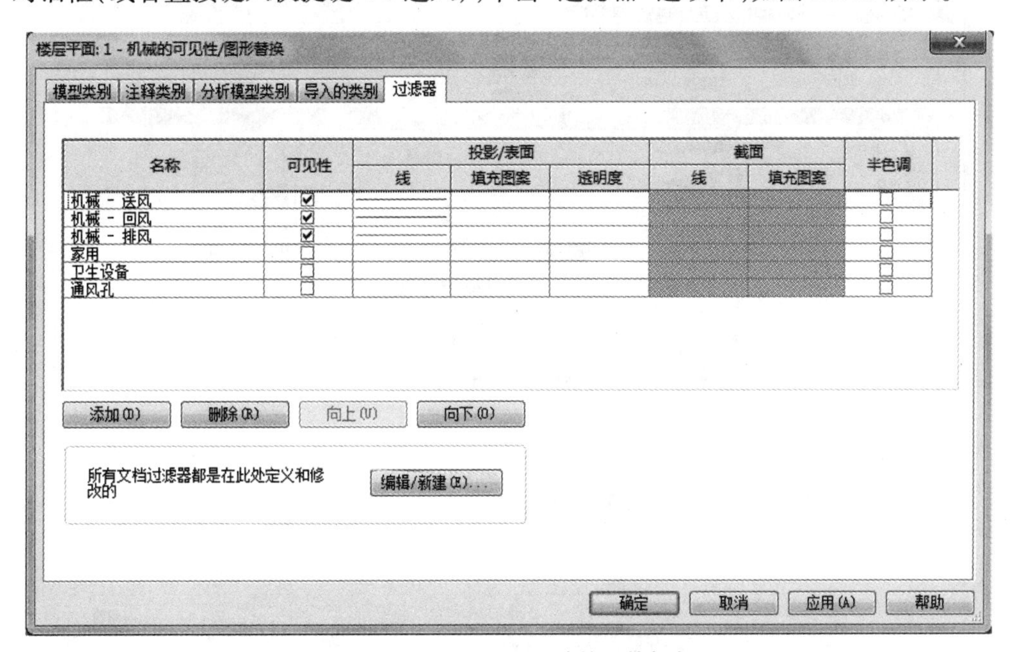

图12.83　设置不同系统的风管颜色

由图12.83中可知,系统中已经有项目中需要的送风、回风、排风的过滤器。如果没有,可以单击左下方的"添加"按钮进行添加,并进行命名即可。选择"机械-送风"过滤器,单击"编辑/新建"按钮,在弹出的过滤器对话框中设置过滤器属性,完成后单击确定,如图12.84所示。

图 12.84　过滤器属性设置对话框

勾选的选项在设置完成后会被着色,未勾选的不会被着色,可根据需要进行选择。

返回到"可见性/图形替换"对话框,单击"投影/表面"下的"填充图案"进行设置,完成后双击确定按钮,如图 12.85 所示。

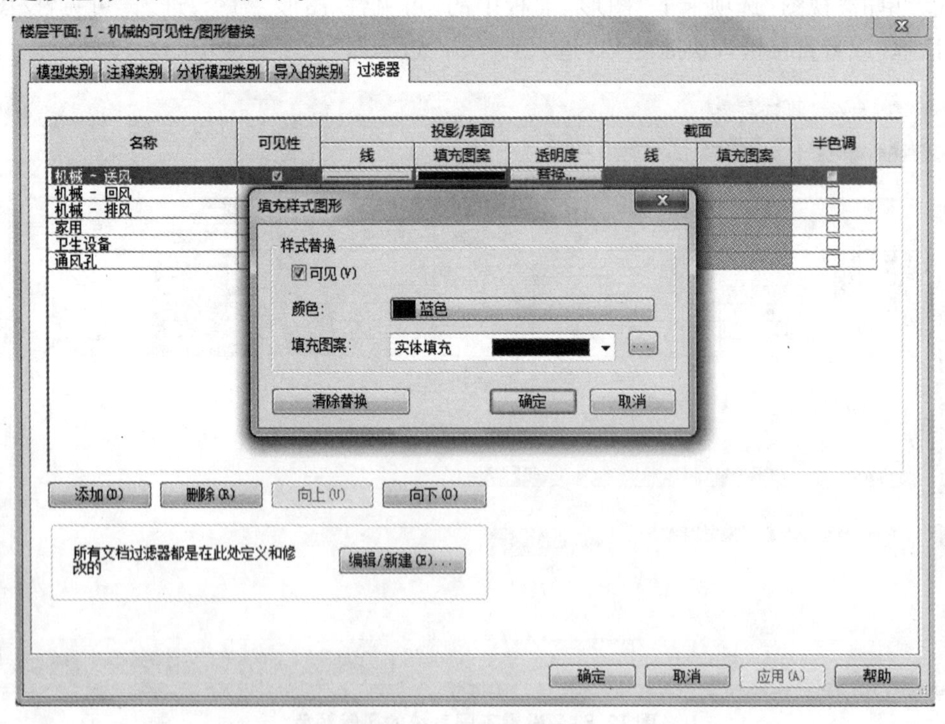

图 12.85　填充图案设置

回到平面视图,选中整个送风系统,在"实例属性"对话框中将"注释"修改为"送风系统"(因为过滤器中的过滤条件选择了注释,也可选择其他条件),单击"确定",此时整个送风系统都注释为"送风系统"这个附加参数了,整个系统就变成设定的蓝色,如图 12.86 所示。

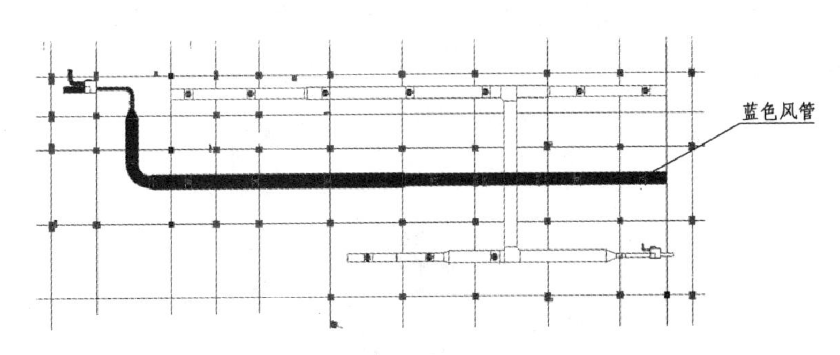

图12.86　修改"注释"后的送风系统

用同样的方法进行回风、排风、新风系统的颜色设置，回风系统设置成粉红色，如图12.87所示。

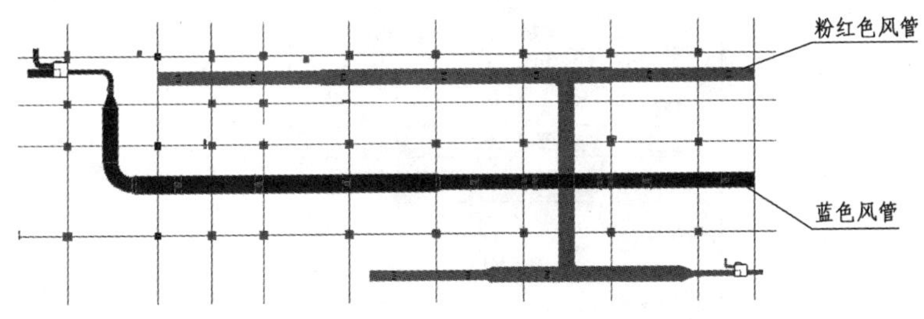

图12.87　送回风系统图

三维视图如果有着色的需要，就需要在三维视图状态下重新进行设置，设置的方法与平面视图相同，如图12.88所示。

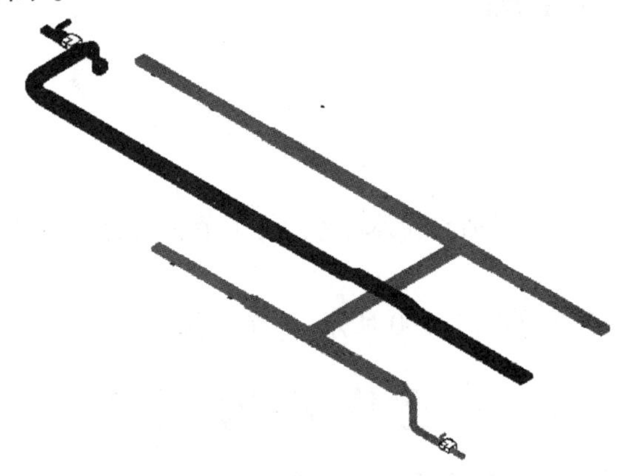

图12.88　送回风系统三维视图

需要注意在平面视图中设置的过滤器不会在三维视图中起作用。在系统绘制完成后可以对其进行渲染，以实现一种近似真实的视觉效果，具体步骤如下：进入三维视图，单击"视图"选项卡下"图形"面板中的"渲染"命令，进入渲染对话框。根据需要对渲染对话框中的参数进行设置，设置完成后单击渲染对话框中的"渲染"开始渲染，渲染结束后可导出渲染的图形文件，如图12.89所示。

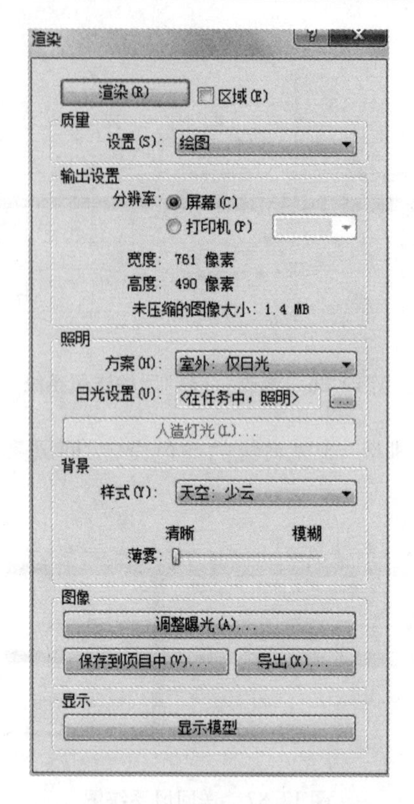

图 12.89　系统绘制渲染对话框

12.5　给水系统设计示例

12.5.1　概述

水管系统包括空调水系统、生活给排水系统等，本节主要介绍水管系统在 Revit MEP 中的绘制方法。

常用的绘制水管系统工具如图 12.90 所示，熟练掌握这些工具可以提高绘图效率。

图 12.90　水管系统工具对话框

①管道(PI)：单击此工具可绘制水管管道，管道的绘制需要单击两次，第一次确定管道的起点，第二次确定管道的终点。

②管件(PF)：水管的三通、四通、弯头等都属于管件，单击此按钮可向系统中添加各种管件。

③管路附件(PA):管道的各种阀门、仪表都属于管路附件,单击此按钮可向系统中添加各种阀门及仪表。

④软管(FP):单击此按钮可向系统中添加软管。

12.5.2 标高和轴网的绘制

为了确定水管、设备和附件的位置,需要在绘制水管前创建标高和轴网。标高和轴网的具体创建方法与建筑模型搭建章节所述方法相同,创建完成后保存文件。

12.5.3 给水系统模型的创建

1)绘制水管

水管的绘制方法与风管相似。单击“系统”选项卡下“卫浴和管道”面板中的“管道”按钮,或键入快捷键PI,在弹出的“修改|放置 管道”上下文选项卡中的选项栏中输入需要的管径,修改偏移量为该管道的标高,在绘图区域绘制水管。首先选择系统末端的水管,在起始位置单击,拖曳鼠标到需要转折的位置单击,再继续根据需要拖曳鼠标到管道结束的位置单击,然后按[Esc]键退出绘制,再选择另外一条管道进行绘制,在管道转折处会自动生成弯头。管道绘制完成后,将管道中心线与底图表示管道的线条对齐。

另外,在绘制过程中,如需改变管径,可在绘制模式下修改管径。

(1)水管立管的绘制

当管道的高度不一致时,需要有立管将两段标高不同的管道连接起来。单击“管道”按钮,或键入快捷键PI,输入管道的管径、标高值,绘制一段管道,然后输入变高程后的标高值,继续绘制管道。在变高程的地方就会自动生成一段管道的立管,如图12.91所示。

(2)水管坡度的绘制

选中目标管道,单击“修改|管道”选项卡下“编辑”面板中的“坡度”命令,设置坡度值即可,如图12.92所示。

(3)管道弯头、三通、四通的绘制

①管道弯头的绘制。在绘制状态下,在弯头处直接改变方向,在改变方向的地方会自动生成弯头,如图12.93所示。

图12.91 自动生成的水管立管　图12.92 水管坡度的绘制　图12.93 自动生成弯头

②管道三通的绘制。单击“管道”按钮,输入管径与标高值,绘制主管段,再输入支管段的管径与标高值,把鼠标移至主管的合适位置的中心处,单击确认支管的起点,再次单击确认支

管的终点,则在主管与支管的连接处会自动生成三通。先在支管终点处单击,再拖曳鼠标至与之交叉的管道中心线处,单击鼠标也可生成三通,如图 12.94 所示。

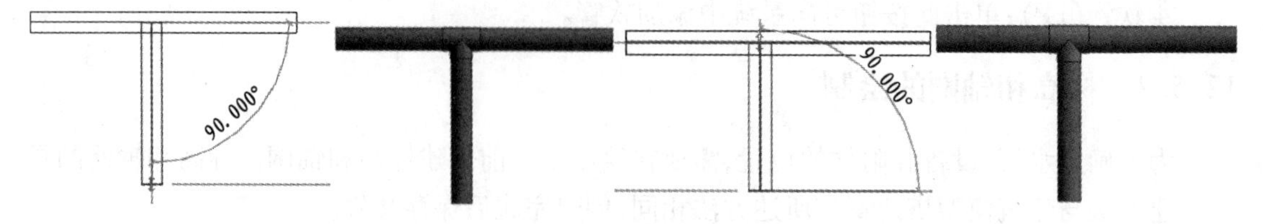

图 12.94　管道三通

当两根相交叉的水管标高不同时,按上述方法绘制三通会自动生成一段立管,如图 12.95 所示。

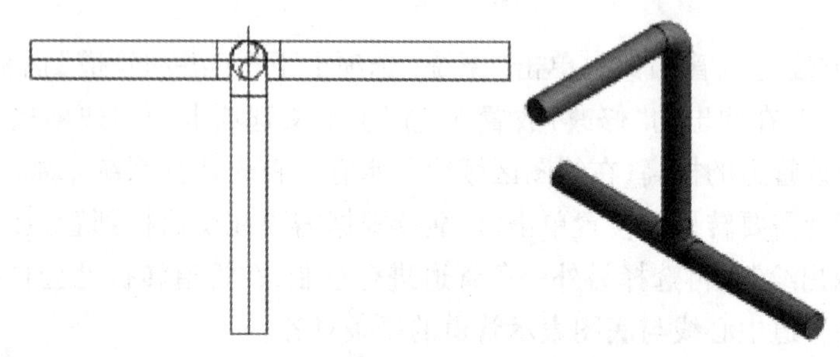

图 12.95　两根相交叉且标高不同的水管绘制

③管道四通的绘制。介绍两种管道四通的绘制方法。方法一,先绘制一根水管,再绘制一根与之相交的另一根水管,两根水管标高一致,则第二根水管横贯第一根水管时可自动生成四通,如图 12.96 所示。

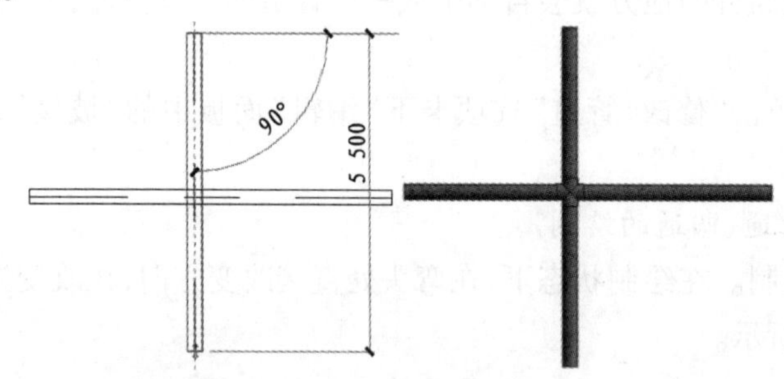

图 12.96　四通管绘制方法一

方法二,单击选中绘制完的三通,单击三通上的加号,三通就会变成四通,然后单击“管道”按钮,移动鼠标到四通连接处,出现捕捉时,单击确认起点,再次单击确认终点,完成四通的绘制,如图 12.97 所示。同理,单击四通上的减号可转换为三通,弯头也可通过相似的操作变成三通。

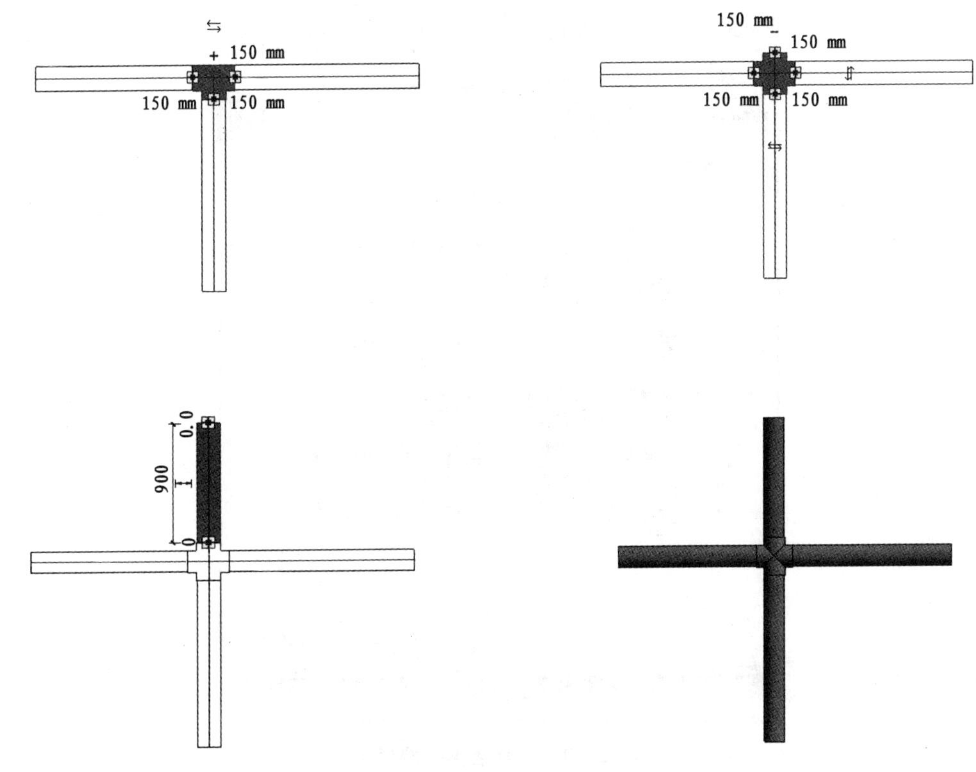

图 12.97 四通管绘制方法二

2)添加水管阀门

(1)添加水平水管上的阀门

单击“系统”选项卡下“卫浴和管道”面板中的“管路附件”按钮,或键入快捷键 PA,进入“修改|放置管路附件”选项卡,在“图元属性”对话框中选择需要的阀门。把鼠标移动到管道中心线处,捕捉到中心线时(中心线会高亮显示),单击完成阀门的添加,如图 12.98 所示。

图 12.98 水管上添加阀门

(2)添加立管阀门

立管上的阀门在平面视图中不易添加,在三维视图中也不易捕捉其位置,尤其当阀门数量较多时,添加阀门较为困难。因此,可通过以下方法进行设置。

进入三维视图,选择“修改”选项卡下“修改”面板中的“拆分图元”命令,在绘图区域中立管的合适位置单击,该位置出现一个活接头,这是因为在管道的类型属性中有该项设置,如图 12.99 所示。

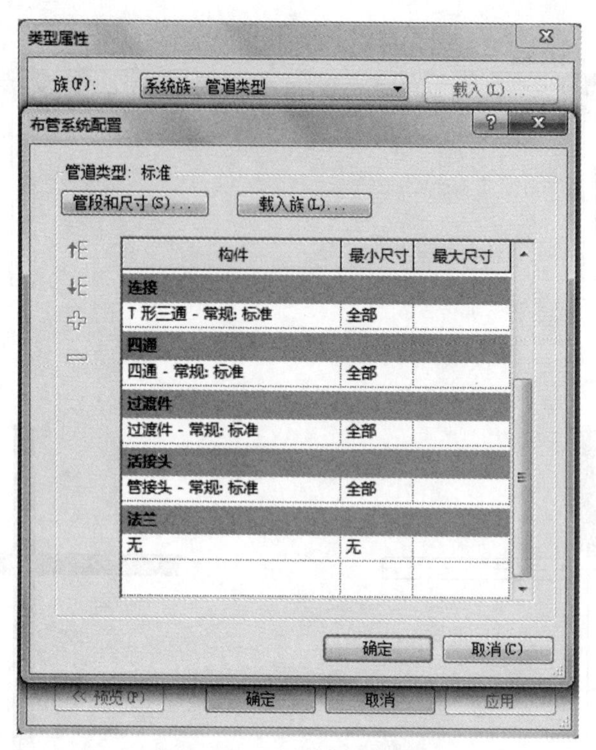

图 12.99　立管活接头选项卡

选择活接头，由于活接头的族类型为“管件”，阀门的族类型为“管路附件”，为了将活接头替换为阀门，需要修改活接头的族类型为与阀门同样的类型，即“管路附件”。选择活接头，选择弹出的“修改|管件”选项卡下“模式”面板中的“编辑族”，进入族编辑模式，如图 12.100 所示。

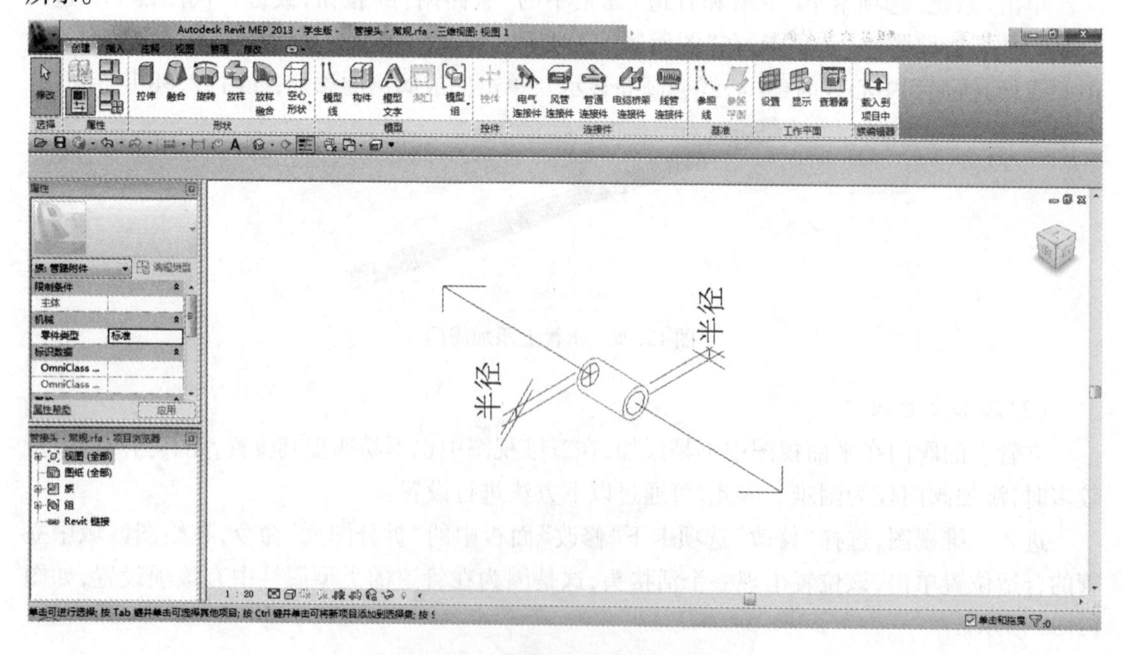

图 12.100　阀门替换活接头族编辑模式

单击“创建”选项卡下“属性”面板中的“族类别和族参数”按钮，在弹出的对话框中选择“管路附件”，在“零件类型”下拉列表中选择“阀门-插入”，单击“确定”按钮，并将该族载入项目中，替换原有族类型和参数，如图 12.101 所示。

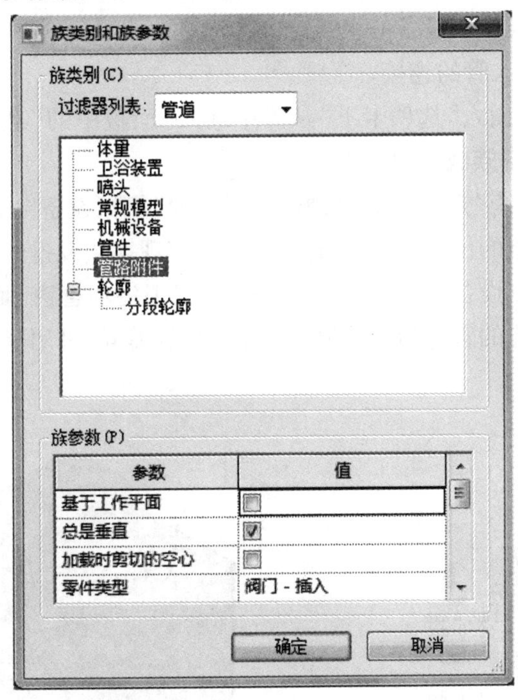

图 12.101　“族类别和族参数”对话框

阀门替换活接头。首先选择活接头，然后在类型选择器中找到需要的阀门，如没有则需要自行载入族库中的阀门。选择需要的阀门后，即可替换原来的活接头，完成阀门的添加。其他阀门也可按照这种方法添加，如图 12.102 所示。

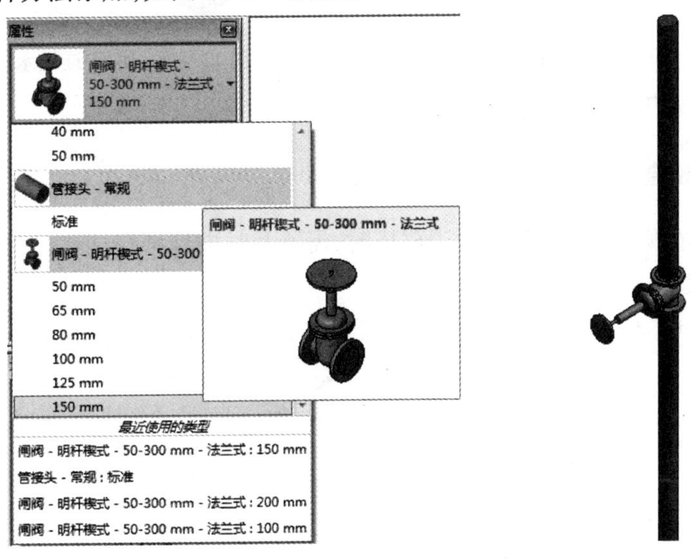

图 12.102　添加阀门(阀门替换活接头)

绘制时必须保证活接头和阀门的族类别相同才可进行替换。

3)连接机组水管

生活热水管道需要与换热设备的水管接口进行连接,并且在接口处还需要添加相应的阀门,下面介绍换热设备和水管的连接。

载入设备族。选择"插入"选项卡下"从库中载入"面板中的"载入族"命令,选择需要的设备,单击"打开"按钮,将族载入项目中。

放置设备。单击"系统"选项卡下"机械"面板中的"机械设备",选择换热设备,然后在绘图区域内将设备放在合适的位置,单击鼠标左键即可实现换热设备的添加,如图 12.103 所示。

绘制水管。选中换热设备,单击"系统"选项卡下"卫浴和管道"面板中的"管道"命令,即可绘制管道。与设备相连的管道与主管道有一定的标高差异,可用竖直管道将其连接起来,如图 12.104 所示。

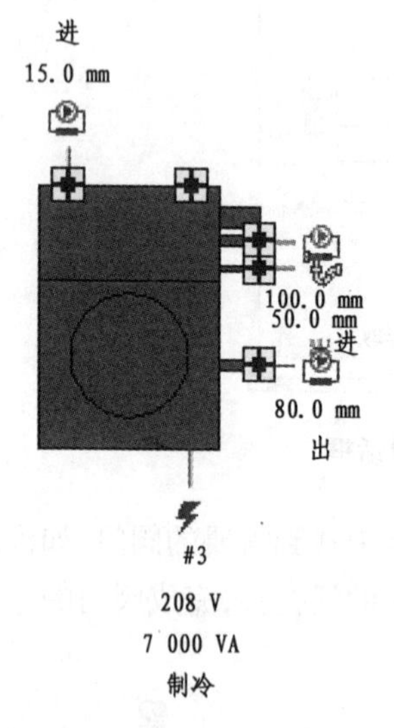

图 12.103　添加机组

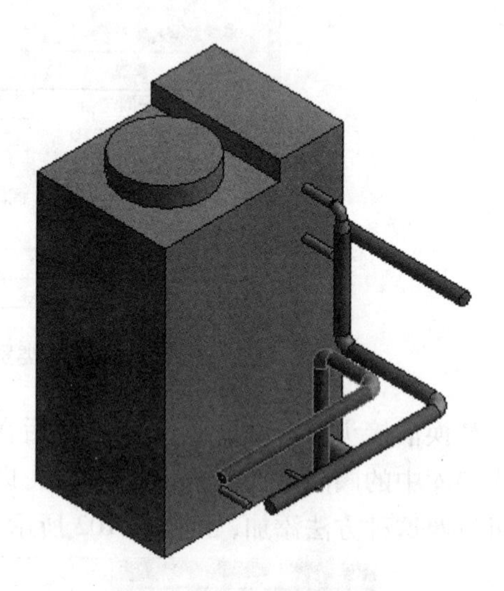

图 12.104　机组连接水管

为机组添加阀门。方法参照上节的内容。

4)系统碰撞检查

当绘制水管过程中发现有管道发生碰撞时,需要及时进行修改,以减少设计施工中出现的错误,提高工作效率。

当水管处于同一标高发生碰撞时,可按照下述步骤进行修改,如图 12.105 所示。

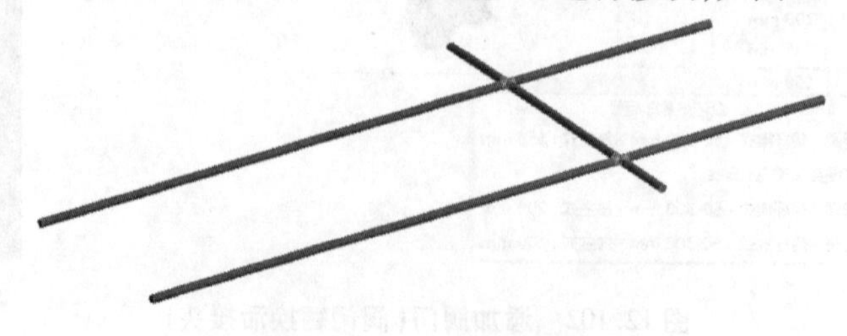

图 12.105　水管碰撞检查

选择“修改”选项卡下“修改”面板中的“拆分图元”命令，或键入快捷键SL，在发生碰撞的管道两侧单击，如图12.106所示。

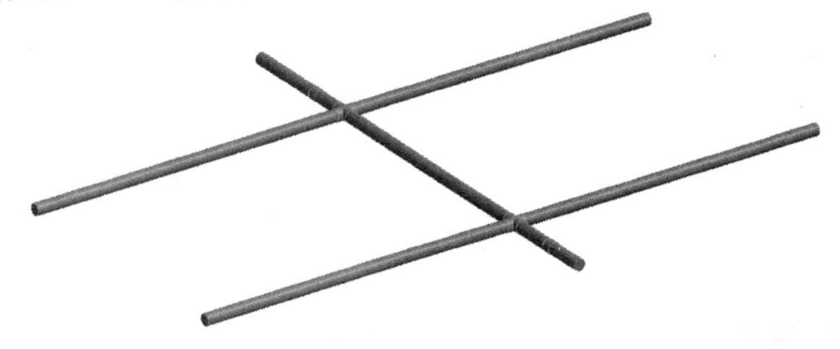

图12.106　碰撞的交叉管道

选择中间的管道并删除。单击“管道”或键入快捷键PI，把鼠标移动到管道缺口处，出现捕捉符号时单击，输入修改后的标高值，再把鼠标移动到另一个管道缺口处，出现捕捉时单击即可完成管道碰撞的修改，如图12.107所示。

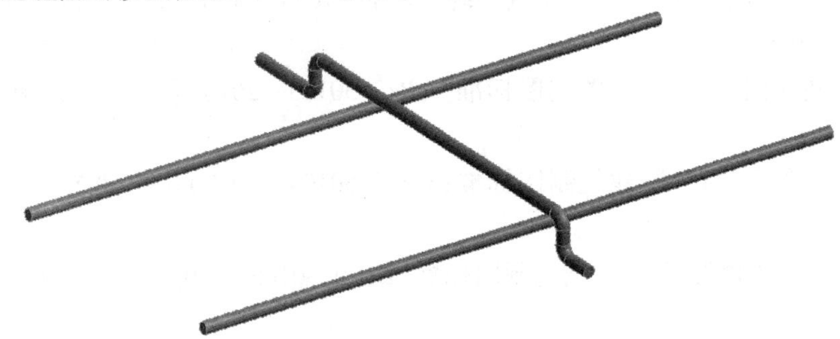

图12.107　修改后的交叉管道

修改水管系统与其他专业管道之间的碰撞要遵循下述原则：

①满足所有管线和设备的净空要求；

②电线桥架、风管、水管依次按照从上到下的顺序排列；

③当重力管道与其他类型的管道发生碰撞时，应优先对其他类型的管道进行调整；

④在满足设计要求和美观的前提下尽量节约空间；

⑤其他具体优化管线的原则参见各专业设计规范。

5)颜色设置及渲染

水管系统的颜色设置与渲染与前面章节类似，可参照前面的章节介绍。

小　结

本章主要介绍了BIM建筑信息模型的特点，软件的类型。并较详细地介绍了Autodesk Revit软件及Autodesk Revit MEP的应用。

参考文献

[1] 中华人民共和国建设部. 房屋建筑制图统一标准(GB/T 50001—2010) [S]. 北京:中国计划出版社,2010.
[2] 中华人民共和国建设部. 总图制图标准(GB/T 50103—2010)[S]. 北京:中国计划出版社,2010.
[3] 中华人民共和国建设部. 建筑制图标准(GB/T 50104—2010)[S]. 北京:中国计划出版社,2010.
[4] 中华人民共和国建设部. 建筑结构制图标准(GB/T 50105—2010)[S]. 北京:中国计划出版社,2010.
[5] 中华人民共和国建设部. 给水排水制图标准(GB/T 50106—2010)[S]. 北京:中国计划出版社,2010.
[6] 中华人民共和国建设部. 暖通空调制图标准(GB/T 50114—2010)[S]. 北京:中国计划出版社,2010.
[7] 哈尔滨建筑大学. 供热工程制图标准(CJJ/T 78—2010)[S]. 北京:中国建筑工业出版社,2010.
[8] 王万江. 房屋建筑学[M]. 重庆:重庆大学出版社,2011.
[9] 宋莲琴. 建筑制图与识图[M]. 北京:清华大学出版社,2005.
[10] 焦志鹏. 建筑概论[M]. 北京:中国建筑工业出版社,2002.
[11] 金方. 建筑制图[M]. 北京:中国建筑工业出版社,2005.
[12] 何培斌. 建筑制图与房屋建筑学[M]. 重庆:重庆大学出版社,2003.
[13] 臧宏琦,王永平. 机械制图[M]. 西安:西北工业大学出版社,2009.
[14] 胡建生. 机械制图[M]. 北京:机械工业出版社,2013.
[15] 郭慧. AutoCAD 建筑制图教程[M]. 北京:北京大学出版社,2013.
[16] 曾全. 中文版 AutoCAD 2014 建筑绘图基础与实例[M]. 北京:海洋出版社,2014.
[17] 北京天正工程软件有限公司. TH Vac6.0 天正暖通设计软件使用手册[M]. 北京:人民邮电出版社,2012.

[18] 王旭,王裕林.管道工程识图教材[M].上海:上海科学技术出版社,2011.

[19] 霍明昕.怎样阅读水暖工程图[M].北京:中国建筑工业出版社,1998.

[20] 黄炜.建筑环境与设备[M].徐州:中国矿业大学出版社,2009.

[21] 高明远.建筑设备技术[M].北京:中国建筑工业出版社,1998.

[22] 赵荣义,范存养,薛殿华,等.空气调节[M].3版.北京:中国建筑工业出版社,1994.

[23] 陆亚俊,马最良,邹平华.暖通空调[M].北京:中国建筑工业出版社,2009.

[24] 于国清.建筑设备工程CAD制图与识图[M].北京:机械工业出版社,2009.

[25] 谭伟建,王芳.建筑设备工程图识读与绘制[M].2版.北京:机械工业出版社,2007.

[26] 邵宗义.建筑供热采暖工程设计图集[M].北京:机械工业出版社,2005.

[27] 李峥嵘.空调通风工程识图与施工[M].合肥:安徽科学技术出版社,2000.

[28] 宋孝春.建筑工程设计编制深度实例范本:暖通空调[M].北京:中国建筑工业出版社,2004.

[29] 王汗青.通风工程[M].北京:机械工业出版社,2007.

[30] 姜湘山.怎样看懂建筑设备图[M].北京:机械工业出版社,2003.

[31] 王荣和.给水排水工程CAD[M].北京:中国建筑工业出版社,2002.

[32] 李献文,安静.建筑给水排水工程CAD[M].北京:中国建筑工业出版社,1999.

[33] 邵宗义.建筑给水排水工程设计图集[M].北京:机械工业出版社,2005.

[34] 北京天正工程软件有限公司.TWTⅡ2.3天正给排水设计软件使用手册[M].北京:人民邮电出版社,2002.

[35] 杨光臣.建筑电气工程图识读与绘制[M].2版.北京:中国建筑工业出版社,2001.

[36] 中国建筑标准设计研究院.民用建筑工程电气施工图设计深度图样.04DXC03.2005.

[37] 中南建筑设计院.建筑工程设计文件编制深度规定.2003.

[38] 中国建筑标准设计研究院.建筑电气工程设计常用图形和文字符号.2002.

[39] 中国建筑东北设计研究院.民用建筑电气设计规范(JGJ/T 16—2008)[S].北京:中国计划出版社,2008.

[40] 中华人民共和国公安部.建筑设计防火规范(GB 50016—2014)[S].2015年版.北京:中国计划出版社,2015.

[41] 中华人民共和国公安部.火灾自动报警系统设计规范(GB 50116—2013)[S].北京:中国计划出版社,2013.